“十二五”普通高等教育本科国家级规划教材

分析化学

（第4版）化学分析部分

刘红云　邵　娜　欧阳津　晋卫军　编

中国教育出版传媒集团
高等教育出版社·北京

内容提要

本书为“十二五”普通高等教育本科国家级规划教材，全书分为《分析化学（化学分析部分）》和《分析化学（仪器分析部分）》两册。本册为化学分析部分。本书是在2010年出版的《分析化学（化学分析部分）》（第三版）的基础上修订而成的。全书包括：绪论、定量分析中的误差及分析数据的处理、溶液化学平衡简介和滴定分析法概述、酸碱平衡和酸碱滴定法、络合平衡和络合滴定法、氧化还原滴定法、沉淀滴定法和沉淀重量法、分光光度法、常用的化学分离方法、复杂无机试样的分析，共10章。每章末附有思考题、习题，二维码给出习题的参考答案。

本书可用作高等院校化学类专业的分析化学教材，也可供理、工、农、林、医等高等学校的相关专业作为教材或教学参考书使用。

图书在版编目（CIP）数据

分析化学 ： 化学分析部分 / 刘红云等编. -- 4版. -- 北京 ： 高等教育出版社， 2024.5

ISBN 978-7-04-061804-4

Ⅰ. ①分… Ⅱ. ①刘… Ⅲ. ①分析化学-高等学校-教材 Ⅳ. ①O65

中国国家版本馆CIP数据核字(2024)第044210号

FENXI HUAXUE

策划编辑 曹　瑛　陈梦恬　　责任编辑 陈梦恬　　封面设计 李卫青　　版式设计 徐艳妮
责任绘图 黄云燕　　责任校对 吕红颖　　责任印制 赵义民

出版发行 高等教育出版社
社　　址 北京市西城区德外大街4号
邮政编码 100120
印　　刷 北京中科印刷有限公司
开　　本 787 mm × 1092 mm　1/16
印　　张 21
字　　数 510千字
购书热线 010-58581118
咨询电话 400-810-0598
网　　址 http://www.hep.edu.cn
　　　　 http://www.hep.com.cn
网上订购 http://www.hepmall.com.cn
　　　　 http://www.hepmall.com
　　　　 http://www.hepmall.cn
版　　次 1993年7月第1版
　　　　 2024年5月第4版
印　　次 2024年5月第1次印刷
定　　价 42.00元

物 料 号　61804-00

第四版前言

本书的初版和随后的两次修订，均受到各兄弟院校的热情鼓励和大力支持，收到了良好的教学效果，并取得一定荣誉。时至今日，第三版发行已十年有余，这期间随着科技的发展和教学改革的深入，对教学内容和其呈现形式都提出了很多更高的要求，有必要进行再一次修订，以利于教学内容的更新，新的教学理念的贯彻执行，以及学生综合运用理论知识能力的提高和创新能力与科学素质的培养。

本次修订秉承守正创新的理念，在保持原有的“概念准确、推理严谨、条理清晰、文字简洁”的特色和风格的同时，根据分析化学学科的发展趋势和国内高等师范学校教学改革的实际情况，以及编者的教学实践，对全书内容进行了梳理、调整、补充与更新。例如，第 2 章增加了有关灵敏度和检测限的内容；将溶液中化学平衡一般理论的阐述调整到第 3 章，在各滴定分析方法之前统一介绍；第 4 章酸碱平衡和酸碱滴定法中增加了非水溶剂中的酸碱滴定简介一节，以供任课教师酌情选讲；第 6 章氧化还原滴定法中增加了滴定误差的计算；第 8 章分光光度法做了较多的补充和修改，对物质吸收光的本质和光的吸收定律等理论基础进行了更详细的阐述，以利于学生的理解和掌握。

本次修订进一步夯实了理论基础，加强了对基本概念的理解、基本理论的推导以及基础知识的应用。通过调整部分章节的编写顺序，使教学内容更加科学合理、详略得当，教学的重点和难点更为突出。通过增加分析化学学科前沿知识、应用实例、育人素材和以二维码方式呈现的教学资料，使教材更贴近教学实践。

本书的化学分析部分由刘红云（第 1,3~5 章）、邵娜（第 2,6 章）、欧阳津（第 7,9 章）和晋卫军（第 8,10 章）修订。全书由刘红云通读、整理定稿。胡乃非教授和曾泳淮教授对本次修订工作给予了热情的关心和支持，在此表示由衷的感谢。

本书的修订再版还得到高等教育出版社的热情支持，特别是责任编辑认真细致的编辑加工，在此一并致以真诚的感谢。

限于编者的学识水平，谬误和疏漏难免，敬请广大读者批评指正。

编　者

2023 年 5 月于北京师范大学化学学院

第三版前言

本书自1993年第一版和2004年第二版出版发行以来，受到各兄弟院校的热情鼓励和大力支持，收到了良好的教学效果。第一版于1995年获国家教委第三届全国普通高校优秀教材二等奖，第二版于2006年被评为北京市高等教育精品教材。

根据师生和同行在使用本书过程中提出的意见和建议，以及编者在教学实践中发现的问题，深感有必要对本书再次进行修订，使之更加适应教学改革新形势的需要。2007年，本书第三版获得了北京市高等教育精品教材立项项目①，这为再次修订本教材提供了契机。

本次修订在保持前两版的特色和风格的同时，主要对内容进行了精选和更新，使表述更加科学合理和简明扼要，更加突出了教学的重点和难点，加强了对基本原理和基础知识的阐述，使本书已有的“概念确切、推理严谨、条理清晰、文字简洁”的特色更加鲜明。特别对酸碱滴定法一章做了较多的补充和修改，对有些概念进行了较深入的探讨，以利于学生的理解和掌握。

本套教材分为两册，分别是《分析化学（化学分析部分）》和《分析化学（仪器分析部分）》，曾泳淮任主编。其中化学分析部分是由曾泳淮（第1章）、胡乃非（第3章~第5章）、欧阳津（第2章、第6章、第7章、第9章）和晋卫军（第8章、第10章）合写，由胡乃非通读整理定稿。林树昌先生生前对本书第三版的编写给予了热情的关心和支持，编者对他表示深切的怀念。

本书修订稿承北京大学叶宪曾教授审阅，提出了非常宝贵的修改意见和建议。本书的再版还得到了高等教育出版社的热情支持。在此一并致以衷心的感谢。

限于编者的学识水平，书中难免会有谬误和疏漏，敬请读者批评指正。

编　者

2010年1月于北京师范大学化学学院

---

① 本书2014年入选第二批“十二五”普通高等教育本科国家级规划教材。

第二版前言

本书自1993年第一版出版发行以来，受到各兄弟院校的热情鼓励和大力支持，收到了良好的教学效果，于1995年获国家教委优秀教材二等奖。根据各兄弟院校在使用本书过程中提出的意见和建议以及编者在教学实践中发现的问题，深感有必要对本书进行修订，使之适应教学改革新形势的需要，以利于对学生进行创新精神和科学素质的培养。

本次修订在保持第一版的特色和风格的同时，主要修订了如下内容：

1. 根据分析化学学科发展趋势和国内高等师范学校教学改革的实际情况，删除了化学定性分析的内容。

2. 对原篇幅较大的酸碱滴定法和络合滴定法等章的内容再次进行了精选和适当更新，去掉了庞杂和繁复的内容，使之更为精练。依据作者多年应用“数值法”对简化计算的研究成果，对酸碱溶液 pH 计算的简化处理判据做了改进，使之更科学合理，易于掌握。并与通常数值计算方法的简化处理原则取得了一致，也使本书在酸碱平衡和络合平衡计算处理中的规则统一。

3. 本书所涉及的计量单位和符号，以及所用的名词和专业术语，均遵照国家颁布的标准进行了全面的修订。

本书化学分析部分是由曾泳淮（第1章）、林树昌（第2、4～6、11章）和胡乃非（第3、7～10章）编写的。全书由曾泳淮通读整理定稿。

本修订稿承武汉大学杨代菱、王洪英教授审阅，提出了宝贵的修改意见和建议。书稿第2、4章蒙张铁垣教授通读，也提出过宝贵意见并提供了国家标准等有关资料。本书的再版还得到了北京市教育委员会和高等教育出版社的热情支持，在此一并致以衷心的感谢。

限于编者的学识水平，书中会有谬误和疏漏，敬请读者批评指正。

林树昌　胡乃非　曾泳淮

2003年11月于北京师范大学化学系

第一版前言

本书是参照国家教育委员会师范教育司组编的高等师范学校本科化学专业化学学科分析化学教学基本要求编写的。全部教材包括定性分析、定量分析和仪器分析三方面的内容。为适应当前各类高等师范学校的设课实际情况，将定性分析、定量分析和可见光区分光分析编为一册，名曰《分析化学(化学分析部分)》；仪器分析则另成一册，叫作《分析化学(仪器分析部分)》。

本书在编写中，着重注意了以下几个问题：

一、努力以辩证唯物主义思想为指导，阐述本学科有关知识的内在联系，以利于学生树立科学的世界观。

二、立足于基本理论、基础知识和基本技能的培养与训练，同时考虑到现实和未来，精选内容，适当提高水平。

三、力求思路清晰，推理严谨，概念确切，以便培养学生的科学思维能力。

四、注意理论联系实际和便于自学；重视引导学生独立接受知识和分析解决实际问题。

本书化学分析部分是由林树昌(第一～六、八、九、十四章)和胡乃非(第七、十～十三章)编写的。书稿经作者共同反复研究和修改，最后由林树昌通读定稿。

于 1990 年 12 月在北京召开了审稿会，会议由陕西师范大学张渔夫教授主持，参加审稿会的还有高等教育出版社文方编审、华东师范大学陶德祥副教授、东北师范大学王富权副教授和华中师范大学杜运清副教授，他们对书稿的修改和完善提出了宝贵意见。本书在编写和出版中还得到许多朋友和同志的鼓励和支持。在此一并致以衷心的感谢！

限于编者水平，书中会有缺点和错误，欢迎读者批评指正。

林树昌　胡乃非

一九九一年十二月于北京师范大学化学系

目 录

第1章 绪论

1-1 什么是分析化学，分析化学的任务和作用

分析化学(analytical chemistry)是发展和应用各种方法、仪器和策略以获得有关物质在空间和时间方面组成和性质的信息的科学[1]。也可以说，分析化学是表征和测量的科学，是研究获得物质的组成、含量、结构和形态等化学信息的方法及相关理论的科学。分析化学广泛吸纳和应用当代科学技术的最新成就，利用物质的一切可以利用的性质及与各种力场的相互作用，研究新的检测原理，开发新的仪器设备，建立表征测量的新方法和新技术，最大限度地获取物质的组成、含量、结构及其功能的信息。

分析化学的主要任务是获取物质系统的信息，不仅包括物质的化学成分与结构方面的定性信息，而且包括物质组成的定量信息和物质的价态、状态、能态的信息，以及它们在空间的分布和随时间变化的信息。分析化学的另一项重要任务是研究获取这些信息的方法、仪器和策略。

分析化学是研究物质及其变化的重要手段之一。它不仅对化学各学科的发展起着重要作用，而且对与化学有关的各科学领域的发展有重大的实际意义，如矿物学、地质学、医药学、生物学和考古学等。特别是在环境科学、材料科学、能源科学和生命科学中，分析化学得到了广泛的应用。

分析化学在国民经济的发展、国防力量的壮大、自然资源的开发、科学技术的进步和人民生活健康的保障等各方面发挥着重大的作用。工业生产中原材料的选择、工艺流程的控制、产品质量的检验以及“三废”的处理和综合利用等；农业生产中的水土调查、作物营养的诊断、农产品的质量检验、农药及其残留物的检测等；社会活动中的查禁毒品、刑事侦查、文物鉴定、兴奋剂检测等；与人们生活密切相关的水质污染监测、食品检验、医学临床化验和突发公共卫生事件的处理等；尖端科学和国防建设中人造卫星、宇宙飞船、武器装备的研制和生产以及原子能材料、半导体材料、超纯物质中微量杂质的分析等都要应用分析化学。对于科学研究，只要涉及化学现象，几乎都需要分析化学提供各种信息，以解决科学研究中的问题。因此，人们常将分析化学比作“科学研究的眼睛”，并把分析化学水平的高低作为衡量一个国家在化学学科研究方面能力强弱的重要标志之一。

参考文献

“分析化学就是分析化学家从事的工作”[2]。分析化学家是分析化学与其他各学科交叉融合过程中发现问题、提出问题、分析问题和解决问题的决策者。例如，始于20世纪90年代初期的人类基因组计划，得益于分析化学工作者对毛细管电泳分析方法的重大革新，于2001年提前5年完成，从此人类进入“后基因组时代”。又如，1999年布鲁塞尔发生了震惊世界的“二噁英污染饲料中毒”事件，最后根特大学

(Ghent University)的分析化学家桑德拉(Sandra)教授厘清了二噁英家族210种多氯联苯取代物的关系,公众的恐慌才得以消除,因而有"分析化学家拯救了比利时"的新闻报道。再如,2020年曾肆虐全球的新型冠状病毒(SARS-CoV-2)的检测,分析化学家通过不断研发改进新技术,使检测时间由数小时缩短到十几分钟甚至更短,给诊断和治疗赢得了宝贵的时间。当前乃至今后相当长的时间里,随着科学技术的进步和人民对物质文化生活需求的提高,分析化学家必将面临更新的、更高的挑战,这也将推动分析化学学科的新发展。

分析化学是一门实践性很强的学科,因此在学习过程中一定要重视分析化学实验,使理论密切联系实际。通过学习掌握分析化学的基本理论、基础知识和实验方法,培养严谨的工作作风和实事求是的科学态度,掌握实验的基本操作和技能,提高分析问题和解决问题的能力,提升综合素质和创新能力。

兴趣是最好的老师,是创新的推动力。对分析化学的兴趣首先要从对学科的认识和了解开始。

1-2 分析化学的分类

根据分析任务、分析原理、分析对象、试样用量与待测组分相对含量的不同及工作性质等,分析化学可以有不同的分类。

1-2-1 定性分析、定量分析和结构分析

根据分析任务可以将分析化学分为定性分析、定量分析和结构分析。定性分析(qualitative analysis)的任务是鉴定物质由哪些元素、离子、原子团或化合物所组成;定量分析(quantitative analysis)的任务是测定物质中有关组分的含量;结构分析(structural analysis)的任务是研究物质的分子结构或晶体结构及其对物质化学性质的影响。

1-2-2 化学分析和仪器分析

根据分析测定的原理可以将分析化学分为化学分析和仪器分析。化学分析(chemical analysis)是以物质的化学反应和溶液中四大化学平衡理论为基础,依据实验测定的质量或体积,利用物质在化学反应中的计量关系来确定试样中某组分含量的分析方法。定量化学分析又分为重量法(gravimetric method)和滴定分析(titrimetric analysis)法。化学分析历史悠久,是分析化学的基础,故又称为经典分析法。

定量化学分析有如下特点:①分析的准确度较高。一般情况下相对误差为±(0.1%~0.2%),主要适用于相对含量在1%以上的常量组分的分析测定。②重量法不需要标准物质,只要求称量形式与其化学式一致,准确度很高,至今仍是一些组分测定的标准方法,但操作烦琐,比较费时;滴定分析法操作简便,主要以分析天平、滴定管、移液管和容量瓶等普通测量仪器为工具,条件易于控制,测量快速,是重要的例行分析方法。③灵敏度较低,不适用于相对含量在1%以下的微量组分分析。

仪器分析(instrumental analysis)是以物质的物理性质或物理化学性质为基础而建立起来的分析方法。这类方法需要比较复杂或特殊的专门仪器,故通常称为仪器分析。仪器分析方

法的特点是：①灵敏度很高，适用于微量甚至超痕量组分的分析；②测定准确度较低，一般相对误差为±(1%~5%)或更大，因此通常不适用于常量组分的分析；③几乎所有的仪器分析方法都是比较法，需采用标准物质作为参照；④一般来说，仪器分析设备本身及维护的费用较高，投入较大。

化学分析和仪器分析是分析化学的两大分支，两者各有优缺点和适用范围，应该互相配合，发挥各自的优势。仪器分析是当前分析化学发展的主流，但化学分析是分析化学的基础，几乎是常量组分分析的唯一方法，仍有重要的应用价值，不可忽视。

根据将分析化学分为化学分析和仪器分析的分类方法，将化学分析的内容编为一册，称为《分析化学(化学分析部分)》，仪器分析另成一册，称为《分析化学(仪器分析部分)》。

1-2-3 无机分析、有机分析和生化分析

根据分析测定对象的性质可以将分析化学分为无机分析、有机分析和生化分析等。无机分析(inorganic analysis)的分析对象是无机物质。在无机分析中，组成无机物的元素种类较多，通常要求鉴定物质的元素组成和测定各组分的含量，有时也要求测定组分的存在形式(即形态分析)。

有机分析(organic analysis)的分析对象是有机物质。在有机分析中，组成有机化合物的元素种类不多(C,H,O,N,S,P 等)，但有机化合物种类繁多，结构相当复杂，分析的重点是元素分析、官能团分析和结构分析，主要依靠仪器分析中的谱学方法。

生化分析(biochemical analysis)，即生物化学分析，其分析对象是与生命过程相关的物质。生化分析又分为蛋白质分析、糖类分析、核酸分析、激素分析、酶法分析和免疫分析等，主要用于生命科学研究和临床诊断。

针对不同的分析对象，分析化学还可以进一步分类，如冶金分析、矿物分析、药物分析、食品分析、环境分析、材料分析、临床检验和刑侦分析、星际分析、考古分析等。

1-2-4 常量分析、半微量分析、微量分析和超微量分析

根据分析时所需试样绝对用量的不同，可将分析化学分类如表 1-1。

表 1-1 基于试样绝对用量不同的分析化学的分类

分析方法	试样质量/mg	试液体积/mL
常量(macro)分析	>100	>10
半微量(semimicro)分析	10~100	1~10
微量(micro)分析	0.1~10	0.01~1
超微量(ultramicro)分析	<0.1	<0.01

1-2-5 常量组分分析、微量组分分析、痕量组分分析和超痕量组分分析

根据分析时被测组分在试样中相对含量的高低，可将分析化学分类如表 1-2。

表 1-2 基于被测组分相对含量高低的分析化学的分类

分析方法	相对含量/%	相对含量/($\mu g \cdot g^{-1}$)
常量(major)组分分析	>1	$10^4 \sim 10^6$
微量(micro)组分分析	0.01~1	$10^2 \sim 10^4$
痕量(trace)组分分析	10^{-4}~0.01	$1 \sim 10^2$
超痕量(ultratrace)组分分析	<10^{-4}	<1

1-2-6 例行分析和仲裁分析

例行分析(routine analysis)是指一般分析实验室对日常生产流程中的产品质量指标进行检查控制或对临床、环境试样进行的常规分析。

仲裁分析(arbitration analysis)是指受仲裁机构的委托,由专门的测试机构或经有关部门考核、认证的实验室,按照国际标准分析方法或公认的分析方法,为双方在某一问题上争执不决而进行裁判的分析工作。其任务是为仲裁机构提供公正、准确、权威的分析测试数据,以作裁决的依据。主要用于对外贸易的仲裁以及国内商事和民事上的争议,如进出口货物的检验和检疫、体育比赛中的兴奋剂检测等。

以上只是大致的分类,仅为了解分析化学的概貌,可以作为选择分析方法的参考。而在实际的科学研究和生产实践中,对分析方法的需求往往是综合的,而非单一的,随着分析化学的不断发展,新方法、新技术、新范式层出不穷,如联用技术(combined technique)、单分子分析(single molecule analysis)、单原子分析(single atom analysis)、单颗粒分析(single particle analysis)、即时检测(point-of-care testing, POCT)、在线分析(on-line analysis)、实时分析(real-time analysis)、活体分析(in vivo analysis)、无损分析(non-destructive analysis)、遥测分析(remote analysis)、微区分析(micro analysis)等。这些新的分析化学方法与技术在本书中均未涉及,可查阅相关文献。

1-3 分析化学的发展概况

1661年,英国化学家玻意耳(Boyle)在他的著作《怀疑派化学家》中,为近代化学奠定了科学基础。他是分析化学的先驱,他首次提出了"化学分析"这个名词。1774年,法国科学家拉瓦锡(Lavoisier)将天平用于化学的定量测量,分析化学从此诞生。

分析化学是最早发展起来的化学分支学科之一,而且在早期化学的发展中一直处于前沿和重要地位。因为在早期化学的一个很长的历史发展阶段中,化学的前沿一直是发现、鉴定和研究新元素或发现、合成、鉴定和研究新的化合物。这个时期分析化学工作显然非常重要。正因为如此,分析化学被称为"现代化学之母"。19世纪,我国的化学先驱者徐寿曾对分析化学给予很高的评价,他说:"考质求数之学,乃格物之大端,而为化学之极致也"。意思是说,定性(考质)和定量(求数)分析是物质科学(格物)的主体,是化学的最高境界。分析化学对元素的发现、相对原子质量的测定、定比定律、倍比定律和质量守恒定律等化学基本定律的确立,都曾做出杰出贡献。19世纪中叶,德国分析化学家弗雷泽纽斯(Fresenius)陆续发表了《定性分析导论》和《定量分析导论》两本专著，标志着分析化学作为一门化学的分支学科已初步形成。

一般认为，分析化学学科的发展经历了三次巨大的变革。第一次在19世纪末20世纪初，以1894年德国物理化学家奥斯特瓦尔德（Ostwald）发表经典著作《分析化学科学基础》为标志。在这一时期，物理化学关于溶液四大化学平衡（酸碱平衡、络合平衡、氧化还原平衡和沉淀溶解平衡）理论的建立，为基于溶液化学反应的经典分析化学奠定了基础，化学分析法得到了空前的繁荣和发展，使分析化学从单纯地解决实际问题和提供数据的"一种技术"发展成为具有理论基础的"一门科学"。因此这一时期可以说是分析化学与物理化学相结合的时代。

第二次变革发生在20世纪30—60年代，物理学、电子学、半导体及原子能工业的发展促进了分析化学中物理方法的大发展。而化学分析方法在很多方面已不能解决科学技术发展所面临的许多新问题，如半导体超纯材料的分析，石油化工、环境科学、生物医药学复杂混合物的分析等。分析化学突破了以经典化学分析为主的局面，开创了仪器分析的新时代。1922年，海洛夫斯基（Heyrovsky）开发出第一台极谱仪并创建了极谱学，因而获得1959年诺贝尔化学奖；马丁（Martin）和辛格（Synge）由于对分配色谱理论的贡献而获得1952年诺贝尔化学奖；布洛赫（Bloch）和珀塞尔（Purcell）发现了核磁共振现象，获得1952年诺贝尔物理学奖；1936年，德拜（Debye）由于在研究偶极矩、X射线衍射和电子衍射与分子结构关系所做的贡献而获得诺贝尔化学奖；霍奇金（Hodgkin）将X射线晶体学技术用于解析生化物质的结构，于1964年获得诺贝尔化学奖。这些发明和发现极大地推动了仪器分析的发展。因此可以说第二次变革是分析化学与物理学、电子学相结合的时代，是从以溶液化学分析为主的经典分析化学发展到以仪器分析为主的现代分析化学的新阶段。分析仪器的研究和开发以及仪器分析技术的发展已成为分析化学的重要研究内容。

从20世纪70年代末到现在，以计算机应用为主要标志的信息时代的来临，给分析化学带来了新的大发展机遇，分析化学正处于第三次大变革时期。由于生命科学、环境科学、材料科学和能源科学发展的需要，信息技术、计算机技术、生物技术等新技术的引入，使分析化学进入了一个崭新的发展阶段。它不仅要确定物质的组成和含量，而且要确定元素的价态、分子的结构和聚集态、固体的结晶形态、短寿命反应中间产物的状态和生命物理过程中的激发态等。不但要提供物质组分的平均组成数据，而且要提供表面、内层和微区分析数据，甚至三维空间的数据和时间分辨数据。例如，色谱-质谱联用技术是快速分离和鉴定复杂有机化合物分析的有效方法，2002年诺贝尔化学奖得主田中耕一（Koichi Tanaka）发明激光软电离机制实现了质谱对生物大分子的解析。2014年诺贝尔化学奖得主贝齐格（Betzig）、莫纳（Moerner）和黑尔（Hell）研制出超分辨率荧光显微镜，可以突破阿贝衍射极限而获得单细胞、单分子的纳米级微观三维图像。2017年诺贝尔化学奖得主迪波什（Dubochet）、弗兰克（Frank）和亨德森（Henderson）研发的冷冻电镜不仅简化了生物细胞的成像过程、提高了成像质量，而且通过获得原子级分辨率的蛋白质图像来解析和发现重要蛋白质的三维结构。而互联网、大数据、云计算和人工智能等的发展则为深度挖掘物质背后隐藏的信息提供了新的可能。总之，现代分析化学已经发展成为获取各种物质尽可能多和尽可能全面的结构与成分信息的科学。现代分析化学所采用的手段已远远超出了化学学科的领域，它在利用光、电、磁、热、声等物理现象的基础上，进一步采用数学、计算机科学和生命科学等新成就，正在把化学与许多相关学科渗透交织起来，对物质做全面的纵深分析，形成一门综合性的科学。分析化学已经发展到分析科学的新阶段。

今后，分析化学将主要在化学、生物、医学、药物、环境、能源、材料、人口与健康、国防与安全等前沿领域，继续沿着高灵敏（达分子级、原子级水平）、高选择（复杂体系）、高精准、高通量、多尺度、快速化和绿色化的方向发展，分析仪器也将继续向自动化、数字化、计算机化和智能化发展，以解决更多、更新、更复杂的科学问题。这将是分析化学对人类社会的新贡献，无疑也是它自身发展的一个新机遇。

1-4 分析测定的基本过程

通常情况下，一项分析测定的基本过程包括以下几个方面：①明确分析的目的和要求；②选择合适的分析方法；③选取代表性的试样（取样）；④预处理试样；⑤消除或分离干扰组分；⑥测定；⑦计算与评估测量结果。

1-4-1 分析的目的和要求

分析化学工作者接到一项分析任务后，首先应同分析任务的下达部门或送检人员即化学实验数据的使用者（用户）进行深入细致的讨论，以明确要获取哪些信息。例如，是只要进行元素或化合物的定性分析，还是要求对某指定组分进行定量分析，或还要求对试样进行“全分析”，即要对试样的所有主要组分进行全面的定性、定量和结构分析；另外，是否要求提供组分的存在价态、存在形式的信息，或者是否要求做表面分析、分布分析、结构分析等。其次，还应尽量收集有关试样的信息。例如，试样是有机化合物、无机物还是生化物质，应如何保存，溶解性如何，基体成分是什么，待测组分大致含量范围，研究对象是否可以破坏，需要的测量准确度与精密度如何，测量的时间要求，允许的经济成本，等等。这些都是选择、制订分析方案的重要参考依据。

1-4-2 分析方法的选择

分析方法的选择没有一个固定的程序，全凭牢靠、坚实的分析化学基础和经验。根据分析的目的和要求，结合本单位的仪器设备条件和分析人员的水平、能力和经验，依据试样的性质和试样量的大小以及可以接受的延迟时间（等待的时间加上分析的时间）等，结合方法的检出限、灵敏度和准确度，经济成本以及分析速度来选择适当的分析方法。①如要求测定的对象是常量组分，要求结果的准确度较高，多选用重量法或滴定分析法等化学分析方法，如测定软锰矿中的 MnO_2 的含量、铁矿石中全铁的含量和硅酸盐中 SiO_2 的含量等；②如要求测定的对象是微量组分，则主要考虑方法的灵敏度能否满足要求，如分析半导体、超导材料或高纯金属中的痕量杂质，可以选用原子吸收光谱法或原子发射光谱法等仪器分析方法；③如要求测定的对象是混合物，可以先分离再检测，如汽油中复杂碳氢化合物的混合物先经气相色谱法分离，再利用火焰离子化检测器进行检测；④如测定对象是有机化合物或生化物质，问题要复杂得多，一般要求先进行分离、富集和提纯，制备出纯品组分，然后选择多种谱学方法，综合运用，才能解决其组成和结构的问题；⑤很多情况下需使用“联用技术”，最常用的方法是将分离能力很强的色谱技术与质谱或光谱技术相结合，如气相色谱-质谱（GC-MS）、高效液相色谱-质谱（HPLC-MS）、高效液相色谱-傅里叶变换红外光谱（HPLC-FTIR）等；⑥有时会遇到一些特殊的试样，如航天试样、刑侦试样、考古试样或临床生化试样等，试样十分宝贵，取样量大小受到严格限制，而且难以再次取样，这就要求必须设计出合理的程序，选择可靠的方法进行分析。

对于某一给定试样中的某种待测组分的测定，通常可以在参考资料中查到一个或多个标准流程，但并不意味着该方法就一定适用于其他类型试样中同样组分的测定。因此往往需要进行文献检索，查阅资料，找到具体的分析方法。当目标分析物特殊，文献中没有对其进行具体分析方法的描述时，分析工作者应该根据文献中的信息以及自己的经验和知识储备为给定的样本建立合适的分析方法。

1-4-3 取样(采样)

从整体分析对象中抽取代表性的部分的过程就是取样。在任何分析化学过程中，取样都是非常关键的步骤。对取样工作的基本要求是：必须保证所得到的试样具有代表性，即其组成能代表整批物料的平均组成。否则，不管后续的分析工作做得如何仔细，也不管分析测定进行得如何准确，都是毫无意义的，甚至还会给实际工作造成严重后果。

实际分析对象多种多样，有固体、液体和气体，有金属、矿石、土壤、食品、医药、环境废水废气、临床血液、尿液、脑脊液等，试样的来源也往往不同，试样的性质、均匀程度和数量也各不相同，所以取样的方法和程序也不可能相同。关于各类试样的具体取样操作和相关程序，相关的国家标准或行业标准都有严格规定。例如，对矿石取样之后要进行破碎、研磨、过筛、混匀、缩分等一系列程序，获得足够分析测定和重复测定的试样。取样和制样通常都是由专门的科室按照标准化操作进行，此处从略。

1-4-4 溶样

在一般的分析测定中，大都需要将固体试样制成溶液。因此，对可溶性试样要进行溶解，对难溶性试样则要进行分解，使在试样中以各种形态存在的被测组分都转入溶液并呈某一可测定的状态。试样经溶解或分解后所得的溶液，称为试液。在溶解或分解试样时，应根据试样的化学性质采用适当的处理方法。对无机物常采用酸溶法、碱溶法或熔融法；对有机化合物或生物试样则常需进行湿法或干法分解(亦称消化)。不论采用何种方法处理，都要求：溶解或分解完全，尽量使被测组分全部转入试液，在此过程中不造成损失；不从外部混进被测组分，并尽可能避免引进干扰物质。

对液体试样和气体试样的处理还需要专门的技术，可查阅相关标准。

本书第 10 章将较详细地介绍有关试样的分解问题。

1-4-5 干扰组分的掩蔽和分离

复杂物质中常含有多种组分，在测定其中某一组分时，共存的其他组分常产生干扰，故应当设法消除。采用掩蔽剂来消除干扰是一种比较简单、有效的方法。但在许多情况下并没有合适的掩蔽方法，这就需要将被测组分与干扰组分分离。常用的分离方法有沉淀分离法、溶剂萃取分离法、离子交换分离法和液相色谱分离法等，将在本书第 9 章介绍。

1-4-6 分析测定

根据被测组分的性质、含量和对分析结果准确度的要求等，选择最合适的分析方法进行测定。各种分析方法的灵敏度、选择性、准确度和适用范围都有较大差异，所以应熟悉各种方法的特点和应用范围，做到能根据需求正确选择分析方法。有关化学分析的各种分析方法是本书的主要内容。

1-4-7 分析结果的计算与评估

根据所取试样的质量、测定所得数据和分析过程中有关反应的计量关系，可以计算出试样中被测组分的含量。通常都要对试样进行多次平行测定，将测定的平均值作为结果。还要应用统计处理的方法来评估测定结果与真实值的接近程度，评价测定结果的可靠性。关于分析化学中的误差与分析数据的处理，请参阅本书的第 2 章。

1-5 分析结果的表示方法

1-5-1 被测组分的化学表示形式

（1）以实际存在型体表示 例如，在电解食盐水的分析中常以被测组分在试样中所存在的型体表示，即用 Na^+，Ca^{2+}，Mg^{2+}，SO_4^{2-} 和 Cl^- 等形式计算各种被测离子的含量。

（2）以元素形式表示 例如，对金属或合金以及有机化合物或生物试样的组成元素进行分析，常以元素形式如 Fe，Al，Cu，Mo，W，C，H，O，N，S，P 等计算各被测组分的含量。

（3）以化合物形式表示 例如，矿石或土壤都是一些复杂的硅酸盐，由于其具体化学组成难以分辨，故在分析中常以各种氧化物如 K_2O，Na_2O，CaO，MgO，Fe_2O_3，Al_2O_3，SO_2，P_2O_5，SiO_2 等形式来表示所测的相应元素组分；对化工产品的规格分析，以及对一些简单无机盐或有机化合物的分析，分析结果多以其化合物组成，如 KNO_3，$NaNO_3$，$(NH_4)_2SO_4$，KCl 和乙醇、尿素、苯、苯乙烯等的含量来表示。

1-5-2 被测组分含量的表示方法

（1）固体试样 固体试样中被测常量组分的含量，通常以质量分数表示。设被测组分的化学表示形式为 x，实验测得被测组分的质量为 m_x，分析测定所用试样的质量为 m_s，则二者的比值即为被测组分的质量分数，以 w_x 表示，即

$$w_x = \frac{m_x}{m_s}$$

式中，w_x 量纲为 1。在实际工作中，含量也常采用百分数的表示方式，这也是质量分数的一种表示形式。例如，某铁矿石试样中铁的质量分数 $w_{Fe}=0.564\ 3$，也可以表示为 $w_{Fe}=56.43\%$。

当待测组分含量非常低时，可采用 $\mu g \cdot g^{-1}$（ppm 或 10^{-6}），$ng \cdot g^{-1}$（ppb 或 10^{-9}）和 $pg \cdot g^{-1}$（ppt 或 10^{-12}）来表示测定结果。

（2）液体试样 液体试样中待测组分的含量可用下列方式来表示。

① 物质的量浓度：待测组分的物质的量除以试液的体积，常以 c_x 表示，即

$$c_x = \frac{n_x}{V_s}$$

常用单位 $mol \cdot L^{-1}$。式中，n_x 为被测组分的物质的量，单位为 mol；V_s 是试液的体积，常用单位 L。但也可以根据实际情况，对低含量的被测组分采用 $mmol \cdot L^{-1}$ 表示测定结果。如健康人群餐前血糖的浓度范围为 3.9~6.1 $mmol \cdot L^{-1}$。

② 质量摩尔浓度:待测组分的物质的量除以溶剂的质量,常用单位 $mol \cdot kg^{-1}$。

③ 质量分数:待测组分的质量除以试液的质量。

④ 体积分数:待测组分的体积除以试液的体积,以 φ_x 表示,即

$$\varphi_x = \frac{V_x}{V_s}$$

式中,φ_x 量纲为 1;V_x 和 V_s 分别为被测组分和试液的体积,两者应在相同温度和压力条件下获得,并取相同的体积单位。

⑤ 质量浓度:待测组分的质量除以试液的体积,以 ρ_x 表示,即

$$\rho_x = \frac{m_x}{V_s}$$

常以 $mg \cdot L^{-1}$、$\mu g \cdot L^{-1}$ 或 $\mu g \cdot mL^{-1}$(ppm)、$ng \cdot mL^{-1}$(ppb)、$pg \cdot mL^{-1}$(ppt)等表示测定结果。

(3) 气体试样　气体试样中的常量或微量组分的含量,通常以气体体积分数来表示。

思　考　题

1-1　简述什么是分析化学,以及它的任务和作用。

1-2　化学分析法有什么特点?

1-3　仪器分析法有什么特点?

1-4　如何选择分析方法?

习　　题

1-1　30.0 mL 0.150 $mol \cdot L^{-1}$ HCl 溶液和 20.0 mL 0.150 $mol \cdot L^{-1}$ $Ba(OH)_2$ 溶液相混合,混合后的溶液是酸性、中性,还是碱性?计算过量反应物的浓度。

1-2　将 10 mg NaCl 溶于 100 mL 水中,请用 c, w 和 ρ 分别表示溶液中的 NaCl 浓度,其中 ρ 分别用 mg/mL 和 ppm 为单位。

1-3　一含 Pb 的试样 0.525 0 g,经过适当处理定量地生成 $PbSO_4$ 沉淀 0.426 4 g。求算该试样中 Pb 组分以 $PbSO_4$, Pb 和 PbO 等形式表示的质量分数。

1-4　计算下列溶液的物质的量浓度。

(1) 相对密度为 1.057,含 HCl 12%(质量分数)的盐酸;

(2) 相对密度为 0.954,含 $NH_3$①11.6%(质量分数)的氨水。

参考答案

① 氨水中 NH_3 的实际存在形式为 $NH_3 \cdot H_2O$,但由于本书中涉及大量的氨的络合物和浓度的相关计算,为简便起见,均以 NH_3 的简化形式表示氨水的组成。

第2章　定量分析中的误差及分析数据的处理

定量分析中的误差是指实验测得结果与真实值之间的差值。定量分析的目的是准确测定试样中有关组分的含量。但是在分析过程中,由于受到各种主客观因素的制约,即使是由技术很熟练的分析工作者,采用当前最先进的方法和最精密的仪器,测定的结果也不可能绝对准确;同一人员在相同条件下对同一试样进行多次测定,结果也不可能完全相同,可见在分析过程中的误差是客观存在的,是不可能完全避免或消除的。因此,分析工作者不仅要对试样中的待测组分进行测定,而且要学会运用科学的方法表述分析结果,并正确评价分析结果的可靠程度,探讨误差产生的原因和误差出现的规律,并采取相应措施减小误差对分析结果的影响,使测定结果尽可能接近试样中待测组分的真实含量。

2-1　定量分析的误差

2-1-1　误差的分类

根据误差的来源和性质,可以将误差分为系统误差和随机误差。

1. 系统误差

系统误差是由分析过程中某些固定原因引起的误差,其突出特点如下。

单向性——系统误差对分析结果的影响比较固定,可以使测定结果系统偏高或系统偏低,其大小也有一定规律。

重现性——当重复测定时,系统误差会重复出现。

可测性——一般来说,产生系统误差的具体原因都是可以找到的,因此也就能够设法加以测定,从而消除其对测定结果的影响,所以系统误差又称可测误差。

根据系统误差产生的具体原因,可以进一步把系统误差分为如下几类。

(1) 方法误差　方法误差是由某一分析方法本身不够完善或有缺陷造成的。例如,滴定分析中所选用指示剂的变色点与化学计量点不相符合、沉淀重量法的洗涤过程中产生一定的损失等,都系统地影响测定结果,使之偏高或偏低。

(2) 仪器误差　仪器误差是由所用仪器本身不够准确造成的。例如,滴定管刻度不准、容量瓶未经校准、分析天平未经校准等,都会带来仪器误差。

(3) 试剂误差　试剂误差是由实验时所使用的试剂或去离子水不纯造成的。例如,试剂中含有被测组分或干扰物质等,都会系统地导致测定结果偏高或偏低。

(4) 操作误差　操作误差是指分析人员所掌握的操作方法与正确的操作规程稍有出入所造

成的误差,是由分析人员一些主观上或习惯上的原因造成的。例如,有的分析人员在滴定时读数总是习惯偏高或偏低;判断滴定终点的指示剂颜色时,有的习惯偏深,有的则习惯偏浅,从而造成误差。

2. 随机误差

随机误差又称偶然误差,它是由某些无法控制和避免的偶然因素造成的。例如,分析过程中测定条件(环境温度、湿度和气压等)的微小波动,仪器性能的微小变化(如仪器噪声),天平称量和滴定管读数的不确定性等。这些偶然因素很难被分析人员觉察或控制,但却会使分析结果产生波动,从而造成误差。随机误差的特点是其大小和方向都不固定,因此无法测量,也不可能加以校正,所以随机误差又称不可测误差。如果说误差是客观存在的、是不可避免的,就是指随机误差不可避免。正是因为随机误差出现的随机性,当对某试样进行多次平行测定时,所得结果也不可能完全一致。

随机误差的出现忽大忽小,忽正忽负,表面上看似乎毫无规律,但实际上也是有其规律的,它的出现服从统计规律。关于随机误差分布规律的详细讨论,见本章 2-2 节。

除了系统误差和随机误差外,在分析过程中还会遇到由于过失或差错造成的所谓“误差”,这其实是一种错误。这种错误不同于上面讨论的两类误差,它是由操作者责任心不强、粗心大意或者违反操作规程等原因造成的,如加错试剂、试液溅失、读错刻度、记录错误等。这种由于过失而造成的错误是应该也是完全可以避免的,因此不在误差的讨论范围之内。

2-1-2 准确度与精密度

1. 准确度与误差

准确度表示测定值与真值相符合的程度。测定值与真值越接近,测定就越准确。准确度的大小可以用误差来衡量。

误差通常有两种表示方法:绝对误差和相对误差。

从理论上说,试样中某一组分的含量必有一个客观存在的真实值,称为“真值”。测定值(x)与真值(T)之差称为绝对误差(E_a):

$$E_a = x - T \qquad (2-1)$$

绝对误差的绝对值越小,表明测定值与真值越接近,准确度越高;反之,绝对误差的绝对值越大,准确度越低。

分析结果的误差也常用相对误差(E_r)来表示,即

$$E_r = \frac{E_a}{T} = \frac{x-T}{T} \qquad (2-2)$$

相对误差表示绝对误差在真值中所占的比例。相对误差的绝对值越小,测定的准确度越高。

对于某组分在试样中的含量,人们是不可能精确地知道客观存在的真值的,而只能随着测量技术的不断进步而测得越来越接近真值的结果。因此在实际工作中往往用“标准值”代替真值来检验一种分析方法的准确度。标准值是由不同实验室许多经验丰富的分析人员,用多种可靠的分析方法对同一试样经过大量重复测定而得到的结果的平均值,因此是相当准确的,是现实水平上最接近真值的测量值,如国家标准局提供的标准试样的数据等。虽然从理论上讲标准值并不等于真值,但是在实际工作中人们都把它作为真值来看待。可以利用标准值来估算出 E_a 和

E_r，进而估计测定结果的准确度。

从式(2-1)和式(2-2)可以看到，绝对误差与相对误差都有正、负之分。误差为正值，表示测定值比真值偏高；误差为负值，表示测定值比真值偏低。

例 2-1　已知两试样的真实质量分别是 0.512 6 g 和 5.125 1 g，用分析天平称量两试样，结果分别为 0.512 5 g和 5.125 0 g，求对两试样称量的绝对误差和相对误差。

解：二者称量的绝对误差分别为

$$E_{a_1}=0.5125\ \text{g}-0.5126\ \text{g}=-0.0001\ \text{g}$$

$$E_{a_2}=5.1250\ \text{g}-5.1251\ \text{g}=-0.0001\ \text{g}$$

二者称量的相对误差分别为

$$E_{r_1}=\frac{E_{a_1}}{T_1}=\frac{-0.0001\ \text{g}}{0.5126\ \text{g}}=-0.02\%$$

$$E_{r_2}=\frac{E_{a_2}}{T_2}=\frac{-0.0001\ \text{g}}{5.1251\ \text{g}}=-0.002\%$$

由计算结果可知，绝对误差相等，相对误差并不一定相等，如例 2-1 中第一个称量结果的相对误差的绝对值为第二个称量结果的 10 倍。也就是说，同样的绝对误差，当被测定的量较大时，其相对误差的绝对值较小，故测定的准确度较高。因此，采用相对误差来表示测定的准确度通常更为准确。

2. 精密度与偏差

精密度是指在相同的测定条件下，对同一试样进行多次重复测定时，各平行测定结果之间相互接近的程度。各测量值越接近，精密度越高；反之，精密度越低。精密度与准确度是两个不同的概念。以打靶为例，准确度描述的是靶点与靶心的接近程度，精密度描述的是多次射击的靶点之间距离的接近程度(图 2-1)。

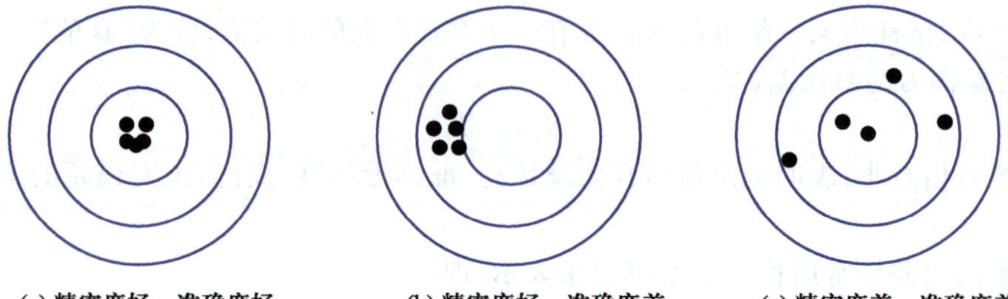

图 2-1　以打靶结果对比准确度与精密度

精密度一般可以用平均偏差、标准偏差和极差等不同的方式来表示。

为了获得可靠的分析结果，一般在相同条件下对同一试样平行测定几次，然后取平均值。设一组平行测定数据为

$$x_1, x_2, \cdots, x_n$$

若用平均值表示，则

$$\bar{x}=\frac{x_1+x_2+\cdots+x_n}{n} \tag{2-3}$$

通常，平均值是一组平行测定数据中出现可能性最大的值，因而是最可信和最有代表性的值，它代表了这组数据的平均水平和集中趋势，故人们常用平均值来表示分析结果。

平均值虽然能够反映出一组平行测定数据的集中趋势，却不能反映出这组平行测定数据的分散程度，即不能反映出测定数据的精密度。为此，引入偏差的概念。个别测定值与平均值的差值称为偏差：

$$d_i = x_i - \bar{x} \quad (i=1,2,\cdots,n) \tag{2-4}$$

平均偏差$(\bar{d})$为偏差绝对值的平均值：

$$\bar{d} = \frac{|d_1| + |d_2| + \cdots + |d_n|}{n} \tag{2-5}$$

相对平均偏差为

$$\bar{d}_r = \frac{\bar{d}}{\bar{x}} \tag{2-6}$$

从式(2-4)，式(2-5)和式(2-6)可以看到，偏差必然有正有负，而平均偏差和相对平均偏差则由于取了绝对值而都是正值。平行测定数据越接近，平均偏差或相对平均偏差就越小，说明分析的精密度越高；反之，平行测定数据越分散，平均偏差或相对平均偏差就越大，说明分析的精密度越低。

在用统计方法处理数据时，也常用标准偏差或相对标准偏差来表示分析结果的精密度。标准偏差又称均方根偏差：

$$S = \sqrt{\frac{\sum d_i^2}{n-1}} = \sqrt{\frac{\sum (x_i - \bar{x})^2}{n-1}} \tag{2-7}$$

相对标准偏差又称变异系数，常用 S_r 表示，其定义式为

$$S_r = \frac{S}{\bar{x}} \tag{2-8}$$

由于在计算标准偏差时把单次测定值的偏差先平方再加和，所以标准偏差往往比平均偏差能够更灵敏地反映出较大偏差的测定值对测定结果的影响，因而 S 和 S_r 能更灵敏地反映出数据的分散程度，在统计学上更有意义。

也可以用极差来反映一组平行测定数据的精密度。极差又称全距，用 R 表示，是一组平行测定数据中的最大值(x_{max})与最小值(x_{min})之差：

$$R = x_{max} - x_{min} \tag{2-9}$$

R 越大表明平行测定值越分散。但由于极差没有充分利用所有的平行测定数据，其对测量精密度判断的精确程度较差。

处理分析数据时，有时也可以用中位数(M)来代表一组平行测定数据，表示数据的集中趋势。若一组平行测定数据是奇数个，则中位数是将平行测定数据按大小顺序排列以后正好处于中央的那个测定值；若平行测定数据是偶数个，则取中央相邻的两个测定值的平均值作为中位数。中位数并不常用，通常只有当平行测定次数较少，又有离群较远的可疑值，即某一测定值与

其他测定值相差较大时,才用中位数来代表分析结果。

例 2-2 测定某铁矿石试样的含铁量(以 Fe_2O_3 表示),5 次平行测定结果为 62.48%,62.37%,62.47%,62.43%,62.40%。计算测定结果的平均值、中位数、平均偏差、相对平均偏差、标准偏差、相对标准偏差和极差。

解:

$$\bar{x}=\frac{1}{5}(62.48\%+62.37\%+62.47\%+62.43\%+62.40\%)=62.43\%$$

$$M=62.43\%$$

$$\bar{d}=\frac{1}{5}(0.05\%+0.06\%+0.04\%+0\%+0.03\%)=0.04\%$$

$$\bar{d}_r=\frac{0.04\%}{62.43\%}=0.000\ 6=0.06\%$$

$$S=\sqrt{\frac{0.05^2+0.06^2+0.04^2+0^2+0.03^2}{5-1}}\%=0.05\%$$

$$S_r=\frac{0.05\%}{62.43\%}=0.000\ 8=0.08\%$$

$$R=62.48\%-62.37\%=0.11\%$$

例 2-3 比较同一试样的两组平行测定值的精密度。

第一组测定值				第二组测定值			
10.3	9.8	9.6	10.2	10.0	10.1	9.5	10.2
10.1	10.4	10.0	9.7	9.9	9.8	10.5	9.7
10.2	9.7			10.4	9.9		

解:

第一组测定值的处理	第二组测定值的处理
$\bar{x}_1=10.0$	$\bar{x}_2=10.0$
$\bar{d}_1=0.24$	$\bar{d}_2=0.24$
$\bar{d}_{r_1}=0.024$	$\bar{d}_{r_2}=0.024$
$S_1=0.28$	$S_2=0.31$
$S_{r_1}=0.028$	$S_{r_2}=0.031$

如果仅从平均偏差和相对平均偏差来看,两组数据的精密度似乎没有差别。但如果比较标准偏差和相对标准偏差,就可以看到 $S_1<S_2$ 和 $S_{r_1}<S_{r_2}$,即第一组数据的精密度要比第二组更高。可见,标准偏差比平均偏差能更灵敏地反映出测定数据的精密度,更好地反映两组数据分散程度的差异。

3. 准确度与精密度的关系

准确度是指测定值与真值的符合程度,可以用误差的大小来度量。而误差的大小与系统误差和随机误差都有关,反映了测定结果的准确性。精密度则是指在相同条件下,一组平行测定数据相互间符合的程度,可以用平均偏差或标准偏差的大小来度量。而平均偏差与标准偏差的大小仅与随机误差有关,与系统误差无关,因此它们反映的只是测定的重现性,而不能反映测定值与真值之间的相符合程度。应该同时从准确度与精密度这两个方面来衡量和评价分析结果的好坏。

例如,图 2-2 表示甲、乙、丙、丁四个人分析同一标准铁试样中铁含量的结果。甲测定结果的准确度与精密度均高,结果可靠。乙测定的精密度很高,但准确度太低,说明他的测定存在较大的系统误差。丙测定的精密度与准确度都很低,结果当然不可靠。丁测定的精密度很低,其平均值却很接近真值,但这并不能说明丁的分析结果很准确。因为丁的测定平均值接近真值只是由于较大的正误差与负误差恰好相互抵消,如果少取一次测定值或多做一次测定,都会显著影响其平均值的大小。所以丁的结果具有偶然性,并不真正可靠。

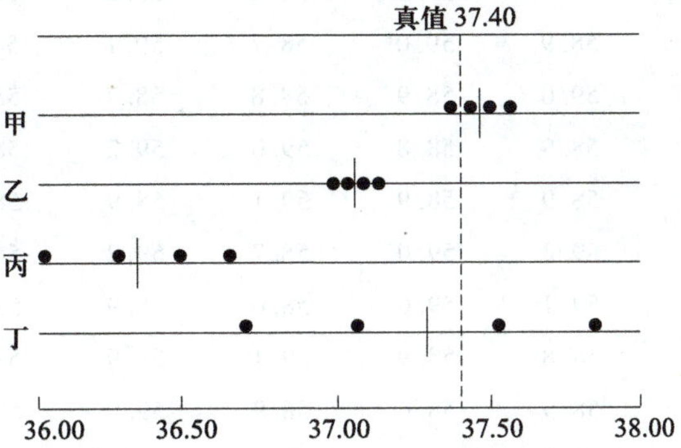

图 2-2 铁含量(%)测定结果示意图

(●:单次测定值;|:平均值)

可见,高精密度是获得高准确度的必要条件,准确度高一定要求精密度高。但是精密度高却不一定准确度高,因为精密度高只反映了随机误差小,却并不能保证消除了系统误差,如图 2-2 中乙的结果。所以,要从准确度和精密度这两个方面,即消除系统误差和减小随机误差这两个方面来努力,以保证分析结果的准确性和可靠性。

2-2 随机误差的统计分布规律

本节讨论有关随机误差的理论和方法。要说明的是,这种讨论是在假定不存在或消除了系统误差的前提下进行的。系统误差可以测量和校正,因此对于实验中出现的系统误差,关键在于找到产生它的原因,从而消除其影响。实际测量中往往系统误差和随机误差同时存在,这里假定系统误差不存在,是为了使所讨论的问题简单化。

从表面上看,随机误差出现的大小和方向都不固定,似乎很不规律,也很难把握。但实质上,随机误差的出现和分布也是有规律的,它服从统计规律。统计规律是当测定次数比较多时才能总结出来的规律。随机误差的分布规律为测量数据的处理提供了理论基础。

2-2-1 随机误差的正态分布

1. 频率密度分布

例如,某班学生用氧化还原滴定法测定某软锰矿中 MnO_2 的含量,共得到 205 个数据,见表 2-1。

表 2-1　某软锰矿中 MnO_2 的含量　　单位:%

59.3	58.9	58.5	59.1	59.0	58.8	58.9	58.6	58.9	58.7
59.0	58.9	59.2	58.8	59.1	59.4	58.9	59.0	58.5	58.9
58.9	58.4	58.9	58.9	58.7	58.7	58.6	59.1	58.9	58.2
59.2	58.8	59.0	58.7	58.6	59.0	58.3	58.9	58.8	59.0
58.9	59.1	58.7	58.9	58.8	58.1	58.9	59.0	59.5	58.8
58.9	59.0	58.6	58.9	59.3	58.9	58.8	58.4	59.1	59.2
58.8	58.7	58.9	59.1	59.0	58.4	58.9	58.5	58.9	59.0
58.7	59.2	58.8	58.9	59.0	58.7	59.1	58.8	58.6	59.1
58.9	59.1	59.3	59.0	58.9	58.8	58.7	58.8	58.9	58.9
58.9	59.0	58.8	58.9	58.8	59.0	59.2	58.9	58.7	59.1
58.9	58.6	58.9	58.9	58.9	59.1	58.9	58.9	58.8	59.0
58.9	58.8	59.1	59.3	59.0	58.7	59.2	58.9	58.9	59.4
58.8	58.5	58.8	59.1	59.0	58.6	58.9	59.1	59.0	58.8
58.7	59.3	58.9	58.8	58.9	59.1	58.9	58.8	58.9	59.2
58.9	58.9	58.8	58.9	58.6	58.9	59.0	59.1	58.8	58.7
59.0	59.1	59.2	58.9	58.8	59.4	59.0	58.7	58.8	58.9
59.0	58.7	58.9	58.5	58.9	58.6	58.8	59.0	58.9	58.8
58.8	58.4	59.0	58.8	59.1	58.8	58.9	58.7	58.9	59.1
59.1	58.9	58.6	58.9	59.2	59.0	59.3	58.8	58.3	59.0
58.7	59.0	59.6	59.0	59.5	59.1	59.0	58.9	58.7	58.8
59.1	58.9	58.8	58.9	58.7					

表 2-1 中的这些数据有大有小,杂乱无章。假设在测定中不存在系统误差,则这批数据的波动完全是由随机误差引起的。现对这批数据加以整理,以考察其表现出的规律性。

这 205 个数据的分布范围为 58.1%~59.6%,极差 $R=1.5\%$,平均值 $\bar{x}=58.9\%$,标准偏差 $S=0.23\%$。将这批数据由小到大进行分组,设定每组的宽度,即组距 $\Delta x=0.1\%$。为了避免同一数据横跨两组的现象发生,将每组的边界值比实际测量值多取一位有效数字。例如,第 1 组为 58.05%~58.15%,第 2 组为 58.15%~58.25%,等等。这些数据共分 16 组,可以覆盖全部测量数据。测量数据在每组内出现的次数或处在每个组内的个数称为这个组的频数(n_i)。例如,在第 1 组内 58.1%只出现 1 次,故 $n_1=1$;在第 2 组内 58.2%有 2 个,故 $n_2=2$,等等。每组的频数 n_i 与数据总数 n 之比称为该组的频率,也就是相对频数(n_i/n)。如第 1 组的频率为 1/205=0.005,第 2 组的频率为 2/205=0.010,等等。频率与组距 Δx 的比值称为该组的频率密度[$n_i/(n\cdot\Delta x)$]。如第 1 组的频率密度为 0.005/0.1=0.05,第 2 组的频率密度为 0.010/0.1=0.10,等等。

按以上程序将这批数据全部处理之后,把结果列于表 2-2 中。由表 2-2 可以看到,经过整理,原来杂乱无章的数据表现出某种规律性。其中最突出的特点是,随着测定数据由小到大变化,频率密度先是由小到大,在达到某一最大值后又由大到小;而频率密度值最大的第 9 组恰是平均值 58.9%所在的组。由此可见,分散的测定数据有向平均值集中的趋势。

表 2-2 频率密度分布表

组号	测量值/%	频数(n_i)	频率(n_i/n)	频率密度[$n_i/(n\cdot\Delta x)$]
1	58.05~58.15	1	0.005	0.05
2	58.15~58.25	2	0.010	0.10
3	58.25~58.35	2	0.010	0.10
4	58.35~58.45	3	0.015	0.15
5	58.45~58.55	5	0.024	0.24
6	58.55~58.65	10	0.049	0.49
7	58.65~58.75	18	0.088	0.88
8	58.75~58.85	34	0.166	1.66
9	58.85~58.95	58	0.283	2.83
10	58.95~59.05	29	0.141	1.41
11	59.05~59.15	22	0.107	1.07
12	59.15~59.25	9	0.044	0.44
13	59.25~59.35	6	0.029	0.29
14	59.35~59.45	4	0.020	0.20
15	59.45~59.55	1	0.005	0.05
16	59.55~59.65	1	0.005	0.05
合　计		205	1.001	

以测量值为横坐标，频率密度为纵坐标，作频率密度直方图(图 2-3)。从频率密度直方图中可以更明显地看出这批数据的规律性，即不仅随着测量值 x 的增大，频率密度先由小到大，再由大到小，在平均值处达到最大；而且测量值在平均值附近的频率密度要比在远离平均值处的频率密度大得多，即在平均值附近出现数据的次数要远多于远离平均值的数据出现的次数。例如，这里有大约 90%的数据都集中于平均值两侧±0.3%这样一个小范围内，即处于 58.6%~59.2%，而在这个范围之外的数据出现的机会则要少得多。

从这个实例可以看到，测量数据并不像初看起来那样的杂乱无章，而是服从某种统计规律。所谓统计规律，是指那些从少量数据中看不出什么规律性，而只有通过对大量数据进行分析和比较才能看出的规律。就个别测量值而言，它的大小确实没有规律，表现出测量数据的波动性，即分散性，以及随机误差不可控制的特点。但是，当平行测定的次数很多时，测量值又具有明显的向平均值集中的趋势。可见，测量数据既有分散性，又有集中性。可以合理地设想，如果测量的精确程度更好，测量次数更多，分组更细，频率密度直方图将逐渐趋于一条连续的曲线，此时上述特点将表现得更加明显。

2. 高斯方程

分析测定中获得的不含系统误差的平行测量数据一般遵从正态分布(normal distribution)规

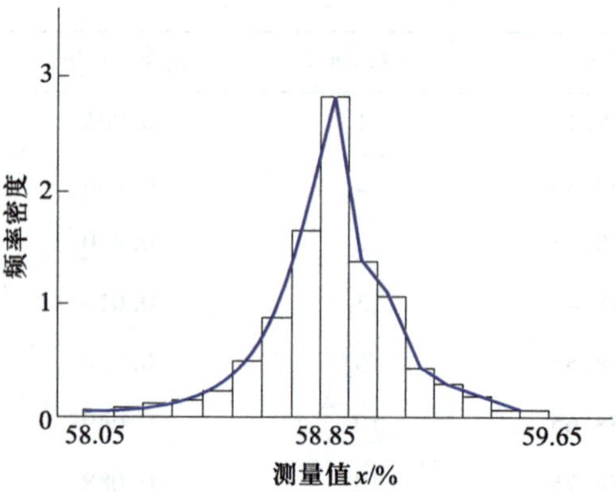

图 2-3 频率密度直方图

律,又称高斯(Gaussian)分布。正态分布的概率密度函数式又称高斯方程,即

$$y=f(x)=\frac{1}{\sigma\sqrt{2\pi}}e^{-\frac{(x-\mu)^2}{2\sigma^2}} \tag{2-10}$$

式中,函数 y 表示个别测量值 x 出现的概率密度,相当于上面 MnO_2 含量的实例中某一组内测量值出现的频率密度 $n_i/(n\cdot\Delta x)$;μ 为总体平均值,相当于实例中的平均值 $\bar{x}$;σ 为总体标准偏差,相当于实例中的标准偏差 S;自变量 x 表示个别测量值,相当于实例中的每个具体的测量数据。

高斯方程的推导比较复杂,涉及一系列数学原理,在此不加讨论。因为高斯方程中各个参数的含义比较抽象,为便于理解,这里将它们与实例中的各参数一一对照。但这里的"对照"并不是严格定义的对照。

按照严格定义,μ 为总体平均值。这里"总体"是指无限多次测量值的全体。因此 μ 是无限多次测量值的平均值,在没有系统误差时,它就是真值。而 $\bar{x}$ 则只是有限次测量值的平均值。同理,σ 为总体标准偏差,也就是无限多次测量值的标准偏差,而 S 则只是有限次测量值的标准偏差。σ 的定义式为

$$\sigma=\sqrt{\frac{\sum(x_i-\mu)^2}{n}} \tag{2-11}$$

对比式(2-7)中 S 的定义式:

$$S=\sqrt{\frac{\sum(x_i-\bar{x})^2}{n-1}}$$

该式中的$(n-1)$为自由度,用f表示。自由度f是指独立变量的个数。对于一组有限次测量数据的样本,当平均值 $\bar{x}$ 确定之后,只有$(n-1)$个测量值是可以任意变化的,故自由度$f=n-1$。而当测量次数无限多时,n 个测量值都可以任意变化,故自由度 $f=n$,同时 $\bar{x}$ 趋近 μ。即当 $n\to\infty$ 时,$S\to\sigma$。因此,在总体基础上定义的 y 称为概率密度,而不是有限次测量的频率密度。这里的概率也可以理解为在无限多次测量中,测量值 x 在某一范围内出现的频率,即 $n\to\infty$ 时的n_i/n。于是概率密度可以理解为在无限多次测量中,分组的组距为无限小时,测量值 x 出现的频率密度,

即 $n \to \infty$，$\Delta x \to 0$ 时的 $n_i/(n \cdot \Delta x)$。

在高斯方程中，当 μ 和 σ 确定后，就只存在两个变量 x 和 y，二者互相对应。所以高斯方程反映了测量值 x 与概率密度 y 之间的函数关系 $y=f(x)$，反映了在无限多次测量中，某单次测量值出现的概率密度。

3. 正态分布曲线

正态分布曲线是高斯方程的形象化表示，它直观地表明了在同一总体的无限多次测量中，各种可能的测量值的分布情况。图 2-4 是 μ 相同，σ 不同的两条正态分布曲线；图 2-5 是 σ 相同，μ 不同的两条正态分布曲线。

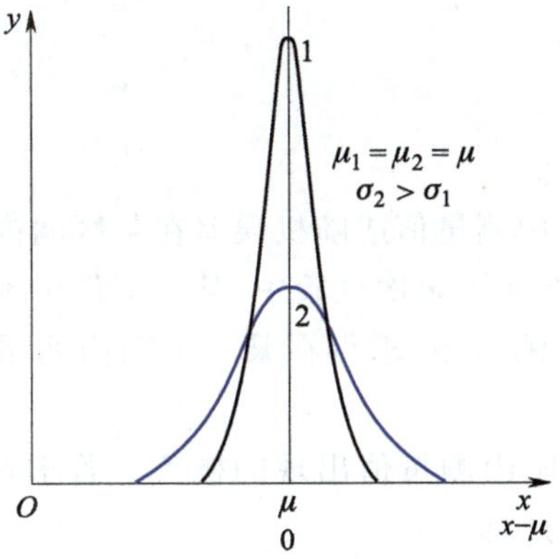

图 2-4 μ 相同，σ 不同的两条正态分布曲线

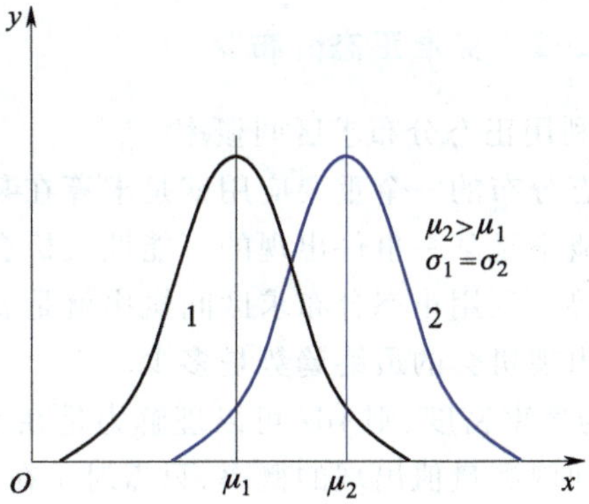

图 2-5 σ 相同，μ 不同的两条正态分布曲线

由图 2-4 和图 2-5 可以看出正态分布曲线有以下规律及特点。

(1) 共性 无论正态分布曲线的形状和位置有何不同，它们都有一些共同的特点。

① 单峰性：随着测量值 x 的增大，概率密度 y 总是由小到大再由大到小变化，而在 $x=\mu$ 时 y 值最大，出现一个且只有一个峰值。而且 x 在 μ 附近出现的概率密度大，在远离 μ 的区域出现的概率密度小。这说明测量数据具有明显的向总体平均值 μ 集中的趋势。

② 有界性：在没有系统误差存在时，总体平均值 μ 就是真值。而测量数据在远离 μ 的区域出现的概率密度小，说明大误差的测量值出现的机会少。从理论上说，由于随机误差的大小是无法控制的，因而任何误差的测量值都有可能出现。但由于极大误差的测量值出现的机会微乎其微，因此可以认为实际上它是不可能出现的。实际测量结果总是被限制在一定范围内波动，它是有界的。

③ 对称性：在无限多次测量中，绝对值相等的正误差和负误差的测量值出现的机会是相等的，正态分布曲线以 $x=\mu$ 这条直线为对称轴，曲线是对称的。

(2) μ 和 σ 对正态分布的影响 正态分布曲线的形状和位置受到 μ 值和 σ 值大小的影响。从数学上可以证明，σ 是曲线任意一侧拐点到直线 $x=\mu$ 的距离。当 μ 值相同，σ 值不同时，曲线的形状不同。σ 越小，曲线越陡峭，表明数据越集中；σ 越大，曲线越平坦，表明数据越分散(图 2-4)。可见，σ 的大小代表着测量数据的分散程度。当 σ 值相同，μ 值不同时，曲线的形状不变，而只是沿横轴平移(图 2-5)。由于测量数据总是向 μ 集中，所以 μ 的大小代表着测量数据集中于何处。

总体平均值μ和总体标准偏差σ分别代表测量数据的集中趋势和分散程度。当μ和σ确定以后，正态分布曲线的形状和位置就确定了。因此，μ和σ是正态分布的两个基本参数。通常也把正态分布记作$N(\mu,\sigma^2)$，其中σ^2称为方差。

(3) 随机误差的正态分布　由于总体平均值μ就是真值，则个别测量值x的随机误差即等于$(x-\mu)$。如果将正态分布曲线的横坐标由x转换成$(x-\mu)$，则测量值的正态分布曲线就转换成随机误差的正态分布曲线。此时，对应于y最高点的横坐标值则由μ转化为0，即随机误差为0的测量值出现的概率密度最大，而整个曲线的形状并未改变，见图2-4。可见，同一总体的随机误差的分布具有与测量值的分布完全相同的规律和特点，区别仅在于分布曲线的横坐标，故在下面的讨论中不再严格区分它们。

2-2-2 标准正态分布

1. 利用正态分布求区间概率

正态分布的一个重要应用就是求算在某一正态分布中测量值或随机误差在某区间内出现的概率。概率是某一事件出现的可能性或机会，它代表了在无限多次试验中，某一事件出现机会的最终趋势。利用正态分布求区间概率就是要在无限多次测量中，求得在某一范围内测量值或随机误差出现机会的最终趋势是多少。

y为概率密度，则$y\mathrm{d}x$可以理解为是在无限小区间$\mathrm{d}x$内测量值出现的概率。若求在$x_1 \sim x_2$这个区间内测量值出现的概率，只需对y在此范围内积分，即

$$P=\int_{x_1}^{x_2} y\mathrm{d}x=\int_{x_1}^{x_2} f(x)\mathrm{d}x=\frac{1}{\sigma\sqrt{2\pi}}\int_{x_1}^{x_2}\mathrm{e}^{-\frac{(x-\mu)^2}{2\sigma^2}}\mathrm{d}x \tag{2-12}$$

这里的P就是在$x_1 \sim x_2$这个区间内测量值出现的概率，这在正态分布曲线图上表现为分布曲线下$x=x_1$与$x=x_2$两直线之间的面积。

正态分布曲线下的总面积是各测量值或随机误差出现概率的总和，它是概率密度y在$-\infty<x<+\infty$区间的定积分值，等于1或100%，即

$$P=\int_{-\infty}^{+\infty} y\mathrm{d}x=\frac{1}{\sigma\sqrt{2\pi}}\int_{-\infty}^{+\infty}\mathrm{e}^{-\frac{(x-\mu)^2}{2\sigma^2}}\mathrm{d}x=1 \tag{2-13}$$

对于区间概率的计算，通常都是采用数值计算的方法，把每个具体区间的积分结果计算出来，列成积分表，再通过查表得到相应的区间概率值。

但是，正态分布曲线的形状和位置要受到μ值和σ值大小的影响，不同的μ值和σ值就会有不同的正态分布，各种不同的正态分布的数目将是无限多的。显然，不可能给每一个正态分布都准备一个积分表。为此，引入标准正态分布(standard normal distribution)的概念。

2. 标准正态分布

任何一种正态分布都可以通过参数变换而转换成同一个标准正态分布。这样只需计算出这个标准正态分布的积分表，就可以解决所有正态分布的求区间概率的问题。

为了把一个普通的正态分布式(2-10)转换成标准正态分布，作参数变换，令

$$u=\frac{x-\mu}{\sigma} \tag{2-14}$$

可以通过这个参数变换将原来x的函数$f(x)$转变为新的u的函数$\phi(u)$，而同时又不改变概率

密度 y 的本来含义。即某测量值 x 和与其相对应的 u 在它们各自的微小区间内出现的概率应该完全相等：

$$f(x)\,\mathrm{d}x=\phi(u)\,\mathrm{d}u \tag{2-15}$$

所以

$$\phi(u)=f(x)\frac{\mathrm{d}x}{\mathrm{d}u} \tag{2-16}$$

由式(2-14)得

$$\mathrm{d}u=\frac{1}{\sigma}\mathrm{d}x \tag{2-17}$$

故

$$\frac{\mathrm{d}x}{\mathrm{d}u}=\sigma \tag{2-18}$$

将式(2-14)代入式(2-10)，则

$$f(x)=\frac{1}{\sigma\sqrt{2\pi}}\mathrm{e}^{-\frac{u^2}{2}} \tag{2-19}$$

将式(2-18)和式(2-19)代入式(2-16)，得到只有变量 u 的方程，即

$$y=\phi(u)=\frac{1}{\sqrt{2\pi}}\mathrm{e}^{-\frac{u^2}{2}} \tag{2-20}$$

式(2-20)就是标准正态分布曲线方程，图 2-6 为标准正态分布曲线图。

从形式上看，标准正态分布曲线方程与 μ 值和 σ 值的大小无关，即标准正态分布曲线与 $\mu=0,\sigma=1$ 的正态分布曲线完全相同，故标准正态分布又记作 $N(0,1)$。

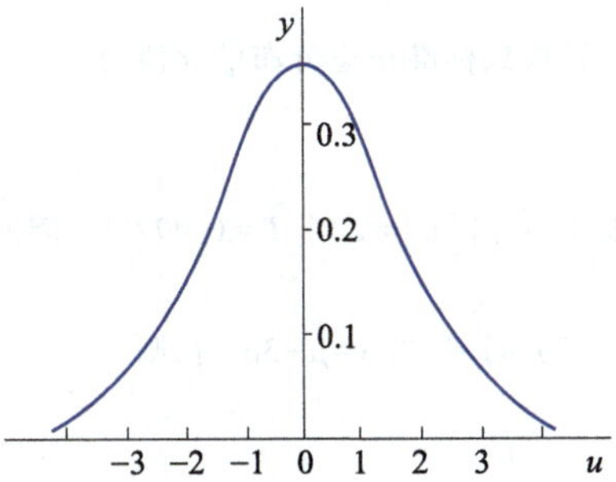

图 2-6 标准正态分布曲线

各种不同的正态分布都可以通过式(2-14)的参数变换而转换成相同的标准正态分布。但这并不是说各种正态分布之间已经没有区别，而是它们的区别已经完全隐藏在横坐标的 u 之中了。因此只要采用数值计算的方法计算出标准正态分布中每个具体区间的积分结果，并列成积分表，则通过查表就可以求得其他任何正态分布的区间概率值。

表 2-3 就是部分标准正态分布概率积分表(单侧)。表中列出了直线 $u=0$ 和 $u=|u|$ 之间的标准正态分布曲线下的面积，在表头图中用阴影标出，也就是 u 值在$0\sim|u|$区间内出现的概率。由于$|u|$是正值，表中所列的概率只是 u 值从 0 到 $|u|$ 区间内出现的概率，所以又称单侧。如果要求$\pm|u|$区间内 u 值出现的概率，则须利用正态分布的对称性将 $0\sim|u|$ 区间的概率乘以 2。显然，u 值在$-\infty$ 到$+\infty$ 的区间内出现的概率为 1 或 100%，即

$$\int_{-\infty}^{+\infty}\phi(u)\,\mathrm{d}u=\frac{1}{\sqrt{2\pi}}\int_{-\infty}^{+\infty}\mathrm{e}^{-\frac{u^2}{2}}\mathrm{d}u=1$$

而单侧的总面积或概率为 0.5。

表 2-3 部分标准正态分布概率积分表(单侧)

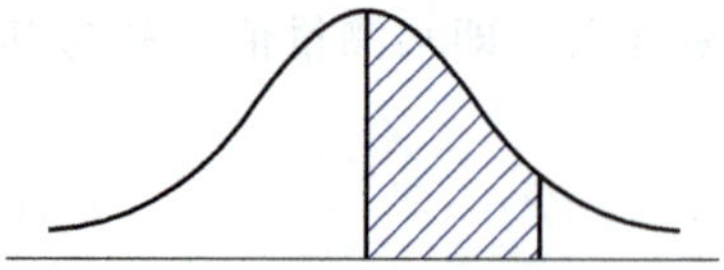

$\|u\|$	面积	$\|u\|$	面积	$\|u\|$	面积
0.0	0.000 0	1.1	0.364 3	2.1	0.482 1
0.1	0.039 8	1.2	0.384 9	2.2	0.486 1
0.2	0.079 3	1.3	0.403 2	2.3	0.489 3
0.3	0.117 9	1.4	0.419 2	2.4	0.491 8
0.4	0.155 4	1.5	0.433 2	2.5	0.493 8
0.5	0.191 5	1.6	0.445 2	2.6	0.495 3
0.6	0.225 8	1.7	0.455 4	2.7	0.496 5
0.7	0.258 0	1.8	0.464 1	2.8	0.497 4
0.8	0.288 1	1.9	0.471 3	2.9	0.498 1
0.9	0.315 9	2.0	0.477 3	3.0	0.498 7
1.0	0.341 3				

例 2-4 分别求测量数据在真值的正负两个和三个总体标准偏差范围内出现的概率。

解:(1)真值的正负两个总体标准偏差范围,即在 $\mu\pm2\sigma$ 之内。两边界上的测量值为

$$x=\mu\pm2\sigma$$

转换成标准正态分布的 u 值为

$$u=\frac{x-\mu}{\sigma}=\pm2$$

查表 2-3,当 $|u|=2$ 时,$P=0.477\ 3$。因所求为双侧值,故 u 值在±2 之间或测量值 x 在 $\mu\pm2\sigma$ 之间的概率为

$$0.477\ 3\times2=0.954\ 6$$

(2)同理,当 $x=\mu\pm3\sigma$ 时,则

$$u=\frac{x-\mu}{\sigma}=\pm3$$

查表 2-3,当 $|u|=3$ 时,$P=0.498\ 7$,故测量值 x 在 $\mu\pm3\sigma$ 范围内出现的概率为

$$0.498\ 7\times2=0.997\ 4$$

从计算结果可知,95%以上的测量值都会出现在 $\mu\pm2\sigma$ 这个范围内,在此范围之外出现的可能性很小,概率还不到 5%。至于误差超过 3σ 的大误差测量值,其出现的概率就只有不到 0.3%,可以认为在有限次的测定中实际上是不可能出现的。这又一次说明了正态分布的有界性。

例 2-5 某标样中含 Co 的质量分数的标准值为 1.75%,$\sigma=0.10\%$,现对其 Co 的质量分数进行测定,求分析结果大于 2.00%的测量值出现的概率。

解: $\mu=1.75\%$,$\sigma=0.10\%$,$x=2.00\%$,则

$$u=\frac{x-\mu}{\sigma}=\frac{2.00\%-1.75\%}{0.10\%}=2.5$$

查表 2-3,当 $|u|=2.5$ 时,$P=0.493\ 8$。但所求为 $u>2.5$ 时出现的概率,故分析结果大于 2.00%的概率为

$$0.500\,0-0.493\,8=0.006\,2$$

例 2-6 同上例，求分析结果在 1.60%～1.80%范围内出现的概率。

解： 左边界 $x_1=1.60\%$，$u_1=(1.60-1.75)/0.10=-1.5$。查表 2-3，当 $|u|=1.5$ 时，$P_1=0.433\,2$。根据对称性，u 在 -1.5～0 区间内的概率也是 0.433 2。

右边界 $x_2=1.80\%$，$u_2=(1.80-1.75)/0.10=0.5$，查表 2-3，当 $|u|=0.5$ 时，$P_2=0.191\,5$。

故测量值在 1.60%～1.80%区间内出现的概率，即 u 在 -1.5～0.5 范围内出现的概率为

$$P=P_1+P_2=0.433\,2+0.1915=0.624\,7$$

2-3 有限次测量数据的统计处理

正态分布是建立在无限多次测量的基础之上的，而在实际测量中，测量次数都是有限的，而且通常只是很少几次。显然，有限次测量数据的分布规律不可能与无限多次测量数据的分布规律完全相同。另外，测量的目的就是求得真值，但是从正态分布可知，只有当测量次数为无限多时，测量的平均值才等于真值，而有限次测量的平均值往往不会恰好等于真值。但是人们又总是希望能够估计有限次测量的平均值与真值的接近程度，以便评价测量结果的可靠性，而这是正态分布所无法解决的。为了克服这些困难，英国的统计学家兼化学家戈塞特(Gosset)在正态分布的基础上提出了一个新的分布规律——t 分布规律。

2-3-1 t 分布规律

t 分布规律是有限次测量数据的分布规律。可以把它看作对标准正态分布进行修正的结果。图 2-7 给出了几条 t 分布曲线。由图 2-7 可见，t 分布曲线的纵坐标仍然是概率密度 y，但横坐标是参数 t。t 的定义式为

$$t=\frac{x-\mu}{S} \tag{2-21}$$

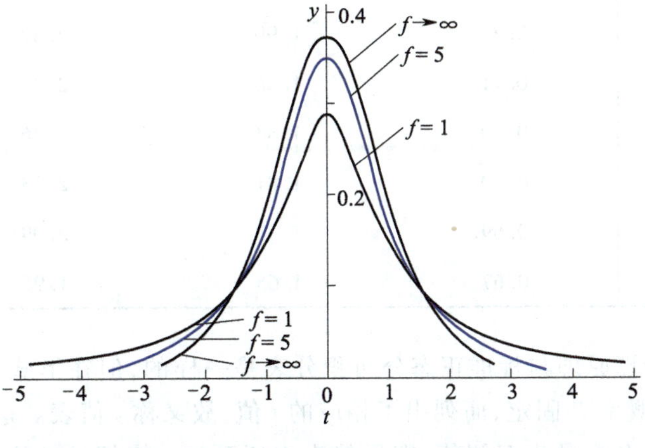

图 2-7 t 分布曲线(f:自由度)

可见，t 与 u 的区别仅仅在于用有限次测定的标准偏差 S 代替了总体标准偏差 σ。t 分布曲线的另一突出特点是，t 分布曲线随自由度 f 的改变而改变，在不同的自由度下，t 分布曲线具有

不同的形状。在通常情况下，$f=n-1$。可见，f 对 t 分布的影响实质上反映了测量次数 n 对 t 分布的影响，即当测量次数 n 不同时，有限次测量值的分布也略有不同。只有当测量次数 n 趋于无穷大时，f 才趋于 n，S 也才趋于 σ，t 分布曲线才与标准正态分布曲线完全重合。图 2-7 中的 $f\to\infty$ 时的 t 分布曲线实际上也就是标准正态分布曲线。因此也可以把标准正态分布看作 t 分布的一个特例。

从图 2-7 还可以看出，从形状上看，t 分布曲线总要比标准正态分布曲线更平坦，而其峰高总要比标准正态分布曲线的峰高更小。而且测定次数越少，f 值越小，t 分布曲线就越平坦，其峰高就越小。这表明，与无限多次测量相比，有限次测量值的分布要更加分散，恰好等于真值 μ 的测量值出现的机会要更小，而远离 μ 的测量值出现的机会要更大。而且测量次数越少，这种趋势越明显。

除了以上这些不同点外，在其他方面，t 分布曲线与标准正态分布曲线十分类似。t 分布曲线也具有单峰性、有界性和对称性，t 分布曲线下某区间的面积也表示相应的测量值出现的概率，等等。为了便于应用，可以计算出不同 t 分布的积分表，如表 2-4 所示。

表 2-4　t 分布积分表（t 值表）

自由度 f	概率 P（置信度）			
	0.50	0.90	0.95	0.99
1	1.00	6.31	12.71	63.66
2	0.82	2.92	4.30	9.93
3	0.76	2.35	3.18	5.84
4	0.74	2.13	2.78	4.60
5	0.73	2.02	2.57	4.03
6	0.72	1.94	2.45	3.71
7	0.71	1.90	2.37	3.50
8	0.71	1.86	2.31	3.36
9	0.70	1.83	2.26	3.25
10	0.70	1.81	2.23	3.17
20	0.69	1.73	2.09	2.85
∞	0.67	1.65	1.96	2.58

t 分布积分表的计算原理与标准正态分布积分表是一样的，但在形式上却有所不同。首先，表 2-4 是将积分值即概率 P 固定，而列出了相应的 t 值，故又称 t 值表。这样做的目的是使用方便。其次，这里的概率 P 都是指双侧值，即虽然表中所列的 t 值都是正值，但实际上每一个 t 值所对应的概率 P 是指直线 $t=-t_{表}$ 和 $t=t_{表}$ 之间所夹曲线下的面积。如当 $f=3$，$P=0.95$ 时，$t_{表}=3.18$，是指在自由度为 3 的 t 分布曲线下，直线 $t=-3.18$ 与 $t=3.18$ 之间所夹的曲线下面积为 0.95。由于 t 分布曲线与自由度 f 有关，故当 f 值不同时，同样的概率 P 下，$t_{表}$ 值也不同。

2-3-2 置信度与置信区间

在实际分析工作中,最核心的问题是如何通过测量来求得真值。一方面由于随机误差不可避免,测量值与真值往往不一致($x \neq \mu$);另一方面,从 t 分布的性质可以看出,测量值与真值之间的差距不会很大,即 x 不但不可能偏离 μ 太远(有界性),而且通常就在 μ 附近(小误差测量值出现的概率大)。综合考虑问题的这两个方面,在有限次测量中,合理地得到真值的方法应该是估计出测量值与真值的接近程度,即在测量值附近估计出可能包括真值的范围。为此提出了置信度和置信区间的概念。

置信度也叫置信水平,指人们对所作判断的有把握程度,实质上就是测定值或随机误差出现的概率。如按照表 2-4,当 $f=3$, $P=0.95$ 时, $t_{表}=3.18$。由 $t_{表}$ 的定义式

$$t_{表}=\frac{|x-\mu|}{S} \tag{2-22}$$

可得

$$x=\mu \pm t_{表}S=\mu \pm 3.18S$$

从概率角度看,此式表示测量值 x 处于以真值 μ 为中心的 $\mu \pm 3.18S$ 区间内的概率为 0.95,从置信度的角度看,就是有 95%的把握说某个别测量值 x 将落在 $\mu-3.18S$ 到 $\mu+3.18S$ 这个区间之内。可见,置信度也可以看作 x 值在此区间内出现的概率。上式又可变换为

$$\mu=x \pm t_{表}S=x \pm 3.18S$$

此式表明,在 $x-3.18S$ 到 $x+3.18S$ 这个区间内包含真值 μ 的概率为 0.95,或以某个别测量值 x 为中心的 $x \pm 3.18S$ 范围内包含真值 μ 的置信度为 0.95。

上述两式虽然都是从式(2-22)推导出来的,实质是相同的,但二者观察问题的角度不同。当应用公式 $x=\mu \pm t_{表}S$ 时,是在已知真值 μ 的情况下,以真值 μ 为中心,考察某个别测量值 x 落在 μ 附近某一范围内的可能性。而当应用公式 $\mu=x \pm t_{表}S$ 时,则是在未知真值 μ 的情况下,以某个别测量值 x 为中心,考察在 x 附近的某一范围内包括真值 μ 的把握性。显然,后者对实际分析工作更有意义。

这种按照 t 分布计算出来的,在某一置信度下,以个别测量值为中心的可能包括真值的范围 $x \pm t_{表}S$,称为个别测量值的置信区间。置信区间的大小受到所设定的置信度的影响。由表 2-4 可知,在同一自由度 f 下,置信度 P 越大, $t_{表}$ 值越大,则同一体系的置信区间就越宽;反之,置信度 P 越小, $t_{表}$ 值越小,则同一体系的置信区间就越窄。在估计包括真值在内的置信区间时,人们当然希望置信区间尽量小,这样对真值的估计就比较精确。因此从这个角度讲, $t_{表}$ 值应当尽量小。但是这样就不得不把置信度定得偏小。例如,定 0.50 的置信度,此时尽管置信区间的精确性较好,却失去了置信区间的可靠性。而不可靠的精确性是没有任何意义的。另一方面,在估计包括有真值在内的置信区间时,人们当然又希望把握性越大越好,即置信度越高越好,这样结果才更加可靠。但是这样就会造成 $t_{表}$ 值很大,因而置信区间过大。极端的例子是 100%置信度下的置信区间为无穷大,此时尽管置信区间的可靠性很好却失去了它的精确性。显然,这种 100%的可靠性也就失去了任何实际意义。可见,置信区间的精确性与可靠性是两个相互矛盾、相互制约的因素,在考虑置信区间时必须兼顾精确性和可靠性两个方面。通常都将置信区间的置信度定为 0.90 或 0.95。

例 2-7 测定某钢样中的铬的质量分数,5 次平行测定的数据为 1.12%,1.15%,1.16%,1.11%和 1.12%,试用个别测量值之一的 1.12%来估计铬的质量分数的置信区间(置信度分别为 0.50,0.95 和 0.99)。

解: $\bar{x}=1.13\%$,$S=0.02\%$,$f=4$。查表 2-4 有

$$P=0.50,t_{表}=0.74$$
$$P=0.95,t_{表}=2.78$$
$$P=0.99,t_{表}=4.60$$

按照公式 $\mu=x\pm t_{表}S$,以 1.12%估算包含真值的置信区间为

$$P=0.50,\mu=(1.12\pm0.74\times0.02)\%=(1.12\pm0.01)\%$$
$$P=0.95,\mu=(1.12\pm2.78\times0.02)\%=(1.12\pm0.06)\%$$
$$P=0.99,\mu=(1.12\pm4.60\times0.02)\%=(1.12\pm0.09)\%$$

可见,$P=0.50$ 时的置信区间最小,精确性最好,但只有 50%的把握,可靠性差。$P=0.99$ 时的置信区间可靠性最好,但精确性差,意义也不大。比较合理的是 $P=0.95$ 时的置信区间,兼顾了可靠性和精确性这两个方面。

2-3-3 平均值的置信区间

在实际工作中,更经常的是用测定平均值而不是个别测量值来表示测定结果,因此应该用平均值来预测包含真值的置信区间。平均值的置信区间,就是在某一置信度下,以平均值为中心可能包括真值的范围。它的表达式为

$$\mu=\bar{x}\pm t_{表}S_{\bar{x}} \tag{2-23}$$

式中,$S_{\bar{x}}$ 为平均值的标准偏差。

当对同一试样做多次平行测定时,可以把测定结果分为 m 组,每组内均包含 n 个测定数据。各组的平均值为 $\bar{x}_i$,标准偏差为 S_i,共有 m 个。由于这些数据来自同一总体,是平行测定的结果,每组所包含的数据个数又完全相同,因此可以近似认为 $S_1=S_2=\cdots=S_m=S$。而 m 个平均值的标准偏差就是平均值的标准偏差 $S_{\bar{x}}$。显然,各组平均值的精密度必然要比每个组内 n 个数据的精密度更好,即 $S_{\bar{x}}$ 总小于 S。统计学已经证明,二者有如下关系:

$$S_{\bar{x}}=\frac{S}{\sqrt{n}} \tag{2-24}$$

即虽然按照平均值的标准偏差的本来含义,$S_{\bar{x}}$ 必须从 $m\times n$ 个测量数据中经分组后才能得到,但由于式(2-24)表达的 $S_{\bar{x}}$ 与 S 之间的定量关系,只需从一组 n 个数据中得到其 S,即可换算得到 $S_{\bar{x}}$。根据式(2-23)和式(2-24),平均值的置信区间可以表示为

$$\mu=\bar{x}\pm\frac{t_{表}S}{\sqrt{n}} \tag{2-25}$$

根据式(2-25),可以用平均值 $\bar{x}$ 预测包含 μ 的置信区间。在相同的置信度下,平均值的置信区间要比个别测量值的置信区间更窄。

例 2-8 同例 2-7,求置信度为 0.95 时的平均值的置信区间。

解: $\bar{x}=1.13\%$,$S=0.02\%$,$n=5$。当 $f=4$,$P=0.95$ 时 $t_{表}=2.78$。

故平均值的置信区间为

$$\mu=\left(1.13\pm\frac{2.78\times0.02}{\sqrt{5}}\right)\%=(1.13\pm0.02)\%$$

即有 95%的把握断定区间(1.13±0.02)%将包含铬的质量分数的真值。而该平均值的置信区间比例 2-7 中的相同置信度下个别测量值的置信区间大大缩小了。

从平均值的置信区间的表达式[式(2-25)]可以看到,测定次数 n 对置信区间的大小是有影响的。事实上,决定置信区间大小的三项参数 $t_{表}$,S 和 $\sqrt{n}$ 都受到测定次数 n 的影响。但无论通过何种途径,n 对平均值置信区间的影响的方向都是相同的,即 n 越大,在相同置信度下的置信区间就越小,用平均值估计真值的精确性就越高。从这个意义上讲,增加平行测定次数对提高测量的精确性是有利的。但是,过多增加测定次数,所消耗的物资、人力和时间都将大大增加,而且理论和实践都证明,在精确性方面的收益并不很大。故不应对此作片面理解,一般应根据分析工作的要求来确定平行测定的次数。通常分析化学实验平行测定 3~5 次即可。

2-3-4 显著性检验

用统计方法检验数据之间是否存在显著差异的方法称为显著性检验。在分析工作中,经常遇到的一个实际问题就是如何评价所建立的新的分析方法的可靠性。为了检验新方法的可靠性,可以用这种新方法去测定标准试样,然后将测定结果的平均值 $\bar{x}$ 与标准值 μ 进行比较。在最理想的情况下,$\bar{x}$ 应该与 μ 完全一致。但实际上由于误差的存在,$\bar{x}$ 与 μ 往往并不一致。如果这种不一致是由随机误差引起的,这种差异必然较小,则可以认为测定结果及分析方法是可靠的。但如果这种不一致是由系统误差引起的,这种差异必然比较显著,则说明测定结果及分析方法不可靠。可见,问题的关键不在于 $\bar{x}$ 与 μ 之间是否存在差异,而在于这种差异是否显著。显著性检验就是运用统计方法来判断这类数据间的差异是否属于显著差异,其目的是检验测量中是否存在系统误差,从而正确评价测量结果的可靠性。在分析工作中常用的显著性检验方法是 t 检验法和 F 检验法。

1. 平均值与标准值比较(t 检验法)

在分析工作中常用测定标准试样的方法来检验某一分析方法是否存在系统误差。这时可采用 t 检验(t test)法来检验测定结果的平均值 $\bar{x}$ 与标准值 μ 之间是否存在显著差异。

t 检验法的理论基础是 t 分布,它从平均值的置信区间的表达式[式(2-25)]出发,定义参数 $t_{计}$:

$$t_{计}=\frac{\bar{x}-\mu}{S}\sqrt{n} \tag{2-26}$$

进行 t 检验时,可将测定平均值 $\bar{x}$、标准值 μ、标准偏差 S 和测定次数 n 代入式(2-26)而求得 $t_{计}$。再根据自由度 f 和所要求的置信度 P,由表 2-4 查出相应的 $t_{表}$ 值。比较 $|t_{计}|$ 值和 $t_{表}$ 值的大小。如果 $|t_{计}|\leqslant t_{表}$,说明 $\bar{x}$ 与 μ 无显著差异;如果 $|t_{计}|>t_{表}$,则说明 $\bar{x}$ 与 μ 有显著差异。

在某置信度下,如 $P=0.95$ 时,$t_{表}$ 的含义就是在相应的 t 分布曲线下,由 $t=-t_{表}$ 到 $t=t_{表}$ 之间的面积是 0.95。即按照随机误差的分布规律,与某测定平均值 $\bar{x}$ 相对应的 $t_{计}$ 值处于 $-t_{表}\sim t_{表}$ 这个范围之内的概率为 0.95。因此如果某具体测定的 $\bar{x}$ 所对应的 $t_{计}$ 处于 $-t_{表}\sim t_{表}$ 这个区间之内,则对于随机误差的分布来说是很自然的,即 $|t_{计}|\leqslant t_{表}$ 对于随机误差分布来说是理所当然的。因此也就可以将 $\bar{x}$ 与 μ 之间的差异认为是由随机误差引起的正常差异,而不是显著差异。

而如果 $|t_{计}|>t_{表}$,则说明该测定的 $\bar{x}$ 所对应的 $t_{计}$ 落在 $-t_{表}\sim t_{表}$ 区间之外。此时如果仍然把 $\bar{x}$

与 μ 之间的差异归结为正常差异显然很勉强。因为按照随机误差的分布，与某测量平均值 $\bar{x}$ 相对应的 $t_{计}$ 值落在 $-t_{表} \sim t_{表}$ 这个区间之外的可能性极小，只有 5%，因此实际上可以认为这是不应该出现的。按照随机误差的分布规律，本来不应该出现的情况现在居然出现了，这就说明该测量的 $\bar{x}$ 并不符合随机误差的分布规律，$\bar{x}$ 与 μ 之间存在着由系统误差引起的显著差异。

也可以把具有显著差异的测量值在随机误差分布中出现的概率称为显著性水平或显著性水准，用 α 表示。例如，当 $|t_{计}|>t_{表}$ 时，$\bar{x}$ 与 μ 之间存在显著差异，则对于随机误差分布而言，凡是符合 $|t_{计}|>t_{表}$ 这个条件的 $\bar{x}$ 出现的概率就是其显著性水平。显然，如果置信度 $P=0.95$，则显著性水平 $\alpha=0.05$。α 与 P 的实质是相同的，它们之间有着确定的关系：$\alpha=1-P$。

例 2-9 采用一种新方法分析标准钢样中铬的质量分数，$\mu=1.17\%$。5 次测定结果为 1.12%，1.15%，1.13%，1.16%和 1.14%。问这种新方法是否可靠（显著性水平 0.05）？

解：

$$\bar{x}=1.14\%, S=0.02\%, n=5$$

则

$$t_{计}=\frac{1.14\%-1.17\%}{0.02\%}\times\sqrt{5}=-3.35$$

查 t 值表，当 $\alpha=0.05$ 或 $P=0.95$，$f=4$ 时，$t_{表}=2.78$。由于 $|t_{计}|>t_{表}$，说明 $\bar{x}$ 与 μ 之间的差异是显著差异，新方法可能存在系统误差，因而不够可靠。

显著差异是相对的，不是绝对的，是相对于所设定的置信度或显著性水平而言的。如例 2-9，当设定 $\alpha=0.05$ 时，由于 $|t_{计}|>t_{表}$，因此认为 $\bar{x}$ 与 μ 之间存在显著差异。但如果设定 $\alpha=0.01$，即置信度 $P=0.99$，则 $t_{表}=4.60$。此时有 $|t_{计}|<t_{表}$，应认为 $\bar{x}$ 与 μ 之间无显著差异。

可见，在进行显著性检验时，一方面不能将置信度设定得过小，这样会使合理范围过小，因而可能把某些本来是由随机误差引起的正常差异也误认为是由系统误差引起的显著差异。但另一方面，也不能把置信度设定得过大，这样会使合理范围过大，可能把某些由系统误差引起的显著差异误认为是由随机误差引起的正常差异。通常将置信度设定为 0.90 或 0.95，即显著性水平为 0.10 或 0.05。也正因为显著差异的相对性，在进行显著性检验时，必须注明所设定的置信度或显著性水平。而一旦发现存在显著差异后，最好能具体找到产生系统误差的原因。

2. 两组平均值的比较

如果在检验一种新的方法是否可靠时找不到合适的标准试样，也可以用标准方法或已经成熟、公认可靠的方法来和新方法进行比较，即用两种方法对同一试样进行测定，然后比较它们的测定平均值 $\bar{x}_1$ 和 $\bar{x}_2$。如果 $\bar{x}_1$ 和 $\bar{x}_2$ 之间不存在显著差异，则它们之间的差异仅仅是由随机误差引起的，说明新方法可靠。反之，如果 $\bar{x}_1$ 和 $\bar{x}_2$ 之间存在显著差异，则它们之间的差异是由系统误差引起的，说明新方法不够可靠。此外，两组平均值之间的显著性检验也可以用来检验不同分析人员或同一分析人员采用不同分析方法或利用不同仪器对同一试样进行测定的分析结果之间是否存在显著差异。在进行检验时，通常分为两步，即先进行 F 检验，再进行 t 检验。

（1）F 检验法　F 检验（F test）法是检验两组数据的精密度是否存在显著差异的方法。假设两组测定结果分别是 $\bar{x}_1$，S_1 和 n_1，以及 $\bar{x}_2$，S_2 和 n_2。进行 F 检验时，先按下式计算统计量 $F_{计}$ 值：

$$F_{计}=\frac{S_1^2}{S_2^2} \tag{2-27}$$

由于总是以较大的标准偏差的平方值（假设这里为 S_1^2）为分子，而以较小的标准偏差的平方值

(假设这里为 S_2^2)为分母,所以 $F_{计}$ 总大于或等于 1。再查一定置信度下的 F 值表(表 2-5),由两组测定的自由度 $f_1(f_{S大})$ 和 $f_2(f_{S小})$ 查得相应的 $F_{表}$ 值。将 $F_{计}$ 与 $F_{表}$ 比较,如果 $F_{计}>F_{表}$,表明 S_1 与 S_2 有显著差异;反之,如果 $F_{计}\leqslant F_{表}$,表明 S_1 与 S_2 没有显著差异。

表 2-5 F 值表(单边,置信度 0.95)

$f_{S小}$	$f_{S大}$									
	2	3	4	5	6	7	8	9	10	∞
2	19.00	19.16	19.25	19.30	19.33	19.36	19.37	19.38	19.39	19.50
3	9.55	9.28	9.12	9.01	8.94	8.88	8.84	8.81	8.78	8.53
4	6.94	6.59	6.39	6.26	6.16	6.09	6.04	6.00	5.96	5.63
5	5.79	5.41	5.19	5.05	4.95	4.88	4.82	4.78	4.74	4.36
6	5.14	4.76	4.53	4.39	4.28	4.21	4.15	4.10	4.05	3.67
7	4.74	4.35	4.12	3.97	3.87	3.79	3.73	3.68	3.63	3.23
8	4.46	4.07	3.84	3.69	3.58	3.50	3.44	3.39	3.34	2.93
9	4.26	3.86	3.63	3.43	3.37	3.29	3.23	3.18	3.13	2.71
10	4.10	3.71	3.48	3.33	3.22	3.14	3.07	3.02	2.97	2.54
∞	3.00	2.60	2.37	2.21	2.10	2.01	1.94	1.88	1.83	1.00

应该注意的是,在用 F 检验法检验两组数据的精密度是否有显著差异时,应首先确定这种检验是属于单边检验还是双边检验。如果事先并不确定这两组数据在精密度上的优劣,第一组数据的 S_1 既可能大于第二组数据的 S_2,也可能小于 S_2,则此时的 F 检验为双边检验。而如果事先已经确定 S_1 和 S_2 的优劣,如已知 S_1 只可能大于或等于 S_2,而不可能小于 S_2,F 检验只是为了确定 S_1 是否显著大于 S_2,则为单边检验。表 2-5 为 $P=0.95$ 时的单边检验的 F 值表。如果欲用此表进行双边 F 检验,由于此时显著性水平 α 为单边检验时的 2 倍,即 $\alpha=0.10$,则置信度 $P=0.90$。可见,同一个 F 值表既可以用于单边检验又可以用于双边检验,只不过二者的置信度不同。

例 2-10 甲、乙二人分别对同一钢样中铬的质量分数进行测定,结果如下。甲:9.56%,9.49%,9.62%,9.51%,9.58%,9.63%;乙:9.33%,9.51%,9.49%,9.51%,9.56%,9.40%。判断二人测定的精密度有无显著差异($P=0.90$)。

解: 事先并不知道甲测定的精密度是优于还是差于乙,故属于双边检验。由于设定的 $P=0.90$,故可直接利用表 2-5。

甲:$\bar{x}_1=9.56\%$,$S_1=0.06\%$,$n_1=6$

乙:$\bar{x}_2=9.47\%$,$S_2=0.09\%$,$n_2=6$

乙的 S_2 较大,故 $F_{计}=S_2^2/S_1^2=(0.09\%)^2/(0.06\%)^2=2.25$。查表 2-5,$f_1=5$,$f_2=5$,$F_{表}=5.05$,$F_{计}<F_{表}$。故在 $P=0.90$ 置信度下,二人测定的精密度没有显著差异。

例 2-11 为检验新方法测定钢样中铬含量的可靠性,用新方法与成熟的已有标准方法测同一钢样中铬的质量分数,结果如下。新方法:1.26%,1.25%,1.22%;已有标准方法:1.35%,1.31%,1.33%,1.34%。检验两种方法测定的精密度之间是否存在显著差异($P=0.95$)。

解：在本例中，已有标准方法成熟可靠，故其测量的精密度不会比新方法差，属于单边检验。经计算结果为

新方法：$\bar{x}_1 = 1.24\%$，$S_1 = 0.021\%$[①]，$n_1 = 3$

已有标准方法：$\bar{x}_2 = 1.33\%$，$S_2 = 0.017\%$，$n_2 = 4$

$F_{计} = S_1^2/S_2^2 = (0.021\%)^2/(0.017\%)^2 = 1.51$。查表 2-5，$f_1 = 2$，$f_2 = 3$，$F_{表} = 9.55$，$F_{计} < F_{表}$。故在 $P = 0.95$ 置信度下，两种测定方法的精密度没有显著差异。

如果 F 检验表明两组测定的精密度有显著差异，要判断两组测定的平均值是否有显著差异，其方法比较复杂，在此不做讨论。而如果 F 检验表明两组测定的精密度没有显著差异，要判断两组平均值之间是否存在显著差异还需进一步做 t 检验。

（2）t 检验法　采用 t 检验法检验两组平均值有无显著差异时，首先要计算合并标准偏差 $S_{合}$：

$$S_{合} = \sqrt{\frac{偏差平方和}{总自由度}} = \sqrt{\frac{\sum d_{1i}^2 + \sum d_{2j}^2}{f_1 + f_2}} = \sqrt{\frac{(n_1-1)S_1^2 + (n_2-1)S_2^2}{n_1+n_2-2}} \tag{2-28}$$

再按下式计算 $t_{计}$ 值：

$$t_{计} = \frac{|\bar{x}_1 - \bar{x}_2|}{S_{合}} \cdot \sqrt{\frac{n_1 n_2}{n_1 + n_2}} \tag{2-29}$$

再根据总自由度 $f_{总} = n_1 + n_2 - 2$ 和所设定的置信度 P 在 t 值表（表 2-4）中查得相应的 $t_{表}$ 值。比较 $t_{计}$ 和 $t_{表}$，如果 $t_{计} \leqslant t_{表}$，则 $\bar{x}_1$ 和 $\bar{x}_2$ 之间无显著差异，新方法可靠；如果 $t_{计} > t_{表}$，则 $\bar{x}_1$ 和 $\bar{x}_2$ 之间存在显著差异，新方法不可靠。

例 2-12　同例 2-11，继续检验两种方法测得的平均值之间是否存在显著差异（$P = 0.95$）。

解：对两组平均值进行 t 检验，则

$$S_{合} = \sqrt{\frac{2\times0.021^2 + 3\times0.017^2}{3+4-2}}\% = 0.019\%$$

$$t_{计} = \frac{|1.24\% - 1.33\%|}{0.019\%} \times \sqrt{\frac{3\times4}{3+4}} = 6.21$$

查 t 值表（表 2-4），当 $P = 0.95$，$f_{总} = 3+4-2 = 5$ 时，$t_{表} = 2.57$。由于 $t_{计} > t_{表}$，故两种方法测得的平均值 $\bar{x}_1$ 和 $\bar{x}_2$ 之间存在显著差异，说明新方法不够可靠，可能存在系统误差。

对两组数据进行显著性检验时应当注意，要先经过 F 检验，并判断两组测定数据的精密度没有显著差异之后，才能用 t 检验法检验两组数据的平均值之间是否存在显著差异。因为只有当两组测定值的精密度没有显著差异时，在统计意义上属于同一个总体的前提下，采用 $S_{合}$ 进行平均值的显著性检验才有意义。

2-3-5　可疑数据的取舍

在测量中有时会出现这种情况，在一组平行测定的数据中，有个别数据与其他数据相比差距较大，这样的数据就称为可疑数据，也叫极端值或离群值。例如，4 次平行测定值为 0.101 0，0.101 2，0.101 4 和 0.102 4，其中 0.102 4 与其他 3 个数据相距较远，就是可疑数据。由于可疑数据的取舍对最后结果的平均值影响很大，所以对待可疑数据的处理必须十分慎重，不能任意取

① 按照有效数字的运算法则，S 本应保留 1 位有效数字，这里为便于区分和比较，保留了 2 位有效数字。

舍。如果可疑数据不是由明显的过失造成的，就必须按照科学的统计检验方法来决定其取舍。

可疑数据取舍的统计方法很多，也各有其特点，但基本思路是一致的，其基础仍然是随机误差的分布规律。按照随机误差分布的有界性，在有限次测定中，极大误差的测量值实际上是不可能出现的。但如果这样的测量值出现了，就从反面说明这个测量值不是由随机误差引起的，是不正常值，应该舍弃。

1. $4\bar{d}$ 检验法

根据正态分布规律，偏差超过±3σ 的测量值出现的概率小于 0.3%，故在处理测定数据时可以舍弃偏差超过±3σ 的可疑数据。而总体平均偏差 $\delta=0.80\sigma$，即 $3\sigma \approx 4\delta$，故认为偏差超过±4δ 的可疑数据可以舍弃。对于有限次测量，通常可以用 S 代表 σ，用 $\bar{d}$ 代表 δ，因此可近似认为，偏差超过±$4\bar{d}$ 的可疑数据可以舍弃。这就是 $4\bar{d}$ 检验法的基本原理。

用 $4\bar{d}$ 检验法判断可疑数据的取舍时，应首先求出除可疑数据以外的其余数据的平均值 $\bar{x}$ 和平均偏差 $\bar{d}$，然后将可疑数据与平均值 $\bar{x}$ 之差的绝对值与 $4\bar{d}$ 比较，如果差的绝对值大于 $4\bar{d}$，则将可疑数据舍弃，否则保留。$4\bar{d}$ 检验法比较简便，但判断有时不够准确。

例 2-13 某标准溶液的 4 次标定值为 0.101 4 mol·L^{-1}，0.101 2 mol·L^{-1}，0.102 5 mol·L^{-1} 和 0.101 6 mol·L^{-1}，可疑数据 0.102 5 mol·L^{-1} 是否应舍弃？

解： 除可疑数据外的 3 个数据的 $\bar{x}=0.101\ 4$，$\bar{d}=0.000\ 13$，故 $4\bar{d}=0.000\ 52$。

$$|0.101\ 4-0.102\ 5|=0.001\ 1>4\bar{d}$$

故可疑数据 0.102 5 mol·L^{-1}应舍弃。

2. Q 检验法（舍弃商法）

先将 n 个测量数据由小到大顺序排列：$x_1, x_2, \cdots, x_n$。如果其中最大的 x_n 为可疑数据，则按下式计算舍弃商 $Q_{计}$：

$$Q_{计}=\frac{x_n-x_{n-1}}{x_n-x_1} \tag{2-30}$$

如果其中最小的 x_1 为可疑数据，则按下式计算舍弃商 $Q_{计}$：

$$Q_{计}=\frac{x_2-x_1}{x_n-x_1} \tag{2-31}$$

然后查 Q 值表（表 2-6），可得相应 n 值和置信度 P 下的 $Q_{表}$值。若 $Q_{计}>Q_{表}$，则应将可疑数据舍弃，否则保留。

表 2-6 Q 值表

		测量次数 n							
		3	4	5	6	7	8	9	10
置信度 P	0.90	0.94	0.76	0.64	0.56	0.51	0.47	0.44	0.41
	0.95	0.97	0.83	0.71	0.62	0.57	0.53	0.49	0.47

例 2-14 同例 2-13，用 Q 检验法判断可疑数据 0.102 5 mol·L^{-1} 是否应舍弃（置信度 0.90）。

解：

$$Q_{计}=\frac{0.1025-0.1016}{0.1025-0.1012}=0.69$$

查表 2-6，当 $n=4, P=0.90$ 时，$Q_{表}=0.76$。因 $Q_{计}<Q_{表}$，故可疑数据 0.102 5 mol·L^{-1} 不应舍弃而应保留。

Q 检验法与 $4\bar{d}$ 检验法对同一组数据中同一可疑数据取舍的判断结论不同，表明不同判断方法的相对性。一般来说，虽然 Q 检验法比 $4\bar{d}$ 检验法稍显麻烦，但由于设定了一定的置信度，因此判断的准确性较高。有时当 $Q_{计}$ 与 $Q_{表}$ 比较接近时，为了使判断更为准确，最好再做一次测定。

3. G 检验法

G 检验法又称格拉布斯(Grubbs)检验法，其做法是：将 n 个测量数据按由小到大顺序排列：$x_1, x_2, \cdots, x_n$。其平均值为 $\bar{x}$，标准偏差为 S。如果其中最大的 x_n 为可疑数据，则

$$T_{计}=\frac{x_n-\bar{x}}{S} \tag{2-32}$$

如果其中最小的 x_1 为可疑数据，则

$$T_{计}=\frac{\bar{x}-x_1}{S} \tag{2-33}$$

查 T 值表(表 2-7)，根据测量次数 n 和所设定的显著性水平 α 查得相应的 $T_{表}$ 值。如果 $T_{计}>T_{表}$，则应将可疑数据舍弃，否则予以保留。与 Q 检验法比较，G 检验法的优点是引入了正态分布中的两个最重要的样本参数 $\bar{x}$ 及 S，故该方法判断的准确性较好。

表 2-7 *T* 值表

测量次数 n	显著性水平 α		
	0.05	0.025	0.01
3	1.15	1.15	1.15
4	1.46	1.48	1.49
5	1.67	1.71	1.75
6	1.82	1.89	1.94
7	1.94	2.02	2.10
8	2.03	2.13	2.22
9	2.11	2.21	2.32
10	2.18	2.29	2.41
11	2.23	2.36	2.48
12	2.29	2.41	2.55
13	2.33	2.46	2.61
14	2.37	2.51	2.66
15	2.41	2.55	2.71
20	2.56	2.71	2.88

例 2-15 同例 2-13,用 G 检验法检验可疑数据 0.102 5 mol · L^{-1} 是否应舍弃(置信度 0.95)。

解: $\bar{x}=0.1017$, $S=0.00057$,则

$$T_{计}=\frac{0.1025-0.1017}{0.0057}=1.40$$

查 T 值表(表 2-7),当 $n=4$, $P=0.95$,即 $\alpha=0.05$ 时, $T_{表}=1.46$。因 $T_{计}<T_{表}$,故可疑数据 0.102 5 mol · L^{-1} 不应舍弃。该结论与 Q 检验法所得结论相同。

2-4 分析方法的灵敏度和检出限

1. 灵敏度

灵敏度(sensitivity)是指某分析方法对单位浓度或单位量待测物质变化所引起的响应量变化程度。它可以用仪器的响应值或其他指示量与对应的待测物质的浓度或量之比来描述,是分析方法的特性之一。

一般的仪器分析方法,可以用校准曲线的斜率表示其灵敏度。校准曲线将仪器响应值与待测物质的浓度定量地联系起来,一般直线部分的表示方法为

$$s=kc+a$$

式中, s 为仪器的响应值; k 为方法的灵敏度,即校准曲线的斜率; c 为待测物质的浓度; a 为校准曲线的截距。斜率 k 越大,灵敏度越高。分析方法的灵敏度因实验条件的变化而改变,在一定实验条件下,灵敏度才具有相对稳定性。

2. 检出限

检出限(limit of detection,LOD)是指在一定的置信度下特定分析方法能检出被测组分的最小含量(或浓度)。可理解为,采用该特定分析方法,这个最小含量所产生的信号能与分析空白、仪器噪声在一定的置信度下区分开来。检出限有方法检出限和仪器检出限两类。

(1) 方法检出限 在与分析实际试样完全相同的条件下,作不加入被测组分的重复测定,即空白试验,测量次数尽可能多(一般为 20 次),在一定置信度(如 98.3%)下,按下式计算

$$\mathrm{LOD}=3S_{B}/k \qquad (2-34)$$

式中, S_{B} 为空白值的标准偏差; k 为校准曲线的斜率;系数 3 与置信度有关。

(2) 仪器检出限 一般指产生的信号比仪器噪声大 3 倍的待测物质的浓度,但不同仪器检出限的定义有所差别。相关内容将在仪器分析部分学习。

分析方法的检出限通常使用标准溶液测得,并不表示在实际试样测量中可以达到的最低检测浓度,但是可以用于比较分析方法与仪器的优劣。

灵敏度和检出限是两个从不同角度表示分析方法响应值对测定物质敏感程度的指标,前者越高,后者越低,说明分析方法的可靠性越高。

评价分析方法的可靠性还有其他不同的角度,属于分析测试质量保证的相关内容,可以参阅相关文献或质量标准。

2-5 提高分析结果准确度的方法

要提高分析结果的准确度,就必须尽量减少在分析过程中带来的各种误差。为此,可采取以

下措施。

2-5-1 选择适当的分析方法

在进行定量分析时，应根据试样的具体情况和对准确度的要求选择合适的分析方法，并制定相应的分析方案。试样中被测组分的含量情况各不相同，而各种分析方法又具有不同特点，因此首先必须根据被测组分的相对含量选择合适的分析方法，以保证测定的准确度。一般来说，采用化学分析法进行测定时，其准确度较高但灵敏度较低，故适用于常量组分分析；而采用仪器分析法进行测定时，其灵敏度较高但准确度较低，故适用于微量组分分析。例如，对含铁量为 20.00%的标准试样进行铁含量的测定，若采用滴定法或重量法等化学分析法，因其测定结果的相对误差约为±0.1%，可能测得的铁含量范围为 19.98%～20.02%，这个结果是相当准确的。但若采用仪器分析法，因其测定结果的相对误差约为±2%，则可能测得的铁含量范围是 19.6%～20.4%，这显然是不能令人满意的。可见常量组分分析采用仪器分析法不合适，而采用化学分析法较好。但如果测定含铁量为 0.020 0%的标准试样中的铁含量，因化学分析法的灵敏度很低，根本无法检测到如此低含量的铁，因而不适用。这时应该采用灵敏度较高的仪器分析法。若测定结果的相对误差仍为±2%，可能测得的铁含量范围为 0.019 6%～0.020 4%。可见，由于试样本身含铁量很低，同样±2%的相对误差所引起的绝对误差并不大，因而这样的准确度是可以满足要求的。总之，在分析工作中，必须根据分析对象的性质、试样的情况及其对分析结果准确度的要求等，来选择适宜的分析方法。

2-5-2 检验和消除测量中的系统误差

1. 对照试验

对照试验（contrast test）可以用于检验和消除方法误差。例如，在建立了一种新的分析方法后，这种新方法是否可靠，有无系统误差，这就要做对照试验。对照试验一般有两种做法。一种是用新的分析方法对含量已知的标准试样进行测定，将测定结果与标准值相对照；另一种是用国家规定的标准方法或公认成熟可靠的方法与新方法分析同一试样，然后将两个测定结果加以对照。如果对照试验表明新方法存在方法误差，则应进一步查清原因并加以校正。关于对照试验的详细讨论见 2-3-4 节“显著性检验”。

2. 空白试验

空白试验是指在不加试样的情况下，用与测定试样相同的方法和步骤对空白溶液进行定量分析，主要用于检验和消除试剂误差。例如，测定试样中的 Cl^- 含量时就经常要做空白试验，即在实验中用蒸馏水代替试样，而其余条件均与试样测定相同。此时若仍能测得 Cl^-，则表明蒸馏水或其他试剂中可能也含有 Cl^-，所得的结果称为空白值。将此空白值从试样的测定结果中扣除即可消除试剂或蒸馏水所带来的误差。

3. 校准仪器

校准仪器是为了消除仪器误差。例如，对分析天平、移液管、容量瓶和滴定管等计量仪器，都应定期进行校准，以避免由仪器带来的系统误差。

2-5-3 控制测量的相对误差

化学分析的准确度较高，一般可控制相对误差在±0.1%之内。为了保证测量的准确度，必须控制由于测量的不确定性所造成的相对误差不超过这个范围。任何仪器的测量精确度(简称精度)都是有限度的,因此在高精度测量中由此而引起的误差是不可避免的。例如,滴定管的最小刻度只精确到 0.1 mL,却要求测量精确到 0.01 mL,则最后一位数字只能估计,这必然会引起读数误差。一般认为最后一位的读数估计误差在正负一个单位之内,即± 0.01 mL。这种由测量精度的限制而引起的误差又称为测量的不确定性,属于随机误差。在滴定过程中要获取一个体积值 V (mL)需要两次读数相减,若按最不利的情况考虑,滴定管两次的读数误差相叠加,则所获取的体积值的读数误差就是±0.02 mL。这个最大可能绝对误差的大小是固定的,是由滴定管本身的精度决定的。可以设法控制体积值本身的大小而使由此引起的相对误差在所要求的±0.1%之内。由于

$$E_r = \frac{E_a}{V}$$

当相对误差 $E_r = \pm 0.1\%$,绝对误差 $E_a = \pm 0.02$ mL 时,

$$V = \frac{E_a}{E_r} = \frac{\pm 0.02\ \text{mL}}{\pm 0.1\%} = 20\ \text{mL}$$

可见,只要控制滴定时所消耗的滴定剂的总体积不小于 20 mL,就可以保证由滴定管读数的不确定性所造成的相对误差在±0.1%之内。在实际滴定中,通常控制滴定剂的用量在20~30 mL之间。

同理,一般分析天平的测量精度为万分之一克,即称量一次的不确定性为±0.1 mg。通常获取一份试样的质量需称量两次。若按最不利的情况考虑,两次称量的误差叠加,则获取一份试样质量的最大可能的绝对误差为±0.2 mg。这个绝对误差的大小是固定的,是由分析天平本身的精度决定的。为了保证由此引起的称量相对误差在±0.1%之内,必须控制所称量试样的质量不小于 0.2 g。

2-5-4　适当增加平行测定次数以减小随机误差

当系统误差被消除后,平行测定次数越多,测定结果的平均值就越接近真值。所以,可以通过增加平行测定次数来减小测量结果的随机误差,从而提高测定的准确度。其原因在 2-3 节“有限次测量数据的统计处理”中讨论。但是,在实际工作中,过分增加平行测定次数对准确度提高的收益并不大,却须消耗更多的时间和试剂。因此一般分析实验平行测定 3~5 次已经足够。

2-6　有效数字及其运算规则

2-6-1　有效数字

有效数字是指在分析工作中实际能够测量到的数字,它是测定结果的大小及精度的真实记录。在分析工作中,为了得到可靠的分析结果,不仅要准确地进行测量,还要正确地记录或表示测量结果,以使测量数据能够正确地反映所使用仪器的精确程度。即所记录的数据不但要正确表示出测量结果的数值,而且要如实地反映出测量的精确程度。因此测量结果必须用有效数字

来表示。

用有效数字表示的测量结果,除最后一位数字是不确定的,其余各位数字必须是确定无疑的。即用有效数字记录数据时,只允许保留一位可疑数字。例如,用万分之一分析天平准确称取1.5 g物质,应记为1.500 0 g,即有5位有效数字。因为分析天平的精度为±0.000 1 g,数据1.500 0中除了最后一位的“0”不确定外,其余4个数字都是确定无疑的。而如果在普通电子天平上称取1.5 g物质,则应记为1.50 g,只有3位有效数字。因为普通电子天平的精度为±0.01 g,数据1.50中小数点后第2位的数字“0”已不甚可靠,也不能随意在其后面加“0”。可见,按照有效数字的表示规则,既不能把分析天平测得的1.500 0 g表示为1.5 g,也不能把普通电子天平测得的1.50 g表示成1.500 0 g。只有这样,才能从所记录的数据中体现出实际的测量精度乃至所使用的测量仪器。对于有效数字的最后一位可疑数字,通常理解为它可能有正负1个单位的绝对误差。

可以用下面的几个例子说明如何计算有效数字的位数:

0.264 0	10.56%	4位有效数字
542	2.30×10^{-6}	3位有效数字
0.005 0	2.2×10^{5}	2位有效数字

有效数字位数的确定,还应注意以下几点。

(1) 关于“0”是否为有效数字的判断　在一个数据中,数字“0”是否为有效数字,取决于它在整个数据中所起的作用和所处的位置。例如0.264 0,小数点前面的“0”只起定位作用,仅与所采用的单位有关,而与测量的精度无关,因此不是有效数字;而最后一位的“0”则表示测量精度所能达到的位数,因而是有效数字,不可随意略去。所以,0.264 0有4位有效数字,而0.005 0只有2位有效数字。有效数字的位数不能也不会因为单位的改变而增减,因为不管单位如何改变,测量的精度是一定的。

整数末尾的“0”,其意义往往不明确。如96 800,最末两位的“0”究竟是仅仅起定位作用还是同时也反映了测量精度,在这里无法区分,因而它的有效数字可能是5位,也可能是4位或3位。为避免混乱,在记录时应当根据测量精度将结果写成科学记数法的形式:$9.680\ 0\times10^{4}$(5位有效数字),或9.680×10^{4}(4位有效数字),或9.68×10^{4}(3位有效数字)。

(2) 关于pH等对数值的有效数字位数　分析化学中经常用到pH,pK_a,pM,lg$K$等对数值,它们的有效数字位数应该仅取决于其小数点后数字的位数,其整数部分实际上只起定位作用,不能作为有效数字。例如pH 12.00,有效数字是2位而不是4位,因为它实际反映的是$[H^+]=1.0\times10^{-12}\ mol\cdot L^{-1}$,pH整数部分的12表示$[H^+]$的乘幂是10的负12次方,只是起到定位作用。

(3) 关于常数的有效数字位数　计算中遇到的一些非测量值如$\sqrt{2}$,π,e以及一些倍数、分数等,它们的有效数字位数可以认为是无限多位,不应成为计算时判断有效数字位数的制约因素。

2-6-2 有效数字的修约规则

测量数据的计算结果要按照有效数字的计算规则保留适当位数的数字,因此必须舍弃多余的数字,这一过程称为数字的修约。数字的修约必须遵循“四舍六入五成双”的原则,即拟被修约的那部分数字中,其左面第1个数字小于等于4时舍弃,大于等于6时进位。左面第1个数字是 5 时，则要看 5 后面是什么数字。如果 5 后面没有其他数字或后面的数字恰都为 0，则 5 前面的数字是偶数时则舍弃，5 前面的数字是奇数时则进位，使舍弃或进位后 5 前面的数字都成为偶数，这就是所谓“五成双”。但如果 5 后面还有不为 0 的任何数字，则不论 5 前面是奇是偶都要进位。总结为口诀即：“四舍六入五成双，五后非零皆进一，五后为零视奇偶，五前为偶则舍去，五前为奇则进一”。

例 2-16 将下列数据修约为 4 位有效数字：0. 136 249，1. 205 6，11. 155，100. 450 0，210. 650 2。

解： 0. 136 249 → 0. 136 2

1. 205 6 → 1. 206

11. 155→ 11. 16

100. 450 0→ 100. 4

210. 650 2→ 210. 7

要注意的是，在数字修约时，只能对原始数据一次修约到所需的位数，而不能对该数据进行连续修约。例如，将 17.46 修约到两位有效数字，必须将其一次修约到 17，而不能连续修约：17. 46→17. 5→18。

2-6-3 有效数字的运算规则

不仅由测量直接得到的原始数据的记录要如实反映出测量的精度，而且根据原始数据进行计算间接得到的结果，也应该如实反映出测量可能达到的精度。原始数据的测量精度决定了计算结果的精度，计算处理本身无法提高结果的精度。为此，在有效数字的计算中必须遵守一定的规则。

1. 加减法

几个数据相加或相减时，其和或差的小数点后位数应与参加运算的数据中小数点后位数最少的那个数据相同。例如：

$$0.0145+25.64+1.1405=26.80$$

因为参加运算的数据中 25. 64 的小数点后位数最少，只有 2 位，故结果的小数点后位数也应为 2 位，即其和为 26. 80。

根据误差传递的规律，在加减法运算中，结果的绝对误差等于各数据绝对误差的代数和。所以，绝对误差最大的数据对结果的绝对误差起决定作用。而小数点后位数的多少反映了测量绝对误差的大小。如小数点后有 1 位，其绝对误差为 ±0. 1，而小数点后有 2 位，其绝对误差为 ±0. 01，等等。可见，小数点后位数相同的数字，其绝对误差的大小也相同。而且，绝对误差的大小仅与小数点后的位数有关，而与有效数字的位数无关。所以，在加减运算中，原始数据的绝对误差的大小决定了计算结果的绝对误差的大小，计算结果的绝对误差要受到绝对误差最大的那个原始数据的制约而与之处于同一水平上。而绝对误差最大又是与小数点后位数最少的数据联系在一起的，所以在加减运算中应以小数点后位数最少的那个原始数据为基准来表示计算结果。

2. 乘除法

几个数据相乘或相除时，其积或商的有效数字位数应与参加运算的数据中有效数字位数最少的那个数据相同。例如：

$$3.001\times2.1=6.3$$

因为参加运算的数据中有效数字位数最少的是2.1,只有2位,故计算结果的有效数字也应为2位,即6.3。

根据误差传递的规律,在乘除法运算中,结果的相对误差等于各数据相对误差的代数和,所以各数据中相对误差最大的数据对结果的相对误差起决定作用。而有效数字位数的多少反映了测量相对误差的大小。如2位有效数字的1.0和9.9,它们的绝对误差都是±0.1,相对误差分别为±10%和±1%,即2位有效数字的相对误差总在±1%~10%之间。同理,3位有效数字的相对误差总在±0.1%~1%之间;4位有效数字的相对误差总在±0.01%~0.1%之间,等等。可见,具有相同有效数字位数的测量值,其相对误差的大小必处于同一水平上。而且,测量值相对误差的大小仅与有效数字的位数有关,而与小数点的位置无关。因此,在乘除运算中,原始数据的相对误差的大小决定了计算结果的相对误差的大小,计算结果的相对误差要受到相对误差最大的那个原始数据的制约而与之处于同一水平。而相对误差最大又是与有效数字位数最少的数据联系在一起的,所以在乘除运算中应以有效数字位数最少的那个原始数据为基准来表示计算结果。

不论是加减还是乘除运算,都要遵循一个共同的原则,即计算结果的精度取决于测量精度最差的那个原始数据的精度。但加减法是从绝对误差出发,因而是以绝对误差最大,即小数点后位数最少的那个原始数据为基准来决定计算结果的精度;而乘除法则是从相对误差出发,因而是以相对误差最大,即有效数字位数最少的那个原始数据为基准来决定计算结果的精度。至于为什么加减法和乘除法要分别从不同的角度来考虑计算结果的精度,则与误差传递的理论有关,不在本书的讨论范围,在此处不作介绍。

如前所述,计算中遇到的一些非测量值如倍数、分数等,它们的有效数字位数可以认为是无限的。例如,3次平行测定值分别为0.101 0,0.101 2,0.101 4,则平均值

$$\bar{x}=\frac{1}{3}\times(0.101\ 0+0.101\ 2+0.101\ 4)=\frac{1}{3}\times0.303\ 6=0.101\ 2$$

这里数字“3”的有效数字位数就不能认为是1位,而应认为是无限多位。因为这里的“3”不是测量出来的,而反映的是共有3次测定,是一个确定值,其有效数字位数应视为无限。而0.303 6的有效数字位数是4位,故最后结果也应为4位有效数字。

上述运算原则并不是绝对的。有时为了避免在运算过程中因数字的取舍而引入计算误差,可对中间数据先多保留一位,而到最后结果时,舍弃多余的数字,使最终结果恢复到与准确度相适应的有效数字位数。但总的原则是:不能通过计算提高测量结果的精度。

在使用计算器运算时,虽然在运算过程中不必对每一步的计算结果进行修约,但应注意根据其准确度的要求,正确保留最后计算结果的有效数字位数。

涉及化学平衡中有关平衡常数的计算,如 K_a,K_b,$K_{稳}$,K_{sp} 等,可依照平衡常数的位数来确定结果有效数字的位数,一般为2位。

思 考 题

2-1 有效数字的运算规则对加减法和乘除法有何异同?

2-2 按照误差的分类,下列情况各引起什么性质的误差?如何改进?

(1) 容量瓶刻度不准确;

（2）天平零点稍有变动；

（3）滴定管读数时最后一位数字估计不准确；

（4）滴定剂中含有少量被测组分。

2-3　说明误差与偏差，准确度与精密度的关系与区别。

2-4　什么是系统误差？什么是随机误差？二者各有何特点？

2-5　试比较标准正态分布与 t 分布的相同之处与不同之处。

习　题

2-1　进行某钢样中铬含量分析，6 次平行测定的结果分别为 2.13%，2.16%，2.12%，2.17%，2.13%，2.15%。试计算其平均值（$\bar{x}$），平均偏差（$\bar{d}$），相对平均偏差（$\bar{d}_r$），标准偏差（S），相对标准偏差（S_r）、中位数（M）和极差（R）。

2-2　分析某标准铜矿试样的铜的质量分数，5 次测定结果分别为 23.67%，23.64%，23.48%，23.52%，23.55%，试计算分析结果的平均值（$\bar{x}$），平均偏差（$\bar{d}$），标准偏差（S）和相对标准偏差（S_r）。若铜的质量分数的标准值为 23.58%，求测定平均值的绝对误差和相对误差。

2-3　某批测定值符合正态分布 $N(\mu,\sigma^2)$，试求：

（1）大于（$\mu+0.8\sigma$）的测定值出现的概率；

（2）小于（$\mu+3\sigma$）的测定值出现的概率；

（3）在（$\mu-0.4\sigma$）到（$\mu+1.3\sigma$）范围内测定值出现的概率。

2-4　对某标样中铜的含量进行了 250 次分析，已知其质量分数（%）的结果符合正态分布 $N(43.15, 0.23^2)$，求大于 43.59%的测定值可能出现的次数。

2-5　已知某标准试样中金含量的标准值为 12.2 $mg \cdot kg^{-1}$，$\sigma=0.20$，求小于 11.7 $mg \cdot kg^{-1}$的分析结果出现的概率。

2-6　分析某铁矿石中的铁含量（以 Fe_2O_3 的质量分数表示），5 次测定结果分别为 67.48%，67.37%，67.47%，67.44%，67.40%。求个别测定值 67.44%的置信区间和平均值的置信区间（置信度 0.95）。

2-7　测定某钛矿石中的 TiO_2 含量，以 TiO_2 的质量分数表示，结果为 $\bar{x}=58.6\%$，$S=0.7\%$。若（1）$n=6$，（2）$n=3$，分别求 $P=0.90$ 时的平均值的置信区间。

2-8　标定 HCl 溶液的浓度，得到下列数据：0.101 1 $mol \cdot L^{-1}$，0.101 0 $mol \cdot L^{-1}$，0.101 2 $mol \cdot L^{-1}$，0.101 4 $mol \cdot L^{-1}$。分别求置信度为 0.90 和 0.95 时平均值的置信区间。

2-9　要使在置信度为 0.9 时的平均置信区间宽度不超过 $\pm S$，问至少应平行测定几次？

2-10　分析某铁矿中的 Fe 含量，所得结果符合正态分布，Fe 的质量分数总体平均值 μ 为 52.43%，总体标准偏差 σ 为 0.06%。试证明以下结论的正确性：若重复测定该试样 20 次，将有 19 次测定结果落在 52.31%～52.55%的范围内。

2-11　对纯度应为 90.00%的一批产品进行检验，结果为 $n=11$，$\bar{x}=89.82\%$，$S=0.32\%$。若 $P=0.95$，问这批产品的测定平均值与标准值相比有无显著差异？

2-12　用两种基准物质标定 NaOH 溶液的浓度（$mol \cdot L^{-1}$），得到下列结果：

A：0.097 95，0.097 90，0.097 00，0.098 95；

B：0.097 10，0.097 95，0.097 85，0.097 00，0.097 05。

问这两批数据之间是否存在显著差异（置信度 0.90）？

2-13　某分析人员用新发展的测氮法测定一标准试样的含氮量。已知标准值为 16.62%，4 次测定的平均值为 16.72%，标准偏差为 0.08%。问这种新方法是否可靠（显著性水平 0.10）？

2-14 标定某 HCl 溶液，4 次平行测定结果分别是 0.102 0 $mol \cdot L^{-1}$，0.101 5 $mol \cdot L^{-1}$，0.101 3 $mol \cdot L^{-1}$，0.101 4 $mol \cdot L^{-1}$。分别用 $4\bar{d}$ 检验法和 Q 检验法（$P=0.90$）判断数据 0.102 0 $mol \cdot L^{-1}$是否应该舍弃？

2-15 某试样中含铁量的质量分数的 4 次平行测定结果分别为 25.61%，25.53%，25.54%和 25.82%，分别用 Q 检验法和 G 检验法判断是否有可疑值应舍弃（$P=0.95$）。

2-16 某人测定一溶液的浓度（$mol \cdot L^{-1}$），结果如下：0.103 8，0.104 2，0.105 3，0.103 9。问第 3 个结果应否舍弃？若测定了第 5 次，结果为 0.104 1，此时第 3 个结果应否舍弃？用 Q 检验法判断（$P=0.90$）。

2-17 标定 0.1 $mol \cdot L^{-1}$左右的 NaOH 溶液，欲消耗 NaOH 溶液 25 mL 左右，应称取基准物质 $H_2C_2O_4 \cdot 2H_2O$ 约多少克？能否控制称量相对误差在±0.1%之内？若改用邻苯二甲酸氢钾（KHP），结果又如何？

2-18 根据有效数字的运算规则进行计算

（1）$8.563 \div 2.1 - 1.025$

（2）$(25.64 - 0.25) \times 0.1232$

（3）$0.523 \times 3.124 \div 2.032 \times 25.28$

（4）$1.6 \times 10^{-3} \times 2.635 + 0.053$

（5）$pH = 3.25$，$[H^+] = ?$

（6）$[H^+] = 1.02 \times 10^{-5}$ mol/L，$pH = ?$

（7）$pH = 0.040$，$[H^+] = ?$

（8）$212 + 0.5243 + 2.15$

2-19 用返滴定法测定某组分在试样中的质量分数，按下式计算结果：

$$w = \frac{\left(\dfrac{0.7825}{126.07} - \dfrac{18.52 \times 0.1025}{1000}\right) \times 86.94}{0.4825}$$

根据有效数字的运算规则，分析结果的有效数字是几位？

2-20 将下列数字修约到小数点后第 3 位：3.141 56，2.717 49，4.511 50，3.216 50，25.323 5，0.378 501，7.691 499，2.515 5。

参考答案

第3章 溶液化学平衡简介和滴定分析法概述

定量化学分析的依据是溶液中的待测组分和所加入的试剂发生有确定计量关系的化学反应。化学分析法又分为沉淀重量法和滴定分析法。其中沉淀重量法将在本书第7章专门讨论。滴定分析法又可分为酸碱滴定法、络合滴定法、氧化还原滴定法和沉淀滴定法，它们分别建立在溶液中的酸碱、络合、氧化还原和沉淀溶解四大平衡的基础之上，将在后续各章中专门讨论。本章只讨论有关定量分析化学中的溶液化学平衡和滴定分析法的一般概念。

3-1 溶液中的化学平衡

3-1-1 平衡常数

通常用平衡常数 K(equilibrium constant)定量表示化学反应进行的完全程度。对于溶液中进行的反应：

$$aA+bB \rightleftharpoons cP$$

其平衡常数可以表示为

$$K^{\circ}=\frac{a_P^c}{a_A^a a_B^b} \tag{3-1}$$

式(3-1)是由产物与反应物的活度 a(activity)表示的平衡常数 K°，称为热力学常数或活度常数。K°反映了在一定温度条件下，溶液中某化学反应达到平衡时，产物与反应物各组分活度之间的关系。K°仅是温度的函数，与其他条件无关。

3-1-2 活度与活度系数

溶液中某离子组分的活度 a，可以理解为组分的“有效浓度”，它表明静电相互作用导致的该离子组分在真实溶液中的行为与在理想溶液(或极稀溶液)中的行为并不相同。某离子的活度 a 与其浓度 c 的关系可以表示为

$$a=\gamma c \tag{3-2}$$

式中，γ 为活度系数(activity coefficient)，是定量衡量浓度与活度之间偏差大小的参数，通常其有意义的取值范围为0~1。

根据德拜-休克尔(Debye-Hückel)电解质理论，影响离子活度系数的因素有两个：该组分本身所带的电荷 z，是内因；整个溶液的离子强度 I(ionic strength)，是外因。

离子强度的定义式为：

$$I=\frac{1}{2}\sum c_i z_i^2 \tag{3-3}$$

式中，c_i和z_i分别为溶液中i种离子的浓度和其所带的电荷数。离子强度I反映的是溶液中所有带电荷组分之间的静电相互作用的总结果，只与静电相互作用有关，而与其他因素无关。

由于溶液中的中性分子本身不带电荷，其所受到的静电相互作用很小，故通常认为其活度系数$\gamma=1$。而离子由于本身带有一定电荷，自身相互之间及它们与其他离子之间的静电相互作用比较大，不可忽视，故其活度系数通常小于1，即离子表现出的有效浓度比真实浓度要低。

可以采用各种经验公式计算离子的活度系数。如25 ℃时，在无限稀释的水溶液中，可以采用德拜-休克尔极限公式：

$$-\lg\gamma_i=0.51z_i^2\sqrt{I} \tag{3-4}$$

25℃时，在$I\leqslant0.1\ \text{mol}\cdot\text{L}^{-1}$的水溶液中，可以采用扩展的德拜-休克尔极限公式：

$$-\lg\gamma_i=\frac{0.51z_i^2\sqrt{I}}{1+3.3\ \mathring{a}_i\sqrt{I}} \tag{3-5}$$

式中，$\mathring{a}_i$是离子i的体积参数，约等于水合离子的有效直径(nm)。一些常见离子的$\mathring{a}_i$值及$I\leqslant0.1\ \text{mol}\cdot\text{L}^{-1}$的活度系数列于表3-1中。

表3-1 常见离子的$\mathring{a}_i$值及$I\leqslant0.1\ \text{mol}\cdot\text{L}^{-1}$的活度系数(25 ℃)

离子	$\mathring{a}$/nm	离子强度/($\text{mol}\cdot\text{L}^{-1}$)			
		0.005	0.01	0.05	0.1
H^+	0.9	0.934	0.914	0.854	0.826
Li^+, $C_6H_5COO^-$	0.6	0.930	0.907	0.834	0.796
Na^+, HCO_3^-, IO_3^-, $H_2PO_4^-$, Ac^-	0.4	0.927	0.902	0.817	0.770
$HCOO^-$, ClO_3^-, ClO_4^-, F^-, MnO_4^-, OH^-, SH^-	0.35	0.926	0.900	0.812	0.762
K^+, Br^-, CN^-, Cl^-, I^-, NO_3^-, NO_2^-	0.3	0.925	0.899	0.807	0.754
Ag^+, Cs^+, NH_4^+, Rb^+, Tl^+	0.25	0.925	0.897	0.802	0.745
Be^{2+}, Mg^{2+}	0.8	0.756	0.690	0.517	0.446
Ca^{2+}, Cu^{2+}, Zn^{2+}, Fe^{2+}, $C_6H_4(COO)_2^{2-}$	0.6	0.748	0.676	0.484	0.402
Ba^{2+}, Cd^{2+}, Hg^{2+}, Pb^{2+}, S^{2-}, $C_2O_4^{2-}$	0.5	0.743	0.669	0.465	0.377
Hg^{2+}, CO_3^{2-}, CrO_4^{2-}, HPO_4^{2-}, SO_3^{2-}, SO_4^{2-}	0.4	0.738	0.661	0.445	0.351
Al^{3+}, Cr^{3+}, Fe^{3+}, La^{3+}	0.9	0.540	0.443	0.242	0.179
Cit^{3-}(柠檬酸根)	0.5	0.513	0.404	0.179	0.112
$Fe(CN)_6^{3-}$, PO_4^{3-}	0.4	0.505	0.394	0.162	0.095
Ce^{4+}, Th^{4+}, Zr^{4+}	1.1	0.348	0.253	0.099	0.063
$Fe(CN)_6^{4-}$	0.5	0.305	0.200	0.047	0.020

在离子强度小于 0.01 mol·L^{-1}的情况下，式(3-5)可以进一步化简为

$$-\lg\gamma_i=\frac{0.51z_i^2\sqrt{I}}{1+\sqrt{I}} \tag{3-6}$$

在 25 ℃的水溶液中，离子强度在 0.1~0.5 mol·L^{-1}范围内，可以采用戴维斯(Davies)方程：

$$-\lg\gamma_i=z_i^2\left(\frac{0.51\sqrt{I}}{1+\sqrt{I}}-0.15I\right) \tag{3-7}$$

根据戴维斯方程求得的各类离子活度系数值列于附录一附表 1 中。

由式(3-4)到式(3-7)及表 3-1 和附录一附表 1 可见，当 I 一定时，$|z_i|$越大，该离子的活度系数 γ_i越小，越偏离 1；当$|z_i|$一定时，I 越大，γ_i越小，越偏离 1。当离子强度 I 趋近 0 时，$\lg\gamma_i$也趋近 0，活度系数 γ_i趋近 1，此时活度 a 就等于浓度 c。即在无限稀的理想溶液中，离子间的静电相互作用可以忽略，活度与实际浓度已经表现不出区别。

例 3-1 计算 25 ℃，0.05 mol·L^{-1} $AlCl_3$ 水溶液中 Cl^-和 Al^{3+}的活度[1]。

参考文献

解：

$$I=\frac{1}{2}\sum c_iz_i^2=\frac{1}{2}(0.05\times3^2+3\times0.05\times1^2)=0.3\ \text{mol}\cdot\text{L}^{-1}$$

根据式(3-7)，

$$-\lg\gamma_{Cl^-}=1^2\times\left(\frac{0.51\times\sqrt{0.3}}{1+\sqrt{0.3}}-0.15\times0.3\right)=0.14$$

解得 $\gamma_{Cl^-}=0.72$ 。

$$-\lg\gamma_{Al^{3+}}=3^2\times\left(\frac{0.51\times\sqrt{0.3}}{1+\sqrt{0.3}}-0.15\times0.3\right)=1.2$$

解得 $\gamma_{Al^{3+}}=0.06$。

也可以直接查附录一附表 1 得到 γ 值。

$$a_{Al^{3+}}=\gamma_{Al^{3+}}c_{Al^{3+}}=0.05\times0.06\ \text{mol}\cdot\text{L}^{-1}=3.0\times10^{-3}\ \text{mol}\cdot\text{L}^{-1}$$

$$a_{Cl^-}=\gamma_{Cl^-}c_{Cl^-}=0.15\times0.72\ \text{mol}\cdot\text{L}^{-1}=0.11\ \text{mol}\cdot\text{L}^{-1}$$

由此计算可知，离子强度对高价离子的影响要大得多。

3-1-3 浓度常数、混合常数及其与活度常数之间的关系

式(3-1)中的平衡常数若以平衡浓度表示，称为浓度常数：

$$K^c=\frac{[P]^c}{[A]^a[B]^b} \tag{3-8}$$

浓度常数与活度常数的关系为

$$K^c=\frac{a_P^c}{a_A^a a_B^b}\cdot\frac{\gamma_A^a\gamma_B^b}{\gamma_P^c}=K^o\frac{\gamma_A^a\gamma_B^b}{\gamma_P^c} \tag{3-9}$$

浓度常数 K^c 在温度和离子强度一定时为常数。

某些溶液平衡体系中，反应物或产物中有 H^+或 OH^-时，由于氢离子的活度 a_{H^+}和氢氧根离子的活度 a_{OH^-}可以用 pH 计测得，平衡常数的关系式中既有 H^+或 OH^-的活度，也有其他组分的平衡浓度，这种情况下得到的平衡常数称为混合常数 K^M。混合常数 K^M 与活度常数 K^o 之间的关系与

除了 H^+或 OH^-以外的相关组分的活度系数相关，因此在温度和离子强度一定时为常数。

在本书溶液平衡的处理中，一般都忽略活度常数与浓度常数或混合常数的区别，即以各组分的平衡浓度代替活度进行计算，这样处理比较简便，也能满足一般溶液体系中分析化学计算对准确度的要求。只有在对计算结果与实验结果的一致性要求较高时，才考虑活度与浓度的差别。

本书中常见的平衡反应的类型及平衡常数见表 3-2。

表 3-2　平衡反应的类型及平衡常数

平衡类型	反应方程式	平衡常数
酸碱平衡	$HB+H_2O \rightleftharpoons H_3O^++B^-$	酸的解离常数 $K_a=\dfrac{[H^+][B^-]}{[HB]}$
络合平衡	$M+Y \rightleftharpoons MY$	累积稳定常数 $K_{MY}=\dfrac{[MY]}{[M][Y]}$
氧化还原平衡	$a\mathrm{Ox}_1+b\mathrm{Red}_2 \rightleftharpoons b\mathrm{Ox}_2+a\mathrm{Red}_1$	平衡常数 $K=\dfrac{[\mathrm{Ox}_2]^b[\mathrm{Red}_1]^a}{[\mathrm{Ox}_1]^a[\mathrm{Red}_2]^b}$
沉淀溶解平衡	$M_nA_m(s) \rightleftharpoons nM^{m+}+mA^{n-}$	溶度积 $K_{sp}=[M^{m+}]^n[A^{n-}]^m$
相分配平衡	MA（水）$\rightleftharpoons$ MA（有机）	分配系数 $K_D=\dfrac{[MA]_{有机}}{[MA]_{水}}$

3-2　滴定分析法概述

在滴定分析中，通常将确定体积的含有被测组分的待测溶液置于锥形瓶中，称为被滴定剂；将已知准确浓度的标准溶液置于滴定管中，称为滴定剂；将标准溶液通过滴定管逐滴加入待测溶液的过程称为滴定。如果将滴定剂(A)与被测组分(B)的化学反应表示为

$$aA+bB = cP$$

则当所加入的滴定剂 A 的物质的量与被测组分 B 的物质的量恰好符合上述反应式中二者的计量关系时，称为达到化学计量点(stoichiometric point)，一般以 sp 表示。即化学计量点时有如下关系：

$$\frac{c_A V_A}{c_B V_B}=\frac{a}{b}$$

式中，c_A和 c_B分别为 A 和 B 的浓度；V_A和 V_B分别为 A 和 B 的体积。通常被滴定剂的体积 V_B和滴定剂的浓度 c_A是已知的，计量点时滴定剂所加入的体积 V_A可以由滴定管准确地读出并计量，因此就可以根据滴定结果 V_A 以及 A 与 B 在化学反应方程式中的计量比 a/b 计算出被测组分 B 的浓度 c_B。

可见，每次滴定操作都是以到达化学计量点停止滴定，从而获得滴定剂体积为目的的，但是通常很难判断滴定是否到达化学计量点，因为此时溶液体系往往没有任何外观特征可被察觉。因此，在实际滴定中一般都需借助外加指示剂的颜色是否发生敏锐变化来判断滴定是否到达了化学计量

点，以便终止滴定。此时，指示剂的变色点称为滴定终点(end point)，一般以 ep 表示。滴定终点 ep 与化学计量点 sp 不一定恰好一致，由此产生的误差称为终点误差 E_t(end point error)。

滴定分析法仪器简单，操作简便快速，适用面广，测量的准确度高，相对误差可控制在±0.1%之内，因此非常适用于常量组分分析。加之可以用于定量检测的化学反应类型多样，方法成熟，目前滴定分析法在生产实践与科学实验中仍然得到广泛的应用。由于滴定分析法是基于测量溶液的体积来进行分析测定的，故又称为容量分析法。但由于滴定分析法的灵敏度较低，不适用于微量组分分析。

3-3 基准物质和标准溶液

3-3-1 基准物质

基准物质(primary standard substance)属于标准物质的一种，是一类固体化学试剂，用于直接配制标准溶液或标定溶液的准确浓度。基准物质必须符合以下条件。

(1) 纯度应高于 99.9%；

(2) 实际组成与其化学式完全相符；

(3) 性质稳定，储存过程中组成不变，在一般情况下不挥发、不吸湿、不变质、不降解；

(4) 具有较大的摩尔质量，以降低称量误差。

值得注意的是，某些标识为高纯、超纯或光谱纯的试剂，并不表明其主要成分的纯度高于99.9%，只是表明这些试剂中某些特定的杂质含量很低，但可能含有组成不确定的水分或其他杂质，其组成与化学式也不一定相符，不能用作基准物质，只供某些特定的场合或目的使用。

表 3-3 中列出了一些滴定分析常用基准物质及其使用前的干燥处理条件，一般情况下干燥后均放置于干燥器中保存。

表 3-3 滴定分析常用基准物质

应用范围	基准物质		干燥处理条件
	名称	化学式	
酸碱滴定	碳酸钠	Na_2CO_3	将 Na_2CO_3，$NaHCO_3$ 或 $Na_2CO_3 \cdot 10H_2O$ 放于白金坩埚中，在 300 ℃下灼烧至恒重，在干燥器中冷却至室温
	硼砂	$Na_2B_4O_7 \cdot 10H_2O$	不可烘烤，用于储存的干燥器要保持恒湿
	邻苯二甲酸氢钾(KHP)	$KHC_8H_4O_4$	105~110 ℃烘干至恒重，在干燥器中冷却至室温
	草酸	$H_2C_2O_4 \cdot 2H_2O$	室温，干燥空气环境
络合滴定	锌	Zn	以 0.1 mol·L^{-1} HCl 溶液将表面洗净，再依次用水、乙醇、丙酮、纯水洗净，烘干并冷却至室温
	氧化锌	ZnO	800 ℃灼烧至恒重
	碳酸钙	$CaCO_3$	110 ℃烘干至恒重

续表

应用范围	基准物质		干燥处理条件
	名称	化学式	
氧化还原滴定	重铬酸钾	$K_2Cr_2O_7$	120 ℃烘干至恒重,在干燥器中冷却至室温
	碘酸钾	KIO_3	120~140 ℃烘干至恒重,在干燥器中冷却至室温
	铜	Cu	室温干燥器中放置 24 h
	草酸钠	$Na_2C_2O_4$	105 ℃烘干至恒重,干燥器中冷却至室温
	三氧化二砷	As_2O_3	置于以浓硫酸为干燥剂的干燥器中 24 h 以上
沉淀滴定	氯化钠	NaCl	500~600 ℃灼烧至恒重,在干燥器中冷却至室温
	氟化钠	NaF	于白金坩埚中,在 500~550 ℃灼烧至恒重,在干燥器中冷却至室温

3-3-2 标准溶液及其配制方法

滴定分析法是一种相对的测量方法,待测试液的准确浓度都要通过与标准溶液的比较才能够确定,因此标准溶液在滴定过程中是必须的和不可缺少的。标准溶液就是已知准确浓度的溶液,通常要求标准溶液的浓度精确到 4 位有效数字。配制标准溶液有直接法和间接法两种方法。

1. 直接法

通过直接称量基准物质来配制标准溶液的方法称为直接法。

在用直接法配制标准溶液时,可用分析天平准确称取一定质量的基准物质,溶解后全部转移到容量瓶中并定容。根据所称取基准物质的质量和容量瓶的体积即可计算出该标准溶液的准确浓度。

例如,欲配制 $K_2Cr_2O_7$标准溶液,可准确称取 1.523 0 g 基准物质 $K_2Cr_2O_7$,溶于水后全部转移至 250 mL 容量瓶中,定容摇匀。则 $K_2Cr_2O_7$标准溶液的浓度为

$$c_{K_2Cr_2O_7}=\frac{m_{K_2Cr_2O_7}}{M_{K_2Cr_2O_7}}\cdot\frac{1\,000}{V}=\frac{1.523\,0\ \text{g}}{294.2\ \text{g}\cdot\text{mol}^{-1}}\cdot\frac{1\,000\ \text{mL}\cdot\text{L}^{-1}}{250\ \text{mL}}=0.020\,71\ \text{mol}\cdot\text{L}^{-1}$$

2. 间接法(标定法)

通过滴定基准物质来测定标准溶液准确浓度的方法称为间接法,又称标定法。有许多试剂由于不易提纯和保存,或组成不恒定,不符合基准物质的条件,因此其标准溶液不能采用直接法配制。在这种情况下可先将这类试剂粗配成与所需浓度大致相当的溶液,然后再借助基准物质滴定来确定其准确浓度。

例如,固体 NaOH 极易吸收空气中的 CO_2 和水分,因此不能作为基准物质用直接法配制 NaOH 标准溶液,此时只能采用间接法。先粗配一定浓度的 NaOH 溶液(如 0.1 mol · L^{-1}),再准确称取基准物质邻苯二甲酸氢钾(KHP)于锥形瓶中,溶解后用该 NaOH 溶液滴定至终点,从而间接获得 NaOH 溶液的准确浓度。有关的离子反应方程式和计算公式为

$$OH^-+HP^- \!=\!=\!= P^{2-}+H_2O$$

$$c_{NaOH}V_{NaOH} : \frac{m_{KHP}}{M_{KHP}} = 1 : 1$$

$$c_{NaOH} = \frac{m_{KHP}}{M_{KHP}} \cdot \frac{1}{V_{NaOH}}$$

式中，P^{2-} 表示邻苯二甲酸根，m_{KHP} 和 M_{KHP} 分别为 KHP 的质量和摩尔质量；c_{NaOH} 和 V_{NaOH} 分别为 NaOH 溶液的浓度和体积。

当然，也可以通过滴定另一种已知准确浓度的标准溶液来间接测定所需标准溶液的准确浓度。但另一种标准溶液的准确浓度也必须是通过基准物质才能确定。可见，无论是直接法还是间接法，其基础都是基准物质。

3-3-3 标准溶液浓度的表示方法

1. 物质的量浓度

溶质 B 的物质的量 n_B 与溶液体积 V_B 之比，称为溶质 B 的物质的量浓度 c_B，即

$$c_B = n_B / V_B$$

而

$$n_B = m_B / M_B$$

故

$$c_B = m_B / (V_B M_B) \tag{3-10}$$

在滴定分析中常用的物质的量浓度的单位是 $mol \cdot L^{-1}$，表示每升溶液中含该溶质物质的量是多少摩尔。

在式(3-10)中，m_B 是物质 B 的质量，常用单位为 g。M_B 是物质 B 的摩尔质量，在分析化学中常用的单位是 $g \cdot mol^{-1}$，此时原子、分子等物质的摩尔质量在数值上与它们的相对原子质量、相对分子质量是一致的。

物质的量浓度是最常用的溶液浓度的表示方法，也是最常用的标准溶液的浓度表示方法。

2. 滴定度

在工业生产的例行分析中，可以用某一标准溶液测定某一特定待测组分。为简化计算，常以被测组分 B 的质量 m_B 与标准溶液 A 的体积 V_A 之比，来表示该标准溶液的浓度，称为滴定度(titer)，以 $T_{B/A}$ 表示，则

$$T_{B/A} = m_B / V_A \tag{3-11}$$

式中，m_B 以 g 为单位，V_A 以 mL 为单位，故滴定度的单位为 $g \cdot mL^{-1}$，表明 1 mL 标准溶液 A 相当于待测组分 B 的质量为多少克。

例如，用 $AgNO_3$ 标准溶液滴定电解食盐水中的 Cl^- 时，滴定反应方程式为

$$Ag^+ + Cl^- \xlongequal{} AgCl \downarrow$$

若此 $AgNO_3$ 标准溶液对 Cl^- 的滴定度为

$$T_{Cl^-/AgNO_3} = 0.003\ 545\ g \cdot mL^{-1}$$

当某次滴定中所消耗的 $AgNO_3$ 标准溶液为 21.50 mL 时，可即刻由滴定度求出在所测电解食盐水中含 Cl^- 的质量为

$$m_{Cl^-}=T_{Cl^-/AgNO_3}\times V_{AgNO_3}=0.003\ 545\ g\cdot mL^{-1}\times 21.50\ mL=0.076\ 22\ g$$

这对采用同一标准溶液反复分析大量试样及经常性的测定工作非常方便。

在此应该强调的是，与物质的量浓度不同，滴定度是一种特殊的浓度表示方法，它是专门用来表示标准溶液的浓度的，且是针对某种特殊的待测组分而言的。

3-4 滴定分析的方式

1. 直接滴定

用标准溶液直接滴定待测试液组分的滴定方式，称为直接滴定。直接滴定是一种最基本的滴定方式。能够应用于直接滴定的化学反应必须满足以下要求。

(1) 反应完全 即在化学计量点时反应的完全程度应在 99.9%以上；

(2) 反应定量 即按照一个确定的化学反应方程式进行，反应物间有着确定的化学计量关系；

(3) 反应快速 即滴定剂加入后与待测组分的反应最好即刻完成；

(4) 终点可示 即有适当的方法确定滴定终点。

对于某一待测组分，如果无法找到符合上述四项要求的滴定反应，则无法采用直接滴定方式进行滴定。但还可以采用下述返滴定或间接滴定的方式来实现滴定分析，这大大扩展了滴定分析法的应用范围。

2. 返滴定

某些待测组分的化学反应速率较慢，无法采用直接滴定方式测定，但可采用返滴定(back-titration)进行测定。返滴定亦称回滴法，是先准确加入过量的一种标准溶液，使之与待测组分充分反应，待反应完成后再以另一种标准溶液滴定反应后剩余的前一种标准溶液。根据所消耗的两种标准溶液的物质的量，再推算出待测组分的含量。

例如，用 HCl 标准溶液不能直接滴定固体 $CaCO_3$ 试样，因为 $CaCO_3$ 在滴定过程中要边溶解边反应，速率较慢。但可采用返滴定方式，即在固体 $CaCO_3$ 试样中先加入定量且过量的 HCl 标准溶液，并加热以加速反应的进行，化学反应方程式为

$$CaCO_3(s)+2HCl = CaCl_2+H_2O+CO_2\uparrow$$

待反应完全并冷却至室温后，用 NaOH 标准溶液滴定剩余的 HCl 标准溶液。则 $CaCO_3$ 实际消耗的 HCl 标准溶液的物质的量为初始所加入的 HCl 标准溶液的物质的量与返滴定时所消耗的 NaOH 标准溶液的物质的量之差($c_{HCl}V_{HCl}-c_{NaOH}V_{NaOH}$)，由此可求算出试样中 $CaCO_3$ 的含量。

3. 间接滴定

待测组分无法与滴定剂的标准溶液发生反应，或者可以发生化学反应但无法按照确定的化学计量比进行，则可以采用间接滴定。待测组分先与其他试剂发生具有确定化学计量比的反应，再用标准溶液滴定该反应中生成的与待测组分具有确定化学计量关系的产物，从而间接测得待测组分的含量，这种滴定方式称为间接滴定。

例如，在标定硫代硫酸钠($Na_2S_2O_3$)标准溶液时不能用 $Na_2S_2O_3$ 溶液直接滴定基准物质 $K_2Cr_2O_7$ 溶液，因为它们之间所发生的氧化还原反应比较复杂，生成的产物有多种，反应不是按照一个确定的化学反应方程式进行的，故二者没有确定的化学计量关系。通常采用间接滴定方式标定

$Na_2S_2O_3$ 溶液。即先在酸性条件下向 $K_2Cr_2O_7$溶液中加入过量的 KI,使二者发生反应后产生与 $K_2Cr_2O_7$有确定化学计量关系的 I_2。再用 $Na_2S_2O_3$ 溶液滴定生成的 I_2,从而间接求算出 $Na_2S_2O_3$ 溶液的准确浓度。有关的化学反应方程式为

$$Cr_2O_7^{2-} + 6I^- + 14H^+ = 2Cr^{3+} + 3I_2 + 7H_2O$$

$$2S_2O_3^{2-} + I_2 = S_4O_6^{2-} + 2I^-$$

又如,Ca^{2+}在水溶液中通常不表现出氧化还原性质,故无法采用氧化还原滴定法进行测定。但可采用间接滴定方式,即先在待测 Ca^{2+}溶液中加入过量的 $Na_2C_2O_4$ 溶液,使形成与 Ca^{2+}相等物质的量的 CaC_2O_4 沉淀。经过滤洗涤后,将 CaC_2O_4 沉淀溶解于 H_2SO_4 溶液中,再用 $KMnO_4$ 标准溶液滴定产生的 $H_2C_2O_4$,从而达到间接测定 Ca^{2+}浓度的目的。有关的化学反应方程式为

$$Ca^{2+}+C_2O_4^{2-} = CaC_2O_4\downarrow$$

$$CaC_2O_4+2H^+ = Ca^{2+}+H_2C_2O_4$$

$$2MnO_4^-+5H_2C_2O_4+6H^+ = 2Mn^{2+}+10CO_2\uparrow+8H_2O$$

3-5 滴定分析的计算

3-5-1 基本关系式

在滴定分析的计算中,首先遇到的是关于标准溶液的配制、标定和稀释的计算;其次是滴定完成后,由所消耗滴定剂的体积和浓度计算被滴定剂中待测组分的质量或质量分数的计算。这些计算依据的,是物质的量浓度和质量分数的定义,以及滴定反应中反应物与产物之间的化学计量比。例如,以滴定剂 A 滴定被滴定剂中待测组分 B 时,所依据的滴定反应为

$$aA+bB = cP$$

即反应物 A 与 B 的物质的量之比在滴定到达化学计量点时为 $a:b$,即

$$n_A : n_B = a : b$$

这里 $a:b$ 即为反应物 A 与 B 的化学计量比。于是

$$n_B = \frac{b}{a} \cdot n_A$$

由于

$$n_A = c_A V_A$$

则

$$n_B = \frac{b}{a} \cdot c_A V_A \qquad (3-12)$$

而待测组分 B 的质量 m_B应为其物质的量 n_B与其摩尔质量 M_B的乘积,即

$$m_B = n_B M_B = \frac{b}{a} \cdot c_A V_A M_B \qquad (3-13)$$

3-5-2 计算示例

1. 标准溶液的配制、标定和稀释的计算

例 3-2 若要求在标定粗配的 0.1 mol · L^{-1}HCl 溶液时，滴定管的读数在 20~30 mL 范围内，求应称取的基准物质硼砂($Na_2B_4O_7 \cdot 10H_2O$，简称 STD，M_{STD}=381.42 g · mol^{-1})的质量范围；若采用 Na_2CO_3($M_{Na_2CO_3}$=105.99 g · mol^{-1})为基准物又如何？

解： 以硼砂为基准物质的滴定反应为

$$B_4O_7^{2-}+2H^++5H_2O = 4H_3BO_3$$

依据式(3-13)，V_{HCl}=20 mL 时：

$$m_{STD}=\frac{1}{2}c_{HCl}\cdot V_{HCl}\cdot M_{STD}=\frac{1}{2}\times 0.10\ mol\cdot L^{-1}\times 20\ mL\times 381.42\ g\cdot moL^{-1}\times\frac{1}{1\ 000\ mL\cdot L^{-1}}=0.38\ g$$

V_{HCl}=30 mL 时：

$$m_{STD}=\frac{1}{2}c_{HCl}\cdot V_{HCl}\cdot M_{STD}=\frac{1}{2}\times 0.10\ mol\cdot L^{-1}\times 30\ mL\times 381.42\ g\cdot moL^{-1}\times\frac{1}{1\ 000\ mL\cdot L^{-1}}=0.57\ g$$

因此硼砂的称量范围为 0.38~0.57 g。

以 Na_2CO_3 为基准物质的滴定反应为

$$2H^++CO_3^{2-} = H_2O+CO_2\uparrow$$

V_{HCl}=20 mL 时：

$$m_{Na_2CO_3}=\frac{1}{2}c_{HCl}\cdot V_{HCl}\cdot M_{Na_2CO_3}=\frac{1}{2}\times 0.10\ mol\cdot L^{-1}\times 20\ mL\times 105.99\ g\cdot moL^{-1}\times\frac{1}{1\ 000\ mL\cdot L^{-1}}=0.11\ g$$

V_{HCl}=30 mL 时：

$$m_{Na_2CO_3}=\frac{1}{2}c_{HCl}\cdot V_{HCl}\cdot M_{Na_2CO_3}=\frac{1}{2}\times 0.10\ mol\cdot L^{-1}\times 30\ mL\times 105.99\ g\cdot moL^{-1}\times\frac{1}{1\ 000\ mL\cdot L^{-1}}=0.16\ g$$

因此 Na_2CO_3 的称量范围为 0.11~0.16 g。

由上述计算可以看出，由于硼砂的摩尔质量较大，单份称量质量均大于 0.2 g，可以直接准确称取固体试剂到锥形瓶内，加入适量水溶解后即可用于标定，这种方法称为“称小样”。而Na_2CO_3的摩尔质量相对较小，每份称量的质量均小于 0.2 g，若“称小样”，会导致称量的相对误差超出±0.1%(通常分析天平的称量绝对误差为±0.2 mg)。为了降低称量相对误差，可以准确称取 10 倍量的 Na_2CO_3(即 1.1~1.6 g)，将其完全溶解并定容于 250 mL 容量瓶中，然后用 25 mL 移液管每次移取 25.00 mL Na_2CO_3 标准溶液到锥形瓶内进行标定。这种方法称为“称大样”。

例 3-3 称取基准物质邻苯二甲酸氢钾(KHP) 0.512 5 g，用以标定粗配的 0.1 mol · L^{-1}NaOH 溶液。终点时消耗 NaOH 溶液 25.00 mL，求 NaOH 标准溶液的准确浓度。

解： 滴定反应为

$$OH^-+HP^- = P^{2-}+H_2O$$

依据式(3-13)，则

$$c_{NaOH}=\frac{m_{KHP}}{V_{NaOH}\cdot M_{KHP}}=\frac{0.512\ 5\ g}{25.00\ mL\times 204.22\ g\cdot mol^{-1}}=1.004\times 10^{-4}\ mol\cdot mL^{-1}=0.100\ 4\ mol\cdot L^{-1}$$

例 3-4 称取基准物质 $H_2C_2O_4 \cdot 2H_2O$ 0.380 2 g，溶于水后用 NaOH 溶液滴定至终点时，消耗了 NaOH 溶液 24.50 mL。计算 NaOH 标准溶液的浓度。

解： 滴定反应为

$$2OH^-+H_2C_2O_4 = C_2O_4^{2-}+2H_2O$$

依据式(3-13),则

$$c_{NaOH}=\frac{2m_{H_2C_2O_4\cdot 2H_2O}}{V_{NaOH}\cdot M_{H_2C_2O_4\cdot 2H_2O}}=\frac{2\times 0.380\ 2\ g}{24.50\ mL\times 126.07\ g\cdot mol^{-1}}=2.462\times 10^{-4}\ mol\cdot mL^{-1}=0.246\ 2\ mol\cdot L^{-1}$$

例 3-5 准确吸取 0.050 40 mol · L^{-1} H_2SO_4 标准溶液 20.00 mL,移入 500.0 mL 容量瓶中,以水定容。求稀释后 H_2SO_4 标准溶液的浓度。

解: 稀释前 H_2SO_4 标准溶液的浓度和体积分别以 c_1 和 V_1 表示,稀释后的浓度和体积分别以 c_2 和 V_2 表示。由于稀释前后溶液所含溶质 H_2SO_4 的物质的量是相同的,于是

$$c_1V_1=c_2V_2$$

则

$$c_2=\frac{c_1V_1}{V_2}=\frac{0.050\ 40\ mol\cdot L^{-1}\times 20.00\ mL}{500.0\ mL}=2.016\times 10^{-3}\ mol\cdot L^{-1}$$

例 3-6 量取粗配的 H_2SO_4 溶液 25.00 mL,以 0.100 4 mol · L^{-1}NaOH 标准溶液进行标定,需消耗 22.50 mL NaOH 溶液,求 H_2SO_4 标准溶液的准确浓度。

解: 滴定反应为

$$H_2SO_4+2NaOH \xlongequal{\quad} Na_2SO_4+2H_2O$$

依据式(3-13),则

$$c_{H_2SO_4}=\frac{c_{NaOH}V_{NaOH}}{2V_{H_2SO_4}}=\frac{0.100\ 4\ mol\cdot L^{-1}\times 22.50\ mL}{2\times 25.00\ mL}=0.045\ 18\ mol\cdot L^{-1}$$

例 3-7 $Na_2C_2O_4$ 可用 $KMnO_4$ 标准溶液进行滴定以测得含量,其滴定反应为

$$2MnO_4^-+5C_2O_4^{2-}+16H^+ \xlongequal{\quad} 2Mn^{2+}+10CO_2\uparrow+8H_2O$$

如果滴定剂 $KMnO_4$ 溶液的浓度为 0.100 0 mol · L^{-1},求算 $KMnO_4$ 标准溶液以 $T_{Na_2C_2O_4/KMnO_4}$ 表示的滴定度。

解: 据式(3-13),则

$$m_{Na_2C_2O_4}=\frac{5}{2}\cdot c_{KMnO_4}V_{KMnO_4}M_{Na_2C_2O_4}$$

根据滴定度的定义,所消耗 $KMnO_4$ 标准溶液的体积为

$$V_{KMnO_4}=1.000\ mL$$

于是

$$m_{Na_2C_2O_4}=\frac{5}{2}\times 0.100\ 0\ mol\cdot L^{-1}\times 1.000\ mL\times\frac{1}{1\ 000\ mL\cdot L^{-1}}\times 134.00\ g\cdot mol^{-1}=0.033\ 50\ g$$

即 1 mL $KMnO_4$ 滴定剂相当于 0.033 50 g $Na_2C_2O_4$,故滴定度为

$$T_{Na_2C_2O_4/KMnO_4}=0.033\ 50\ g\cdot mL^{-1}$$

2. 分析结果的计算

(1) 直接滴定

例 3-8 采用氧化还原滴定法测定铁矿石中的铁含量。称取 0.314 3 g 试样,溶于 HCl 溶液后,将 Fe^{3+} 完全还原成 Fe^{2+},再以 0.020 00 mol · L^{-1} $K_2Cr_2O_7$ 标准溶液滴定。滴至终点时,消耗 $K_2Cr_2O_7$ 标准溶液21.30 mL。计算试样中分别以 Fe 和 Fe_2O_3 为表示形式的铁的质量分数。

解: 滴定反应的化学反应方程式为

$$Cr_2O_7^{2-}+6Fe^{2+}+14H^+ \xlongequal{\quad} 2Cr^{3+}+6Fe^{3+}+7H_2O$$

依据式(3-13),以 Fe 表示的质量分数为

$$w_{Fe}=\frac{m_{Fe}}{m_s}=\frac{6c_{K_2Cr_2O_7}V_{K_2Cr_2O_7}M_{Fe}}{m_s}$$

$$=\frac{6\times0.02000\ \text{mol}\cdot\text{L}^{-1}\times21.30\ \text{mL}\times55.85\ \text{g}\cdot\text{mol}^{-1}}{1\times0.3143\ \text{g}}=454.2\ \text{mg}\cdot\text{g}^{-1}=45.42\%$$

由于 $n_{Fe_2O_3}=2n_{Fe}$，以 Fe_2O_3 表示的质量分数为

$$w_{Fe_2O_3}=\frac{m_{Fe_2O_3}}{m_s}=\frac{6c_{K_2Cr_2O_7}V_{K_2Cr_2O_7}M_{Fe_2O_3}}{2m_s}$$

$$=\frac{6\times0.02000\ \text{mol}\cdot\text{L}^{-1}\times21.30\ \text{mL}\times159.7\ \text{g}\cdot\text{mol}^{-1}}{2\times0.3143\ \text{g}}=649.4\ \text{mg}\cdot\text{g}^{-1}=64.94\%$$

由例3-8可见，当以不同化学形式表示同种待测组分的测定结果时，其质量分数是不相同的。此外，待测组分在实际测定时的型体与计算测定结果时的化学表示形式并非总是一样的。

（2）返滴定

例3-9　称取 $CaCO_3$ 试样 0.500 0 g，然后准确加入 0.228 4 mol·L^{-1}HCl 标准溶液 50.00 mL。缓慢加热使 $CaCO_3$ 与 HCl 溶液作用完全并冷却后，再以 0.230 7 mol·L^{-1} NaOH 标准溶液滴定反应后剩余的 HCl，结果消耗了 NaOH 标准溶液 6.20 mL。求试样中 $CaCO_3$ 的质量分数。

解： 有关的化学反应方程式为

$$2H^++CaCO_3 \xlongequal{} Ca^{2+}+H_2O+CO_2\uparrow$$

$$OH^-+H^+ \xlongequal{} H_2O$$

在测定中与 $CaCO_3$ 发生反应所消耗 HCl 的物质的量 n_{HCl} 为

$$n_{HCl}=c_{HCl}V_{HCl}-c_{NaOH}V_{NaOH}$$

而 $n_{CaCO_3}:n_{HCl}=1:2$，于是

$$w_{CaCO_3}=\frac{(c_{HCl}V_{HCl}-c_{NaOH}V_{NaOH})M_{CaCO_3}}{2m_s}$$

$$=\frac{(0.2284\ \text{mol}\cdot\text{L}^{-1}\times50.00\ \text{mL}-0.2307\ \text{mol}\cdot\text{L}^{-1}\times6.20\ \text{mL})\times100.09\ \text{g}\cdot\text{mol}^{-1}}{2\times0.5000\ \text{g}}$$

$$=999.9\ \text{mg}\cdot\text{g}^{-1}=99.99\%$$

（3）间接滴定

例3-10　准确吸取某可溶性钙盐溶液 25.00 mL，加入适当过量的 $Na_2C_2O_4$ 溶液，使 Ca^{2+} 完全以 CaC_2O_4 形式沉淀。将沉淀过滤洗涤后，以 6 mol·L^{-1} H_2SO_4 溶液将其完全溶解。再以 0.100 0 mol·L^{-1} $KMnO_4$ 标准溶液滴定所产生的 $H_2C_2O_4$，终点时消耗 $KMnO_4$ 溶液 24.00 mL。求钙盐试样中 Ca^{2+} 的浓度。

解： 有关的化学反应方程式为

沉淀：

$$Ca^{2+}+C_2O_4^{2-} \xlongequal{} CaC_2O_4\downarrow$$

溶解：

$$CaC_2O_4+2H^+ \xlongequal{} Ca^{2+}+H_2C_2O_4$$

滴定：

$$2MnO_4^-+5H_2C_2O_4+6H^+ \xlongequal{} 2Mn^{2+}+10CO_2\uparrow+8H_2O$$

于是

$$n_{Ca^{2+}}=n_{C_2O_4^{2-}}=n_{H_2C_2O_4}=\frac{5}{2}n_{KMnO_4}$$

则

$$c_{Ca^{2+}}=\frac{n_{Ca^{2+}}}{V_{Ca^{2+}}}=\frac{5c_{KMnO_4}V_{KMnO_4}}{2V_{Ca^{2+}}}$$

$$=\frac{5\times 0.100\ 0\ mol\cdot L^{-1}\times 24.00\ mL}{2\times 25.00\ mL}$$

$$=0.240\ 0\ mol\cdot L^{-1}$$

思　考　题

3-1　解释下列概念。

(1) 活度常数,浓度常数,混合常数;

(2) 活度,活度系数,离子强度;

(3) 样品,试样;

(4) 滴定,标定;

(5) 滴定剂,被滴定剂;

(6) 化学计量点,滴定终点,终点误差;

(7) 物质的量浓度,滴定度;

(8) 直接滴定,返滴定,间接滴定。

3-2　离子强度如何影响活度及活度系数?为什么在通常的滴定分析中可以不考虑离子强度的影响?

3-3　什么是标准溶液?作为基准物质的固体试剂必须符合什么条件?

3-4　滴定分析法有什么特点?直接滴定方式对滴定反应有什么要求?

习　　题

3-1　计算 25 ℃时 0.05 $mol\cdot L^{-1}$ NaCl 和 0.10 $mol\cdot L^{-1}$ Na_2SO_4 混合溶液中 SO_4^{2-} 的活度。

3-2　称取基准物质纯金属锌 0.325 0 g,以稀盐酸溶解后,完全转入 250.0 mL 容量瓶,再以水稀释至刻度,计算此锌标准溶液的浓度。

3-3　Na_2CO_3 可用 HCl 标准溶液进行滴定以测得其含量,其滴定反应为

$$2H^++CO_3^{2-}=\!=\!=H_2O+CO_2\uparrow$$

如果滴定剂 HCl 标准溶液的浓度为 0.100 0 $mol\cdot L^{-1}$,求算 HCl 标准溶液以 $T_{Na_2CO_3/HCl}$表示的滴定度。

3-4　某炼铁厂化验室经常需要分析铁矿石中 Fe 的含量,若 $K_2Cr_2O_7$标准溶液的浓度为 0.020 00 $mol\cdot L^{-1}$,请分别计算该标准溶液对 Fe,Fe_2O_3 和 Fe_3O_4 的滴定度。$K_2Cr_2O_7$ 与 Fe^{2+}的滴定反应为

$$6Fe^{2+}+Cr_2O_7^{2-}+14H^+=\!=\!=6Fe^{3+}+2Cr^{3+}+7H_2O$$

3-5　在酸性溶液中 $KMnO_4$ 与 H_2O_2 按下式反应:

$$5H_2O_2+2MnO_4^-+6H^+=\!=\!=5O_2\uparrow+2Mn^{2+}+8H_2O$$

在中性溶液中,$KMnO_4$ 与 $MnSO_4$ 按下式反应:

$$3Mn^{2+}+2MnO_4^-+4OH^-=\!=\!=5MnO_2\downarrow+2H_2O$$

试计算各需要多少毫升 0.100 0 $mol\cdot L^{-1}$ $KMnO_4$ 溶液才能分别与 10.00 mL 0.200 0 $mol\cdot L^{-1}$ H_2O_2 及 50.00 mL 0.200 0 $mol\cdot L^{-1}$ $MnSO_4$ 溶液反应完全。

3-6　用稀 HCl 溶液滴定 0.2 176 g 纯 Na_2CO_3,反应为

$$CO_3^{2-}+2H^+=\!=\!=H_2O+CO_2\uparrow$$

如果滴定需用 27.86 mL HCl 溶液，计算稀 HCl 溶液的准确浓度。如果用此 HCl 标准溶液滴定 0.467 1 g 含 $NaHCO_3$ 的试样，需用 HCl 溶液 28.72 mL，此 $NaHCO_3$ 试样的纯度是多少？

参考答案

第4章　酸碱平衡和酸碱滴定法

酸碱滴定(acid-base titration)法是以酸碱反应为基础的滴定分析方法。该方法简便、快速，可以用于分析测定一般的酸、碱或者能与酸、碱直接或间接发生反应的物质，是一种应用广泛的定量分析方法。酸碱平衡(acid-base equilibrium)是研究和处理各类溶液平衡的基础，也是酸碱滴定的理论依据，而酸碱滴定法又是各类滴定方法的基础。因此，本章是整个滴定分析法的重点内容，学好本章是掌握滴定分析法有关原理和方法的关键。本章将以酸碱质子理论为基础，讨论水溶液中的酸碱平衡，基于物料平衡、电荷平衡和质子条件提出各种酸碱溶液体系中 pH 的计算方法，特别是典型酸碱溶液体系 pH 近似计算的思路，通过讨论酸碱滴定过程中溶液 pH 的变化规律、指示剂的变色原理及选择原则、终点误差的计算等来阐述酸碱滴定的基本原理。

4-1　酸碱质子理论

4-1-1　酸碱的概念和共轭酸碱对

按照布朗斯特-劳里(Brønsted-Lowry)的酸碱质子理论，凡能给出质子的物质就是酸，凡能接受质子的物质就是碱。如以 HB 表示某酸，则其解离反应为

$$HB \rightleftharpoons H^+ + B^-$$

酸 HB 给出一个质子而形成碱 B^-，碱 B^- 获得一个质子便成为酸 HB，酸 HB 与碱 B^- 相对于质子得失而言是互为因果、相互联系又相互依存的。酸 HB 与碱 B^- 总是成对出现的，这样一对酸碱称为共轭酸碱对(conjugate acid-base pairs)，表示为 HB/B^-。B^- 称为酸 HB 的共轭碱，HB 称为碱 B^- 的共轭酸，共轭酸碱对之间只相差一个 H^+。例如：

共轭酸		质子		共轭碱
HAc	$\rightleftharpoons$	H^+	+	Ac^-
H_2SO_4	$\rightleftharpoons$	H^+	+	HSO_4^-
HSO_4^-	$\rightleftharpoons$	H^+	+	SO_4^{2-}
NH_4^+	$\rightleftharpoons$	H^+	+	NH_3
$[Fe(H_2O)_6]^{3+}$	$\rightleftharpoons$	H^+	+	$[Fe(H_2O)_5OH]^{2+}$
$[Fe(H_2O)_5OH]^{2+}$	$\rightleftharpoons$	H^+	+	$[Fe(H_2O)_4(OH)_2]^+$
$^+H_3NCH_2COOH$	$\rightleftharpoons$	H^+	+	$^+H_3NCH_2COO^-$

$$^{+}H_3NCH_2COO^- \rightleftharpoons H^+ + H_2NCH_2COO^-$$

$$(CH_2)_6N_4H^+ \rightleftharpoons H^+ + (CH_2)_6N_4$$

酸、碱的本质特征是其给出或得到 H^+的能力，而不是其化学组成及所带电荷等其他性质，因此这里的酸或碱可以是中性分子，也可以是正、负离子，还可以是络离子，等等。既可以给出 H^+，又能够接受 H^+的物质，被称为酸碱两性物质，如 HSO_4^-，$^{+}H_3NCH_2COO^-$，$[Fe(H_2O)_5OH]^{2+}$等。它们究竟起酸的作用还是起碱的作用，取决于它们在具体反应中所处的地位和它们相对于何种物质。

4-1-2 酸碱反应

酸碱反应的实质是两个共轭酸碱对之间的质子转移过程，是两个共轭酸碱对共同作用的结果。酸 HB 与碱 A 之间的酸碱反应，实质上是 HB/B^-与 HA^+/A 两个共轭酸碱对之间质子转移的结果：

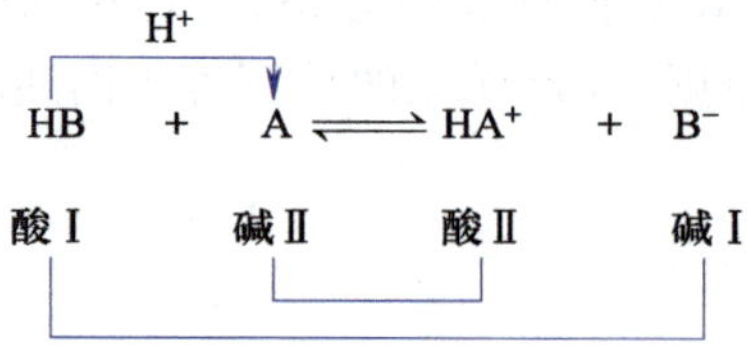

例如，HAc 在水溶液中的解离反应就是一个酸碱反应：

$$HAc + H_2O \rightleftharpoons H_3O^+ + Ac^-$$

即在 HAc 和 H_2O 之间发生了质子转移。该酸碱反应涉及两个共轭酸碱对 HAc/Ac^-和 H_3O^+/H_2O，如果没有作为碱的溶剂 H_2O 的作用，该反应就无法完成。因此，下面这样的反应式

$$HAc \rightleftharpoons H^+ + Ac^-$$

或者只表示一个半反应，表明 HAc 具有给出质子的能力；或者是完整反应的简化形式，即通常将水合质子 H_3O^+简化表示为 H^+。

同理，Ac^-的水解反应也是酸碱反应，是在 Ac^-和 H_2O 之间发生了质子转移，是两个共轭酸碱对 HAc/Ac^-和 H_2O/OH^-共同作用的结果。一些典型的酸碱反应及其简化形式列于表 4-1 中。

表 4-1 典型的酸碱反应及其简化形式

酸Ⅰ	+	碱Ⅱ	⇌	酸Ⅱ	+	碱Ⅰ	简化式
HAc		H_2O		H_3O^+		Ac^-	$HAc \rightleftharpoons H^+ + Ac^-$
H_2O		Ac^-		HAc		OH^-	
H_3O^+		NH_3		NH_4^+		H_2O	$NH_3 + H^+ \rightleftharpoons NH_4^+$
H_3O^+		OH^-		H_2O		H_2O	$H^+ + OH^- \rightleftharpoons H_2O$
HAc		NH_3		NH_4^+		Ac^-	

4-1-3 溶剂水在酸碱反应中的作用

表 4-1 中质子的转移均通过 H_2O 的媒介作用完成。按照酸碱质子理论，H_2O 既能接受 H^+，形成 H_3O^+/H_2O 共轭酸碱对，又能给出 H^+，形成H_2O/OH^-共轭酸碱对，因此水是一种酸碱两性物质。但是与一般的酸碱两性物质不同的是，作为溶剂的 H_2O，其分子自身之间还可以发生质子转移反应，称为质子自递作用（autoprotolysis）。反应式如下：

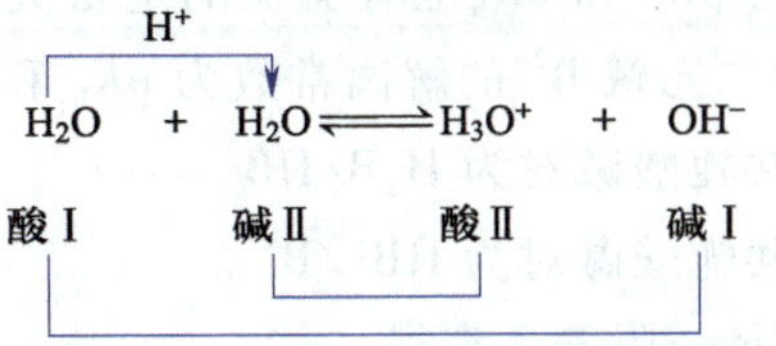

该酸碱反应也涉及两个共轭酸碱对 H_3O^+/H_2O 和 H_2O/OH^-，其简化形式为

$$H_2O \rightleftharpoons H^+ + OH^-$$

反应的平衡常数 $K_w = [H^+][OH^-] = 10^{-14.00}$（25 ℃）。

4-1-4 酸碱平衡常数与酸碱的强度

酸碱反应进行的完全程度可以用平衡常数的大小来衡量。例如，一元弱酸 HB 的解离平衡：

$$HB \rightleftharpoons H^+ + B^-$$

在忽略离子强度的影响后，其平衡常数 K_a 可以表示为

$$K_a = \frac{[H^+][B^-]}{[HB]} \tag{4-1}$$

对于其共轭碱：

$$B^- + H_2O \rightleftharpoons OH^- + HB$$

其平衡常数 K_b可以表示为

$$K_b = \frac{[HB][OH^-]}{[B^-]} \tag{4-2}$$

在水溶液中，酸的强度取决于在平衡时酸与溶剂水发生质子转移反应的程度，具体表现在反应的解离常数 K_a 上；碱的强度取决于在平衡时碱与溶剂水发生质子转移反应的程度，具体表现在反应的解离常数 K_b上。可以根据 K_a 或 K_b的相对大小来判断酸或碱的强弱。例如：

$$HAc + H_2O \rightleftharpoons H_3O^+ + Ac^- \qquad K_a = 10^{-4.76}$$

$$NH_4^+ + H_2O \rightleftharpoons H_3O^+ + NH_3 \qquad K_a = 10^{-9.25}$$

$$HS^- + H_2O \rightleftharpoons H_3O^+ + S^{2-} \qquad K_a = 10^{-13.92}$$

这三种酸的强弱顺序为：$HAc > NH_4^+ > HS^-$。

对于它们的共轭碱：

$$Ac^- + H_2O \rightleftharpoons OH^- + HAc \qquad K_b = 10^{-9.24}$$

$$NH_3 + H_2O \rightleftharpoons OH^- + NH_4^+ \qquad K_b = 10^{-4.75}$$

$$S^{2-} + H_2O \rightleftharpoons OH^- + HS^- \qquad K_b = 10^{-0.08}$$

这三种碱的强弱顺序为：$S^{2-}>NH_3>Ac^-$。

可见，较强的酸其共轭碱的碱性较弱，较弱的酸其共轭碱的碱性较强。这是因为共轭酸碱对的 K_a 和 K_b 之间存在着定量关系：

$$K_a \cdot K_b=\frac{[H^+][B^-]}{[HB]}\cdot\frac{[HB][OH^-]}{[B^-]}=[H^+][OH^-]=K_w \tag{4-3}$$

经常使用的是它们的负对数值 pK_a 或 pK_b，则 $pK_a+pK_b=pK_w=14.00$(25 ℃)。

多元酸或碱的共轭酸碱对的 pK_a 和 pK_b 也有类似的定量关系。如对于二元酸 H_2B，其解离常数为 pK_{a_1} 和 pK_{a_2}，与其对应的二元碱 B^{2-} 的解离常数为 pK_{b_1} 和 pK_{b_2}。

$pK_{a_1}+pK_{b_2}=pK_w$，所对应的共轭酸碱对为 H_2B/HB^-。

$pK_{a_2}+pK_{b_1}=pK_w$，所对应的共轭酸碱对为 HB^-/B^{2-}。

各种酸的 K_a 值可以通过附录一附表 2 查得。

4-2 酸碱分布分数

4-2-1 一元弱酸的分布分数

溶液中某溶质组分可以多种型体存在，如醋酸在溶液中就以 HAc 和 Ac^- 两种型体存在。某溶质组分各种型体的总浓度称为分析浓度(analytical concentration)，用 c 表示，平衡时某型体 X 的实际浓度称为平衡浓度(equilibrium concentration)，用[X]表示，如对于醋酸有

$$c_{HAc}=[HAc]+[Ac^-]$$

某型体的平衡浓度占该组分分析浓度的分数，称为该型体的分布分数(distribution fraction)，用 δ_i 表示。对于酸或碱，δ 的下标 i 通常表示该型体所含可解离或可结合的质子数。仍以醋酸为例，HAc 型体的分布分数为

$$\delta_{HAc}=\delta_1=\frac{[HAc]}{c_{HAc}}=\frac{[HAc]}{[HAc]+[Ac^-]}=\frac{[H^+][Ac^-]/K_a}{[H^+][Ac^-]/K_a+[Ac^-]}$$
$$=\frac{[H^+]}{[H^+]+K_a}$$

Ac^- 型体的分布分数为

$$\delta_{Ac^-}=\delta_0=\frac{[Ac^-]}{c_{HAc}}=\frac{[Ac^-]}{[HAc]+[Ac^-]}=\frac{[Ac^-]}{[H^+][Ac^-]/K_a+[Ac^-]}$$
$$=\frac{K_a}{[H^+]+K_a}$$

分布分数的表达式表现出如下特点：① $\delta_1+\delta_0=1$，即各型体分布分数之和等于 1；② 各分布分数的大小与组分的分析浓度无关，而只与溶液的 pH 有关(体系的 pK_a 是常数)；③ 同一体系中各型体的分布分数具有类似的表达形式，它们的分母均相同，分子仅是分母中的某一项。

可以根据 HAc 和 Ac^- 的分布分数表达式计算醋酸溶液在不同 pH 时各种型体的分布分数，并绘制 δ_i-pH 曲线，或称 HAc 体系的分布分数图(图 4-1)。

由图 4-1 可见，HAc 的分布分数 δ_1 随溶液 pH 的增大而减小，Ac^- 的分布分数 δ_0 则随溶液 pH

的增大而增大。δ_1 和 δ_0 两条分布分数曲线相交于 $\delta_1=\delta_0=0.5$ 处，此时 $pH=pK_a=4.76$。当 $pH<pK_a-1$ 时，$\delta_1\gg\delta_0$，溶液中的主要存在型体是 HAc；当 $pH>pK_a+1$ 时，$\delta_1\ll\delta_0$，溶液中的主要存在型体是 Ac^-。

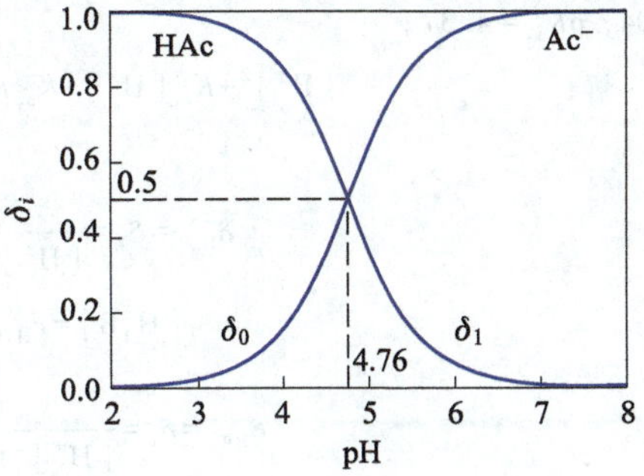

图 4-1 HAc 体系的分布分数图

4-2-2 多元酸的分布分数

以二元酸草酸为例，其在溶液中有 3 种型体：$H_2C_2O_4$，$HC_2O_4^-$ 和 $C_2O_4^{2-}$。则

$$c=[H_2C_2O_4]+[HC_2O_4^-]+[C_2O_4^{2-}]$$

$$\delta_{H_2C_2O_4}=\delta_2=\frac{[H_2C_2O_4]}{[H_2C_2O_4]+[HC_2O_4^-]+[C_2O_4^{2-}]}$$

$$=\frac{\dfrac{[H^+]^2[C_2O_4^{2-}]}{K_{a_1}K_{a_2}}}{\dfrac{[H^+]^2[C_2O_4^{2-}]}{K_{a_1}K_{a_2}}+\dfrac{[H^+][C_2O_4^{2-}]}{K_{a_2}}+[C_2O_4^{2-}]}$$

$$=\frac{[H^+]^2}{[H^+]^2+K_{a_1}[H^+]+K_{a_1}K_{a_2}}$$

同理可得

$$\delta_{HC_2O_4^-}=\delta_1=\frac{K_{a_1}[H^+]}{[H^+]^2+K_{a_1}[H^+]+K_{a_1}K_{a_2}}$$

$$\delta_{C_2O_4^{2-}}=\delta_0=\frac{K_{a_1}K_{a_2}}{[H^+]^2+K_{a_1}[H^+]+K_{a_1}K_{a_2}}$$

二元酸分布分数的表达式也表现出与一元弱酸类似的特点，如各型体分布分数之和等于 1；分布分数的大小与组分的分析浓度无关，而只与溶液的 pH 有关；同一体系各型体的分布分数具有类似的表达形式，它们的分母均相同，分子仅是分母中的某一项。可以根据分布分数表达式的这些共同特点，直接推导出三元酸、四元酸等的分布分数表达式。

同理可绘制出草酸体系的 δ_i-pH 曲线，即 $H_2C_2O_4$ 体系的分布分数图（图 4-2）。由图可见，当 $pH<pK_{a_1}$ 时，溶液中以 $H_2C_2O_4$ 为主要型体；当 $pH>pK_{a_2}$ 时，以 $C_2O_4^{2-}$ 为主要型体；当 $pK_{a_1}<pH<pK_{a_2}$ 时，以 $HC_2O_4^-$ 为主要型体。δ_2 和 δ_1 两条曲线相交于 $\delta_2=\delta_1=0.5$ 处，此时 $pH=pK_{a_1}=1.25$；δ_1 和 δ_0 两条曲线相交于 $\delta_1=\delta_0=0.5$ 处，此时 $pH=pK_{a_2}=4.29$。可以根据体系的各 pK_a 和 pH 判断溶液中存在的主要型体。

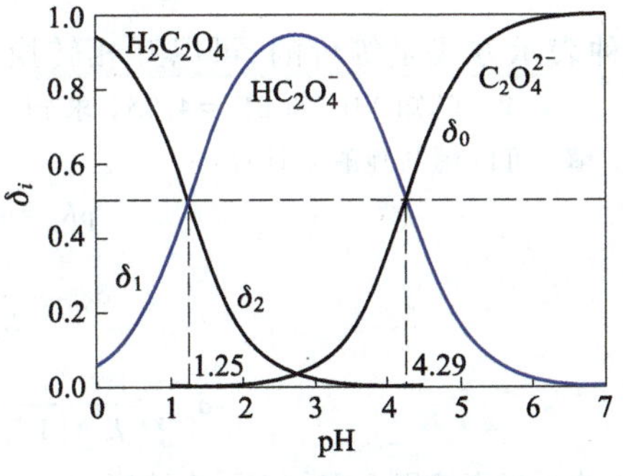

图 4-2 $H_2C_2O_4$ 体系的分布分数图

例 4-1 计算将 $0.10\ mol\cdot L^{-1}$ 酒石酸水溶液 pH 调到 5.0 时各型体的浓度。已知酒石酸（H_2B）的 $pK_{a_1}=$

3.04，$pK_{a_2}=4.37$。

解：

$$[H^+]^2+K_{a_1}[H^+]+K_{a_1}K_{a_2}=(10^{-5.0})^2+10^{-3.04}\times10^{-5.0}+10^{-3.04}\times10^{-4.37}$$
$$=10^{-10}+10^{-8.04}+10^{-7.41}=10^{-7.32}=4.8\times10^{-8}$$

$$\delta_{H_2B}=\delta_2=\frac{[H^+]^2}{[H^+]^2+K_{a_1}[H^+]+K_{a_1}K_{a_2}}=\frac{(10^{-5.0})^2}{10^{-7.32}}=10^{-2.68}$$

$$[H_2B]=c_{H_2B}\delta_2=0.10\times10^{-2.68}=2\times10^{-4}\text{mol}\cdot L^{-1}$$

$$\delta_{HB^-}=\delta_1=\frac{K_{a_1}[H^+]}{[H^+]^2+K_{a_1}[H^+]+K_{a_1}K_{a_2}}=\frac{10^{-3.04}\times10^{-5.0}}{10^{-7.32}}=10^{-0.72}$$

$$[HB^-]=c_{H_2B}\delta_1=0.10\times10^{-0.72}=0.02\ \text{mol}\cdot L^{-1}$$

$$\delta_{B^{2-}}=\delta_0=\frac{K_{a_1}K_{a_2}}{[H^+]^2+K_{a_1}[H^+]+K_{a_1}K_{a_2}}=\frac{10^{-3.04}\times10^{-4.37}}{10^{-7.32}}=10^{-0.09}$$

$$[B^{2-}]=c_{H_2B}\delta_0=0.10\times10^{-0.09}=0.08\ \text{mol}\cdot L^{-1}$$

可见当 pH=5.0 时，酒石酸在水溶液中主要以其酸根（B^{2-}）型体存在，而其二元酸型体（H_2B）已经非常少了。

4-2-3 弱碱的分布分数

弱碱的分布分数表达式的推导可以通过将弱碱转化成其共轭酸，再按共轭酸的分布分数来处理。以一元弱碱 NH_3 为例，$pK_b=4.75$，其共轭酸 NH_4^+ 的 $pK_a=pK_w-pK_b=9.25$。

$$\delta_{NH_4^+}=\delta_1=\frac{[H^+]}{K_a+[H^+]}$$

$$\delta_{NH_3}=\delta_0=\frac{K_a}{K_a+[H^+]}$$

也可以直接用 K_b 和 $[OH^-]$ 来表示，即

$$\delta_{NH_3}=\delta_1=\frac{[OH^-]}{K_b+[OH^-]}$$

$$\delta_{NH_4^+}=\delta_0=\frac{K_b}{K_b+[OH^-]}$$

两种表示方式是等价的，可以互相转换。

例 4-2 已知 NH_3 的 $pK_b=4.75$，求 pH=2.00 时 NH_3 和 NH_4^+ 的分布分数。

解：可以用共轭酸来计算：

$$pK_a=pK_w-pK_b=14.00-4.75=9.25$$

$$\delta_{NH_4^+}=\frac{[H^+]}{K_a+[H^+]}=\frac{10^{-2.00}}{10^{-9.25}+10^{-2.00}}=1.0$$

$$\delta_{NH_3}=\frac{K_a}{K_a+[H^+]}=\frac{10^{-9.25}}{10^{-9.25}+10^{-2.00}}=10^{-7.25}=5.6\times10^{-8}$$

也可以直接用 K_b 和 $[OH^-]$ 来计算：

$$\delta_{NH_3}=\frac{[OH^-]}{K_b+[OH^-]}=\frac{10^{-12.00}}{10^{-4.75}+10^{-12.00}}=10^{-7.25}=5.6\times10^{-8}$$

$$\delta_{NH_4^+}=\frac{K_b}{K_b+[OH^-]}=\frac{10^{-4.75}}{10^{-4.75}+10^{-12.00}}=1.0$$

4-3 质子条件

4-3-1 物料平衡、电荷平衡、质子条件

1. 物料平衡

在平衡状态的溶液体系中，某溶质组分的分析浓度等于该组分各种型体的平衡浓度的总和，这一规律称为物料平衡，其表达式称为物料平衡方程或 MBE（mass balance equation）。物料平衡的基础是物质守恒定律。

例如，浓度为 c 的 HAc 溶液，MBE：

$$c=[HAc]+[Ac^-]$$

浓度为 c 的 Na_2CO_3 溶液，MBE：

$$2c=[Na^+]$$

$$c=[H_2CO_3]+[HCO_3^-]+[CO_3^{2-}]$$

浓度为 c 的 H_3PO_4 溶液，MBE：

$$c=[H_3PO_4]+[H_2PO_4^-]+[HPO_4^{2-}]+[PO_4^{3-}]$$

2. 电荷平衡

在平衡状态的溶液体系中，以离子表示的单位正电荷的总浓度等于单位负电荷的总浓度，这一规律称为电荷平衡，其表达式称为电荷平衡方程或 CBE（charge balance equation）。电荷平衡的基础是电中性原则。

例如，NaAc 溶液，CBE：

$$[H^+]+[Na^+]=[Ac^-]+[OH^-]$$

$MgCl_2$ 溶液，CBE：

$$2[Mg^{2+}]+[H^+]=[OH^-]+[Cl^-]$$

Na_2CO_3 溶液，CBE：

$$[Na^+]+[H^+]=[OH^-]+[HCO_3^-]+2[CO_3^{2-}]$$

应注意，CBE 中必须而且只能包括溶液中所有带电荷型体的浓度项，而不应包括任何不带电荷型体的浓度项。由于 CBE 是通过正负离子的平衡浓度间的关系来反映单位正负电荷的总浓度相等这一实质的，故多价离子的平衡浓度前要乘以相应的系数，即所带电荷的绝对值为 z 时，其浓度项前的系数也应为 z。

3. 质子条件

当溶液中酸碱反应达到平衡时，获得质子的物质所获得的质子的总浓度等于失去质子的物质所失去的质子的总浓度，这一规律称为质子平衡或质子条件，其表达式称为质子平衡方程或 PBE（proton balance equation）。

MBE 和 CBE 是适用于所有溶液平衡的普遍性规律，而 PBE 是只适用于酸碱平衡的特殊性规律。

例如，在 HAc 水溶液体系中，发生了两个酸碱反应：

$$\overset{H^+}{HAc + H_2O \rightleftharpoons H_3O^+ + Ac^-} \qquad \overset{H^+}{H_2O + H_2O \rightleftharpoons H_3O^+ + OH^-}$$

若定义酸碱反应发生之前的状态为起始状态，而酸碱反应达到平衡后的状态为平衡状态，则平衡状态与起始状态相比，两个反应中获得质子的物质 H_2O 所得到的 H^+ 的总浓度应该等于失去质子的物质 HAc 和 H_2O 所给出的 H^+ 的总浓度，这就是质子条件的实质。但 PBE 是通过酸碱反应产物的平衡浓度间的关系来反映质子平衡这一实质的，即用 $[H_3O^+]$ 来代表两个反应中获得质子的物质 H_2O 所得到的 H^+ 的总浓度，用 $[Ac^-]$ 和 $[OH^-]$ 之和来代表失去质子的物质 HAc 和 H_2O 所给出的 H^+ 的总浓度。于是体系的 PBE 为

$$[Ac^-] + [OH^-] = [H_3O^+]$$

或简化表示为

$$[Ac^-] + [OH^-] = [H^+]$$

4-3-2 推导 PBE 的方法

1. 由 MBE 和 CBE 推导出 PBE

以浓度为 c 的 NaAc 体系为例，则有

MBE：
$$c = [Na^+]$$
$$c = [Ac^-] + [HAc]$$

CBE：
$$[Na^+] + [H^+] = [OH^-] + [Ac^-]$$

将 MBE 的两式代入 CBE，消去与质子转移无关的 $[Na^+]$ 项，再消去作为酸碱反应的起始状态反应物的 $[Ac^-]$ 项，以达到用酸碱反应产物的平衡浓度来表示 PBE 的目的。

$$c + [H^+] = [OH^-] + (c - [HAc])$$

则 PBE：
$$[OH^-] = [H^+] + [HAc]$$

又如，浓度为 c 的 $NaNH_4HPO_4$，则有

MBE：
$$c = [Na^+]$$
$$c = [NH_4^+] + [NH_3]$$
$$c = [H_3PO_4] + [H_2PO_4^-] + [HPO_4^{2-}] + [PO_4^{3-}]$$

CBE：
$$[Na^+] + [H^+] + [NH_4^+] = [OH^-] + [H_2PO_4^-] + 2[HPO_4^{2-}] + 3[PO_4^{3-}]$$

将 MBE 的 3 个式子代入 CBE，消去与质子转移无关的 $[Na^+]$ 项，再消去作为酸碱反应的起始状态反应物的 $[NH_4^+]$ 和 $[HPO_4^{2-}]$ 两项，即

$$c + [H^+] + (c - [NH_3]) = [OH^-] + [H_2PO_4^-] + 2(c - [H_3PO_4] - [H_2PO_4^-] - [PO_4^{3-}]) + 3[PO_4^{3-}]$$

则 PBE：
$$[H^+] + [H_2PO_4^-] + 2[H_3PO_4] = [OH^-] + [PO_4^{3-}] + [NH_3]$$

这里的起始状态反应物为 NH_4^+，HPO_4^{2-} 和 H_2O，而不应包括 $H_2PO_4^-$，因为 $H_2PO_4^-$ 虽然是所涉及的某一酸碱反应的反应物，但不是起始状态的反应物。

2. 由设定质子参考水准推导出 PBE

若将酸碱反应起始状态反应物设定为质子参考水准（也称为零水准），与质子参考水准比较，可以很容易判断哪些物质是获得质子的产物，哪些物质是失去质子的产物，因而直接写

出 PBE。

如浓度为 c 的 NaAc：

得 H^+ 产物	H_3O^+	HAc
质子参考水准	H_2O	Ac^-
失 H^+ 产物	OH^-	

PBE：$[H_3O^+]+[HAc]=[OH^-]$ 或 $[H^+]+[HAc]=[OH^-]$

又如浓度为 c 的 $NaNH_4HPO_4$：

得 H^+ 产物	H^+		$H_2PO_4^-$	H_3PO_4
质子参考水准	H_2O	NH_4^+	HPO_4^{2-}	
失 H^+ 产物	OH^-	NH_3	PO_4^{3-}	

PBE：$[H^+]+[H_2PO_4^-]+2[H_3PO_4]=[OH^-]+[PO_4^{3-}]+[NH_3]$

这里 H_3PO_4 是质子参考水准 HPO_4^{2-} 获得两个 H^+ 的产物，故由其平衡浓度所代表的质子参考水准物质所获得的 H^+ 的浓度应该是 H_3PO_4 本身浓度的 2 倍。

再如浓度为 c 的 H_3PO_4：

得 H^+ 产物	H^+			
质子参考水准	H_2O	H_3PO_4		
失 H^+ 产物	OH^-	$H_2PO_4^-$	HPO_4^{2-}	PO_4^{3-}

PBE：$[H^+]=[OH^-]+[H_2PO_4^-]+2[HPO_4^{2-}]+3[PO_4^{3-}]$

这里 H_3PO_4 的 PBE 就是其 CBE，因此代表两种含义，既可以从质子平衡来理解，也可以从电荷平衡来理解。

用上述两种方法都可以列出 PBE。由 MBE 和 CBE 推导出 PBE 的方法严密、可靠，普遍适用于任何体系，但缺点是推导比较烦琐。由设定质子参考水准推导出 PBE 的方法的最大优点是简便，但对于质子参考水准不易确定的体系不大适用，如缓冲溶液、强碱溶液、动态的酸碱滴定体系等。应该根据体系的具体情况，灵活运用不同的方法，推导出正确的 PBE。

4-4 各种酸碱体系[H^+]的计算

酸碱平衡理论处理的核心问题是[H^+]的计算，即根据体系酸或碱组分的分析浓度及相关的 K_a 或 K_b 计算出体系平衡时的[H^+]。本节讨论各种不同酸碱体系的[H^+]的计算方法。首先根据体系的 PBE 推导出计算[H^+]的普遍适用的公式，称为精确式，再在 PBE 基础上经过合理简化推导出计算[H^+]的近似公式，并讨论近似公式的适用范围或使用条件。在通常的情况下，近似公式特别是其中最简式是最常用也最简便的计算体系[H^+]的公式，这是由于在通常条件下，与使用精确式相比，使用近似公式就可以满足计算[H^+]对准确度的要求，使计算相对误差被控制在一个很小的范围之内(在本书中多为±1%)。

4-4-1 一元强酸(强碱)体系

一元强酸体系，如浓度为 c_{HCl} 的 HCl，其 PBE（也是其 CBE）：

$$[H^+]=[OH^-]+[Cl^-]=[OH^-]+c_{HCl}$$

与该体系有关的两个酸碱反应：

$$HCl \longrightarrow H^+ + Cl^-$$

$$H_2O \rightleftharpoons H^+ + OH^-$$

该 PBE 的物理意义可以理解为，强酸 HCl 溶液的[H^+]是由两部分所贡献的：一部分来自溶质 HCl 的解离，其浓度等于同时产生的[Cl^-]，即 c_{HCl}；另一部分来自溶剂 H_2O 的解离，其浓度等于同时产生的[OH^-]。

将 $[OH^-]=\dfrac{K_w}{[H^+]}$ 代入 PBE，则有

$$[H^+]=\frac{K_w}{[H^+]}+c_{HCl}$$

整理后即得计算强酸 HCl 体系的精确式：

$$[H^+]^2-c_{HCl}[H^+]-K_w=0$$

即

$$[H^+]=\frac{c_{HCl}+\sqrt{c_{HCl}^2+4K_w}}{2} \tag{4-4}$$

若忽略 H_2O 的解离对[H^+]的贡献，可得最简式：

$$[H^+]=[Cl^-]=c_{HCl} \tag{4-5}$$

最简式的使用条件：$c_{HCl} \geqslant 10^{-6}\ mol \cdot L^{-1}$。

在此条件下使用最简式所引起的计算[H^+]的相对误差 E_r 在±1%以内。在计算过程中，当对两项进行相加或相减的运算时，若其中较大项大于或等于较小项的 100 倍，则忽略较小项时所引起的计算相对误差的绝对值不大于 1%。应注意，近似公式的使用条件不是绝对的而是相对的，是相对于允许相对误差的，因此各书所规定的使用条件会有一定区别。

若忽略 HCl 的解离对[H^+]的贡献，可得近似式：

$$[H^+]=[OH^-] \tag{4-6}$$

其使用条件：$c_{HCl} \leqslant 10^{-9}\ mol \cdot L^{-1}$。即当强酸的浓度极低时，体系就相当于纯水，pH = 7.00。

例 4-3 求 $1.0\times10^{-7}\ mol \cdot L^{-1}$ HCl 溶液的 pH。

解： PBE：

$$[H^+]=[OH^-]+c_{HCl}$$

由于 $10^{-9}\ mol \cdot L^{-1} < c_{HCl} < 10^{-6}\ mol \cdot L^{-1}$，不可忽略 H_2O 的解离对[H^+]的贡献，即不可忽略[OH^-]项，应使用精确式。

$$[H^+]^2-c_{HCl}[H^+]-K_w=0$$

$$[H^+]=\frac{1.0\times10^{-7}+\sqrt{(1.0\times10^{-7})^2+4\times10^{-14}}}{2}\ mol \cdot L^{-1}=1.6\times10^{-7}\ mol \cdot L^{-1}$$

$$pH=6.79$$

若按最简式计算,[H^+]=1.0×10^{-7} mol·L^{-1}, pH=7.0,显然不合理,由此产生的计算[H^+]的相对误差 $E_r=-38\%$。

一元强碱体系,如浓度为 c_{NaOH} 的 NaOH 溶液,其 PBE (也是其 CBE):

$$[OH^-]=[H^+]+[Na^+]=[H^+]+c_{NaOH}$$

$$[OH^-]=\frac{K_w}{[OH^-]}+c_{NaOH}$$

精确式:$[OH^-]^2-c_{NaOH}[OH^-]-K_w=0$;

最简式:$[OH^-]=[Na^+]=c_{NaOH}$,使用条件:$c_{NaOH}\geqslant10^{-6}$ mol·L^{-1};

近似式:$[OH^-]=[H^+]$,使用条件:$c_{NaOH}\leqslant10^{-9}$ mol·L^{-1}。

可见,一元强碱体系的各公式与一元强酸体系的各对应公式极为相似,只是将[H^+]与[OH^-],c_{HCl} 与 c_{NaOH} 项互换。

4-4-2 一元弱酸(弱碱)体系

设有浓度为 c_{HB} 的一元弱酸 HB 体系,其解离常数为 K_a,根据该体系的两个酸碱反应:

$$HB \rightleftharpoons H^+ + B^-$$

$$H_2O \rightleftharpoons H^+ + OH^-$$

得到体系的 PBE:

$$[H^+]=[OH^-]+[B^-]$$

该 PBE 的物理意义可以理解为:HB 溶液中的[H^+]是由两部分所贡献的,一部分来自溶质 HB 的解离,其浓度等于同时产生的[B^-];另一部分来自溶剂 H_2O 的解离,其浓度等于同时产生的[OH^-]。

1. 精确式

将 $[OH^-]=\dfrac{K_w}{[H^+]}$ 和 $[B^-]=\dfrac{[HB]K_a}{[H^+]}$ 代入该体系的 PBE,则有

$$[H^+]=\frac{K_w}{[H^+]}+\frac{[HB]K_a}{[H^+]}$$

即

$$[H^+]=\sqrt{K_w+[HB]K_a} \tag{4-7a}$$

将 $[HB]=c_{HB}\delta_{HB}=\dfrac{c_{HB}[H^+]}{[H^+]+K_a}$ 代入式(4-7a),整理后即得一元弱酸体系的精确式,即

$$[H^+]^3+K_a[H^+]^2-(c_{HB}K_a+K_w)[H^+]-K_aK_w=0 \tag{4-7b}$$

2. 近似式

从 PBE 出发,当 $c_{HB}K_a\geqslant10^{-12}$(即 $100K_w$)时,可忽略水解离对[H^+]的贡献,即

$$[H^+]=[B^-]=\frac{c_{HB}K_a}{[H^+]+K_a}$$

即 c_{HB} 和 K_a 越大,HB 的解离对[H^+]的贡献就越大,就越可忽略 H_2O 的解离对[H^+]的贡献。直接整理上式或忽略 K_w,将 $[HB]=c_{HB}\delta_{HB}=\dfrac{c_{HB}[H^+]}{[H^+]+K_a}$ 代入式(4-7a)中后得近似式(1)为

$$[H^+]^2+K_a[H^+]-c_{HB}K_a=0 \tag{4-7c}$$

即

$$[H^+]=\frac{-K_a+\sqrt{K_a^2+4c_{HB}K_a}}{2}$$

当 $c_{HB}/K_a \geqslant 10^2$ 时，可忽略 HB 自身解离的 $[H^+]$ 部分，认为 $c_{HB}=[HB]+[B^-]\approx[HB]$。即 c_{HB} 越大，K_a 越小，HB 的解离度就越小，越可忽略 HB 自身的解离。

从 PBE 出发，则有

$$[H^+]=[OH^-]+[B^-]=\frac{K_w}{[H^+]}+\frac{[HB]K_a}{[H^+]}\approx\frac{K_w}{[H^+]}+\frac{c_{HB}K_a}{[H^+]}$$

或将 $c_{HB}=[HB]$ 代入式(4-7a)，整理后可得近似式(2)为

$$[H^+]=\sqrt{c_{HB}K_a+K_w} \tag{4-7d}$$

3. 最简式

若既能满足 $c_{HB}K_a \geqslant 10^{-12}$，又能满足 $c_{HB}/K_a \geqslant 10^2$ 的条件，则既可以忽略水解离对 $[H^+]$ 的贡献，又可以忽略 HB 自身的解离对 $[H^+]$ 的贡献，可得最简式为

$$[H^+]=\sqrt{c_{HB}K_a} \tag{4-7e}$$

例 4-4 计算 0.10 mol·L^{-1}一氯乙酸($CH_2ClCOOH$)溶液的 pH，其 $pK_a=2.86$。

解： $c_{HB}K_a=0.10\times10^{-2.86}>10^{-12}$，可忽略水解离对 $[H^+]$ 的贡献。$c_{HB}/K_a=0.10/10^{-2.86}=10^{1.86}<10^2$，不能忽略弱酸自身的解离。应使用近似式(1)求算。

$$[H^+]^2+K_a[H^+]-c_{HB}K_a=0$$

$$[H^+]=\frac{-K_a+\sqrt{K_a^2+4c_{HB}K_a}}{2}$$

$$[H^+]=\frac{-10^{-2.86}+\sqrt{(10^{-2.86})^2+4\times0.10\times10^{-2.86}}}{2}\ \text{mol}\cdot\text{L}^{-1}=1.1\times10^{-2}\ \text{mol}\cdot\text{L}^{-1}$$

$$\text{pH}=1.96$$

如用最简式，$[H^+]=\sqrt{c_{HB}K_a}=3.7\times10^{-2}$ mol·L^{-1}，pH=1.43，$[H^+]$ 的计算相对误差达 240%。

例 4-5 计算 1.0×10^{-4} mol·L^{-1} HCN 溶液的 pH，HCN 的 $pK_a=9.21$。

解： $c_{HCN}K_a=1.0\times10^{-4}\times10^{-9.21}=10^{-13.21}<10^{-12}$，不可忽略水的解离对 $[H^+]$ 的贡献。$c_{HCN}/K_a=(1.0\times10^{-4})/10^{-9.21}=10^{5.21}>10^2$，可忽略 HCN 自身的解离。应使用近似式(2)求算。

$$[H^+]=\sqrt{c_{HB}K_a+K_w}$$

$$=\sqrt{1.0\times10^{-4}\times10^{-9.21}+10^{-14.00}}\ \text{mol}\cdot\text{L}^{-1}=2.7\times10^{-7}\ \text{mol}\cdot\text{L}^{-1}$$

$$\text{pH}=6.57$$

若采用最简式，$[H^+]=2.5\times10^{-7}$ mol·L^{-1}，pH=6.60，$E_r=-7\%$。

一元弱碱 B 体系的 $[OH^-]$ 的计算公式和相应的使用条件类似于一元弱酸 HB 体系，区别仅在于将 K_a 换成 K_b，将 $[H^+]$ 换成 $[OH^-]$，将 c_{HB} 换成 c_B。c_B mol·L^{-1}的一元弱碱 B (K_b) 的 $[OH^-]$ 计算如下：

	使用条件	公式
精确式	$c_BK_b \leqslant 10^{-12}, c_B/K_b \leqslant 10^2$	$[OH^-]=\sqrt{K_w+[B]K_b}$ 或 $[OH^-]^3+K_b[OH^-]^2-(c_BK_b+K_w)[OH^-]-K_bK_w=0$
近似式	$c_BK_b \geqslant 10^{-12}, c_B/K_b \leqslant 10^2$	$[OH^-]=\sqrt{[B]K_b}$ 或 $[OH^-]^2+K_b[OH^-]-c_BK_b=0$
	$c_BK_b \leqslant 10^{-12}, c_B/K_b \geqslant 10^2$	$[OH^-]=\sqrt{K_w+c_BK_b}$
最简式	$c_BK_b \geqslant 10^{-12}, c_B/K_b \geqslant 10^2$	$[OH^-]=\sqrt{c_BK_b}$

例 4-6 计算 0.010 mol·L⁻¹ NaAc 溶液的 pH, HAc 的 $pK_a=4.76$。

解: Ac^- 的 $pK_b=14.00-pK_a=9.24$。

PBE: $$[OH^-]=[H^+]+[HAc]$$

$c_{Ac^-}K_b=1.0\times10^{-2}\times10^{-9.24}=10^{-11.24}>10^{-12}$,可忽略水的解离对$[H^+]$的贡献。$c_{Ac^-}/K_b=(1.0\times10^{-2})/10^{-9.24}=10^{7.24}>10^2$,可忽略 Ac^- 自身的解离,即认为 $c_{Ac^-}=[Ac^-]$,应使用最简式求算。

$$[OH^-]=\sqrt{c_{Ac^-}K_b}=10^{-5.62}\ \text{mol}\cdot\text{L}^{-1}$$

$$pOH=5.62,\quad pH=8.38$$

4-4-3 多元酸碱体系

以浓度为 c_{H_2B} 的二元酸 H_2B 为例,体系所涉及的酸碱反应为

$$H_2B \rightleftharpoons H^+ + HB^- \qquad K_{a_1}$$

$$HB^- \rightleftharpoons H^+ + B^{2-} \qquad K_{a_2}$$

$$H_2O \rightleftharpoons H^+ + OH^- \qquad K_w$$

PBE: $$[H^+]=[HB^-]+2[B^{2-}]+[OH^-]$$

该 PBE 的物理意义可以理解为: H_2B 溶液中的$[H^+]$是由三部分所贡献的,第一部分来自只发生第一级解离的 H_2B,其浓度等于同时产生的$[HB^-]$,第二部分来自连续发生两级解离的 H_2B,其浓度等于所产生的$[B^{2-}]$的 2 倍,第三部分来自溶剂 H_2O 的解离,其浓度等于同时产生的$[OH^-]$。将

$$[HB^-]=c_{H_2B}\delta_{HB^-}=\frac{c_{H_2B}K_{a_1}[H^+]}{[H^+]^2+K_{a_1}[H^+]+K_{a_1}K_{a_2}}$$

$$[B^{2-}]=c_{H_2B}\delta_{B^{2-}}=\frac{c_{H_2B}K_{a_1}K_{a_2}}{[H^+]^2+K_{a_1}[H^+]+K_{a_1}K_{a_2}}$$

$$[OH^-]=\frac{K_w}{[H^+]}$$

代入 PBE 并整理,可得到关于$[H^+]$的一元四次方程,为该体系的精确式,即

$$[H^+]^4+K_{a_1}[H^+]^3+(K_{a_1}K_{a_2}-c_{H_2B}K_{a_1}-K_w)[H^+]^2-(K_{a_1}K_w+2c_{H_2B}K_{a_1}K_{a_2})[H^+]-K_{a_1}K_{a_2}K_w=0 \tag{4-8a}$$

二元酸的近似公式的推导思路是,忽略 H_2B 的第二级解离,将二元酸当作一元弱酸处理。此时可认为 PBE 中$[HB^-]\gg2[B^{2-}]$,于是

$$[H^+]=[HB^-]+2[B^{2-}]+[OH^-]\approx[HB^-]+[OH^-]$$

此式与一元弱酸体系的PBE非常相似，由此推导出二元酸的近似式为

$$[H^+]^3+K_{a_1}[H^+]^2-(c_{H_2B}K_{a_1}+K_w)[H^+]-K_{a_1}K_w=0 \qquad (4-8b)$$

该式与一元弱酸体系的精确式式(4-7b)非常相似。

二元酸近似式的使用条件同时受到 c_{H_2B}，K_{a_1} 和 K_{a_2} 三个因素的影响，情况比较复杂，很难根据允许误差确定一个比较明确的近似判据。可以根据计算结果粗略地认为上述近似式的使用条件为

$$K_{a_1}/K_{a_2}\geqslant 10^2,\quad c_{H_2B}/K_{a_2}\geqslant 10^2$$

二元酸体系在此基础之上的进一步近似则可以按照一元弱酸体系的近似思路来处理，而采用类似的近似公式和使用条件，不再赘述。

通常三元及三元以上的多元酸都可以按照二元酸来进行近似处理。

多元碱体系可以比照多元酸体系，采用类似的近似思路、近似公式和使用条件。

例 4-7　求 0.10 mol·L^{-1} H_3PO_4 溶液的 pH。H_3PO_4 的 $pK_{a_1}=2.12$，$pK_{a_2}=7.20$，$pK_{a_3}=12.36$。

解： H_3PO_4 是三元酸，但可当作二元酸来处理。

又由于 $K_{a_1}/K_{a_2}=10^{5.08}>10^2$，$c_{H_3PO_4}/K_{a_2}=10^{6.20}>10^2$，可以忽略其第二级解离，按一元弱酸来处理。

$c_{H_3PO_4}K_{a_1}=10^{-3.12}>10^{-12}$，可忽略水的解离对[H$^+$]的贡献。

$c_{H_3PO_4}/K_{a_1}=10^{1.12}<10^2$，不能忽略 H_3PO_4 自身的第一级解离部分，故应使用一元弱酸的近似式(1)。

也可以从PBE出发推导出近似式(1)。

PBE：
$$[H^+]=[H_2PO_4^-]+2[HPO_4^{2-}]+3[PO_4^{3-}]+[OH^-]$$

可以忽略 H_3PO_4 第二级与第三级解离，有

$$[H^+]=[H_2PO_4^-]+[OH^-]$$

可以忽略水的解离对[H$^+$]的贡献，有

$$[H^+]=[H_2PO_4^-]$$

在可以忽略 H_3PO_4 第二级与第三级解离的前提下，$H_2PO_4^-$ 的分布分数也可以做类似的近似处理。

$$\delta_{H_2PO_4^-}=\frac{K_{a_1}[H^+]^2}{[H^+]^3+K_{a_1}[H^+]^2+K_{a_1}K_{a_2}[H^+]+K_{a_1}K_{a_2}K_{a_3}}=\frac{K_{a_1}}{[H^+]+K_{a_1}}$$

代入上式，则

$$[H^+]=\frac{c_{H_3PO_4}K_{a_1}}{[H^+]+K_{a_1}}$$

整理得

$$[H^+]^2+K_{a_1}[H^+]-c_{H_3PO_4}K_{a_1}=0$$

$$[H^+]=\frac{-K_{a_1}+\sqrt{K_{a_1}^2+4c_{H_3PO_4}K_{a_1}}}{2}=\frac{-10^{-2.12}+\sqrt{10^{-4.24}+4\times10^{-3.12}}}{2}\ \text{mol}\cdot\text{L}^{-1}=0.024\ \text{mol}\cdot\text{L}^{-1}$$

$$pH=1.62$$

例 4-8　求 0.10 mol·L^{-1} Na_2CO_3 溶液的 pH。H_2CO_3 的 $pK_{a_1}=6.38$，$pK_{a_2}=10.25$。

解： CO_3^{2-} 的 $pK_{b_1}=3.75$，$pK_{b_2}=7.62$。

$K_{b_1}/K_{b_2}=10^{3.87}>10^2$，$c_{CO_3^{2-}}/K_{b_2}=10^{6.62}>10^2$，可按一元弱碱处理。

$c_{CO_3^{2-}}K_{b_1}=10^{-4.75}>10^{-12}$，可忽略水解离对[H$^+$]的贡献。$c_{CO_3^{2-}}/K_{b_1}=10^{2.75}>10^2$，可忽略 CO_3^{2-} 自身的第一级解离部分，近似认为

$$c_{CO_3^{2-}}=[CO_3^{2-}]+[HCO_3^-]+[H_2CO_3]=[CO_3^{2-}]$$

故可使用最简式求算：

$$[OH^-]=\sqrt{c_{CO_3^{2-}}K_{b_1}}=\sqrt{0.10\times10^{-3.75}}\ mol\cdot L^{-1}=10^{-2.38}\ mol\cdot L^{-1}$$

$$pOH=2.38,\quad pH=11.62$$

4-4-4 两性物质体系

酸碱两性物质可以分为酸式盐和弱酸弱碱盐两类，下面分别讨论它们的[H^+]的计算。

1. 酸式盐

以浓度为 c 的酸式盐 HB^- 为例，其所对应的二元酸 H_2B 的解离常数为 K_{a_1} 和 K_{a_2}，相关的酸碱反应为

$$HB^- \rightleftharpoons H^+ + B^{2-}$$

$$HB^- + H_2O \rightleftharpoons H_2B + OH^-$$

$$H_2O \rightleftharpoons H^+ + OH^-$$

PBE：
$$[H_2B]+[H^+]=[B^{2-}]+[OH^-]$$

或
$$[H^+]=[B^{2-}]+([OH^-]-[H_2B])$$

该 PBE 的物理意义可以理解为：HB^- 溶液中的[H^+]是由两部分所贡献的，第一部分来自 HB^- 的酸式解离，其浓度等于同时产生的[B^{2-}]，第二部分来自溶剂 H_2O 的解离，其浓度等于同时产生的 OH^- 的浓度。但由于 HB^- 的碱式解离也会产生 OH^-，其浓度等于同时产生的[H_2B]，故由 H_2O 的解离所贡献的[H^+]浓度等于([OH^-]-[H_2B])。

将 PBE 中有关项都表示为[HB^-]和[H^+]的函数，即

$$\frac{[HB^-][H^+]}{K_{a_1}}+[H^+]=\frac{[HB^-]K_{a_2}}{[H^+]}+\frac{K_w}{[H^+]}$$

可导出

$$[H^+]=\sqrt{\frac{K_{a_1}(K_{a_2}[HB^-]+K_w)}{K_{a_1}+[HB^-]}} \tag{4-9}$$

式(4-9)可认为是计算[H^+]的精确式，将分布分数[HB^-]$=c\delta_{HB^-}$代入展开后可得一个关于[H^+]的一元四次方程，这里就不再列出了。下面着重讨论有关的近似公式。

这里主要的近似思路是，两性物质 HB^- 自身解离的部分可以忽略，即

$$c=[H_2B]+[HB^-]+[B^{2-}]\approx[HB^-]$$

将此近似关系代入式(4-9)后可得近似式(1)为

$$[H^+]=\sqrt{\frac{K_{a_1}(cK_{a_2}+K_w)}{K_{a_1}+c}} \tag{4-10a}$$

近似式(1)的使用条件同时受到 c,K_{a_1} 和 K_{a_2} 三个因素的影响，情况比较复杂，很难根据允许误差确定一个比较明确的近似判据。本书对此不再讨论，而是认为在通常情况下均可进行此近似。式(4-10a)是酸式盐体系计算[H^+]的最重要的近似公式，是下面所讨论的其他近似公式的基础。

若 $c/K_{a_1}\geqslant10^2$，近似式(1)中的分母可近似为 $K_{a_1}+c\approx c$，于是得近似式(2)为

$$[H^+]=\sqrt{\frac{K_{a_1}(cK_{a_2}+K_w)}{c}} \tag{4-10b}$$

若 $cK_{a_2}\geqslant 10^{-12}$，式(4-10a)中分子中括号内项可近似为 $cK_{a_2}+K_w\approx cK_{a_2}$，于是得近似式(3)为

$$[H^+]=\sqrt{\frac{cK_{a_1}K_{a_2}}{K_{a_1}+c}} \tag{4-10c}$$

若同时满足 $c/K_{a_1}\geqslant 10^2$ 和 $cK_{a_2}\geqslant 10^{-12}$，可得最简式为

$$[H^+]=\sqrt{K_{a_1}K_{a_2}} \tag{4-10d}$$

最简式是最常用的近似公式。

对于三元以上多元酸的酸式盐，通常可以比照二元酸的酸式盐来处理。

例 4-9 分别求 0.050 mol·L^{-1} NaH_2PO_4 和 Na_2HPO_4 溶液的 pH。H_3PO_4 的 $pK_{a_1}=2.12$，$pK_{a_2}=7.20$，$pK_{a_3}=12.36$。

解：(1) $H_2PO_4^-$ 体系

PBE：
$$[H^+]+[H_3PO_4]=[OH^-]+[HPO_4^{2-}]+2[PO_4^{3-}]$$

这里首先可以忽略 $H_2PO_4^-$ 的第二级酸式解离，即忽略 $2[PO_4^{3-}]$ 项，而按照二元酸的酸式盐体系来处理。其次，通常可以忽略 $H_2PO_4^-$ 自身解离的部分，即近似认为：

$$c=[H_3PO_4]+[H_2PO_4^-]+[HPO_4^{2-}]+[PO_4^{3-}]\approx[H_2PO_4^-]$$

又由于 $cK_{a_2}=0.050\times10^{-7.20}>10^{-12}$，$c/K_{a_1}=10^{-1.30+2.12}=10^{0.82}<10^2$，应使用近似式(3)，即

$$[H^+]=\sqrt{\frac{cK_{a_1}K_{a_2}}{K_{a_1}+c}}=\sqrt{\frac{0.050\times10^{-2.12}\times10^{-7.20}}{10^{-2.12}+0.05}}\ \text{mol}\cdot\text{L}^{-1}=2.0\times10^{-5}\ \text{mol}\cdot\text{L}^{-1}$$

$$pH=4.69$$

若采用最简式，则

$$[H^+]=\sqrt{K_{a_1}K_{a_2}}=\sqrt{10^{-2.12-7.20}}\ \text{mol}\cdot\text{L}^{-1}=2.2\times10^{-5}\ \text{mol}\cdot\text{L}^{-1}$$

$$pH=4.66$$

计算 $[H^+]$ 的相对误差 $E_r=7\%$。

(2) HPO_4^{2-} 体系

PBE：
$$[H^+]+[H_2PO_4^-]+2[H_3PO_4]=[OH^-]+[PO_4^{3-}]$$

首先，可以忽略 HPO_4^{2-} 的第二级碱式解离，即忽略 $2[H_3PO_4]$ 项，按照二元酸的酸式盐体系来处理。其次，通常可以忽略 HPO_4^{2-} 自身解离的部分，即近似认为：

$$c=[H_3PO_4]+[H_2PO_4^-]+[HPO_4^{2-}]+[PO_4^{3-}]\approx[HPO_4^{2-}]$$

在比照二元酸的酸式盐体系进行处理时，应注意原近似公式及使用条件中 K_{a_1} 和 K_{a_2} 的具体含义。对于 HPO_4^{2-} 体系，这里对应的应该是 H_3PO_4 的 K_{a_2} 和 K_{a_3}。

由于 $cK_{a_3}=0.050\times10^{-12.36}<10^{-12}$，$c/K_{a_2}=10^{-1.30+7.20}=10^{5.90}>10^2$，应使用近似式(2)，即

$$[H^+]=\sqrt{\frac{K_{a_2}(cK_{a_3}+K_w)}{c}}=\sqrt{\frac{10^{-7.20}\times(0.050\times10^{-12.36}+10^{-14.00})}{0.050}}\ \text{mol}\cdot\text{L}^{-1}=2.0\times10^{-10}\ \text{mol}\cdot\text{L}^{-1}$$

$$pH=9.70$$

若使用最简式，则

$$[H^+]=\sqrt{K_{a_2}K_{a_3}}=\sqrt{10^{-7.20-12.36}}\ \text{mol}\cdot\text{L}^{-1}=1.7\times10^{-10}\ \text{mol}\cdot\text{L}^{-1}$$

$$pH = 9.78$$

计算[H^+]的相对误差 $E_r = -15\%$。

例 4-10　求 0.10 $mol \cdot L^{-1}$ 氨基乙酸(NH_2CH_2COOH)溶液的 pH。

解：氨基乙酸在水溶液中以偶极离子的形式存在，涉及两个酸解离反应：

$$^{+}NH_3CH_2COOH \rightleftharpoons H^+ + {}^{+}NH_3CH_2COO^- \qquad K_{a_1} = 10^{-2.35}$$

$$^{+}NH_3CH_2COO^- \rightleftharpoons H^+ + NH_2CH_2COO^- \qquad K_{a_2} = 10^{-9.78}$$

故氨基乙酸是酸碱两性物质，可认为是一种酸式盐。

由于 $cK_{a_2} = 0.10 \times 10^{-9.78} > 10^{-12}$，$c/K_{a_1} = 10^{1.35} < 10^2$，应使用近似式(3)，即

$$[H^+] = \sqrt{\frac{cK_{a_1}K_{a_2}}{K_{a_1}+c}} = \sqrt{\frac{0.1\times10^{-2.35}\times10^{-9.78}}{10^{-2.35}+0.1}}\ mol \cdot L^{-1} = 8.4\times10^{-7}\ mol \cdot L^{-1}$$

$$pH = 6.07$$

氨基酸(amino acid)分子结构中的氨基与羧基可以发生酸碱反应。以氨基乙酸(用 HL 表示)为例，在水溶液中的 3 种型体分别为氨基乙酸阳离子(H_2L^+)、氨基乙酸偶极离子(HL)和氨基乙酸阴离子(L^-)。

通常说的氨基乙酸，即 HL 为两性物质，由于作为酸的解离常数大于作为碱的解离常数，氨基乙酸溶于纯水中后，溶液呈弱酸性，如上例所示。

氨基乙酸阳离子 H_2L^+ 为二元弱酸，其 K_{a_2}($10^{-9.78}$)远小于 K_{a_1}($10^{-2.35}$)，因此可以忽略其第二级解离，按照一元弱酸处理，以计算 H_2L^+ 溶液的 pH。

氨基乙酸阴离子 L^- 为二元弱碱，其 K_{b_1}($10^{-4.22}$)远大于 K_{b_2}($10^{-11.65}$)，因此也可以忽略其第二级解离，按照一元弱碱处理，以计算 H_2L^+ 溶液的 pH。

氨基酸的等电点(isoelectric point，pI)是指氨基酸的各种带电荷离子所带正电荷数与负电荷数相等时溶液的 pH。对于氨基乙酸，等电点时[H_2L^+] = [L^-]，根据分布分数关系可得

$$[H^+] = \sqrt{K_{a_1}K_{a_2}}$$

即

$$pI = \frac{1}{2}(pK_{a_1} + pK_{a_2})$$

可见，等电点时溶液的 pH 与氨基酸的浓度无关。

氨基酸是蛋白质的基本结构单元，因此蛋白质也是酸碱两性物质。可以利用蛋白质在等电点时溶解度最小的规律进行沉淀和分离蛋白质，也可以利用不同酸度条件下蛋白质带电荷性质不同的特性，采用电泳技术分离蛋白质。

2. 弱酸弱碱盐

弱酸弱碱盐包括 NH_4Ac 和$(NH_4)_2CO_3$ 等不同类型，这里仅讨论最简单的 1∶1 型弱酸弱碱盐体系。以浓度为 c 的 NH_4Ac 体系为例。

PBE：
$$[HAc] + [H^+] = [NH_3] + [OH^-]$$

将 PBE 中有关项都表示为[H^+]的函数，则

$$\frac{[Ac^-][H^+]}{K_a^{HAc}} + [H^+] = \frac{[NH_4^+]K_a^{NH_4^+}}{[H^+]} + \frac{K_w}{[H^+]}$$

可导出

$$[H^+]=\sqrt{\frac{K_a^{HAc}(K_a^{NH_4^+}[NH_4^+]+K_w)}{K_a^{HAc}+[Ac^-]}} \tag{4-11}$$

式(4-11)可认为是计算[H^+]的精确式,将分布分数[NH_4^+]$=c\delta_{NH_4^+}$和[Ac^-]$=c\delta_{Ac^-}$代入展开后可得一个关于[H^+]的一元四次方程,这里就不再列出了。下面着重讨论有关的近似公式。

这里主要的近似思路是,NH_4Ac 自身解离的部分可以忽略,即

$$c=[Ac^-]+[HAc]\approx[Ac^-]$$
$$c=[NH_4^+]+[NH_3]\approx[NH_4^+]$$

将此近似代入式(4-11)后可得近似式(1),即

$$[H^+]=\sqrt{\frac{K_a^{HAc}(cK_a^{NH_4^+}+K_w)}{K_a^{HAc}+c}} \tag{4-12}$$

式(4-12)非常类似酸式盐体系的近似式(1),即式(4-10a),只是这里 $K_a^{HAc}=K_{a_1}$,$K_a^{NH_4^+}=K_{a_2}$。因此该体系在近似式(1)的基础上推导出的其他近似公式,也必定非常类似酸式盐体系的相应近似公式,故在此不再赘述。酸式盐和 1∶1 型弱酸弱碱盐两种体系各对应公式的相似性,是由于这两种体系在得失质子性质上的相似性,二者本质上是一致的。

例 4-11 求 0.10 $mol\cdot L^{-1}$ NH_4Ac 溶液的 pH。

解: HAc 的 $pK_a=4.76$,NH_4^+ 的 $pK_a=9.25$。

从式(4-12)出发,即

$$[H^+]=\sqrt{\frac{K_a^{HAc}(cK_a^{NH_4^+}+K_w)}{K_a^{HAc}+c}}$$

由于 $cK_a^{NH_4^+}=10^{-10.25}>10^{-12}$,$c/K_a^{HAc}=10^{3.76}>10^2$,可应用最简式。

$$[H^+]=\sqrt{K_a^{NH_4^+}K_a^{HAc}}=\sqrt{10^{-4.76-9.25}}\ mol\cdot L^{-1}=10^{-7.00}\ mol\cdot L^{-1}$$

$$pH=7.00$$

4-4-5 混合酸(碱)体系

1. 强酸与弱酸的混合溶液

以 HCl 与一元弱酸 HB 为例,PBE:

$$[H^+]=[Cl^-]+[B^-]+[OH^-]$$

其物理意义可以理解为:混合溶液中的[H^+]来源于 HCl,HB 和 H_2O 的解离。因溶液为强酸性,可以忽略溶剂 H_2O 的解离所贡献的[H^+],将[B^-]用分布分数表示,代入 PBE 中,则

$$[H^+]=c_{HCl}+\frac{c_{HB}K_a}{[H^+]+K_a} \tag{4-13}$$

解一元二次方程即可求得[H^+]。

各种近似公式的使用条件类似单一的强酸或弱酸体系。

H_2SO_4 是二元酸,其在水中的解离分两步进行,第一步完全解离,第二步部分解离,因此可以看成一元强酸与一元弱酸的混合溶液体系。

强碱与一元弱碱混合溶液可以做类似的处理,以 NaOH 与 B^- 为例,近似计算式为

$$[OH^-]=c_{NaOH}+\frac{c_B \cdot K_b}{[OH^-]+K_b} \tag{4-14}$$

强酸(碱)与多元弱酸(碱)混合也可以采取类似处理方式,不再赘述。

2. 两种弱酸的混合溶液

以两种一元弱酸 HA 与 HB 混合为例,其 PBE 为

$$[H^+]=[A^-]+[B^-]+[OH^-]$$

其物理意义可以理解为:混合溶液中的$[H^+]$来源于 HA,HB 和 H_2O 的解离。由于溶液为酸性,可以忽略溶剂 H_2O 的解离所贡献的$[H^+]$,将$[A^-]$,$[B^-]$均用解离常数表示,代入 PBE 中,则

$$[H^+]=\sqrt{K_a^{HA}[HA]+K_a^{HB}[HB]} \tag{4-15a}$$

如果 $c_{HA}K_a^{HA} \geqslant 100c_{HB}K_a^{HB}$,则可以忽略 HB 解离出来的那部分$[H^+]$,即可以只根据 HA 的解离平衡计算混合体系的$[H^+]$。反之亦然。

如果两种弱酸的 cK_a 相差不大,则两种酸解离的$[H^+]$均不可以忽略,若两者的 $c/K_a \geqslant 100$,则计算$[H^+]$的最简式为

$$[H^+]=\sqrt{c_{HA}K_a^{HA}+c_{HB}K_a^{HB}} \tag{4-15b}$$

两种弱碱的混合溶液的$[OH^-]$的计算方法与此类似,不再赘述。

4-5 酸碱缓冲溶液

4-5-1 缓冲溶液的分类

酸碱缓冲溶液(buffer solution)是能够对溶液的酸度起稳定作用的溶液。当向缓冲溶液中加入少量的酸或碱或适度稀释时,或者因为化学反应产生少量的酸或碱时,溶液的 pH 可以基本保持不变。缓冲溶液在化学、生物学、临床医学等领域具有重要的意义与作用。缓冲溶液可以分为三类。

(1) 由浓度较大的共轭酸碱对组成 如 HAc/NaAc,$NH_3 \cdot H_2O/NH_4Cl$ 等。通常所说的缓冲溶液就是指由共轭酸碱对所组成的溶液,也是下面将讨论的主要对象。由于共轭酸碱对之间的平衡关系,外加少量酸或碱对二者的平衡浓度影响很小,从而可以稳定溶液的 pH。由于稀释不会改变共轭酸碱对的浓度比,故这类缓冲溶液还具有很强的抗稀释能力。例如,血液是维持生命的重要缓冲溶液,健康人在 37 ℃左右其血液的 pH 一般保持在 7.35~7.45。血液中不仅含有 $H_2PO_4^-/HPO_4^{2-}$,HCO_3^-/CO_3^{2-} 等无机共轭酸碱对,还因蛋白质含有羧基和氨基等基团而含有大量由血红蛋白、氧络合血红蛋白、血浆蛋白等组成的有机共轭酸碱对。一些常用的缓冲溶液及其缓冲范围如表 4-2 所示。

表 4-2 常用的缓冲溶液及其缓冲范围

配制缓冲溶液的试剂		共轭酸碱对	pH 范围
HCl	氨基乙酸	$^+H_3NCH_2COOH/^+H_3NCH_2COO^-$	1.5~3.3
HF	NaOH	HF/F^-	3.2~4.1
甲酸	NaOH	$HCOOH/HCOO^-$	2.8~4.6

续表

配制缓冲溶液的试剂		共轭酸碱对	pH 范围
HAc	NaAc	HAc/Ac^-	3.7~5.6
HCl	$(CH_2)_6N_4$	$(CH_2)_6N_4H^+/(CH_2)_6N_4$	4.8~6.3
NaH_2PO_4	Na_2HPO_4	$H_2PO_4^-/HPO_4^{2-}$	6.2~8.0
HCl	三乙醇胺	$^+HN(CH_2CH_2OH)_3/N(CH_2CH_2OH)_3$	6.7~8.7
HCl	三(羟甲基)氨基甲烷(Tris)	$(CH_2OH)_3CNH_3^+/(CH_2OH)_3CNH_2$(Tris H^+/Tris)	7.2~9.0
氨基乙酸	NaOH	$^+H_3NCH_2COO^-/H_2NCH_2COO^-$	9.0~10.6
NH_4Cl	$NH_3 \cdot H_2O$	$NH_4^+/NH_3 \cdot H_2O$	8.3~10.3
HCl	Na_2CO_3	HCO_3^-/CO_3^{2-}	9.2~11.0
Na_2HPO_4	NaOH	HPO_4^{2-}/PO_4^{3-}	11.3~12.0
柠檬酸(H_3B)	NaOH	H_3B/H_2B^-	2.2~6.5
		H_2B^-/HB^{2-}	
		HB^{2-}/B^{3-}	

(2) 浓度较高的强酸或强碱溶液　浓度不小于 0.01 $mol \cdot L^{-1}$的 HCl 或 NaOH 溶液常作为较高酸度($pH \leqslant 2.0$)或较低酸度($pH \geqslant 12.0$)时的缓冲溶液。这是由于此时溶液中的$[H^+]$或$[OH^-]$本身就比较大,加入少量酸或碱对溶液 pH 的影响较小。但此种溶液的抗稀释能力较弱。

(3) 标准缓冲溶液　作为测定 pH 的参照标准,用于标定 pH 计,将在 4-5-4 节中讨论。

4-5-2 缓冲溶液 pH 的计算

以浓度为 c_a 的弱酸 HB 和浓度为 c_b 的共轭碱 NaB 构成的缓冲溶液为例,所涉及的酸碱反应为

$$HB \rightleftharpoons B^- + H^+ \qquad K_a$$

$$B^- + H_2O \rightleftharpoons HB + OH^- \qquad K_b$$

$$H_2O \rightleftharpoons H^+ + OH^- \qquad K_w$$

该体系的 PBE 可以有两种表示形式。

PBE_1:　　$[H^+]+c_b=[OH^-]+[B^-]$ 或 $[H^+]=[OH^-]+([B^-]-c_b)$

PBE_1 的物理意义可以理解为,HB/B^-缓冲溶液的$[H^+]$是由两部分所贡献的,第一部分来自溶剂 H_2O 的解离,其浓度等于同时产生的$[OH^-]$;第二部分来自 HB 的解离,其浓度等于同时产生的$[B^-]$。但由于溶液中已经存在 B^-,其浓度等于 c_b,故由于 HB 的解离所贡献的$[H^+]$等于$([B^-]-c_b)$。

PBE_2:　　$[H^+]+[HB]=[OH^-]+c_a$ 或 $[OH^-]=[H^+]+([HB]-c_a)$

其物理意义也可以从对溶液$[OH^-]$的贡献的角度来分析,这里不再赘述。

由 PBE_1 可得

$$[B^-]=c_b+[H^+]-[OH^-]$$

由 PBE_2 可得

$$[HB]=c_a-[H^+]+[OH^-]$$

代入解离常数表达式,有

$$[H^+]=K_a\frac{[HB]}{[B^-]}=K_a\frac{c_a-[H^+]+[OH^-]}{c_b+[H^+]-[OH^-]} \tag{4-16a}$$

式(4-16a)可以认为是缓冲溶液体系计算$[H^+]$的精确式，将$[OH^-]=K_w/[H^+]$代入并展开后是一个关于$[H^+]$的一元三次方程。

从精确式出发作近似处理。当 pH≤6.0 时，可忽略式(4-16a)中$[OH^-]$项，为近似式(1)，即

$$[H^+]=K_a\frac{c_a-[H^+]}{c_b+[H^+]} \tag{4-16b}$$

当 pH≥8.0 时，可忽略式(4-16a)中$[H^+]$项，为近似式(2)，即

$$[H^+]=K_a\frac{c_a+[OH^-]}{c_b-[OH^-]} \tag{4-16c}$$

当$c_a\geq10^2\,|[OH^-]-[H^+]|$，$c_b\geq10^2\,|[H^+]-[OH^-]|$时，可忽略精确式(4-16a)中的$[H^+]$和$[OH^-]$项，为最简式，即

$$[H^+]=K_a\frac{c_a}{c_b} \tag{4-16d}$$

或

$$pH=pK_a+\lg\frac{c_b}{c_a}$$

例 4-12 计算 0.10 mol·L^{-1} NH_4Cl-0.20 mol·L^{-1} $NH_3\cdot H_2O$ 缓冲溶液的 pH。

解：$NH_3\cdot H_2O$ 的 $pK_b=4.75$，NH_4^+ 的 $pK_a=9.25$。

先用最简式估算$[H^+]$和$[OH^-]$，则

$$[H^+]=K_a\frac{c_a}{c_b}=10^{-9.25}\times\frac{0.10}{0.20}\ \text{mol}\cdot\text{L}^{-1}=10^{-9.55}\ \text{mol}\cdot\text{L}^{-1}$$

$$[OH^-]=10^{-4.45}\ \text{mol}\cdot\text{L}^{-1}$$

故有$c_a>10^2\,|[OH^-]-[H^+]|$，$c_b>10^2\,|[H^+]-[OH^-]|$，使用最简式是适宜的。

$$pH=9.55$$

例 4-13 计算 0.010 mol·L^{-1} $^+NH_3CH_2COOH$-0.010 mol·L^{-1} NH_2CH_2COOH 缓冲溶液的 pH。

解：$^+NH_3CH_2COOH$ 的 $pK_{a_1}=2.35$，$pK_{a_2}=9.78$。

先用最简式估算$[H^+]$和$[OH^-]$，则

$$[H^+]=K_{a_1}\frac{c_a}{c_b}=10^{-2.35}\times\frac{0.010}{0.010}\ \text{mol}\cdot\text{L}^{-1}=10^{-2.35}\ \text{mol}\cdot\text{L}^{-1}$$

由于$c_a<10^2\,[H^+]$，$c_b<10^2\,[H^+]$，不适宜使用最简式。因 pH<6.0，可使用近似式(1)，则

$$[H^+]=K_{a_1}\frac{c_a-[H^+]}{c_b+[H^+]}$$

$$[H^+]^2+(c_b+K_{a_1})[H^+]-c_aK_{a_1}=0$$

$$[H^+]=\frac{-(c_b+K_{a_1})+\sqrt{(c_b+K_{a_1})^2+4c_aK_{a_1}}}{2}$$

$$=\frac{-(10^{-2.00}+10^{-2.35})+\sqrt{(10^{-2.00}+10^{-2.35})^2+4\times10^{-2.00-2.35}}}{2}\ \text{mol}\cdot\text{L}^{-1}$$

$$= 10^{-2.58}\ \mathrm{mol \cdot L^{-1}}$$

$$\mathrm{pH} = 2.58$$

若使用最简式计算$[\mathrm{H^+}]$（pH = 2.35），相对误差达 70%。

4-5-3　缓冲容量

1. 缓冲容量的概念

缓冲溶液的缓冲能力是有一定限度的，缓冲容量β是定量衡量缓冲能力大小的参数，其定义式为

$$\beta = \frac{\mathrm{d}b}{\mathrm{dpH}} = -\frac{\mathrm{d}a}{\mathrm{dpH}} \tag{4-17}$$

式中，b与a分别代表加入的强碱或强酸的浓度（$\mathrm{mol \cdot L^{-1}}$），故$\beta$的单位为$\mathrm{mol \cdot (L \cdot pH)^{-1}}$。

缓冲容量β是一个微分概念，其物理意义可以理解为使 1 L 溶液的 pH 增加 dpH 时所需外加强碱 $\mathrm{d}b$（$\mathrm{mol \cdot L^{-1}}$），或使 1 L 溶液的 pH 降低 dpH 时所需外加强酸 $\mathrm{d}a$（$\mathrm{mol \cdot L^{-1}}$）。由于外加强酸会使溶液 pH 降低，为保持$\beta$为正值，故需在$\frac{\mathrm{d}a}{\mathrm{dpH}}$前加负号。

为了更好地理解缓冲容量的概念，可以近似认为$\beta = \frac{\Delta b}{\Delta \mathrm{pH}}$，这里$\Delta b$和$\Delta$pH 均为有限的改变量。设有两个缓冲溶液$\beta_1 > \beta_2$。如果$\Delta \mathrm{pH}_1 = \Delta \mathrm{pH}_2$，则必有$\Delta b_1 > \Delta b_2$，这说明要使两个溶液增加相同的 pH，对缓冲容量大的溶液需加入更多的强碱。又如果$\Delta b_1 = \Delta b_2$，则必有$\Delta \mathrm{pH}_1 < \Delta \mathrm{pH}_2$，这说明若加入相同量的强碱，缓冲容量大的溶液的 pH 将增加较小。因此可以用缓冲容量来定量反映溶液缓冲能力的大小。

2. 共轭酸碱对体系的缓冲容量表达式

设有由浓度为c_a的弱酸 HB 和浓度为c_b的共轭碱 NaB 构成的缓冲体系，总浓度$c_\mathrm{T} = c_\mathrm{a} + c_\mathrm{b}$。HB 的解离常数为$K_\mathrm{a}$。

CBE：　$$[\mathrm{H^+}] + [\mathrm{Na^+}] = [\mathrm{OH^-}] + [\mathrm{B^-}]$$

PBE：　$$[\mathrm{H^+}] + c_\mathrm{b} = [\mathrm{OH^-}] + [\mathrm{B^-}]$$

若在该体系中加入少量强碱 KOH，并忽略体积变化。设 KOH 的浓度为b，则体系此时有

CBE：　$$[\mathrm{H^+}] + [\mathrm{Na^+}] + [\mathrm{K^+}] = [\mathrm{OH^-}] + [\mathrm{B^-}]$$

PBE：　$$[\mathrm{H^+}] + c_\mathrm{b} + b = [\mathrm{OH^-}] + [\mathrm{B^-}]$$

$$b = -[\mathrm{H^+}] + [\mathrm{OH^-}] + [\mathrm{B^-}] - c_\mathrm{b} = -[\mathrm{H^+}] + \frac{K_\mathrm{w}}{[\mathrm{H^+}]} + \frac{c_\mathrm{T}K_\mathrm{a}}{K_\mathrm{a} + [\mathrm{H^+}]} - c_\mathrm{b}$$

对$[\mathrm{H^+}]$求导，则

$$\frac{\mathrm{d}b}{\mathrm{d}[\mathrm{H^+}]} = -1 - \frac{K_\mathrm{w}}{[\mathrm{H^+}]^2} - \frac{c_\mathrm{T}K_\mathrm{a}}{(K_\mathrm{a} + [\mathrm{H^+}])^2}$$

则缓冲容量为

$$\beta = \frac{\mathrm{d}b}{\mathrm{dpH}} = \frac{\mathrm{d}b}{\mathrm{d}[\mathrm{H^+}]} \cdot \frac{\mathrm{d}[\mathrm{H^+}]}{\mathrm{dpH}} = \left\{-1 - \frac{K_\mathrm{w}}{[\mathrm{H^+}]^2} - \frac{c_\mathrm{T}K_\mathrm{a}}{([\mathrm{H^+}] + K_\mathrm{a})^2}\right\} \times (-2.30[\mathrm{H^+}])$$

$$\beta = 2.30[\mathrm{H^+}] + 2.30[\mathrm{OH^-}] + \frac{2.30c_\mathrm{T}K_\mathrm{a}[\mathrm{H^+}]}{(K_\mathrm{a} + [\mathrm{H^+}])^2} \tag{4-18}$$

若定义

$$\beta_{H^+}=2.30[H^+]$$

为 H^+ 对缓冲容量的贡献；

$$\beta_{OH^-}=2.30[OH^-]$$

为 OH^- 对缓冲容量的贡献；

$$\beta_{HB/B^-}=\frac{2.30c_T K_a[H^+]}{(K_a+[H^+])^2}=2.30c_T\delta_{HB}\delta_{B^-}$$

为共轭酸碱对 HB/B^- 对缓冲容量的贡献，则

$$\beta=\beta_{H^+}+\beta_{OH^-}+\beta_{HB/B^-} \tag{4-19}$$

例 4-14 计算 0.10 mol·L^{-1} HAc-0.10 mol·L^{-1} NaAc 缓冲溶液的缓冲容量，HAc 的 $pK_a=4.76$。

解：按最简式可以计算出体系的 $[H^+]$，$pH=pK_a=4.76$。

$$\beta_{H^+}=2.30\times10^{-4.76}\ \text{mol}\cdot(\text{L}\cdot\text{pH})^{-1}=4.0\times10^{-5}\ \text{mol}\cdot(\text{L}\cdot\text{pH})^{-1}$$

$$\beta_{OH^-}=2.30\times10^{-9.24}\ \text{mol}\cdot(\text{L}\cdot\text{pH})^{-1}=1.3\times10^{-9}\ \text{mol}\cdot(\text{L}\cdot\text{pH})^{-1}$$

$$\beta_{HB/B^-}=2.30\times0.20\times0.5\times0.5\ \text{mol}\cdot(\text{L}\cdot\text{pH})^{-1}=0.12\ \text{mol}\cdot(\text{L}\cdot\text{pH})^{-1}$$

总的缓冲容量为

$$\beta=\beta_{H^+}+\beta_{OH^-}+\beta_{HB/B^-}=\beta_{HB/B^-}=0.12\ \text{mol}\cdot(\text{L}\cdot\text{pH})^{-1}$$

可见，共轭酸碱对组成的缓冲溶液，其缓冲容量通常主要是由共轭酸碱对的缓冲容量 β_{HB/B^-} 所贡献的。

可根据式(4-19)绘制 β-pH 曲线，称为缓冲容量曲线。图 4-3 为总浓度(c_T)分别为 0.2 mol·L^{-1} 和 0.1 mol·L^{-1} 的 HAc/Ac^- 体系，以及强酸($\beta_{H^+}=2.30[H^+]$)与强碱($\beta_{OH^-}=2.30[OH^-]$)的缓冲容量曲线。由图可见，在 pH<2.0 时，溶液的缓冲容量主要由 β_{H^+} 所贡献；在 pH>12.0 时，溶液的缓冲容量主要由 β_{OH^-} 所贡献；而在 pH 3.0~6.0 范围内，溶液的缓冲容量主要由 β_{HAc/Ac^-} 所贡献。

对于强酸、强碱或纯水体系，即溶液中不存在共轭酸碱对时，可以用相同的办法推导出缓冲容量的计算公式：

$$\beta=\beta_{H^+}+\beta_{OH^-} \tag{4-20}$$

通常一个缓冲溶液的 β 值至少要 ≥0.01，才能有实际的缓冲作用。虽然强酸或强碱与纯水具有相同的缓冲容量表达式，但它们的 β 值的大小并不相同。纯水的缓冲容量非常小，实际上并没有缓冲能力。而浓度较大的强酸或强碱，其 β 值可以相当大，即具有很强的缓冲能力，因此可以作为高酸度或高碱度时的缓冲溶液。

3. 影响缓冲容量的因素

由图 4-3 可以看到，对于特定的缓冲容量曲线，当 $pH=pK_a$ 时，β_{HAc/Ac^-} 具有最大值，此时缓冲物质组分的浓度比 $c_{HAc}/c_{Ac^-}=1$。该结论可以推广到一般的由共轭酸碱对 HB/B^- 组成的缓冲溶液。可以证明，当 $c_{HB}/c_{B^-}=1$ 时，缓冲容量具有最大值，即

$$\beta_{HB/B^-}=2.30c_T\delta_{HB}\delta_{B^-}=2.30\times0.5\times0.5c_T=0.575c_T$$

当组分的浓度比 c_{HB}/c_{B^-} 为 0.1 或 10 时，则

$$\beta_{HB/B^-}=2.30\times\frac{1}{11}\times\frac{10}{11}c_T=0.19c_T$$

此时的 β_{HB/B^-} 值约为其最大值的 1/3。$c_{HB}/c_{B^-}=0.1$ 与 $c_{HB}/c_{B^-}=10$ 时的 β_{HB/B^-} 值相等，也反映了共

轭酸碱对缓冲容量曲线是关于 $pH = pK_a$ 对称的。

缓冲溶液具有缓冲能力的 pH 范围称为缓冲范围,通常认为共轭酸碱对组成的缓冲溶液的缓冲范围为 $pK_a \pm 1$,即其宽度为两个 pH 单位,此时缓冲组分的浓度比 c_{HB}/c_{B^-} 在 0.1~10 之间。超出了这个范围,缓冲溶液的缓冲能力将大大降低,一般不再具有实际的缓冲能力。

由式(4-19)和图 4-3 还可以看到,缓冲容量 β_{HB/B^-} 还与共轭酸碱对的总浓度 c_T 有关。在相同的 pH 条件下,β_{HB/B^-} 与 c_T 成正比,c_T 越大,β_{HB/B^-} 越大。只有当 c_T 足够大时,缓冲溶液才能具有足够大的缓冲容量。通常缓冲溶液的总浓度在 0.01~1 $mol \cdot L^{-1}$,不能太低。

特定的缓冲溶液体系只在特定的 pH 范围内具有缓冲能力,其缓冲范围与组成的共轭酸碱对的 pK_a 有关。如果要配制具有更加广范 pH 范围的缓冲溶液,可以采用多个 pK_a 不同的共轭酸碱对,使相邻的 pK_a 之间的差距小于或等于 2。由于总的缓冲容量是各个共轭酸碱对的缓冲容量的加和,就会使总的缓冲容量曲线在一个比较高的水平上波动,而不会急剧下降,从而使该溶液在一个比较宽的 pH 范围内都具有较大的缓冲能力。图 4-4 为一个假想的、由 5 个总浓度均为0.1 $mol \cdot L^{-1}$ 的共轭酸碱对组成的广范 pH 范围的缓冲溶液的缓冲容量曲线,5 种弱酸的 pK_a 分别等于 3.0,5.0,7.0,9.0 和 11.0。

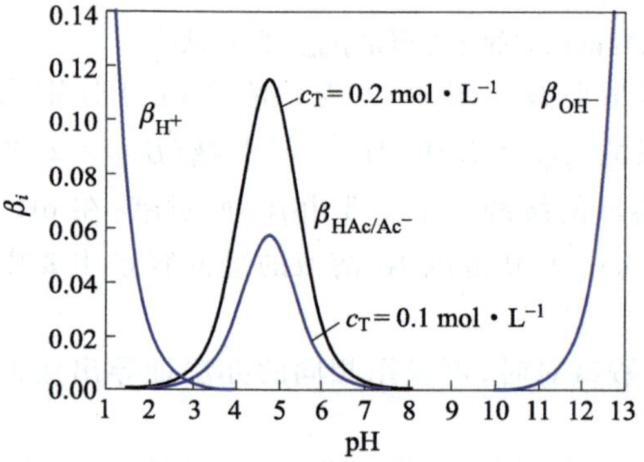

图 4-3 HAc/Ac⁻ 体系的缓冲容量曲线

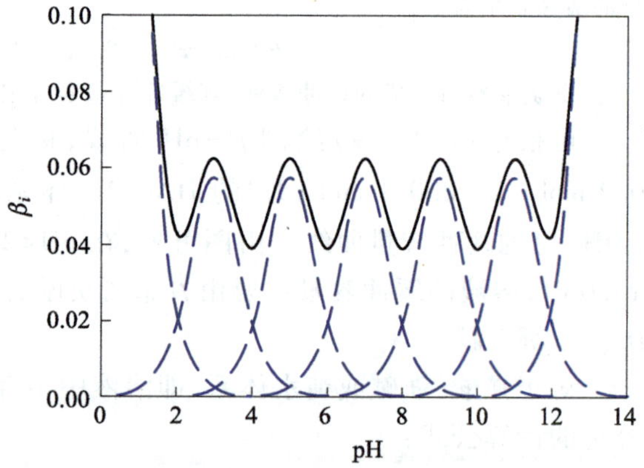

图 4-4 广范 pH 范围的缓冲溶液 β-pH 曲线

(5 种一元弱酸的 pK_a 分别为 3.0,5.0,7.0,9.0 和 11.0,各弱酸的浓度均为 0.1 $mol \cdot L^{-1}$)

广范 pH 范围的缓冲溶液的一个实例是由柠檬酸和磷酸组成的混合缓冲溶液。H_3PO_4 的 $pK_{a_1} \sim pK_{a_3}$ 分别为 2.12,7.20 和 12.36,柠檬酸的 $pK_{a_1} \sim pK_{a_3}$ 分别为 3.13,4.76 和 6.40。这里所涉及的 6 个共轭酸碱对中,有 5 个其 pK_a 之间的差距均小于 2,因此在 pH 2.0~8.0 范围内该溶液都有较强的缓冲能力。使用时只要用稀盐酸或 NaOH 将此混合溶液调到所希望的 pH,该溶液就会在此 pH 下具有相当的缓冲容量。又如,伯瑞坦-罗宾森(Britton-Robinson)缓冲溶液是一种常用的广范 pH 范围的缓冲溶液,由浓度均为 0.04 $mol \cdot L^{-1}$ 的磷酸、硼酸和醋酸混合而成,使用时只要用稀 NaOH 溶液将此混合溶液调到所希望的 pH 即可。

例 4-15 实验室用 10.0 g 三(羟甲基)氨基甲烷(Tris)的盐酸盐(Tris HCl,$M = 157.59\ g \cdot mol^{-1}$)配制500 mL pH 7.40 的 Tris 缓冲溶液,请计算需要多少毫升 0.5 $mol \cdot L^{-1}$ NaOH 溶液。已知 Tris H^+ 的 $pK_a = 8.07$。

解: 发生反应:

$$Tris\ H^+ + OH^- \rightleftharpoons Tris$$

$$n_{Tris} = 10.0\ g/(157.59\ g \cdot mol^{-1}) = 0.063\ mol$$

设加入 x mol NaOH,与相同物质的量的 Tris H^+反应后,剩余的 Tris H^+与生成的 Tris 构成 Tris H^+/Tris 共轭酸碱对缓冲体系。先用最简式估算[H^+]:

$$[H^+] = K_a \cdot (c_a/c_b) = 10^{-8.07} \times (0.063 - x/x) = 10^{-7.40}\ mol \cdot L^{-1}$$

解得: $x = 0.011$ mol

则需要加入 0.5 $mol \cdot L^{-1}$ NaOH 溶液的体积为

$$0.011 \times 1\,000/0.5\ mL = 22\ mL$$

4-5-4 标准缓冲溶液

标准缓冲溶液是用来校准 pH 计的,因此其组成是确定的,其 pH 经过大量实验准确测定,并获得国际纯粹与应用化学联合会(IUPAC)的承认。一些标准缓冲溶液的组成及其 pH 列于表 4-3。

表 4-3 标准缓冲溶液的组成及其 pH(25 ℃)

标准缓冲溶液的组成	pH
饱和酒石酸氢钾(0.034 $mol \cdot kg^{-1}$)	3.557
0.05 $mol \cdot kg^{-1}$ 邻苯二甲酸氢钾	4.005
0.025 $mol \cdot kg^{-1}$ KH_2PO_4-0.025 $mol \cdot kg^{-1}$ Na_2HPO_4	6.865
0.008 695 $mol \cdot kg^{-1}$ KH_2PO_4-0.030 43 $mol \cdot kg^{-1}$ Na_2HPO_4	7.413
0.01 $mol \cdot kg^{-1}$ 硼砂($Na_2B_4O_7 \cdot 10H_2O$)	9.180
饱和 $Ca(OH)_2$(0.020 3 $mol \cdot kg^{-1}$)	12.454

如果要用计算来求得标准缓冲溶液的 pH,必须考虑活度与浓度的区别,即校正由离子强度造成的影响。

例 4-16 计算 0.025 $mol \cdot L^{-1}$ Na_2HPO_4-0.025 $mol \cdot L^{-1}$ KH_2PO_4 标准缓冲溶液的 pH,并与实验测得的标准值 pH 6.865 进行比较。H_3PO_4 的 $pK_{a_1} \sim pK_{a_3}$:2.12,7.20,12.36。

解: 该体系可用最简式计算。若不考虑活度与浓度的区别,则

$$pH = pK_{a_2} + \lg \frac{c_b}{c_a} = 7.20$$

与标准值相比误差较大。

若考虑活度与浓度的区别,在上式中应该用活度 a 代替浓度 c,因这里的 pK_{a_2} 为活度常数,则

$$pH = pK_{a_2} + \lg \frac{a_{HPO_4^{2-}}}{a_{H_2PO_4^-}} = pK_{a_2} + \lg \frac{c_{HPO_4^{2-}} \cdot \gamma_{HPO_4^{2-}}}{c_{H_2PO_4^-} \gamma_{H_2PO_4^-}}$$

该体系的离子强度为

$$I = \frac{1}{2}\sum c_i z_i^2 = \frac{1}{2}(c_{Na^+} \times 1^2 + c_{K^+} \times 1^2 + c_{HPO_4^{2-}} \times 2^2 + c_{H_2PO_4^-} \times 1^2)\ mol \cdot L^{-1} = 0.10\ mol \cdot L^{-1}$$

当 $I = 0.10\ mol \cdot L^{-1}$ 时,有

$$\gamma_{HPO_4^{2-}} = 0.37, \quad \gamma_{H_2PO_4^-} = 0.78$$

则
$$pH = pK_{a_2} + \lg \frac{a_{HPO_4^{2-}}}{a_{H_2PO_4^-}} = 7.20 + \lg \frac{0.025 \times 0.37}{0.025 \times 0.78} = 6.88$$

此时计算结果与标准值比较接近。

可见,实际的缓冲溶液的 pH 要受到离子强度的影响,惰性盐(如 NaCl)的加入或者缓冲溶液体积的变化等都会引起离子强度的改变从而导致 pH 的改变,其对高价电荷组分的影响更加明显。

此外,缓冲溶液的 pH 受温度的影响也很大,这是因为解离常数 K_a 要受温度的影响。例如,在 25 ℃配制的 Tris 缓冲溶液 pH 为 8.08,当温度降至 4 ℃时其 pH 升高到 8.7,而当温度升高至 37 ℃时,pH 降低到 7.7。

4-6　酸碱指示剂

4-6-1　作用原理

酸碱指示剂(acid-base indicator)一般是有机弱酸或有机弱碱,因此具有一般弱酸或弱碱的性质,可以发生质子转移反应。它们能够作为酸碱指示剂,是因为在不同的 pH 条件下表现出明显不同的颜色。而能够改变颜色是由于它们在给出或得到质子的同时,其结构也发生了变化。这种结构变化及其相应的颜色变化都是可逆的。

例如,甲基橙(methyl orange, MO)在水溶液中有如下平衡:

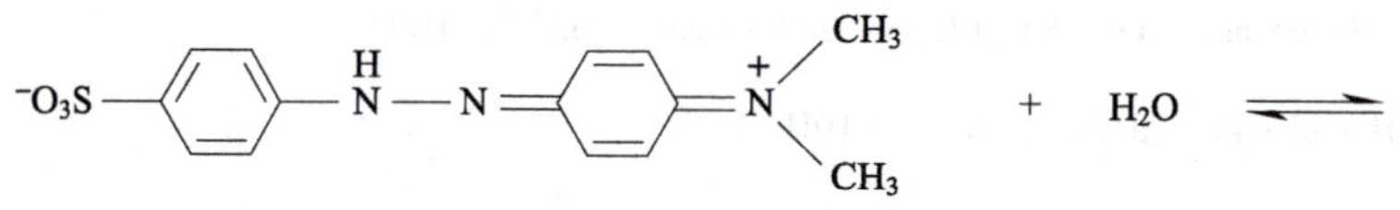

红色 (酸式型体,醌式结构)

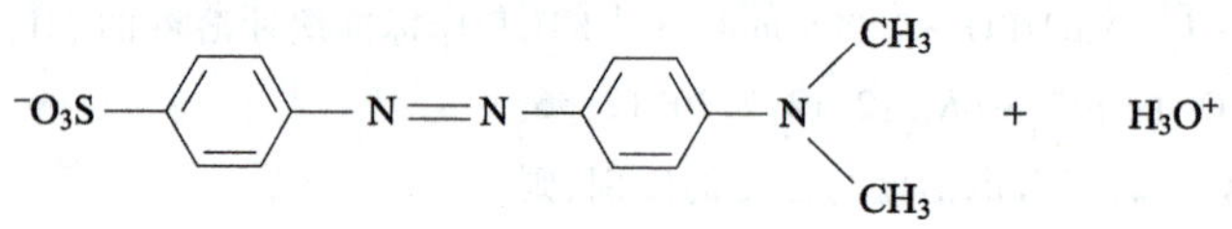

黄色 (碱式型体,偶氮式结构)

其解离常数 $pK_{In} = 3.4$。

在 pH<3.4 的条件下,该平衡向左移动,MO 主要以酸式型体存在,此时其结构为醌式,显红色。而在 pH>3.4 的条件下,平衡向右移动,MO 主要以碱式型体存在,此时其结构为偶氮式,显黄色。所以当 MO 溶液的 pH 在 3.4 附近变化时,溶液的颜色表现出红黄两色的更迭,从而指示溶液的 pH 变化。像 MO 这类酸式型体与碱式型体均有颜色的指示剂,称为双色指示剂。

又如,酚酞(phenolphthalein, PP)在水溶液中有如下平衡:

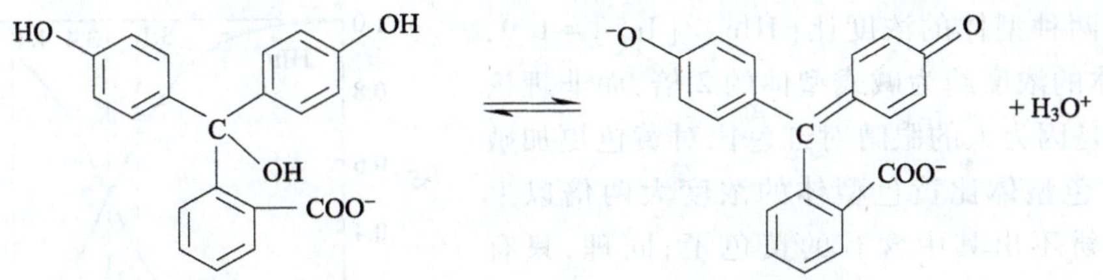

无色（酸式型体，羟式结构）　　红色（碱式型体，醌式结构）

其解离常数 $pK_{In}=9.1$。

在 pH<9.0 的条件下，该平衡向左移动，PP 主要以酸式型体存在，其结构为羟式，显无色。而在 pH>9.0 的条件下，平衡向右移动，PP 主要以碱式型体存在，结构为醌式，显红色。所以当 PP 溶液的 pH 由小于 9.0 向大于 9.0 变化时，溶液由无色变为红色，从而指示溶液的 pH 变化。像 PP 这类只有酸式型体或碱式型体有颜色的指示剂，称为单色指示剂。

若以 HIn 和 In^- 分别代表双色指示剂的酸式和碱式型体，以 K_{In} 表示 HIn 的解离常数，则

$$K_{In}=\frac{[H^+][In^-]}{[HIn]}$$

或

$$\frac{[In^-]}{[HIn]}=\frac{K_{In}}{[H^+]}$$

$$pH=pK_{In}+\lg\frac{[In^-]}{[HIn]} \qquad (4-21)$$

指示剂溶液的颜色实际上是由 $[In^-]/[HIn]$ 决定的。而从式(4-21)可知，$[In^-]/[HIn]$ 又由 $[H^+]$ 或 pH 来确定。正是由于溶液 pH 的变化引起 $[In^-]/[HIn]$ 的变化，才引起溶液颜色的改变，故可由指示剂颜色的变化来判断溶液的 pH 变化，从而指示滴定终点。

4-6-2　变色范围和变色点

人的眼睛对颜色变化的分辨能力是有限度的。当两种颜色混合在一起时，如果其中一种颜色占较大的优势，就很难再观察到另一种颜色的存在。一般来说，如果指示剂一种颜色的型体的浓度比另一种大 10 倍以上，就只能观察到前一种型体的颜色，而分辨不出混合色。根据式(4-21)，当 $[In^-]/[HIn]>10$ 或 $pH>pK_{In}+1$ 时，只能观察到溶液呈单纯的碱式色。当 $[In^-]/[HIn]<0.1$，或 $pH<pK_{In}-1$ 时，只能观察到溶液呈酸式色。只有当该比值在 0.1 与 10 之间，或 pH 在 $pK_{In}-1$ 与 $pK_{In}+1$ 之间时，才能观察到溶液在酸式色与碱式色之间的变化与过渡。因此通常将指示剂的 pK_{In} 称为它的理论变色点，而将 $pK_{In}\pm1$ 称为它的理论变色范围。例如，甲基橙的理论变色点为 $pK_{In}=3.4$，理论变色范围为 pH 2.4~4.4。

但是指示剂的实际变色范围往往与理论变色范围有一定出入，大多数指示剂的实际变色范围宽度在 1.6~1.8 个 pH 单位，比理论宽度 2.0 个 pH 单位要小，而且实际变色点也往往与理论变色点不完全一致。

造成这一现象的原因是人的眼睛对不同颜色的敏感程度有差别。以 MO 为例，其实际变色范围是 pH 3.1~4.4，与理论变色范围 pH 2.4~4.4 不一致。当 pH=3.1 时，根据 MO 的分布分数

图(图 4-5),两种型体的浓度比[HIn]/[In^-]=1.9,此时酸式型体的浓度约为碱式型体的 2 倍,而非理论的 10 倍。这是因为人的眼睛对红色比对黄色更加敏感,因此当红色型体比黄色型体的浓度大两倍以上时,就已经分辨不出其中含有的黄色了;同理,只有当黄色型体比红色型体的浓度大 10 倍以上时,才能认为与纯黄色没有区别,此时的 pH=4.4。也正因为同样的原因,MO 的实际变色点为 pH 4.0,与理论变色点的 pH 3.4 有一定差别。

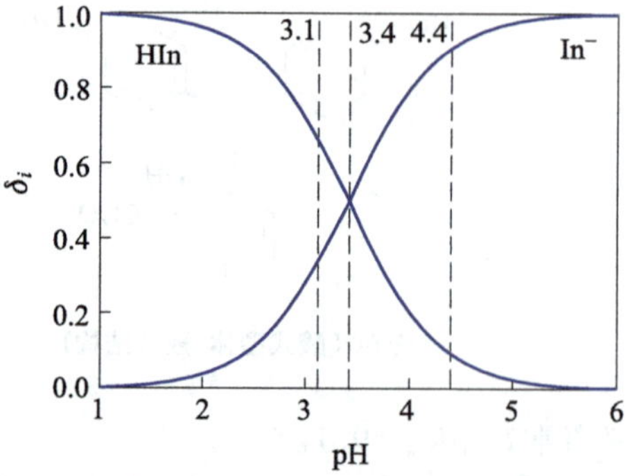

图 4-5 MO 的分布分数图

另外,不同人的眼睛对颜色的敏感程度也是有差别的。即使是同一个人,对同一指示剂溶液的颜色做多次观察判断时,其 pH 也不会完全一致,也会产生误差,这反映了观测的不确定性。据统计,人们对指示剂颜色观测的不确定性,一般会有±0.2 个 pH 单位。因此,指示剂的实际变色范围,不同文献的报道也稍有出入。例如,MO 的实际变色范围就有 pH 3.1~4.4,pH 3.2~4.5 和 pH 2.9~4.3 等不同的报道。表 4-4 列出了常见酸碱指示剂的颜色变化、变色范围和 pK_{In}。

表 4-4 常见酸碱指示剂的颜色变化、变色范围和 pK_{In}(20 ℃,I=0 mol·kg^{-1})

指示剂	变色范围(pH)	颜色变化(酸~碱)	pK_{In}
百里酚蓝 (thymol blue, TB)	1.2~2.8 8.0~9.6	红~黄 黄~蓝	1.65 8.9
甲基橙 (methyl orange, MO)	3.1~4.4	红~黄	3.4
溴甲酚绿 (bromocresol green, BCG)	3.8~5.4	黄~蓝	4.90
甲基红 (methyl red, MR)	4.4~6.2	红~黄	5.0
氯酚红 (chlorophenol red, CPR)	4.8~6.4	黄~紫	6.25
溴百里酚蓝 (bromothymol blue, BTB)	6.0~7.6	黄~蓝	7.30
酚红 (phenol red, PR)	6.4~8.2	黄~红	7.8
间硝基酚 (*m*-nitrophenol, *m*-NP)	6.8~8.6	无色~黄	8.35
甲酚红 (cresol red, CR)	7.0~8.8	黄~紫红	8.46(30 ℃)
酚酞 (phenolphthalein, PP)	8.2~9.8	无色~紫(紫红)	9.1
百里酚酞 (thymolphthalein, TP)	9.3~10.5	无色~蓝	10.0
茜素黄 R (alizarin yellow R, AR)	10.0~12.0	黄~红	11.2(25 ℃)

4-6-3 影响指示剂变色范围的因素

1. 指示剂的用量

对于双色指示剂,因其变色范围仅取决于两种型体的浓度比[HIn]/[In^-],而浓度比与指示剂的总浓度无关,因此指示剂用量的改变一般不会影响其变色范围。但在实验中也要避免指示剂用量过大,否则会造成溶液颜色过深,因而变色不明显,且指示剂本身也要消耗更多的滴定剂,从而造成误差。

但对于单色指示剂,指示剂用量或溶液中指示剂的总浓度对其变色范围有较大影响。例如,酚酞(PP)指示剂的酸式型体 HIn 无色,碱式型体 In^-为红色。假设滴定时溶液从酸性向碱性方向变化,以观察到 PP 的红色为滴定终点。此时终点的到达,并非由于指示剂两种型体的浓度比[In^-]/[HIn]增大到某一程度,而是由于红色的碱式型体的绝对浓度[In^-]增大到某一最低浓度 a(mol·L^{-1})。而此最低浓度 a 为一固定值,它是由人眼对红色的敏感程度所决定的。设 PP 总浓度为 c(mol·L^{-1}),终点时的[In^-]=a,则[HIn]=$c-a$,此时

$$\mathrm{pH}=\mathrm{p}K_{\mathrm{In}}-\lg\frac{[\mathrm{HIn}]}{[\mathrm{In}^-]}=\mathrm{p}K_{\mathrm{In}}-\lg\frac{c-a}{a}$$

由于这里 $\mathrm{p}K_{\mathrm{In}}$和 a 均为定值,则 PP 的总浓度 c 越大,或指示剂的用量越多,实际变色点的 pH 就越小。

通常在 50~100 mL 溶液中,加入 2~3 滴 0.1% PP 溶液,变色点的 pH 为 9.0。若在此溶液中加入 10~15 滴该 PP 溶液,则于 pH 8.0 就可以观察到浅红色,变色点降低了一个 pH 单位。

2. 离子强度

指示剂的 K_{In}多为活度常数,溶液离子强度的改变虽然不能改变 K_{In}值,但却可能改变其各型体的活度系数,从而改变其酸式与碱式型体的浓度比,进而影响指示剂的变色范围与变色点。同时溶液中某些盐可能吸收不同波长的光,较高的离子强度也会影响指示剂颜色的深浅程度,导致指示剂的变色范围发生变化。但离子强度对不同指示剂的影响程度和方向是不同的。例如,当离子强度由 0 增加到 0.5 时,甲基橙(MO)和甲基红(MR)的变色点均无明显变化,而甲基黄(MY)的变色点则由 3.25 增加到 3.34,溴甲酚绿(BCG)的变色点则由 4.90 降低到 4.50。

3. 温度

当温度改变时,指示剂的 $\mathrm{p}K_{\mathrm{In}}$和水的 $\mathrm{p}K_{\mathrm{w}}$都会发生变化,因而影响指示剂的变色范围。例如,MO 和溴百里酚蓝(BTB)在不同温度的变色范围(pH)为:

	20 ℃	100 ℃
MO	3.1~4.4	2.5~3.7
BTB	6.0~7.6	6.2~7.8

4. 溶剂

不同溶剂的介电常数有差别,会直接影响指示剂的解离,故同一指示剂在不同溶剂中的 $\mathrm{p}K_{\mathrm{In}}$不同,因而其变色范围也不同。例如,MO 和 BCG 在不同溶剂中的变色范围(pH)为:

	水	90%丙酮 + 10%水(体积分数)
MO	3.1~4.4	1.0~2.7
BCG	3.8~5.4	6.5~8.3

4-6-4 混合指示剂

酸碱指示剂一般都有约为两个 pH 单位的变色范围。在这一比较宽的 pH 范围内，指示剂的颜色随 pH 的改变而逐渐变化，因此变色点附近的颜色变化往往并不敏锐，这就给滴定终点的准确判断带来困难。而对于某些弱酸或弱碱的滴定，它们的突跃范围比较小，这就要求选用变色范围更窄、颜色变化更为鲜明的指示剂，以减小滴定误差。为此，可采用混合指示剂，以达到变色更敏锐、变色范围更小的目的。

混合指示剂的配制方法有两种，一种是由两种指示剂按一定比例混合，另一种是以某种惰性染料和指示剂按一定比例混合。无论是何种配制方法，都是利用不同颜色之间的互补作用使指示剂的变色更加敏锐。

例如，当以硼砂($Na_2B_4O_7 \cdot 10H_2O$)标定 HCl 标准溶液时，常采用溴甲酚绿(BCG)+甲基红(MR)混合指示剂。当 pH<5.1 时，混合指示剂颜色为橙红色(BCG 黄+MR 红)，当 pH>5.1 时，混合指示剂为绿色(BCG 蓝绿+MR 黄)。而在 pH 5.1 时，BCG 的青蓝色与 MR 的橙色恰好互补，此时溶液呈灰色。于是当溶液在滴定过程中由碱性向酸性方向变化时，在 pH 5.1 时，颜色由绿色突变为橙红色，中间几乎没有过渡色，变化非常敏锐。滴定过程的颜色变化如下所示。

指示剂	变色点 pH	酸色	终点颜色	碱色
溴甲酚绿(BCG)	4.9	黄色	青蓝色	蓝绿色
甲基红(MR)	5.0	红色	橙色	黄色
溴甲酚绿(BCG)+ 甲基红(MR)	5.1	橙红色	灰色	绿色

常用酸碱混合指示剂的组成、颜色及变色点见表 4-5。

表 4-5 常用酸碱混合指示剂

混合指示剂的组成	变色点 pH	颜色		备注
		酸色	碱色	
1 份 $1\ g \cdot L^{-1}$ 甲基橙水溶液 1 份 $2.5\ g \cdot L^{-1}$ 靛蓝二磺酸钠水溶液	4.1	紫	黄绿	pH 4.1 灰色
3 份 $1\ g \cdot L^{-1}$ 溴甲酚绿酒精溶液 1 份 $2\ g \cdot L^{-1}$ 甲基红酒精溶液	5.1	紫红	蓝绿	pH 5.1 灰色 颜色变化很明显
1 份 $1\ g \cdot L^{-1}$ 溴甲酚绿钠盐水溶液 1 份 $1\ g \cdot L^{-1}$ 氯酚红钠盐水溶液	6.1	黄绿	蓝紫	pH 5.1 蓝绿色 pH 5.8 蓝色，pH 6.0 蓝带紫 pH 6.2 蓝紫色
1 份 $1\ g \cdot L^{-1}$ 酚酞酒精溶液 2 份 $1\ g \cdot L^{-1}$ 甲基绿酒精溶液	8.9	绿	紫	pH 8.8 浅蓝
1 份 $1\ g \cdot L^{-1}$ 酚酞酒精溶液 1 份 $1\ g \cdot L^{-1}$ 百里酚酞酒精溶液	9.9	无	紫	pH 9.6 玫瑰色

4-7　酸碱滴定法的基本原理

4-7-1　强碱滴定强酸

1. 滴定曲线方程

酸碱滴定曲线是滴定过程中的被滴定剂的 pH 随着滴定剂体积 V 的增加而变化的曲线，即 pH-V 曲线。也可以将曲线的横坐标 V 转化为更一般的滴定分数 ϕ，这里 ϕ 为某一时刻滴定剂的物质的量与被滴定剂的物质的量之比，即

$$\phi=\frac{cV}{c_0V_0} \tag{4-22}$$

式中，c 和 c_0 分别为滴定剂和被滴定剂的浓度（$mol \cdot L^{-1}$）；V_0 为被滴定剂的体积（mL）。ϕ 比 V 能更好地反映滴定的实际进程。例如，在强碱滴定强酸时，不论体积 V 是多少，$\phi=1$ 总为滴定的化学计量点，故 pH-ϕ 曲线也称为滴定曲线。而反映 $[H^+]$ 与 ϕ 之间关系的数学表达式则被称为酸碱滴定的滴定曲线方程。

设以浓度为 c 的 NaOH 溶液滴定浓度为 c_0 的、体积为 V_0(mL) 的 HCl 溶液，在滴定的某一时刻，NaOH 溶液滴加的体积为 V，此时的 $[H^+]$ 与 ϕ 的关系式即为该体系的滴定曲线方程。

此刻体系有

MBE：
$$[Na^+]=\frac{cV}{V+V_0},\quad [Cl^-]=\frac{c_0V_0}{V+V_0}$$

CBE：
$$[H^+]+[Na^+]=[OH^-]+[Cl^-]$$

PBE：
$$[H^+]+\frac{cV}{V+V_0}=[OH^-]+\frac{c_0V_0}{V+V_0}$$

由 PBE 可以推导出

$$\frac{V}{V_0}=\frac{c_0-[H^+]+[OH^-]}{c+[H^+]-[OH^-]}$$

于是

$$\phi=\frac{cV}{c_0V_0}=\frac{c(c_0-[H^+]+[OH^-])}{c_0(c+[H^+]-[OH^-])} \tag{4-23a}$$

整理后得

$$(c_0\phi+c)[H^+]^2+c_0c(\phi-1)[H^+]-(c_0\phi+c)K_w=0 \tag{4-23b}$$

式(4-23a)和式(4-23b)都可以认为是强碱滴定强酸的滴定曲线方程。每加入一定体积的 NaOH 溶液(V)，就可以计算出相应的滴定分数 ϕ。由于 NaOH 溶液的浓度 c 和 HCl 溶液的浓度 c_0 以及 K_w 均为已知值，通过解上述式(4-23b)关于 $[H^+]$ 的一元二次方程，就可以求得 $[H^+]$ 及相应的 pH。由此可以获得 pH-ϕ 滴定曲线。

例如，以 0.100 0 $mol \cdot L^{-1}$ NaOH 溶液滴定 20.00 mL 0.100 0 $mol \cdot L^{-1}$ HCl 溶液时，在 $\phi=0\sim2$ 的范围内求解式(4-23b)，所得部分数据列于表 4-6，绘出的滴定曲线如图 4-6 所示。

表 4-6 0.100 0 mol · L^{-1} NaOH 溶液滴定 20.00 mL 0.100 0 mol · L^{-1} HCl 溶液时被滴定剂的 pH 变化

加入 NaOH 溶液体积 V/mL	滴定分数(ϕ)	$[H^+]$/(mol · L^{-1})	$[OH^-]$/(mol · L^{-1})	被滴定剂 pH	
0.00	0.000	1.00×10^{-1}		1.00	
18.00	0.900	5.26×10^{-3}		2.30	
19.80	0.990	5.02×10^{-4}		3.30	
19.96	0.998	1.00×10^{-4}		4.00	
19.98	0.999	5.00×10^{-5}		4.30	突跃范围
20.00	1.000	1.00×10^{-7}		7.00	
20.02	1.001		5.00×10^{-5}	9.70	
20.04	1.002		1.00×10^{-4}	10.00	
20.20	1.010		4.98×10^{-4}	10.70	
22.00	1.100		4.76×10^{-3}	11.68	
40.00	2.000		3.33×10^{-2}	12.52	

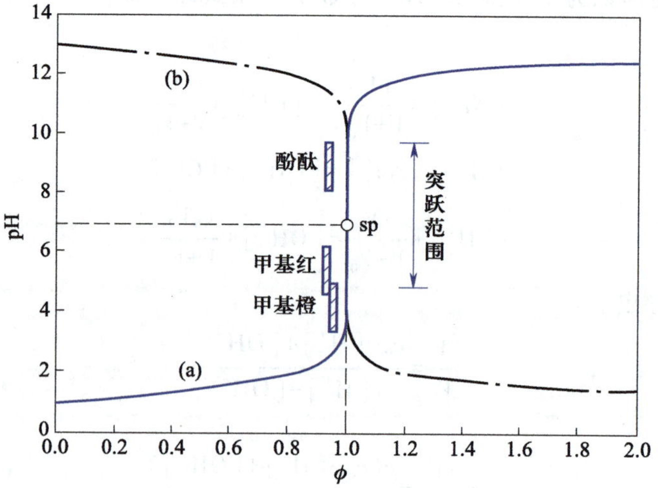

(a) 0.100 0 mol · L^{-1} NaOH 溶液滴定 0.100 0 mol · L^{-1} HCl 溶液(实线);
(b) 0.100 0 mol · L^{-1} HCl 溶液滴定 0.100 0 mol · L^{-1} NaOH 溶液(虚线)

图 4-6 NaOH 与 HCl 互相滴定时的滴定曲线

2. 近似计算滴定曲线

由于滴定曲线上的每一个点代表一个处于平衡状态的酸碱体系,可以采用近似计算的方法逐点计算出每点的$[H^+]$及相应的 pH。仍以上述 0.100 0 mol · L^{-1} NaOH 溶液滴定 20.00 mL 0.100 0 mol · L^{-1} HCl 溶液的体系为例,可将整个滴定过程分为 3 个阶段。

(1) 化学计量点前 在这一阶段,由于溶液中还有剩余的 HCl,体系相当于静态的 HCl 体系，只是在滴定过程中其净浓度有所不同。

例如，滴定前，$V=0$ mL，$\phi=0$，此时体系就是 $c_{HCl}=0.100\ 0\ mol\cdot L^{-1}$的 HCl 溶液。由于 c_{HCl}较大，可采用计算强酸体系$[H^+]$的最简式来求得体系的 pH，即

$$[H^+]=0.100\ 0\ mol\cdot L^{-1},\quad pH=1.00$$

又如，当滴定到 $V=19.98$ mL，即 $\phi=0.999$ 时，体系仍相当于 HCl 溶液，但其净浓度为

$$c_{HCl}=\frac{0.100\ 0\times20.00-0.100\ 0\times19.98}{20.00+19.98}\ mol\cdot L^{-1}=5.00\times10^{-5}\ mol\cdot L^{-1}$$

由于 $c_{HCl}>10^{-6}\ mol\cdot L^{-1}$，可用最简式，则

$$[H^+]=5.00\times10^{-5}\ mol\cdot L^{-1},\quad pH=4.30$$

按照类似的方法可以计算出化学计量点前各点的 pH，部分结果列于表 4-6。

（2）化学计量点　此时 $V=20.00$ mL，$\phi=1.000$，被滴定剂 HCl 恰好完全与加入的滴定剂 NaOH 反应，溶液相当于 H_2O 体系，则

$$[H^+]=1.00\times10^{-7}\ mol\cdot L^{-1},\quad pH=7.00$$

（3）化学计量点后　在这一阶段，由于 NaOH 过量，体系相当于静态的 NaOH 体系，只是在滴定过程中其净浓度有所不同。

例如，当滴定到 $V=20.02$ mL，即 $\phi=1.001$ 时，体系相当于 NaOH 溶液，其净浓度为

$$c_{NaOH}=\frac{0.100\ 0\times20.02-0.100\ 0\times20.00}{20.00+20.02}\ mol\cdot L^{-1}=5.00\times10^{-5}\ mol\cdot L^{-1}$$

由于 $c_{NaOH}>10^{-6}\ mol\cdot L^{-1}$，可用最简式，则

$$[OH^-]=5.00\times10^{-5}\ mol\cdot L^{-1},\quad pOH=4.30,\quad pH=9.70$$

按照类似的方法可以计算出化学计量点后各点的 pH，部分结果列于表 4-6。

采用解滴定曲线方程和逐点近似计算的方法都可以计算并绘制出滴定曲线，但两种方法各有其优缺点。滴定曲线方程实质上就是求算$[H^+]$的精确式，因此具有普遍的适用性，不但适用于滴定过程的各个阶段，还适用于各种不同浓度的强酸与强碱，同时在任何极端的条件下（如极稀的浓度）也具有计算的准确性。由于该方法仅用一个数学表达式就描述了整个滴定过程的体系的$[H^+]$变化，因此特别适用于利用计算机进行计算。但该方法的缺点是，如果不采用计算机，逐点计算比较烦琐。而逐点近似计算滴定曲线则由于通常可采用最简式而相当简便，其物理意义也很明显，易于理解。虽然逐点近似计算的方法不具有普遍性，但由于其良好的实用性，在通常情况下是计算滴定曲线的主要方法。

3. 滴定曲线的特点

由图 4-6 可以看出，滴定曲线在化学计量点附近有一个明显的滴定突跃。所谓滴定突跃，就是化学计量点前后 0.1%相对误差时发生被滴定剂 pH 的突变。而突跃范围就是滴定突跃所包括的 pH 范围，或 ϕ 从 0.999 增加到 1.001 所引起的 pH 变化。以图 4-6 的体系为例，突跃范围为 pH 4.30~9.70，宽度为 5.4 个 pH 单位。

对于强碱滴定强酸，影响滴定突跃大小的因素是滴定剂和被滴定剂的浓度，浓度越大，突跃范围的宽度越大。例如，对于等浓度的 NaOH 溶液滴定 HCl 溶液，若浓度为 $0.010\ 0\ mol\cdot L^{-1}$，突跃范围为 pH 5.30~8.70，宽度 $\Delta pH=3.40$；若浓度为 $0.100\ mol\cdot L^{-1}$，突跃范围为 pH 4.30~9.70，$\Delta pH=5.40$；若浓度为 $1.00\ mol\cdot L^{-1}$，突跃范围为 pH 3.30~10.70，$\Delta pH=7.40$（图 4-7）。

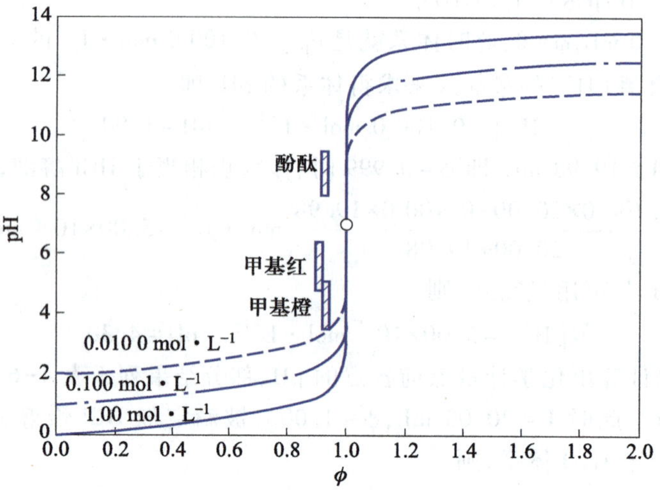

图 4-7 不同浓度的 NaOH 溶液滴定同浓度的 HCl 溶液的滴定曲线

即浓度增加一个数量级,滴定突跃扩大两个 pH 单位。

4. 指示剂的选择

根据滴定突跃范围和指示剂的变色点可以选择合适的指示剂。从理论上讲,指示剂的变色点应该正好等于滴定的化学计量点,但实际上往往很难做到二者完全一致。只要指示剂的变色点处于滴定突跃范围之内,就可以将滴定终点与化学计量点不一致所引起的终点误差控制在±0.1%之内,也就满足了一般对滴定误差的要求。例如,以 0.100 0 mol · L^{-1} NaOH 溶液滴定同浓度的 HCl 溶液,突跃范围为 pH 4.30~9.70,可选择甲基红(MR,实际变色点 pH 5.0)和酚酞(PP,实际变色点 pH 9.0)为指示剂。此时一般不宜采用甲基橙(MO,实际变色点 pH 4.0)为指示剂。但如果滴定到 MO 刚开始出现纯黄色(pH=4.4),滴定终点将进入突跃范围,采用 MO 也是可以的。而如果考虑空气中 CO_2 的影响,则采用 MO 比 PP 更为适宜,对此将在 4-9 节进行专门讨论。

强酸滴定强碱与强碱滴定强酸的基本原理完全相同,它们的滴定曲线方程也极为相似,只需将有关酸碱参数互换。在相同的浓度条件下,它们的滴定曲线关于 pH=7.0 的横线对称(图 4-6)。因此,只要理解和掌握了强碱滴定强酸的原理和规律,就能很容易地推广到强酸滴定强碱,故不再赘述。

4-7-2 强碱滴定一元弱酸

1. 滴定曲线方程

设以浓度为 c 的 NaOH 溶液滴定浓度为 c_0,体积为 V_0 的某弱酸 HB 溶液,HB 的解离常数为 K_a。在滴定的某一时刻,NaOH 溶液滴加的体积为 V,滴定分数为 ϕ。推导该体系的$[H^+]$与 ϕ 的关系式,即滴定曲线方程。

此时体系有

MBE: $$[Na^+]=\frac{cV}{V+V_0},\quad [HB]+[B^-]=\frac{c_0V_0}{V+V_0}$$

CBE: $$[H^+]+[Na^+]=[OH^-]+[B^-]$$

PBE: $$[H^+]+\frac{cV}{V+V_0}=[OH^-]+\frac{c_0V_0}{V+V_0}\delta_{B^-}$$

这里 B^- 的分布分数为

$$\delta_{B^-}=\frac{K_a}{[H^+]+K_a}$$

于是

$$\frac{V}{V_0}=\frac{c_0\delta_{B^-}-[H^+]+[OH^-]}{c+[H^+]-[OH^-]}$$

$$\phi=\frac{cV}{c_0V_0}=\frac{c(c_0\delta_{B^-}-[H^+]+[OH^-])}{c_0(c+[H^+]-[OH^-])} \qquad (4-24a)$$

式(4-24a)整理展开后可得一个有关$[H^+]$的一元三次方程,这里简化表示为

$$f([H^+],\ \phi)=0 \qquad (4-24b)$$

式(4-24a)与式(4-24b)都可认为是强碱滴定一元弱酸的滴定曲线方程。由于这里 c_0,c,K_a 和 K_w 都是已知值,则给定一个 ϕ 值,就可通过解方程式(4-24b)求得一个$[H^+]$,并求得相应的 pH。由此逐点计算,可以获得 pH-ϕ 滴定曲线。该滴定曲线方程实质上是求解$[H^+]$的精确式,它虽然具有普遍适用的优点,但由于需要解一元三次方程,比较烦琐,因而更适用于利用计算机进行计算。在通常情况下,更常用的是采用近似计算的方法来计算滴定曲线。

2. 近似计算滴定曲线

以 0.100 0 mol·L^{-1} NaOH 溶液滴定 20.00 mL 0.100 0 mol·L^{-1} HAc 溶液的体系为例,可将整个滴定过程分为 4 个阶段。这里 HAc 的 $pK_a=4.76$。

(1) 滴定前 此时 $V=0$ mL,$\phi=0$,体系为 $c_{HAc}=c_0=0.100\ 0$ mol·L^{-1}的 HAc 体系。

由于 $c_{HAc}K_a>10^{-12}$,$c_{HAc}/K_a>10^2$,可用最简式,即

$$[H^+]=\sqrt{c_{HAc}K_a}=\sqrt{0.100\ 0\times10^{-4.76}}\ \text{mol}\cdot\text{L}^{-1}=10^{-2.88}\ \text{mol}\cdot\text{L}^{-1}$$

$$pH=2.88$$

(2) 滴定开始到化学计量点前 此时被滴定剂中的部分 HAc 已经被 NaOH 滴定,转化为 Ac^-,但溶液中仍有剩余的 HAc 未被滴定,故构成 HAc-Ac^-缓冲体系。

例如,当加入的 NaOH 溶液体积 $V=10.00$ mL,即 $\phi=0.500$ 时,溶液中剩余 HAc 溶液的浓度为

$$c_{HAc}=\frac{c_0V_0-cV}{V_0+V}=\frac{0.100\ 0\times(20.00-10.00)}{20.00+10.00}\ \text{mol}\cdot\text{L}^{-1}=0.033\ 3\ \text{mol}\cdot\text{L}^{-1}$$

已被转化的 Ac^-的浓度为

$$c_{Ac^-}=\frac{cV}{V_0+V}=\frac{0.100\ 0\times10.00}{20.00+10.00}\ \text{mol}\cdot\text{L}^{-1}=0.033\ 3\ \text{mol}\cdot\text{L}^{-1}$$

按照缓冲溶液体系计算$[H^+]$的最简式,则

$$[H^+]=K_a\frac{c_{HAc}}{c_{Ac^-}}=K_a=10^{-4.76}\ \text{mol}\cdot\text{L}^{-1}$$

$$pH=4.76$$

经检验，证实使用最简式是可行的。

又如，当 $V=19.98\ mL$，$\phi=0.999$，则

$$c_{HAc}=\frac{0.1000\times(20.00-19.98)}{20.00+19.98}\ mol\cdot L^{-1}=5.00\times10^{-5}\ mol\cdot L^{-1}$$

$$c_{Ac^-}=\frac{0.1000\times19.98}{20.00+19.98}\ mol\cdot L^{-1}=0.04997\ mol\cdot L^{-1}$$

$$[H^+]=10^{-4.76}\times\frac{5.00\times10^{-5}}{0.04997}\ mol\cdot L^{-1}=1.74\times10^{-8}\ mol\cdot L^{-1}$$

$$pH=7.76$$

这里 c_{HAc}（$10^{-4.30}\ mol\cdot L^{-1}$）几乎是$[OH^-]$（$10^{-6.24}\ mol\cdot L^{-1}$）的 100 倍，故使用最简式也是基本可行的。

滴定开始到化学计量点前其他各点的$[H^+]$的计算也可按照相同的方法处理，部分结果列于表 4-7。

（3）化学计量点　此时 $V=20.00\ mL$，$\phi=1.000$，被滴定剂中全部 HAc 均恰好被 NaOH 所滴定，并转化为 Ac^-，故为 Ac^-体系，其 $pK_b=14.00-pK_a=9.24$，其浓度为

$$c_{Ac^-}=\frac{0.1000\times20.00}{20.00+20.00}\ mol\cdot L^{-1}=0.0500\ mol\cdot L^{-1}$$

由于 $c_{Ac^-}K_b>10^{-12}$，$c_{Ac^-}/K_b>10^2$，可使用最简式，则

$$[OH^-]=\sqrt{c_{Ac^-}K_b}=\sqrt{0.0500\times10^{-9.24}}\ mol\cdot L^{-1}=5.36\times10^{-6}\ mol\cdot L^{-1}$$

$$pOH=5.27,\quad pH=8.73$$

（4）化学计量点后　此时体系相当于过量的 NaOH 与 NaAc 的混合溶液。由于体系的$[OH^-]$通常主要由过量的 NaOH 所贡献，所以该体系可近似为单纯的 NaOH 溶液，可按照 NaOH 体系计算$[OH^-]$的最简式来计算 pH。

例如，当所加入的 NaOH 溶液体积 $V=20.02\ mL$ 时，$\phi=1.001$。此时过量的 NaOH 溶液的浓度为

$$c_{NaOH}=\frac{0.1000\times(20.02-20.00)}{20.00+20.02}\ mol\cdot L^{-1}=5.00\times10^{-5}\ mol\cdot L^{-1}$$

$$pOH=4.30,\quad pH=9.70$$

又如，当 $V=40.00\ mL$，$\phi=2.000$ 时，过量的 NaOH 溶液的浓度为

$$c_{NaOH}=\frac{0.1000\times(40.00-20.00)}{20.00+40.00}\ mol\cdot L^{-1}=0.03333\ mol\cdot L^{-1}$$

$$pOH=1.48,\quad pH=12.52$$

化学计量点后其他各点的$[OH^-]$及相应的 pH 的计算也可按照相同的方法处理，部分结果列于表 4-7。

表 4-7 0.100 0 mol · L^{-1} NaOH 溶液滴定 20.00 mL 0.100 0 mol · L^{-1} HAc 溶液时被滴定剂的 pH 变化

加入 NaOH 溶液体积 V/mL	滴定分数(ϕ)	达到平衡时体系的组成	计算公式	被滴定剂 pH	
0.00	0.000	一元弱酸 HAc	$[H^+]=\sqrt{c_{HAc}K_a}$	2.88	
10.00	0.500	HAc/Ac^-缓冲溶液	$[H^+]=K_a\dfrac{[HAc]}{[Ac^-]}$	4.76	
18.00	0.900			5.71	
19.80	0.990			6.75	
19.96	0.998			7.46	
19.98	0.999			7.76	突跃范围
20.00	1.000	一元弱碱 Ac^-	$[OH^-]=\sqrt{c_{Ac^-}K_b}$	8.73	
20.02	1.001	NaOH + NaAc 混合碱	$[OH^-]=c_{NaOH}$	9.70	
20.04	1.002			10.00	
20.20	1.010			10.70	
22.00	1.100			11.68	
40.00	2.000			12.52	

根据表 4-7 的数据,可绘制出 0.100 0 mol · L^{-1} NaOH 溶液滴定同浓度的 HAc 溶液的滴定曲线,如图 4-8。

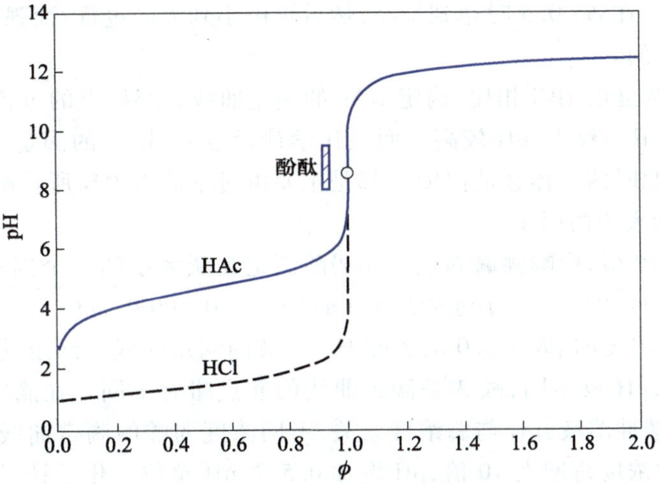

图 4-8 0.100 0 mol · L^{-1} NaOH 溶液分别滴定同浓度的 HAc 溶液和 HCl 溶液的滴定曲线

3. 滴定曲线的特点

从表 4-7 和图 4-8 可以看到,强碱滴定一元弱酸的滴定曲线在化学计量点附近也有一个明显的滴定突跃。但与滴定同浓度的 HCl 溶液相比,其突跃范围的宽度比较小,从 pH 7.76 到 9.70,仅有 1.94 个 pH 单位。之所以如此,可以从滴定反应的平衡常数 K_t 值的大小来理解。

强碱滴定强酸的滴定反应为

$$H^{+}+OH^{-} \rightleftharpoons H_2O$$

其平衡常数为

$$K_t=\frac{1}{[H^{+}][OH^{-}]}=\frac{1}{K_w}$$

而强碱滴定一元弱酸的滴定反应为

$$HB+OH^{-} \rightleftharpoons B^{-}+H_2O$$

其平衡常数为

$$K_t=\frac{[B^{-}]}{[HB][OH^{-}]}=\frac{[B^{-}][H^{+}]}{[HB]}\ \frac{1}{[H^{+}][OH^{-}]}=\frac{K_a}{K_w}$$

K_t越大，表明滴定反应越完全，则滴定突跃也越大。由于弱酸的 K_a 值总小于1，即总有

$$\frac{K_a}{K_w}<\frac{1}{K_w}$$

故强碱滴定弱酸的滴定突跃总比强碱滴定强酸的要小。

与滴定强酸不同，滴定弱酸的化学计量点和突跃范围都处在碱性范围内，如上述 NaOH 滴定 HAc 体系的化学计量点 $pH_{sp}=8.73$，滴定突跃为 pH 7.76～9.70。故应选择在碱性范围内变色的指示剂，如 PP。

弱酸的滴定曲线存在一个缓冲区，即在滴定开始到化学计量点前，体系实际上为共轭酸碱对 HAc/Ac^{-}组成的缓冲溶液。当 $\phi=0.5$，即滴定到一半时，缓冲组分比等于1，缓冲容量达到最大，体系 pH 的变化率最小。即滴定曲线在化学计量点前虽然整体上是逐渐上升的，但其上升的速率表现出先由大到小，在 $\phi=0.5$ 时达到最小，然后再由小到大的过程，而强酸的滴定曲线在化学计量点前是单调上升的。

另外，与滴定同浓度的 HCl 相比，滴定 HAc 的滴定曲线其起始点的位置较高，这是由于弱酸只有部分解离，因此$[H^{+}]$较小，pH 较高。而在化学计量点后，HAc 的滴定曲线与 HCl 的滴定曲线相重合，这是由于此时两个体系的$[OH^{-}]$都是主要由过量的 NaOH 所贡献的。

4. 影响滴定突跃大小的因素

和强碱滴定强酸类似，影响强碱滴定一元弱酸滴定突跃大小的一个因素是滴定剂和被滴定剂的浓度。图 4-9 是以初始浓度分别为 1.000 $mol\cdot L^{-1}$，0.100 0 $mol\cdot L^{-1}$和 0.010 00 $mol\cdot L^{-1}$的 NaOH 溶液滴定等浓度的 $pK_a=5.0$ 的弱酸 HB 溶液的滴定曲线。滴定前，体系均为一元弱酸溶液，因其浓度不同，pH 也不同，故 3 条滴定曲线的起点略有不同。在滴定开始到化学计量点前，由于体系都属于缓冲溶液，pH 与总浓度无关，不同浓度弱酸的滴定曲线基本合为一条曲线。化学计量点时，HB 的浓度每增大 10 倍，pH 增加 0.5 个 pH 单位。化学计量点后，体系属于强碱溶液，此时与强酸的滴定相似，浓度每增大 10 倍，滴定突跃增加 1 个 pH 单位。可见，浓度越大，突跃范围的宽度就越大。

影响强碱滴定一元弱酸滴定突跃大小的另一个因素是弱酸的解离常数 K_a。由于滴定反应的平衡常数 $K_t=K_a/K_w$，则 K_a 值越大，K_t值也越大，表明滴定反应越完全，突跃范围的宽度也越大。如图 4-10 所示，用 0.100 0 $mol\cdot L^{-1}$ NaOH 溶液滴定同浓度、不同 pK_a 的弱酸，则 pK_a 越小，表明弱酸的强度越大，其突跃范围的宽度就越大。

5. 直接准确滴定的条件

当以 NaOH 溶液滴定一元弱酸时，如弱酸的浓度和 K_a 值比较小，其滴定突跃就会比较小。实验表明，如果浓度和 K_a 值小到一定程度，滴定突跃就会非常小，以致终点时指示剂的颜色突变很难被观察到或被正确判断，也就无法进行准确滴定。而从理论上讲，滴定突跃小导致无法准确滴定的根本原因是存在着终点观测误差，而不是终点误差。如果所选指示剂的变色点与化学计量点完全一致，则终点误差为零。但由于人眼辨别颜色能力的局限性，在判断指示剂的颜色变化时总存在着一定程度的不确定性。通常认为这种不确定性最大不超过±0.2 或±0.3 个 pH 单位。所以，即使指示剂的变色点与化学计量点完全一致，终点颜色判断的不确定性，也会使实际滴定终点偏离化学计量点，从而造成误差，这就是终点观测误差。终点观测误差属于随机误差，而终点误差属于系统误差。正是因为终点观测误差的存在，所以要求滴定突跃足够大，才能控制其所引起的相对误差在±0.1%之内。

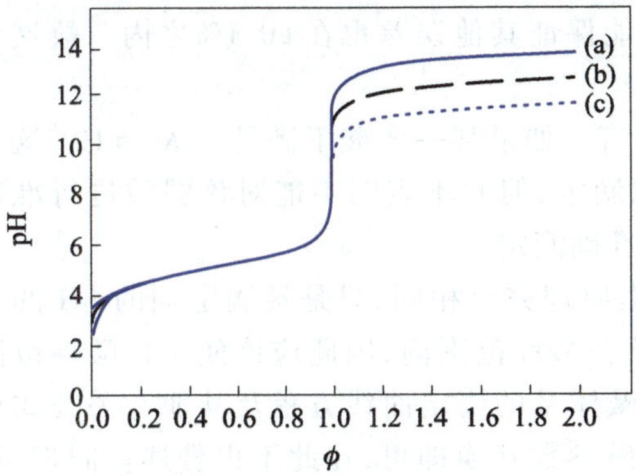

NaOH 和 HB 的起始浓度分别为

(a) 1.000 mol · L^{-1}；(b) 0.100 0 mol · L^{-1}；

(c) 0.010 00 mol · L^{-1}

图 4-9　NaOH 溶液滴定等浓度的 pK_a = 5.0 的弱酸 HB 溶液的滴定曲线

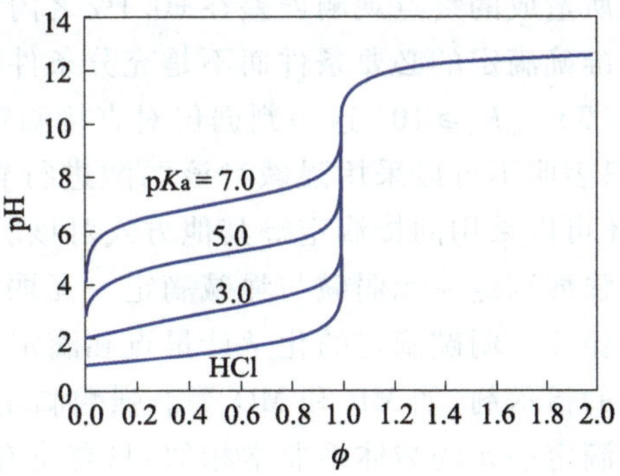

图 4-10　0.100 0 mol · L^{-1} NaOH 溶液滴定同浓度不同 pK_a 的弱酸 HB 溶液和 HCl 溶液的滴定曲线

表 4-8 为在不同 c_{sp} 和 pK_a 条件下，强碱滴定一元弱酸的滴定突跃范围及宽度。从表中可见，当乘积 $c_{sp}K_a$ 为一定值时，突跃宽度 ΔpH 也为定值，且乘积 $c_{sp}K_a$ 越小，突跃宽度 ΔpH 也越小。若终点判断的不确定性为±0.2 个 pH 单位，则要求滴定突跃至少有 0.4 个 pH 单位的宽度。从表 4-8 可以看到，此时必须满足

$$c_{sp}K_a \geqslant 10^{-8} \tag{4-25}$$

这就是强碱有可能直接准确滴定一元弱酸的判据和条件。

应该指出的是：

(1) $c_{sp}K_a \geqslant 10^{-8}$这一判据是相对的，而不是绝对的。该判据是相对于允许误差为±0.1%，终点判断的不确定性最大为±0.2 个 pH 单位这样的前提条件的。如果前提条件不同，该判据也会有所不同，但基本原理是相同的。

(2) $c_{sp}K_a \geqslant 10^{-8}$这一判据仅表明准确滴定的可能性，并不必然保证能够准确滴定。因为该判据的前提是，假设滴定终点与化学计量点完全一致，因而终点误差为零。而实际上指示剂的变色点与化学计量点很可能并不一致。满足 $c_{sp}K_a \geqslant 10^{-8}$这一判据只能保证由终点颜色观察的不确

表 4-8 在不同 c_{sp} 和 pK_a 条件下，强碱滴定一元弱酸的滴定突跃范围(pH)及宽度(ΔpH)

$c_{sp}/(mol\cdot L^{-1})$		1.0		0.1		0.01	
		突跃范围	ΔpH	突跃范围	ΔpH	突跃范围	ΔpH
pK_a	3	6.00~11.00	5.00	6.00~10.00	4.00	6.04~9.00	2.96
	4	7.00~11.00	4.00	7.00~10.00	3.00	7.00~9.00	2.00
	5	8.00~11.00	3.00	8.00~10.00	2.00	7.69~9.04	1.08
	6	9.00~11.00	2.00	9.00~10.04	1.08	8.79~9.21	0.42
	7	9.96~11.04	1.08	9.79~10.21	0.42	9.43~9.57	0.14
	8	10.79~11.21	0.42	10.43~10.57	0.14	9.98~10.02	0.04
	9	11.43~11.57	0.14	10.98~11.02	0.04	10.49~10.50	0.01

定性所造成的终点观测误差在±0.1%之内，但并不能保证其他误差也在±0.1%之内。故这一判据是准确滴定的必要条件而不是充分条件。

(3) $c_{sp}K_a\geqslant10^{-8}$这一判据仅对直接滴定方式而言。如果某一弱酸不满足 $c_{sp}K_a\geqslant10^{-8}$这一条件，只表明不可以采用强碱对该弱酸进行直接准确滴定，但并不表明不能对该弱酸进行准确滴定，还可以采用间接滴定等其他方式对该弱酸进行准确滴定。

强酸滴定一元弱碱与强碱滴定一元弱酸的基本原理完全相同，只是被滴定剂的 pH 的变化方向相反。弱碱滴定的化学计量点和滴定突跃均落在酸性范围内，因此应该使用在酸性范围内变色的指示剂，如 MR 和 MO 等。强酸滴定一元弱碱体系的滴定曲线方程及其他有关公式也与强碱滴定一元弱酸体系非常相似，只需将有关的酸碱参数互换即可，在此不再赘述。同理，强酸直接准确滴定一元弱碱的判据为

$$c_{sp}K_b\geqslant10^{-8} \tag{4-26}$$

这里的 c_{sp} 为弱碱在化学计量点时的浓度。

4-7-3 强碱滴定多元酸

1. 滴定曲线方程

以强碱滴定二元酸为例，设以浓度为 c 的 NaOH 溶液滴定浓度为 c_0，体积为 V_0 的 H_2B 溶液，H_2B 的两级解离常数分别为 K_{a_1} 和 K_{a_2}。在滴定的某一时刻，NaOH 溶液滴加的体积为 V，滴定分数为 ϕ。推导该体系的$[H^+]$与 ϕ 的关系式，即滴定曲线方程。

此时体系有

MBE：
$$[Na^+]=\frac{cV}{V+V_0},\quad [H_2B]+[HB^-]+[B^{2-}]=\frac{c_0V_0}{V+V_0}$$

CBE：
$$[H^+]+[Na^+]=[OH^-]+[HB^-]+2[B^{2-}]$$

则
$$[H^+]+\frac{cV}{V+V_0}=[OH^-]+\frac{c_0V_0}{V+V_0}\delta_{HB^-}+2\,\frac{c_0V_0}{V+V_0}\delta_{B^{2-}}$$

这里 HB^- 和 B^{2-} 的分布分数分别为

$$\delta_{HB^-}=\frac{K_{a_1}[H^+]}{[H^+]^2+K_{a_1}[H^+]+K_{a_1}K_{a_2}}$$

$$\delta_{B^{2-}}=\frac{K_{a_1}K_{a_2}}{[H^+]^2+K_{a_1}[H^+]+K_{a_1}K_{a_2}}$$

于是

$$\frac{V}{V_0}=\frac{c_0\delta_{HB^-}+2c_0\delta_{B^{2-}}-[H^+]+[OH^-]}{c+[H^+]-[OH^-]}$$

$$\phi=\frac{cV}{c_0V_0}=\frac{c(c_0\delta_{HB^-}+2c_0\delta_{B^{2-}}-[H^+]+[OH^-])}{c_0(c+[H^+]-[OH^-])} \tag{4-27a}$$

将式(4-27a)中的各项都表示为$[H^+]$的函数，整理展开后可得一个有关$[H^+]$的一元四次方程，这里简化表示为

$$f([H^+],\phi)=0 \tag{4-27b}$$

式(4-27a)与式(4-27b)都可以认为是强碱滴定二元酸的滴定曲线方程。由于这里c_0，c，K_{a_1}，K_{a_2}和K_w都是已知值，则给定一个ϕ值，就可通过解方程式(4-27b)求得一个$[H^+]$，并求得相应的pH。由此逐点计算，可以获得pH-ϕ滴定曲线。该滴定曲线方程实质上是求解$[H^+]$的精确式，它虽然具有普遍适用的优点，但由于需要解一元四次方程，因而更适用于利用计算机进行计算。

强碱滴定三元酸等多元酸的滴定曲线方程，其推导也遵循同样的思路，不再赘述。

2. 化学计量点的近似计算

多元酸的滴定比一元弱酸的滴定要复杂得多，主要是当多元酸相邻的两级解离常数K_a相差不大时，前一级的H^+尚未被完全滴定，后一级的H^+就已经开始被滴定，因此近似计算往往不准确，与采用滴定曲线方程的方法相比误差较大。因此这里仅讨论多元酸滴定中化学计量点pH的近似计算。

以0.100 0 mol·L^{-1} NaOH溶液滴定0.100 0 mol·L^{-1} 20.00 mL H_3PO_4溶液为例。H_3PO_4的pK_{a_1}~pK_{a_3}分别为2.12，7.20和12.36。

(1) 第一化学计量点sp_1　此时所滴入的NaOH溶液体积为

$$V_{NaOH}=\frac{0.100\,0\ mol\cdot L^{-1}\times 20.00\ mL}{0.100\,0\ mol\cdot L^{-1}}=20.00\ mL$$

滴定分数为

$$\phi_{sp_1}=\frac{(cV)_{NaOH}}{(c_0V_0)_{H_3PO_4}}=1$$

此时体系相当于$H_2PO_4^-$为酸碱两性物质，其浓度为

$$c_{H_2PO_4^-}=\frac{0.100\,0\ mol\cdot L^{-1}\times 20.00\ mL}{(20.00+20.00)\ mL}=0.050\,0\ mol\cdot L^{-1}=10^{-1.30}\ mol\cdot L^{-1}$$

由于$cK_{a_2}=10^{-8.5}>10^{-12}$，$c/K_{a_1}=10^{0.82}<10^2$，可采用两性物质体系的近似式(3)，即式(4-10c)，则

$$[H^+]=\sqrt{\frac{cK_{a_1}K_{a_2}}{c+K_{a_1}}}=\sqrt{\frac{10^{-1.30-2.12-7.20}}{10^{-1.30}+10^{-2.12}}}\ mol\cdot L^{-1}=10^{-4.69}\ mol\cdot L^{-1}$$

$$pH_{sp_1}=4.69$$

(2) 第二化学计量点sp_2　此时所滴入的NaOH溶液体积为

$$V_{NaOH}=\frac{2\times0.100\,0\ mol\cdot L^{-1}\times20.00\ mL}{0.100\,0\ mol\cdot L^{-1}}=40.00\ mL$$

$$\phi_{sp_2}=\frac{(cV)_{NaOH}}{(c_0V_0)_{H_3PO_4}}=2$$

此时体系相当于 HPO_4^{2-} 为酸碱两性物质，其浓度为

$$c_{HPO_4^{2-}}=\frac{0.100\,0\ mol\cdot L^{-1}\times20.00\ mL}{(20.00+40.00)\ mL}=0.033\,3\ mol\cdot L^{-1}=10^{-1.48}\ mol\cdot L^{-1}$$

由于 $cK_{a_3}=10^{-13.84}<10^{-12}$，$c/K_{a_2}=10^{5.72}>10^2$，可采用两性物质体系的近似式(2)，即式(4-10b)，则

$$[H^+]=\sqrt{\frac{K_{a_2}(cK_{a_3}+K_w)}{c}}=\sqrt{\frac{10^{-7.20}\times(10^{-13.84}+10^{-14.00})}{10^{-1.48}}}\ mol\cdot L^{-1}=10^{-9.67}\ mol\cdot L^{-1}$$

$$pH_{sp_2}=9.67$$

(3) 第三化学计量点 sp_3　此时所滴入的 NaOH 溶液体积为

$$V_{NaOH}=\frac{0.100\,0\ mol\cdot L^{-1}\times20.00\ mL\times3}{0.100\,0\ mol\cdot L^{-1}}=60.00\ mL$$

$$\phi_{sp_3}=\frac{(cV)_{NaOH}}{(c_0V_0)_{H_3PO_4}}=3$$

此时体系相当于 PO_4^{3-} 为三元碱，相应的 $pK_{b_1}\sim pK_{b_3}$ 分别为 1.64，6.80 和 11.88，其浓度为

$$c_{PO_4^{3-}}=\frac{0.100\,0\ mol\cdot L^{-1}\times20.00\ mL}{(20.00+60.00)\ mL}=0.025\,0\ mol\cdot L^{-1}=10^{-1.60}\ mol\cdot L^{-1}$$

通常三元碱的 $[OH^-]$ 计算可近似按二元碱来处理。又由于

$$K_{b_1}/K_{b_2}=10^{5.16}>10^2,\quad c/K_{b_2}=10^{5.20}>10^2$$

可进一步近似按一元弱碱处理。又

$$cK_{b_1}=10^{-3.24}>10^{-12},\quad c/K_{b_1}=10^{0.04}<10^2$$

可采用一元弱碱的近似式。或直接从 PBE 出发进行近似，即

$$[OH^-]=[H^+]+[HPO_4^{2-}]+2[H_2PO_4^-]+3[H_3PO_4]$$

$$\approx[HPO_4^{2-}]=c\delta_{HPO_4^{2-}}=\frac{cK_{b_1}}{[OH^-]+K_{b_1}}$$

有

$$[OH^-]^2+K_{b_1}[OH^-]-cK_{b_1}=0$$

$$[OH^-]=\frac{-K_{b_1}+\sqrt{K_{b_1}^2+4cK_{b_1}}}{2}=10^{-1.82}\ mol\cdot L^{-1}$$

$$pOH=1.82,\quad pH_{sp_3}=12.18$$

图 4-11 即为按照滴定曲线方程计算结果绘制的 0.100 0 $mol\cdot L^{-1}$ NaOH 溶液滴定同浓度 H_3PO_4 溶液的滴定曲线。从图中可以看到，H_3PO_4 的滴定有三个化学计量点，但只观察到两个滴定突跃，其第三化学计量点 sp_3 的突跃极小，显然无法准确滴定。

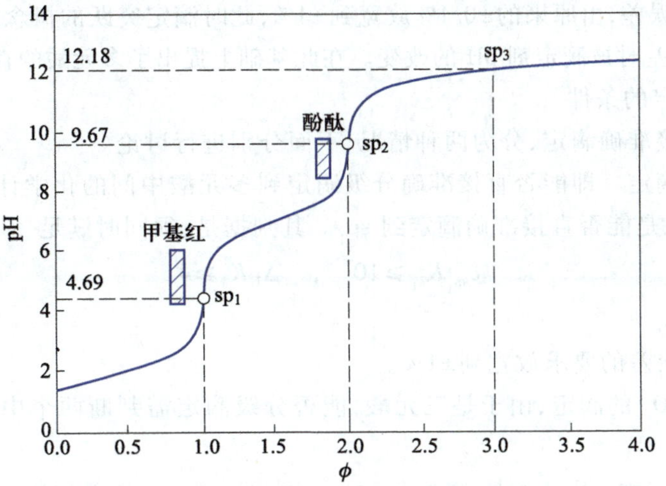

图 4-11 0.100 0 mol·L^{-1} NaOH 溶液滴定同浓度 H_3PO_4 溶液的滴定曲线

即使对于第一化学计量点 sp_1 和第二化学计量点 sp_2，其滴定突跃范围的宽度也比较小，见表 4-9。

表 4-9 0.100 0 mol·L^{-1} NaOH 溶液滴定 20.00 mL 0.100 0 mol·L^{-1} H_3PO_4 溶液时被滴定剂的 pH 变化

加入 NaOH 溶液体积 V/mL	滴定分数(ϕ)	被滴定剂 pH	加入 NaOH 溶液体积 V/mL	滴定分数(ϕ)	被滴定剂 pH
0.00	0.000	1.62	30.00	1.500	7.20
5.00	0.250	1.94	39.60	1.980	8.88
10.00	0.500	2.26	39.96	1.998	9.54 突跃范围
19.80	0.990	4.14	40.00	2.000	9.67
19.98	0.999	4.62 突跃范围	40.04	2.002	9.79
20.00	1.000	4.69	40.40	2.020	10.45
20.02	1.001	4.76	50.00	2.500	11.87
20.20	1.010	5.24	60.00	3.000	12.18

对于 sp_1，当 ϕ 由 0.999 变化到 1.001，滴定突跃范围为 pH 4.62~4.76，宽度 ΔpH=0.14。对于 sp_2，当 ϕ 由 1.998 变化到 2.002，滴定突跃范围为 pH 9.54~9.79，宽度 ΔpH=0.25。它们的 ΔpH 均小于 0.4 个 pH 单位。按照±0.1%的允许误差，是无法直接准确滴定的。

对于多元酸的滴定，这一情况具有普遍性。即由于多元酸可以分级给出多个 H^+，且相邻的两级 K_a 值又比较接近，因此在用强碱滴定到多元酸中间的化学计量点时，前后两级 H^+ 的滴定会互相影响，从而造成滴定突跃范围的宽度通常都要比一元弱酸的小，这就给直接准确滴定带来困难。

但在实际工作中，还是经常会用到多元酸的滴定，只是滴定的准确度较差。即在多元酸滴定中，通常要放宽允许误差，由原来的±0.1%放宽到±1%，此时滴定突跃的概念也重新定义为化学计量点前后1%相对误差时被滴定剂 pH 的改变。在此基础上提出了多元酸的直接准确滴定的条件。

3. 直接准确滴定的条件

多元酸能否直接准确滴定，分为两种情况，下面分别进行讨论。

（1）能否分级滴定　即能否直接准确分级滴定到多元酸中间的化学计量点。例如，对于二元酸 H_2B 的滴定，就是能否直接准确滴定到 sp_1。其判据是，须同时满足

$$c_{sp_1}K_{a_1}\geqslant 10^{-10},\quad \Delta pK_a\geqslant 4 \tag{4-28}$$

这里 $\Delta pK_a=pK_{a_2}-pK_{a_1}$。

此判据对允许误差的要求放宽到±1%。

例如，对于 H_3PO_4 的滴定，由于是三元酸，能否分级滴定需判断两个中间的化学计量点 sp_1 和 sp_2。

对于 sp_1，$c_{sp_1}K_{a_1}=10^{-3.42}\geqslant 10^{-10}$，$\Delta pK_{a_1}=pK_{a_2}-pK_{a_1}=5.08>4$，故有可能准确滴定至 sp_1。此时突跃范围为 pH 4.14～5.24，宽度 $\Delta pH=1.10$，大于 0.4 个 pH 单位。

对于 sp_2，$c_{sp_2}K_{a_2}=10^{-8.68}>10^{-10}$，$\Delta pK_{a_2}=pK_{a_3}-pK_{a_2}=5.16>4$，故有可能准确滴定至 sp_2。此时突跃范围为 pH 8.88～10.45，宽度 $\Delta pH=1.57$，也大于 0.4 个 pH 单位。

（2）能否滴定总量　即能否直接准确滴定多元酸所能给出的所有 H^+ 的总量，或能否准确滴定到多元酸的最后一个化学计量点。例如，对于二元酸 H_2B 的滴定，就是能否直接准确滴定到 sp_2。其判据为

$$c_{sp_2}K_{a_2}\geqslant 10^{-10}$$

此判据对允许误差的要求放宽到±1%。

例如，对于 H_3PO_4 的滴定，由于是三元酸，能否滴定总量就是指能否准确滴定到第三化学计量点 sp_3。

由于 $c_{sp_3}K_{a_3}=10^{-13.96}<10^{-10}$，故即使将允许误差放宽到±1%，也无法准确滴定 H_3PO_4 到 sp_3。

强酸滴定多元碱体系的处理思路及直接准确滴定的条件与多元酸滴定类似，不再赘述。

4-7-4　混合酸的滴定

混合酸的滴定不仅要考虑多种酸所给出的 H^+ 的互相影响，还要考虑多种酸的浓度比的影响，因此情况要比多元酸的滴定更为复杂。在此仅通过具体实例讨论几种比较简单的情况。

1. 两种弱酸的混合溶液（浓度比为 1）

例如，0.100 0 mol·L^{-1} NaOH 溶液滴定 0.100 0 mol·L^{-1} HAc 和 0.100 0 mol·L^{-1} NH_4^+ 的混合溶液，能否直接准确滴定？如能，化学计量点的 pH 为多少？选何种指示剂？HAc 的 $pK_a=4.76$，NH_4^+ 的 $pK_a=9.25$。

该体系有两个化学计量点。由于 HAc 的 K_a 值比 NH_4^+ 的 K_a 值要大，故 NaOH 先滴定混合溶液中的 HAc，再滴定 NH_4^+。

（1）能否分级滴定到 sp_1　判据为，须同时满足

$$c_{sp_1}K_a^{HAc}\geqslant 10^{-10}\quad 和\quad \Delta pK_a\geqslant 4（允许误差±1\%）$$

对于该体系有

$$c_{sp_1}K_a^{HAc}=10^{-6.06}>10^{-10},\quad \Delta pK_a=pK_a^{NH_4^+}-pK_a^{HAc}=4.49>4$$

故可以直接准确分级滴定到 sp_1。

（2）能否滴定总量到 sp_2 判据为

$$c_{sp_2}K_a^{NH_4^+}\geqslant 10^{-10}(\text{允许误差}\pm 1\%)$$

对于该体系有

$$c_{sp_2}K_a^{NH_4^+}=10^{-10.73}<10^{-10}$$

故不能直接准确滴定总量到 sp_2。

（3）由于只能准确滴定到 sp_1，故只计算第一化学计量点时的 pH_{sp_1}。

sp_1 时，体系相当于 NH_4Ac，为酸碱两性物质。

$$c_{sp_1}K_{a_2}=c_{sp_1}K_a^{NH_4^+}=10^{-10.55}>10^{-12}$$

$$c_{sp_1}/K_{a_1}=c_{sp_1}/K_a^{HAc}=10^{3.46}>10^2$$

故可用计算酸碱两性物质的[H^+]的最简式式(4-10d)，即

$$[H^+]=\sqrt{K_{a_1}K_{a_2}}=\sqrt{K_a^{HAc}K_a^{NH_4^+}}=10^{-7.00}\ mol\cdot L^{-1}$$

$$pH_{sp_1}=7.00$$

故可选择溴百里酚蓝(BTB)为指示剂，其变色范围为 pH 6.0(黄)～7.6(蓝)，$pK_{In}=7.30$。也可选择对硝基酚(p-NP)，其变色范围为 pH 5.6(无)～7.6(蓝)，$pK_{In}=7.15$。

2. 强酸与弱酸混合(浓度比为 1)

例如，0.100 0 mol·L^{-1} NaOH 溶液滴定 0.100 0 mol·L^{-1} HCl 和 0.100 0 mol·L^{-1} NH_4^+ 的混合溶液，能否直接准确滴定？如能，化学计量点的 pH 为多少？选何种指示剂？NH_4^+ 的 $pK_a=9.25$。

该体系有两个化学计量点。由于 HCl 是强酸，NH_4^+ 是弱酸，故 NaOH 先滴定混合溶液中的 HCl，再滴定 NH_4^+。

（1）能否分级滴定到 sp_1 判据为

$$c_{sp_1}/K_a\geqslant 10^6(\text{允许误差}\pm 0.1\%)$$

对于该体系有

$$c_{HCl}^{sp_1}/K_a^{NH_4^+}=10^{7.95}>10^6$$

故可以直接准确分级滴定到 sp_1。

（2）能否滴定总量到 sp_2 判据为

$$c_{sp_2}K_a\geqslant 10^{-8}(\text{允许误差}\pm 0.1\%)$$

对于该体系有

$$c_{NH_4^+}^{sp_2}K_a^{NH_4^+}=10^{-10.73}<10^{-8}$$

故不能准确滴定总量到 sp_2。事实上，即使允许误差放宽到±1%也不能准确滴定到 sp_2。

（3）由于只能准确滴定到 sp_1，故只计算第一化学计量点时的 pH_{sp_1}。

此时体系为 NH_4^+，是一元弱酸体系，其浓度为

$$c_{NH_4^+}=0.050\ 0\ mol\cdot L^{-1}=10^{-1.30}\ mol\cdot L^{-1}$$

由于

$$c_{NH_4^+}K_a^{NH_4^+}=10^{-10.55}>10^{-12},\quad c_{NH_4^+}/K_a^{NH_4^+}=10^{7.95}>10^2$$

故可采用一元弱酸体系的最简式，即

$$[H^+]=\sqrt{c_{NH_4^+}K_a^{NH_4^+}}=10^{-5.28}\ mol\cdot L^{-1}$$

$$pH_{sp_1}=5.28$$

可选择 MR 为指示剂，变色点为 pH 5.0。

4-8 终点误差

终点误差是由滴定终点与化学计量点不一致所引起的误差。在采用指示剂来指示滴定终点时，终点误差就是由于指示剂的变色点与化学计量点不一致所引起的误差。终点误差常表示为相对误差的形式，以 E_t为符号，其定义式为

$$E_t=\frac{n_{滴定剂}^{ep}-n_{滴定剂}^{sp}}{n_{滴定剂}^{sp}} \tag{4-29}$$

即在滴定终点(ep)时所加入的滴定剂的物质的量($n_{滴定剂}^{ep}$)与在化学计量点(sp)时应该加入的滴定剂的物质的量($n_{滴定剂}^{sp}$)之差所引起的相对误差。

4-8-1 强碱滴定强酸

以浓度为 c 的 NaOH 溶液滴定浓度为 c_0，体积为 V_0 的 HCl 溶液。设滴定终点时实际加入的 NaOH 溶液体积为 V_{ep}，化学计量点时应当加入的 NaOH 溶液体积为 V_{sp}，则终点误差为

$$E_t=\frac{cV_{ep}-cV_{sp}}{cV_{sp}}$$

若滴定过量，必有 $V_{ep}>V_{sp}$，此时 $E_t>0$；若滴定不足，必有 $V_{ep}<V_{sp}$，此时 $E_t<0$；若滴定恰好到化学计量点，有 $V_{ep}=V_{sp}$，于是 $E_t=0$。故可根据 E_t的符号来判断终点时滴定是过量还是不足。

化学计量点时有

$$\phi_{sp}=\frac{cV_{sp}}{c_0V_0}=1\quad cV_{sp}=c_0V_0$$

于是

$$E_t=\frac{cV_{ep}-c_0V_0}{c_0V_0} \tag{4-30}$$

滴定终点时有

MBE:

$$[Na^+]_{ep}=\frac{cV_{ep}}{V_0+V_{ep}},\quad [Cl^-]_{ep}=\frac{c_0V_0}{V_0+V_{ep}}$$

CBE:

$$[H^+]_{ep}+[Na^+]_{ep}=[OH^-]_{ep}+[Cl^-]_{ep}$$

则

$$[H^+]_{ep}+\frac{cV_{ep}}{V_0+V_{ep}}=[OH^-]_{ep}+\frac{c_0V_0}{V_0+V_{ep}}$$

于是

$$cV_{ep}-c_0V_0=(V_0+V_{ep})([OH^-]_{ep}-[H^+]_{ep})$$

代入式(4-30),则

$$E_t=\frac{(V_0+V_{ep})}{c_0V_0}([OH^-]_{ep}-[H^+]_{ep})$$

通常滴定终点与化学计量点很接近,可近似认为

$$(V_0+V_{ep})\approx(V_0+V_{sp})$$

故滴定终点时 HCl 溶液的浓度为

$$c_{HCl}^{ep}=\frac{c_0V_0}{V_0+V_{ep}}\approx\frac{c_0V_0}{V_0+V_{sp}}=c_{HCl}^{sp}$$

于是

$$E_t=\frac{[OH^-]_{ep}-[H^+]_{ep}}{c_{HCl}^{sp}} \tag{4-31}$$

式(4-31)即为强碱滴定强酸的终点误差公式。

例 4-17 以 0.100 0 $mol\cdot L^{-1}$ NaOH 溶液滴定 0.100 0 $mol\cdot L^{-1}$ HCl 溶液,用 MO 为指示剂。分别计算滴定到橙色(pH 4.0)和刚出现黄色(pH 4.4)时的终点误差。

解:(1) 滴定到 MO 为橙色,$pH_{ep}=4.0$,则

$$c_{HCl}^{sp}=\frac{c_0V_0}{V_{sp}+V_0}=\frac{c_0}{2}=0.050\ 0\ mol\cdot L^{-1}$$

$$E_t=\frac{[OH^-]_{ep}-[H^+]_{ep}}{c_{HCl}^{sp}}=\frac{10^{-10.0}\ mol\cdot L^{-1}-10^{-4.0}\ mol\cdot L^{-1}}{0.050\ 0\ mol\cdot L^{-1}}=-0.2\%$$

(2) 滴定到 MO 刚出现黄色,$pH_{ep}=4.4$,则

$$E_t=\frac{10^{-9.6}\ mol\cdot L^{-1}-10^{-4.4}\ mol\cdot L^{-1}}{0.050\ 0\ mol\cdot L^{-1}}=-0.08\%$$

由于该体系的化学计量点 $pH_{sp}=7.0$,而滴定又是由酸性向碱性方向变化,故无论是滴定到 pH 4.0 还是 pH 4.4,都达不到化学计量点,即滴定不足,终点误差为负值。

同理可推导出强酸滴定强碱的终点误差公式为

$$E_t=\frac{[H^+]_{ep}-[OH^-]_{ep}}{c_{NaOH}^{sp}}$$

例 4-18 用 0.400 0 $mol\cdot L^{-1}$ HCl 溶液滴定 20.00 mL 0.100 0 $mol\cdot L^{-1}$ NaOH 溶液,若分别以 PP 和 MO 为指示剂,求终点误差。

解:因滴定剂与被滴定剂的起始浓度不同,首先应求出化学计量点时 HCl 溶液加入的体积。

$$\phi_{sp}=\frac{c_{HCl}V_{HCl}^{sp}}{(c_0V_0)_{NaOH}}=1,\quad c_{HCl}V_{HCl}^{sp}=(c_0V_0)_{NaOH}$$

$$V_{HCl}^{sp}=\frac{(c_0V_0)_{NaOH}}{c_{HCl}}=\frac{0.100\ 0\ mol\cdot L^{-1}\times 20.00\ mL}{0.400\ 0\ mol\cdot L^{-1}}=5.00\ mL$$

故

$$c_{NaOH}^{sp}=\frac{(c_0V_0)_{NaOH}}{V_0^{NaOH}+V_{HCl}^{sp}}=0.080\ 0\ mol\cdot L^{-1}=10^{-1.10}\ mol\cdot L^{-1}$$

以 PP 为指示剂，$pH_{ep}=9.0$，则

$$E_t=\frac{10^{-9.0}\ \text{mol}\cdot\text{L}^{-1}-10^{-5.0}\ \text{mol}\cdot\text{L}^{-1}}{10^{-1.10}\ \text{mol}\cdot\text{L}^{-1}}=-10^{-3.9}=-0.01\%$$

以 MO 为指示剂，$pH_{ep}=4.0$，则

$$E_t=\frac{10^{-4.0}\ \text{mol}\cdot\text{L}^{-1}-10^{-10.0}\ \text{mol}\cdot\text{L}^{-1}}{10^{-1.10}\ \text{mol}\cdot\text{L}^{-1}}=10^{-2.9}=0.13\%$$

4-8-2　强碱滴定一元弱酸

以浓度为 c 的 NaOH 溶液滴定浓度为 c_0，体积为 V_0 的弱酸 HB 溶液，HB 的解离常数为 K_a。若滴定终点时实际加入的 NaOH 溶液体积为 V_{ep}，化学计量点时应当加入的 NaOH 溶液体积为 V_{sp}，根据终点误差的定义式，应有

$$E_t=\frac{cV_{ep}-cV_{sp}}{cV_{sp}}$$

化学计量点时，有

$$\phi_{sp}=\frac{cV_{sp}}{c_0V_0}=1,\quad cV_{sp}=c_0V_0$$

于是

$$E_t=\frac{cV_{ep}-c_0V_0}{c_0V_0}\tag{4-32}$$

滴定终点时有

MBE：
$$[Na^+]_{ep}=\frac{cV_{ep}}{V_0+V_{ep}},\quad [HB]_{ep}+[B^-]_{ep}=\frac{c_0V_0}{V_0+V_{ep}}$$

CBE：
$$[H^+]_{ep}+[Na^+]_{ep}=[OH^-]_{ep}+[B^-]_{ep}$$

由 MBE 和 CBE 可得

$$[H^+]_{ep}+\frac{cV_{ep}}{V_0+V_{ep}}=[OH^-]_{ep}+\frac{c_0V_0}{V_0+V_{ep}}-[HB]_{ep}$$

于是

$$cV_{ep}-c_0V_0=(V_0+V_{ep})([OH^-]_{ep}-[H^+]_{ep}-[HB]_{ep})$$

代入式(4-32)，则

$$E_t=\frac{(V_0+V_{ep})}{c_0V_0}([OH^-]_{ep}-[H^+]_{ep}-[HB]_{ep})$$

通常滴定终点与化学计量点很接近，可近似认为

$$(V_0+V_{ep})\approx(V_0+V_{sp})$$

$$c_{HB}^{ep}=\frac{c_0V_0}{V_0+V_{ep}}\approx\frac{c_0V_0}{V_0+V_{sp}}=c_{HB}^{sp}$$

故

$$E_t=\frac{[OH^-]_{ep}-[H^+]_{ep}}{c_{HB}^{sp}}-\delta_{HB}^{ep}\tag{4-33}$$

式(4-33)即为强碱滴定一元弱酸的终点误差公式。

例 4-19 0.100 0 mol · L^{-1} NaOH 溶液滴定 0.100 0 mol · L^{-1} HAc 溶液,以 PP 为指示剂,计算终点误差。HAc 的 $pK_a=4.76$。

解: $pH_{ep}=9.0$, $[H^+]=10^{-9.0}$ mol · L^{-1}。

$$c_{HAc}^{sp}=0.050\ 0\ \text{mol}\cdot\text{L}^{-1}$$

$$\delta_{HAc}^{ep}=\frac{[H^+]_{ep}}{[H^+]_{ep}+K_a}=10^{-4.24}$$

$$E_t=\frac{[OH^-]_{ep}-[H^+]_{ep}}{c_{HAc}^{sp}}-\delta_{HAc}^{ep}=\frac{10^{-5.0}\ \text{mol}\cdot\text{L}^{-1}-10^{-9.0}\ \text{mol}\cdot\text{L}^{-1}}{10^{-1.30}\ \text{mol}\cdot\text{L}^{-1}}-10^{-4.24}=0.014\%$$

该体系的 $pH_{sp}=8.73$,滴定过程中溶液是由酸性向碱性方向变化,故滴定到 $pH_{ep}=9.0$ 时滴定剂是过量的,E_t 值为正。另外,滴定终点在突跃范围 pH 7.76~9.70 之内,故终点误差应在 ±0.1%之内,也与计算结果一致。

同理可推导出强酸滴定一元弱碱 B 的终点误差公式为

$$E_t=\frac{[H^+]_{ep}-[OH^-]_{ep}}{c_B^{sp}}-\delta_B^{ep} \tag{4-34}$$

4-8-3 强碱滴定多元酸

以浓度为 c 的 NaOH 溶液滴定浓度为 c_0,体积为 V_0 的二元酸 H_2B 溶液为例,H_2B 的解离常数分别为 K_{a_1} 和 K_{a_2}。该滴定体系有两个化学计量点,下面分别讨论它们的终点误差。

1. 第一化学计量点 sp_1

滴定反应为

$$OH^-+H_2B = HB^-+H_2O$$

若滴定终点时实际加入的 NaOH 溶液体积为 V_{ep_1},化学计量点时应当加入的 NaOH 溶液体积为 V_{sp_1},根据终点误差的定义式,应有

$$E_{t_1}=\frac{cV_{ep_1}-cV_{sp_1}}{cV_{sp_1}}$$

$$\phi_{sp_1}=\frac{cV_{sp_1}}{c_0V_0}=1,\ cV_{sp_1}=c_0V_0$$

于是

$$E_{t_1}=\frac{cV_{ep_1}-c_0V_0}{c_0V_0} \tag{4-35}$$

第一滴定终点 ep_1 时的 MBE 为

$$[Na^+]_{ep_1}=\frac{cV_{ep_1}}{V_0+V_{ep_1}}$$

$$[H_2B]_{ep_1}+[HB^-]_{ep_1}+[B^{2-}]_{ep_1}=\frac{c_0V_0}{V_0+V_{ep_1}}$$

ep_1 时的 CBE 为

$$[H^+]_{ep_1}+[Na^+]_{ep_1}=[OH^-]_{ep_1}+[HB^-]_{ep_1}+2[B^{2-}]_{ep_1}$$

由 ep_1 时的 MBE 和 CBE,有

$$[H^+]_{ep_1}+\frac{cV_{ep_1}}{V_0+V_{ep_1}}=[OH^-]_{ep_1}+\frac{c_0V_0}{V_0+V_{ep_1}}+[B^{2-}]_{ep_1}-[H_2B]_{ep_1}$$

故

$$cV_{ep_1}-c_0V_0=(V_0+V_{ep_1})([OH^-]_{ep_1}-[H^+]_{ep_1}+[B^{2-}]_{ep_1}-[H_2B]_{ep_1})$$

代入式(4-35),则

$$E_{t_1}=\frac{(V_0+V_{ep_1})}{c_0V_0}([OH^-]_{ep_1}-[H^+]_{ep_1}+[B^{2-}]_{ep_1}-[H_2B]_{ep_1})$$

做近似处理:

$$c_{H_2B}^{ep_1}=\frac{c_0V_0}{V_0+V_{ep_1}}\approx\frac{c_0V_0}{V_0+V_{sp_1}}=c_{H_2B}^{sp_1}$$

可得

$$E_{t_1}=\frac{[OH^-]_{ep_1}-[H^+]_{ep_1}}{c_{H_2B}^{sp_1}}+\delta_{B^{2-}}^{ep_1}-\delta_{H_2B}^{ep_1} \qquad (4-36)$$

这就是强碱滴定二元酸 H_2B 到第一化学计量点 sp_1 时的终点误差公式。

2. 第二化学计量点 sp_2

滴定反应为

$$2OH^-+H_2B = B^{2-}+2H_2O$$

若滴定终点时实际加入的 NaOH 溶液体积为 V_{ep_2},化学计量点时应当加入的 NaOH 溶液体积为 V_{sp_2},根据终点误差的定义式,应有

$$E_{t_2}=\frac{cV_{ep_2}-cV_{sp_2}}{cV_{sp_2}}$$

$$\phi_{sp_2}=\frac{cV_{sp_2}}{c_0V_0}=2,\quad cV_{sp_2}=2c_0V_0$$

于是

$$E_{t_2}=\frac{cV_{ep_2}-2c_0V_0}{2c_0V_0} \qquad (4-37)$$

第二滴定终点 ep_2 时的 MBE 为

$$[Na^+]_{ep_2}=\frac{cV_{ep_2}}{V_0+V_{ep_2}}$$

$$[H_2B]_{ep_2}+[HB^-]_{ep_2}+[B^{2-}]_{ep_2}=\frac{c_0V_0}{V_0+V_{ep_2}}$$

ep_2 时的 CBE 为

$$[H^+]_{ep_2}+[Na^+]_{ep_2}=[OH^-]_{ep_2}+[HB^-]_{ep_2}+2[B^{2-}]_{ep_2}$$

由 ep_2 时的 MBE 和 CBE，有

$$[H^+]_{ep_2}+\frac{cV_{ep_2}}{V_0+V_{ep_2}}=[OH^-]_{ep_2}+\frac{2c_0V_0}{V_0+V_{ep_2}}-[HB^-]_{ep_2}-2[H_2B]_{ep_2}$$

故

$$cV_{ep_2}-2c_0V_0=(V_0+V_{ep_2})([OH^-]_{ep_2}-[H^+]_{ep_2}-[HB^-]_{ep_2}-2[H_2B]_{ep_2})$$

代入式(4-37)，则

$$E_{t_2}=\frac{(V_0+V_{ep_2})}{2c_0V_0}([OH^-]_{ep_2}-[H^+]_{ep_2}-[HB^-]_{ep_2}-2[H_2B]_{ep_2})$$

做近似处理：

$$c_{H_2B}^{ep_2}=\frac{c_0V_0}{V_0+V_{ep_2}}\approx\frac{c_0V_0}{V_0+V_{sp_2}}=c_{H_2B}^{sp_2}$$

可得

$$E_{t_2}=\frac{1}{2}\times\left(\frac{[OH^-]_{ep_2}-[H^+]_{ep_2}}{c_{H_2B}^{sp_2}}-\delta_{HB^-}^{ep_2}-2\delta_{H_2B}^{ep_2}\right)\tag{4-38}$$

这就是强碱滴定二元酸 H_2B 到第二化学计量点 sp_2 时的终点误差公式。

4-9　酸碱滴定中 CO_2 的影响

空气中的 CO_2 主要通过 3 种途径影响酸碱滴定：① 配制碱标准溶液的固体试剂或碱标准溶液本身吸收 CO_2，形成 Na_2CO_3；② 配制溶液的去离子水吸收 CO_2，形成 H_2CO_3 溶液；③ 滴定剂和被滴定剂在滴定过程中吸收了 CO_2。由于滴定通常不可能在隔绝空气的环境中进行，吸收了 CO_2 后，作为酸的 H_2CO_3 或作为碱的 CO_3^{2-} 都必然会对酸碱滴定造成影响。可见，CO_2 对酸碱滴定的影响几乎是不可避免的。

但具体的情况不同，CO_2 对酸碱滴定的影响也可能不同。例如，NaOH 标准溶液在放置过程中吸收了 CO_2，此时用来滴定 HCl，对测定 HCl 的浓度有无影响？

NaOH 吸收 CO_2 的反应为

$$2OH^-+CO_2 \Longrightarrow CO_3^{2-}+H_2O$$

此时标准溶液中虽然有一部分 NaOH 转化为 CO_3^{2-}，造成了 NaOH 的损失，但由于 CO_3^{2-} 也是碱，在下一步滴定 HCl 时也要与 HCl 发生酸碱反应，因此又可补偿 NaOH 的损失。这里的关键是，所转化的 CO_3^{2-} 在滴定 HCl 时能在多大程度上补偿 NaOH 的损失。而补偿程度的大小取决于滴定时所选择的指示剂，即滴定终点的 pH。

H_2CO_3 的 $pK_{a_1}=6.38$，$pK_{a_2}=10.25$。若采用甲基橙 MO 作指示剂，滴定终点 pH = 4.0。根据分布分数，此时以 H_2CO_3 型体为主，占 99.6%。即在滴定 HCl 时，CO_3^{2-} 将发生的反应为

$$CO_3^{2-}+2H^+ \Longrightarrow H_2CO_3$$

也就是说，所转化的 CO_3^{2-} 在滴定 HCl 时几乎完全补偿了先前 NaOH 的损失，因此吸收 CO_2 对测定 HCl 没有影响。

若采用酚酞 PP 作指示剂，滴定终点 pH = 9.0。根据分布分数，此时以 HCO_3^- 型体为主，占 94.5%。即在滴定 HCl 时，CO_3^{2-} 将发生的反应为

$$CO_3^{2-}+H^+ \Longrightarrow HCO_3^-$$

也就是说，所转化的 CO_3^{2-} 在滴定 HCl 时不能完全补偿 NaOH 的损失，实际碱的浓度要比标定浓度低。此时将多消耗 NaOH，即所吸收的 CO_2 会引起测定 HCl 的结果偏高，引起正误差。上述讨论可以用下图简要说明。

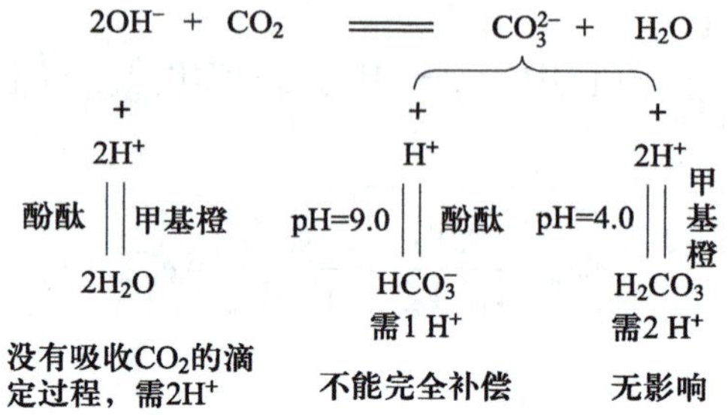

所以，对于强酸强碱的相互滴定，宜采用甲基橙作指示剂，以抵消或补偿 CO_2 的影响。

对于弱酸的滴定，由于化学计量点在碱性范围内，不能采用 MO，而常采用 PP 作指示剂，这样 CO_2 所造成的影响就会较大。为此，宜采用在同一条件下进行标定和测定的方法，即在标定和测定时都采用 PP 作指示剂，这样就可以消除由于吸收 CO_2 所造成的系统误差。在实验中，最好都能控制标定与测定条件一致，以减小或消除某些系统误差。

4-10 酸碱滴定的应用

酸碱滴定法简便、快速，能够提供准确的测量结果，在工业生产中具有广泛的应用。例如，食品工业中果汁饮料的酸值、葡萄酒的总酸含量和食用醋中的醋酸含量的检测等；水产养殖业中氨浓度的检测；电镀工业中镀镍溶液里硼酸含量的检测；金属工业中蚀刻液的酸浓度的测定；环境领域城市污水的酸碱总量的测定；医药行业胃酸中碳酸氢钠含量的测量，等等。人工操作的手动滴定过程比较烦琐，但现在已经开发出自动滴定仪等设备，使滴定更为简便。本节着重从反应原理方面示例几种酸碱滴定方法的具体应用。

4-10-1 混合碱的分析

1. 烧碱中 NaOH 和 Na_2CO_3 含量的测定

NaOH 俗称烧碱，在生产和储藏过程中，常因吸收空气中的 CO_2 而产生部分 Na_2CO_3 杂质。对烧碱中 NaOH 和 Na_2CO_3 含量的测定，通常采用两种方法。

(1) 双指示剂法　将称取的试样(m_s)溶解后，以 PP 为指示剂，用 HCl 标准溶液滴定至第一化学计量点 sp_1，所需 HCl 标准溶液的体积以 V_1 表示。此时 NaOH 已经被全部滴定，而 Na_2CO_3 只被滴定到 $NaHCO_3$；再加入 MO 指示剂，继续滴定至 Na_2CO_3 的第二化学计量点 sp_2，所需 HCl 标准溶液的体积以 V_2 表示。由于在滴定中连续使用了两种指示剂，故称这种方法为双指示剂法。根据滴定反应中的各物质的计量关系，可由 V_1 和 V_2 计算出 Na_2CO_3 和 NaOH

的质量分数,分别为

$$w_{Na_2CO_3}=\frac{(cV_2)_{HCl}M_{Na_2CO_3}}{m_s}$$

$$w_{NaOH}=\frac{[c(V_1-V_2)]_{HCl}M_{NaOH}}{m_s}$$

H_3PO_4 与 HCl,Na_3PO_4 与 NaOH 混合溶液以及不同型体的磷酸盐的混合物也可以采用类似的方法测定。

双指示剂法的主要缺点是准确度较差。由 CO_3^{2-} 的 $pK_{b_1}=3.75$ 和 $pK_{b_2}=7.62$ 可知,$\Delta pK_b=3.87<4$,即滴定到 Na_2CO_3 的第一化学计量点 HCO_3^- 的滴定突跃较小,PP 的变色点不能准确判断,故 sp_1 的滴定准确度较差。而对于 sp_2,cK_{b_2} 值一般均大于 10^{-10},故滴定总量到 H_2CO_3 的准确度尚可。

(2) $BaCl_2$ 法　准确称取一定量的试样(m_s),溶于已经除去 CO_2 的去离子水中,定容后取出两等份试液进行滴定,假设所取出试液的体积为定容时总体积的 1/6。

第一份试液以 MO 为指示剂,用 HCl 标准溶液滴定混合碱的总量,设所需 HCl 标准溶液的体积为 V_1。在第二份试液中加入 $BaCl_2$ 溶液,使 Na_2CO_3 完全转化为 $BaCO_3$ 沉淀,再用 HCl 标准溶液滴定试液中的 NaOH。为防止所形成的 $BaCO_3$ 沉淀在此滴定过程中再溶解产生 CO_3^{2-},影响滴定的准确度,宜选用 PP 作指示剂,假设所需 HCl 标准溶液的体积为 V_2。则 NaOH 和 Na_2CO_3 的质量分数分别为

$$w_{NaOH}=\frac{(cV_2)_{HCl}M_{NaOH}\times 6}{m_s}$$

$$w_{Na_2CO_3}=\frac{\frac{1}{2}[c(V_1-V_2)]_{HCl}M_{Na_2CO_3}\times 6}{m_s}$$

$BaCl_2$ 法的操作步骤比双指示剂法多,但比较准确。

2. 未知成分混合碱的测定

双指示剂法对于未知成分混合碱的定性分析特别有用。这里未知成分的混合碱,是指可能含有 NaOH,$NaHCO_3$,Na_2CO_3 或它们的混合物的试样。用 HCl 标准溶液滴定,若先以 PP 为指示剂,滴定至 sp_1 时消耗 HCl 标准溶液的体积为 V_1,再以 MO 为指示剂,滴定至 sp_2 时消耗 HCl 标准溶液的体积为 V_2,则根据 V_1 与 V_2 的相对大小可以判断试样的组成,总结见表 4-10。

表 4-10　双指示剂法测定未知成分混合碱

被滴定物质	以 PP 为指示剂,V_1	以 MO 为指示剂,V_2	V_1 与 V_2 的关系
NaOH	$V_1>0$	$V_2=0$	
Na_2CO_3	$V_1>0$	$V_2>0$	$V_1=V_2$
$NaHCO_3$	$V_1=0$	$V_2>0$	
$NaOH+Na_2CO_3$	$V_1>0$	$V_2>0$	$V_1>V_2$
$Na_2CO_3+NaHCO_3$	$V_1>0$	$V_2>0$	$V_1<V_2$

4-10-2 铵态氮含量的测定

食品、土壤、有机肥料和药品等试样中的含氮量是非常重要的指标。氮在食品、土壤、有机肥料和药品中主要以含氮的有机化合物存在,而在无机肥料中则主要以铵盐形态存在。对有机化合物中氮含量的测定通常是以 $CuSO_4$ 或 SeO_2 为催化剂,用浓 H_2SO_4 对试样进行加热消化,以将氮转化为铵盐,然后采用酸碱滴定法对铵盐进行测定。由于 NH_4^+ 是一种很弱的酸,其 $pK_a=9.25$,通常无法采用 NaOH 直接准确滴定。测定 NH_4^+ 的方法一般分为两种。

1. 蒸馏法

蒸馏法又称凯氏定氮法(Kjeldahl determination)。首先将含铵盐的试液置于蒸馏瓶中,加入浓碱液,使 NH_4^+ 转化为 $NH_3 \cdot H_2O$,然后加热蒸馏,在完全密闭的体系中使产生的全部 NH_3 被酸溶液所吸收。

可以采用一定量过量的 HCl 标准溶液吸收 NH_3,再用 NaOH 标准溶液返滴定剩余的 HCl,根据 NH_3 所消耗的 HCl 的量可以计算试样中的含氮量。由于滴定的化学计量点为 NH_4^+ 弱酸体系,可采用甲基红 MR 作指示剂。试样中 N 的质量分数为

$$w_N=\frac{[(cV)_{HCl}-(cV)_{NaOH}]M_N}{m_s}$$

也可以采用硼酸 H_3BO_3 溶液吸收 NH_3,反应式为①

$$NH_3+H_3BO_3 = NH_4^++H_2BO_3^-$$

然后用 HCl 标准溶液滴定所产生的弱碱 $H_2BO_3^-$。由于 $H_2BO_3^-$ 与所吸收的 NH_3 有确定的计量关系,故可直接根据 HCl 标准溶液的浓度与所消耗的体积计算试样中 N 的质量分数,即

$$w_N=\frac{(cV)_{HCl}M_N}{m_s}$$

该法属于间接滴定法,所用 H_3BO_3 吸收液只要保证过量,其浓度和体积均无须准确计量,因此比用 HCl 吸收液更加简便。化学计量点时为 $H_3BO_3+NH_4^+$ 混合弱酸体系,通常采用 MR 作指示剂。

同时,硼酸几乎不解离,硼酸溶液的导电性很差,而吸收氨以后,生成的硼酸铵是离子化的,导电性好。因此也可以不采用滴定分析法,而是通过硼酸铵的电导率测定吸收氨的含量。

2. 甲醛法

在含铵盐试液中加入甲醛,NH_4^+ 与甲醛可发生下述反应:

$$4NH_4^++6HCHO = (CH_2)_6N_4H^++3H^++6H_2O$$

此时 NH_4^+ 转化为与其计量相当的强酸 H^+ 和六亚甲基四胺酸 $(CH_2)_6N_4H^+$。由于 $(CH_2)_6N_4H^+$ 的 $pK_a=5.15$,是一个不太弱的弱酸,因此可以用 NaOH 标准溶液直接准确滴定。故甲醛法实质上是将一个比较弱的酸 NH_4^+ 转化为一个比较强的酸 $(CH_2)_6N_4H^+$。化学计量点为六亚甲基四胺 $(CH_2)_6N_4$ 弱碱体系,可采用 PP 作指示剂。

某些氨基酸酸性太弱,不能被直接准确滴定,也可以通过与甲醛发生反应后用 NaOH 滴定。

---

① 本书遵从习惯将硼酸 $B(OH)_3$ 写成 H_3BO_3,将其共轭碱 $B(OH)_4^-$ 写成 $H_2BO_3^-$。

α-氨基酸与甲醛反应为

$$H_3N^+-\underset{\displaystyle |}{\overset{\displaystyle R}{CH}}-COO^- + 2HCHO \xlongequal{\quad} (CH_2OH)_2N-\overset{\displaystyle R}{\underset{}{CH}}-COO^- + H^+$$

以上是物质中以-3 价态存在的氮，包括氨、铵、胺和酰胺类化合物。含有氧化形式的氮，如硝基、亚硝基和偶氮类化合物，必须用还原剂如 Fe(Ⅱ)或硫代硫酸钠等处理，将氮完全转化为铵离子。通过这种处理，无机的硝酸盐和亚硝酸根不会转化为氨。

不同蛋白质中氮的含量基本相同（约为 16%），因此可以根据氮的含量计算蛋白质的含量。但如果蛋白质中的杂质有含氮有机化合物，以上方法无法区分，则需要先分离再进行蛋白质中氮含量的测定。

4-10-3 磷的测定

钢铁、矿石等无机试样和很多生物试样中磷的测定也可以用酸碱滴定法。含磷量高的试样，可以将磷处理成 H_3PO_4 的形式，直接用酸碱滴定法测定含量。当试样中含磷量低时，可以在 HNO_3 介质中加入钼酸铵，使之生成黄色磷钼酸氢铵沉淀：

$$PO_4^{3-}+12MoO_4^{2-}+2NH_4^++25H^+ \xlongequal{\quad} (NH_4)_2HPMo_{12}O_{40}\cdot H_2O\downarrow +11H_2O$$

沉淀过滤后，用水洗涤到沉淀不再呈酸性。将沉淀溶于一定量且过量的 NaOH 溶液中，以酚酞为指示剂，用 HNO_3 标准溶液返滴定过量的 NaOH 至红色刚好褪去。溶解与滴定的总反应方程式为

$$(NH_4)_2HPMo_{12}O_{40}\cdot H_2O+24OH^- \xlongequal{\quad} HPO_4^{2-}+12MoO_4^{2-}+2NH_4^++13H_2O$$

此法中 P 与 NaOH 的化学计量关系为 1 : 24，试样中 P 的质量分数为

$$w_P=\frac{\frac{1}{24}[(cV)_{NaOH}-(cV)_{HNO_3}]M_P}{m_s\times 1\,000}$$

核酸（DNA，RNA）是具有磷酸骨架的酸性大分子物质，可以采用酸碱滴定法定量测定其含量。将试样用浓硫酸或高氯酸消化后，使核酸中的磷转化成为无机磷酸，通过测量磷的含量进一步测定核酸的含量。通常 DNA 的平均磷含量为 9.9%，RNA 的为 9.4%。

除了 N，P 外，S，C，Cl，F 等元素的含量也可以通过先转化为其酸的形式再用酸碱滴定的方法进行定量测量。

4-10-4 硼酸（H_3BO_3）的测定

硼酸是玻璃、搪瓷、电镀等工业的重要原料，也用来制备硼和硼砂，并用作食品的防腐剂和药品，因此硼酸的定量测定十分重要。但 H_3BO_3 是一种很弱的一元酸，其 $pK_a=9.24$，通常无法用 NaOH 直接准确滴定。为此，常采用某些多元醇与 H_3BO_3 络合，即

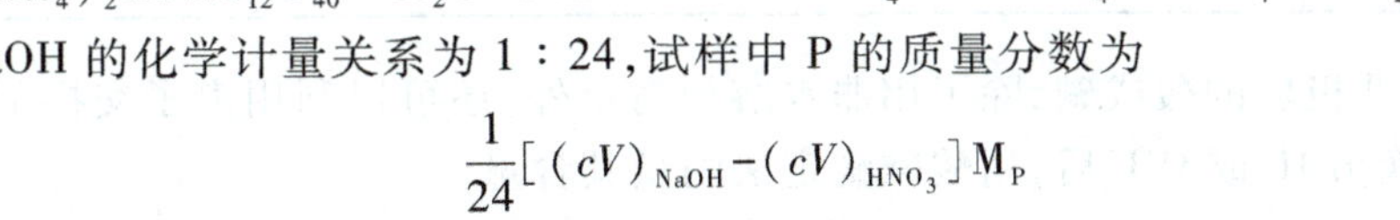

如对于甘露醇，上式中的 R=—CHOHCH₂OH。若以 L 表示多元醇，以 L_2B^- 表示多元醇与硼的络合物，则上式的平衡常数为

$$K=\frac{[H^+][L_2B^-]}{[H_3BO_3][L]^2}$$

若定义表观解离常数为

$$K'_a=\frac{[H^+][L_2B^-]}{[H_3BO_3]}$$

则

$$K=K'_a/[L]^2$$
$$K'_a=K[L]^2$$

可见，当多元醇浓度[L]一定时，K'_a 是常数。例如，对于甘露醇，当[L] = 0.5 mol · L^{-1}时，络合酸的 $pK'_a=4.52$，此时就可以用 NaOH 标准溶液直接准确滴定。故通过多元醇与硼酸的络合反应，可以将 H_3BO_3 转化为一种比较强的络合酸，从而实现准确滴定。滴定时通常采用 PP 为指示剂。不同多元醇 L 存在下 H_3BO_3 与其形成的络合酸的表观解离常数 K'_a 见表 4-11。

表 4-11　多元醇 L 存在下 H_3BO_3 与其形成的络合酸的表观解离常数 K'_a

多元醇	K	K'_a		
		[L]/(mol · L^{-1})		
		0.1	0.2	0.5
甘露醇	1×10^{-4}	1×10^{-6}	4×10^{-6}	$\sim3\times10^{-5}$
果糖	1×10^{-4}	1×10^{-6}	4×10^{-6}	$\sim3\times10^{-5}$
山梨糖醇	2×10^{-4}	2×10^{-6}	8×10^{-6}	5×10^{-5}

此外，对一些极弱的酸或碱，除了用非水溶剂滴定外，还可以利用离子交换剂与溶液中离子的交换作用置换出 H^+或 OH^-后，用酸碱滴定法测量其含量。

4-11　非水溶剂中的酸碱滴定简介

以水为介质的酸碱滴定有一定的局限性：一些在水中解离常数很小的弱酸或弱碱，由于没有明显的滴定突跃而不能被准确滴定；许多有机酸、有机碱在水中的溶解度小，也造成滴定困难；某些多元酸或碱、混合酸或碱由于解离常数接近，在水溶液中不能分步或分别滴定。如果采用非水溶剂则不仅能增大溶解度，而且能改变物质的酸碱性质，提高酸碱反应的完全程度，使滴定分析获得准确的结果。非水滴定除了溶剂特殊外，具有一般滴定分析方法所具有的准确、快速、设备简单等优点，广泛应用于食品工业中的脂肪酸含量和食用油的酸含量测定，石油工业中发动机润滑油的酸含量的测定，药物分析中药品的纯度测定等各个方面。本节简要介绍非水质子溶剂作为滴定介质的酸碱滴定法。

4-11-1　质子溶剂对酸碱强度的影响

1. 质子自递反应与质子自递常数

许多非水溶剂(non-aqueous solvent)与水一样，既具有酸性又具有碱性，溶剂分子自身之间能够发生质子转移反应，称为溶剂的质子自递反应。能够发生质子自递反应的溶剂就称为质子

溶剂(protic solvent),如水、乙醇、液氨、醋酸等。它们的自递反应可表示为

$$H_2O + H_2O \rightleftharpoons H_3O^+ + OH^- \quad pK_w = 14.0\ (25\ ℃)$$

$$C_2H_5OH + C_2H_5OH \rightleftharpoons C_2H_5OH_2^+ + C_2H_5O^- \quad pK_s = 19.1\ (25\ ℃)$$

$$NH_3 + NH_3 \rightleftharpoons NH_4^+ + NH_2^- \quad pK_s = 22.0\ (-33.4\ ℃)$$

$$HAc + HAc \rightleftharpoons H_2Ac^+ + Ac^- \quad pK_s = 14.5\ (25\ ℃)$$

pK_s为质子溶剂的质子自递常数。质子溶剂 HS 的质子自递反应的通式可以表示为

$$HS + HS \rightleftharpoons H_2S^+ + S^- \quad K_s = a_{H_2S^+} a_{S^-}$$

在质子溶剂 HS 中,强酸就是溶剂化质子 H_2S^+,强碱就是溶剂化阴离子 S^-,分别类似于水溶剂体系中的 H_3O^+和 OH^-。因此,质子溶剂中强酸滴定强碱的反应及其常数为

$$H_2S^+ + S^- \rightleftharpoons 2HS \quad K_t = \frac{1}{a_{H_2S^+} a_{S^-}} = \frac{1}{K_s}$$

可见,质子溶剂的 K_s值越小,则 K_t值越大,滴定反应的完全程度就越高。

2. 拉平效应与区分效应

酸 HB 在质子溶剂 HS 中的强度表现为下述酸碱反应的完全程度:

$$HB + HS \rightleftharpoons H_2S^+ + B^-$$

由于该反应涉及 HB/B^-和 H_2S^+/HS 两个共轭酸碱对,故酸 HB 的解离程度不仅取决于 HB 给出 H^+的能力,而且取决于溶剂 HS 获得 H^+的能力。因此相同的酸在不同的质子溶剂中所表现出的酸的强度不同。如 HCl 在水溶剂中是强酸,其所能够给出的 H^+几乎全部都转移到 H_2O 上;而 HCl 在醋酸溶剂中则是弱酸($pK_a = 8.55$),只有很小一部分 H^+转移到 HAc 上。虽然溶质 HCl 给出质子的能力是相同的,但溶剂水和醋酸接受质子的能力却相差很大。

在水溶液中,$HClO_4$,H_2SO_4,HCl 和 HNO_3 均表现为强酸(对 H_2SO_4 这里指其第一级解离,下同),它们的酸性强弱区分不开。但这并不是说这 4 种酸给出 H^+的能力没有区别,而是对它们而言,溶剂 H_2O 获得 H^+的能力太强,以致它们所能给出的 H^+几乎全部被 H_2O 所夺取而形成 H_3O^+,使它们本身的酸性强弱区别无法表现出来。质子溶剂将给出质子能力本不相同的酸拉平到溶剂化质子水平的效应称为溶剂的拉平效应(leveling effect),如水就是上述 4 种酸的拉平性溶剂。可见,H_3O^+是水溶液中能够稳定存在的最强的酸的形式,所有比 H_3O^+强的酸都要被溶剂 H_2O 拉平到 H_3O^+的水平上,因此表现不出它们之间在酸性强弱上的区别。

但是 $HClO_4$,H_2SO_4,HCl 和 HNO_3 在醋酸溶剂中都是弱酸,它们的酸性强弱表现出明显的差别,其大小顺序为

$$HClO_4(pK_a = 4.87) > H_2SO_4(pK_{a_1} = 7.24) > HCl(pK_a = 8.55) > HNO_3(pK_a = 9.38)$$

这主要是因为溶剂醋酸夺取质子的能力与水相比要弱得多。溶剂的这种能够区分酸或碱的酸碱性强弱的效应称为溶剂的区分效应(differentiating effect)。醋酸就是上述 4 种酸的区分性溶剂。溶剂的拉平效应与区分效应是相对于一定的酸或碱而言的。

同理,碱的强度不仅取决于它本身获得质子的能力,而且还取决于此时作为酸的溶剂给出质子的能力。对于碱性溶液,拉平效应表现为溶剂将获得质子能力本不相同的碱拉平到溶剂阴离子水平的效应。而 OH^-是水溶液中能够稳定存在的最强的碱的形式。在水溶液中,比 OH^-更强的碱(如 O_2^-,NH_2^-,$C_2H_5O^-$等)都被拉平到 OH^-的水平。只有比 OH^-弱的碱(如 NH_3,硼酸根等)

才能分辨出强弱。而在酸性比 H_2O 强的醋酸介质中，上述弱碱都被拉平到 Ac^- 的水平而成为强碱。

利用溶剂的拉平效应，可以测定混合酸或混合碱的总量，利用区分效应则可以分别测定混合酸或混合碱中各组分的含量。显然，溶剂的酸、碱性越弱（K_s越小），其区分效应越明显，越有利于混合酸或混合碱的分别测定。例如，甲基异丁基酮（MIBK）的酸性和碱性均极弱（$pK_s>30$），但以它为溶剂，用氢氧化四丁胺的异丙醇溶液为滴定剂，用电位法指示滴定终点，可以连续滴定 $HClO_4$，HCl，水杨酸，HAc，苯酚5种酸（图4-12）。

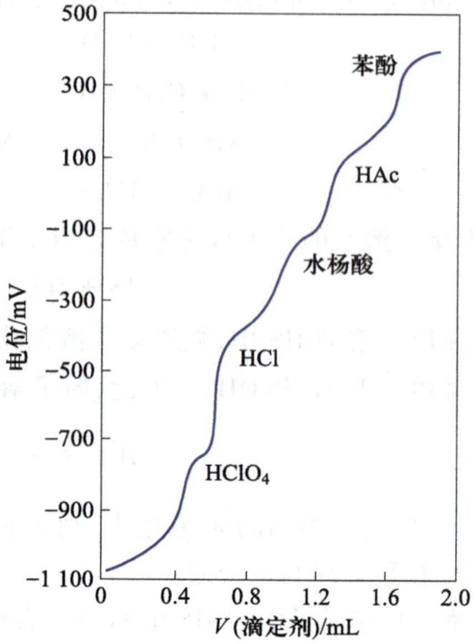

图4-12　在甲基异丁基酮中用 0.20 mol · L^{-1} 氢氧化四丁胺连续滴定5种酸的混合物

4-11-2　非水滴定的应用

1. 弱碱的滴定

滴定具有碱性基团的有机化合物，如胺类、氨基酸类、含氮杂环化合物、生物碱类（如咖啡因）、某些有机碱的盐（如盐酸麻黄碱）及弱酸盐（如重酒石酸去甲肾上腺素）等，应当选择碱性弱的溶剂，最常用的就是醋酸，以强酸高氯酸为滴定剂。商品化的 $HClO_4$ 中含有约28%的水，配制 $HClO_4$ 的醋酸溶液应当加入适量的醋酸酐以除去其中的水分①。标定 $HClO_4$ 常用邻苯二甲酸氢钾（KHP）作基准物，用结晶紫作指示剂。

2. 弱酸的滴定

滴定酸性较弱的有机化合物，如羧酸类、氨基酸类、酚类等，可以选用酸性较弱的溶剂，如乙二胺、二甲基甲酰胺、正丁胺、吡啶等。常用的滴定剂是强碱性物质，如甲醇钠、氨基乙醇钠等。常用苯甲酸作为标定碱的基准物，以百里酚蓝、偶氮紫等为指示剂。例如，在水溶液中无法直接准确滴定的苯酚和苯甲酸，在乙二胺溶剂中，用氨基乙醇钠作为滴定剂，用电位法指示滴定终点，可以获得很明显的滴定突跃（图4-13）。

3. 混合酸（碱）中各组分的分别测定

滴定强度接近的混合酸（碱）中不同组分的含量，应当选用酸性、碱性均极弱的溶剂，达到不会对强酸（碱）拉平，对弱酸（碱）也能有明显区分的目的。如图4-12中以甲基异丁基酮为溶剂的滴定方法。再如，三丁胺和乙基苯胺混合物在醋酸中只能测总量，而在乙腈（$pK_s=32.2$）中则可以得到两个滴定突跃，达到分别滴定的目的。

① 由于高氯酸与有机化合物接触，遇热后极易引起爆炸，与醋酸酐混合时会发生剧烈反应放出大量的热。因此在配制高氯酸的醋酸溶液时，应先用醋酸将高氯酸稀释后，在不断搅拌下缓缓滴加适量的醋酸酐。

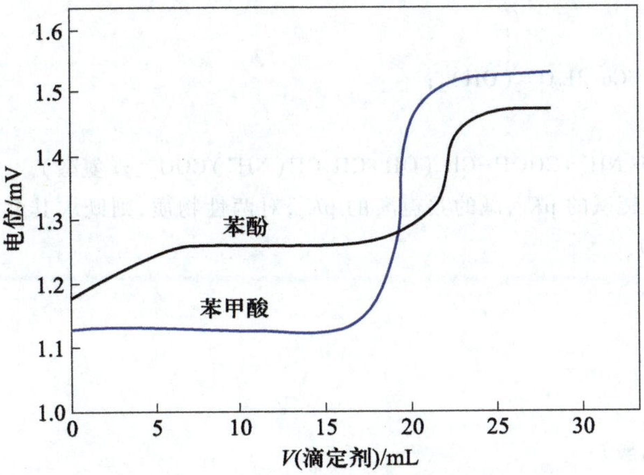

图 4-13　在乙二胺溶剂中以氨基乙醇钠作指示剂滴定苯酚和苯甲酸的滴定曲线

思　考　题

4-1　如何表示一元弱酸 HB 解离平衡的活度常数、浓度常数和混合常数？各常数的区别与关系是什么？

4-2　按照酸碱质子理论，什么物质是酸、碱和酸碱两性物质？

4-3　什么是共轭酸碱对？

4-4　什么是缓冲溶液？如何选择缓冲试剂？

4-5　什么是标准缓冲溶液？计算其 pH 的时候需要注意什么？

4-6　影响缓冲溶液缓冲容量大小的因素有哪些？如何确定缓冲溶液的缓冲范围？影响缓冲溶液 pH 的因素有哪些？

4-7　酸碱指示剂的变色原理是什么？什么是酸碱指示剂的理论变色点和理论变色范围？

4-8　什么是滴定突跃？什么是滴定的突跃范围？影响强碱滴定一元弱酸突跃范围的因素有哪些？

4-9　在具体的滴定中，酸碱指示剂选择的依据是什么？

4-10　强碱滴定相同浓度的盐酸与一元弱酸 HB，滴定曲线的异同点有哪些？

4-11　如何正确理解直接准确滴定的条件？

4-12　如何理解质子溶剂的拉平效应与区分效应？

习　题

4-1　试判断下列各组物质中哪些是共轭酸碱对，哪些是酸碱两性物质。

(1) H^+-OH^-；

(2) PyH^+-Py(Py 为吡啶)；

(3) HP^--P^{2-}(P^{2-}为邻苯二甲酸根)；

(4) NH_4^+-NH_3；

(5) $H_2PO_4^-$-PO_4^{3-}；

(6) $H_2PO_4^-$-HPO_4^{2-}；

(7) $[Cu(H_2O)_4]^{2+}$-$[Cu(H_2O)_3OH]^+$;

(8) $HC_2O_4^-$-$C_2O_4^{2-}$;

(9) $[Cu(H_2O)_3OH]^+$-$Cu(H_2O)_2(OH)_2$;

(10) H_2S-HS^-;

(11) $CH_2(OH)CH_2CH(NH_3^+)COOH$-$CH_2(OH)CH_2CH(NH_3^+)COO^-$(丝氨酸)。

4-2　求算下列酸的共轭碱的 pK_b,碱的共轭酸的 pK_a,对两性物质,则既求其共轭碱的 pK_b,又求其共轭酸的 pK_a(所需常数自行查表)。

(1) HAc;

(2) HF;

(3) H_2O_2;

(4) HOCl;

(5) $ClCH_2COOH$(氯乙酸);

(6) $CH_3CH(OH)COOH$(乳酸);

(7) NH_3;

(8) Py(吡啶);

(9) C_9H_7N(喹啉);

(10) HCO_3^-;

(11) HPO_4^{2-};

(12) $H_2AsO_4^-$;

(13) $CH_3CH(NH_3^+)COO^-$(丙氨酸)。

4-3　20.0 mL 0.100 mol·L^{-1} H_3PO_4 溶液中,当分别加入 20.0 mL 和 40.0 mL 0.100 mol·L^{-1} NaOH 溶液时,其溶液的 pH 分别为 4.69 和 9.67,求算在上述两种情况下,溶液中 H_3PO_4 各种型体的平衡浓度。

4-4　人血液的 pH 约为 7.40,37 ℃时,H_2CO_3 的 pK_{a_1} = 6.10,请计算人血液中 $[H_2CO_3]$ 与 $[HCO_3^-]$ 的比值。

4-5　解热镇痛药阿司匹林(乙酰水杨酸)是一元酸,结构式为

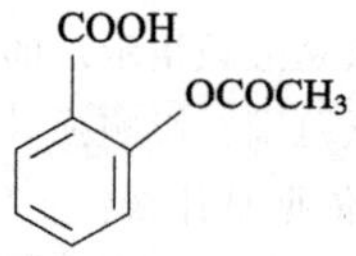

其 pK_a = 3.50,服用后以未解离的分子型体在胃中吸收。如果患者先吃了调节胃液酸性的药物,使胃内容物的酸性保持为 pH 2.95,此时再吃两片阿司匹林,共计 0.65 g。假如服后阿司匹林可立即溶解,且不改变胃内容物的酸性,未解离的分子型体可完全被胃所吸收。试问此时能被吸收的阿司匹林有多少克?

4-6　通过物料平衡和电荷平衡以及设定质子参考水准两种方法,写出下列酸碱溶液的质子条件(单组分溶液浓度均以 c 表示,双组分溶液两组分的浓度分别以 c_1 和 c_2 表示)。

(1) KHP(邻苯二甲酸氢钾);

(2) NH_4CN;

(3) Na_3PO_4;

(4) NH_4HCO_3;

(5) $NH_4H_2PO_4$;

(6) NH_3+NaOH;

(7) HAc+H_3BO_3;

(8) H_2SO_4+HCOOH;

(9) NaH_2PO_4+HCl;

(10) NH_3+NH_4Cl。

4-7　计算下列各种溶液的 pH。

(1) 5×10^{-5} mol · L^{-1} HCl;

(2) 0.100 mol · L^{-1} H_3BO_3;

(3) 1×10^{-2} mol · L^{-1} HOCN(氰酸);

(4) 1×10^{-2} mol · L^{-1} H_2O_2;

(5) 0.100 mol · L^{-1} $N(C_2H_4OH)_3$(三乙醇胺);

(6) 0.500 mol · L^{-1} NaAc;

(7) 0.500 mol · L^{-1} NH_4NO_3;

(8) 0.100 mol · L^{-1} H_2SO_4;

(9) 0.200 mol · L^{-1} H_3PO_4;

(10) 0.100 mol · L^{-1} Na_2S;

(11) 0.050 0 mol · L^{-1} K_2HPO_4;

(12) 0.100 mol · L^{-1} NH_4CN;

(13) 0.050 0 mol · L^{-1} NH_2CH_2COOH(氨基乙酸);

(14) 0.100 mol · L^{-1} HCl 与 0.200 mol · L^{-1} $ClCH_2COONa$(氯乙酸钠)等体积混合;

(15) 0.1 mol · L^{-1} NH_4Cl + 0.1 mol · L^{-1} H_3BO_3 等体积混合。

4-8　若配制 pH=10.0 的缓冲溶液 1.0 L,用去 15 mol · L^{-1}氨水 350 mL,问需要 NH_4Cl 多少克?

4-9　取 20g $(CH_2)_6N_4$(六亚甲基四胺),加浓盐酸(按 12 mol · L^{-1}计) 4.0 mL,用水稀释至 100 mL,溶液的 pH 是多少? 此溶液是否为缓冲溶液?

4-10　配制氨基乙酸总浓度为 0.100 0 mol · L^{-1}的缓冲溶液(pH=2.00) 100 mL,需氨基乙酸多少克? 还需加多少 1.00 mol · L^{-1}的强酸或强碱? 为什么?

4-11　计算 0.1 mol · L^{-1} $NH_3 \cdot H_2O$-0.1 mol · L^{-1} NH_4Cl 缓冲溶液的 pH, β_{max} 和 $pH=pK_a\pm1$ 时的 β 值。这种缓冲溶液是实验室常用的,但却不用它作标准缓冲溶液,是何缘故?

4-12　求算 0.10 mol · L^{-1} HAc 溶液的 pH。如向 20 mL 此种 HAc 溶液中加入 10 mL 或 20 mL 0.10 mol · L^{-1} NaOH 溶液,其 pH 各为多少? 在上述三种情况下,溶液中 HAc 各种型体的分布分数是多少?

4-13　以 0.100 0 mol · L^{-1} HCl 标准溶液滴定 0.100 0 mol · L^{-1} 氨水时,求算 ϕ=0,0.1,0.2,0.5,0.8,1,1.2,1.5 和 2 时被滴定剂的 pH,并以所得数据在直角坐标纸上绘制滴定曲线。

4-14　以 0.100 0 mol · L^{-1} NaOH 标准溶液滴定 20.00 mL 0.100 0 mol · L^{-1}乳酸[$CH_3CH(OH)COOH$]。求算:(1) 滴定前,(2) 滴加 NaOH 19.98 mL 时,(3) 化学计量点时,(4) 滴加 NaOH 20.02 mL 时,被滴定剂的 pH。如以 PP 为指示剂,终点误差是多少?

4-15　以 0.20 mol · L^{-1} NaOH 标准溶液滴定 0.20 mol · L^{-1} $ClCH_2COOH$ 时,使用 MO 为指示剂,求算 ϕ_{ep}值。

4-16　0.100 0 mol · L^{-1}天冬氨酸[$HOOCCH(NH_2)CH_2COOH$]溶液,以相同浓度的 NaOH 标准溶液滴定时,能否进行分级滴定或滴定总量? 如可以滴定,应选用何种指示剂? 其终点误差是多少? 天冬氨酸的 pK_{a_1}=3.65, pK_{a_2}=9.60。

4-17　下列酸和碱能否以等浓度的强碱或强酸标准溶液进行直接准确滴定?

(1) 0.1 mol · L^{-1} HF;

(2) 0.1 mol · L^{-1} KCN;

(3) 0.1 mol · L^{-1} NH_4Cl;

(4) 0.1 $mol\cdot L^{-1}$ $HONH_2HCl$(盐酸羟胺);

(5) 0.1 $mol\cdot L^{-1}$ $(CH_2)_6N_4$;

(6) 0.1 $mol\cdot L^{-1}$ NaAc。

4-18 下列多元酸、碱或混合溶液,能否以等浓度的强碱或强酸进行分级滴定或滴定总量。

(1) 0.1 $mol\cdot L^{-1}$ D-HOOCCH(OH)CH(OH)COOH(D-酒石酸);

(2) 0.1 $mol\cdot L^{-1}$ H_3AsO_4;

(3) 0.1 $mol\cdot L^{-1}$ $C_{10}H_{14}N_2$(烟碱);

(4) 0.1 $mol\cdot L^{-1}$ $H_2NCH_2CH_2NH_2$(乙二胺);

(5) 0.1 $mol\cdot L^{-1}$ HAc + 0.1 $mol\cdot L^{-1}$ H_3BO_3 等体积混合。

4-19 20.00 mL 0.100 0 $mol\cdot L^{-1}$顺丁烯二酸溶液,试判断能否以 0.100 0 $mol\cdot L^{-1}$ NaOH 溶液进行分级滴定或滴定总量,并求算滴定开始前、第一化学计量点及第二化学计量点的 pH。如以 MO 为第一级滴定的指示剂,PP 为第二级滴定的指示剂,求算终点误差,并求算第一化学计量点时顺丁烯二酸各种型体的平衡浓度。

4-20 磷酸钠盐的混合溶液,其 pH>7.0。当取此种溶液 20.0 mL,用 MR 为指示剂,以 0.500 $mol\cdot L^{-1}$ HCl 标准溶液滴定时,需 14.10 mL。另取此种溶液 20.0 mL,用 PP 为指示剂,用 0.600 $mol\cdot L^{-1}$ NaOH 标准溶液滴定时,需 5.00 mL,判断该磷酸钠盐的混合溶液都含有哪种磷酸钠盐,并求算其质量混合比。

4-21 某位学生从教师那里领到一份试样,它可能是:NaOH,Na_2CO_3,$NaHCO_3$,NaOH+Na_2CO_3 或 Na_2CO_3+$NaHCO_3$。称取 0.220 8 g 试样,溶解后,用双指示剂法以 0.106 2 $mol\cdot L^{-1}$ HCl 标准溶液进行滴定,滴至以 PP 为指示剂的终点时,需 30.74 mL HCl 标准溶液,然后加入 MO 指示剂,再滴定至终点时,又需 12.86 mL HCl 标准溶液,说明领取的试样是哪一种碱,并求算其含量。

4-22 某 NaOH 标准溶液在保存过程中吸收了少量的 CO_2,如用此溶液去滴定强酸,选用 PP 为指示剂,将对测定结果有何影响?假如所保存的 NaOH 标准溶液是 200.0 mL,已知其浓度为 0.100 0 $mol\cdot L^{-1}$,从空气中吸收了 1.020 mmol CO_2,在上述滴定中 NaOH 标准溶液的实际浓度是多少?

4-23 称取含有 NaOH 和 Na_2CO_3 的试样 0.722 5 g,溶解后稀释定容至 100 mL,取此试液 20.00 mL,以 MO 为指示剂,用 0.113 5 $mol\cdot L^{-1}$ HCl 标准溶液滴定至终点,消耗滴定剂为 26.12 mL。另取一份 20.00 mL 试液,加入适当过量 $BaCl_2$ 后,以 PP 为指示剂,用同样浓度的 HCl 标准溶液滴定,则消耗 HCl 标准溶液为 20.27 mL,求算试样中 NaOH 和 Na_2CO_3 的质量分数。

4-24 某含氮有机试样 7.50 g,将所含的氮全部转化为 NH_3,并通入 100 mL 0.175 0 $mol\cdot L^{-1}$ HCl 吸收液中,待吸收完毕后,用 0.108 0 $mol\cdot L^{-1}$ NaOH 标准溶液返滴定剩余的酸,消耗了 11.37 mL NaOH 标准溶液,求算试样的氮的质量分数。

4-25 某含有尿素 $(NH_2)_2CO$ 的试样 0.350 0 g,采用凯氏定氮法测量其中尿素的含量,用 100.0 mL 0.050 00 $mol\cdot L^{-1}$ H_2SO_4吸收生成的 NH_3,过量的酸用 0.050 00 $mol\cdot L^{-1}$ NaOH 标准溶液滴定,消耗 NaOH 标准溶液 23.40 mL,求实验中尿素的含量。

4-26 某含磷试样 1.000 g,经处理后用钼酸铵沉淀磷为磷钼酸氢铵,用水洗涤沉淀后,用 50.00mL 0.100 0 $mol\cdot L^{-1}$ NaOH 标准溶液溶解沉淀。过量的 NaOH 用 0.100 0 $mol\cdot L^{-1}$ HNO_3 标准溶液滴定,以酚酞为指示剂,用去 HNO_3 标准溶液 20.27 mL,计算试样中磷的质量分数。

4-27 用来计算水溶液中 pH 的各类公式,同样可用于计算其他溶剂中酸碱溶液的 pSH_2^+ 值。试计算 1.0×10^{-3} $mol\cdot L^{-1}$甲酸(HCOOH)乙醇溶液中的 pSH_2^+ 值。以 $c>10^{-4}mol\cdot L^{-1}$和解离度<5%作为可选用最简式的条件。甲酸在乙醇中的解离反应为

$$HCOOH + C_2H_5OH \rightleftharpoons C_2H_5OH_2^+ + HCOO^-$$

甲酸在乙醇中的解离常数:

$$K_a = \frac{a_{C_2H_5OH_2^+} a_{HCOO^-}}{a_{HCOOH}} = 7.08 \times 10^{-10}$$

4-28　已知 HAc 在甲醇中的 $pK_a = 9.70$，甲醇 $pK_s = 16.7$，求算其共轭碱 Ac^- 在甲醇中的 pK_b。Ac^- 在甲醇溶剂中的碱式解离反应为：

$$Ac^- + CH_3OH \rightleftharpoons HAc + CH_3O^-$$

按 $c > 10^{-4}\ mol \cdot L^{-1}$，解离度<5%作为可选用最简式的条件，求算 0.010 mol·L⁻¹ NaAc 甲醇溶液的 pSH_2^+ 值。

4-29　有机碱难溶于水，常用氢卤酸成盐后作为药用，如盐酸麻黄碱（B·HCl）。为消除氢卤酸的干扰，需要加入醋酸汞，使之形成难解离的卤化汞，而同时将有机碱转化为醋酸盐，可用高氯酸在醋酸溶剂中滴定，有关反应如下所示。准确称取盐酸麻黄碱 0.166 8 g，加 10 mL 醋酸与 4 mL 醋酸汞溶解后，加结晶紫指示剂 1 滴，用 0.099 80 $mol \cdot L^{-1}$ 高氯酸标准溶液滴定，消耗体积 8.06 mL，校准空白溶液时消耗高氯酸标准溶液 0.08 mL，请计算盐酸麻黄碱的含量（$M_{盐酸麻黄碱} = 201.7\ g \cdot mol^{-1}$）。

$$2B \cdot HCl + Hg(Ac)_2 \rightleftharpoons 2B \cdot HAc + HgCl_2$$

$$B \cdot HAc + HClO_4 \rightleftharpoons B \cdot HClO_4 + HAc$$

参考答案

第5章　络合平衡和络合滴定法

络合滴定(complexometric titration)又称为配位滴定,是以金属离子与络合剂形成络合物(complex)的化学反应为基础的滴定分析方法。金属离子是电子受体,属于路易斯酸,而络合剂是配体,其分子结构中常含有N,O或S等原子,是电子给体,属于路易斯碱。络合反应实质上是路易斯酸碱反应,因此络合滴定法与酸碱滴定法有许多相似之处。但由于络合反应受溶液pH等诸多条件影响,情况更为复杂。络合滴定几乎能用于测定所有的金属离子,通过间接滴定和返滴定等方式也可以测定多种阴离子和有机化合物,在药物分析、临床检验、食品分析、环境分析等诸多方面有广泛应用。在重量分析法、分光光度法、分离及荧光分析等方法中,络合反应常被用于掩蔽干扰金属离子。因此,有关络合反应和络合滴定的理论和应用,是分析化学的重要内容之一。

5-1　络合平衡与络合平衡常数

5-1-1　稳定常数与解离常数

水溶液中金属离子的络合反应是相当普遍的。在水溶液中,由于溶剂化作用,金属离子均以水合的$M(H_2O)_m^{n+}$络离子形式存在。故在水溶液中金属离子M^{n+}与配体L所发生的络合反应,实际上是配体L与溶剂水分子之间的交换反应。而络合物的生成和解离与多元弱酸(碱)的生成和解离类似,是分步进行的,因此溶液中存在着一系列的络合平衡。为简便起见,均以M代表水溶液中的金属离子并省略离子的电荷,以金属离子M与配体L发生络合反应逐级生成ML_n为例(L与ML_n均省略其可能的电荷,n为L与M的络合比),其简化后的反应为

$$M+L \rightleftharpoons ML,\quad K_1=\frac{[ML]}{[M][L]},\quad K_{-n}=\frac{[M][L]}{[ML]}$$

$$ML+L \rightleftharpoons ML_2,\quad K_2=\frac{[ML_2]}{[ML][L]},\quad K_{-(n-1)}=\frac{[ML][L]}{[ML_2]}$$

$$\vdots \qquad\qquad \vdots \qquad\qquad \vdots$$

$$ML_{n-1}+L \rightleftharpoons ML_n,\quad K_n=\frac{[ML_n]}{[ML_{n-1}][L]},\quad K_{-1}=\frac{[ML_{n-1}][L]}{[ML_n]}$$

其中,正反应为逐级生成反应,对应的平衡常数称为逐级稳定常数(stepwise stability constant)或逐级形成常数(stepwise formation constant)K_i;逆向反应为络合物的解离反应,对应的平衡常数称为解离常数(dissociation constant)或不稳定常数(instability constant),表示为K_{-i}。由上述反应可以得出逐级稳定常数与逐级解离常数之间的对应关系为

$$K_1=\frac{1}{K_{-n}},\quad K_2=\frac{1}{K_{-(n-1)}},\cdots,\quad K_n=\frac{1}{K_{-1}}$$

值得注意的是,对于 1∶1 型络合物,稳定常数 K_1 与解离常数 K_{-1}互为倒数,非 1∶1 型络合物,同一级的稳定常数与解离常数不是倒数关系。

逐级稳定常数与逐级解离常数中的各项均用浓度表示,是浓度常数,只有在温度和离子强度一定时是常数。

5-1-2 累积稳定常数 β

络合物各逐级稳定常数的渐次乘积,称为累积稳定常数,以 β 为表示符号。例如,对于 1∶n 型络合物 ML_n,其逐级累积稳定常数和相应的络合反应方程式为

$$M+L \rightleftharpoons ML \qquad \beta_1=K_1=\frac{[ML]}{[M][L]}$$

$$M+2L \rightleftharpoons ML_2 \qquad \beta_2=K_1K_2=\frac{[ML_2]}{[M][L]^2}$$

$$\vdots \qquad\qquad \vdots$$

$$M+nL \rightleftharpoons ML_n \qquad \beta_n=K_1K_2\cdots K_n=\frac{[ML_n]}{[M][L]^n} \tag{5-1}$$

若定义络合物 ML_n 的总的稳定常数为 $K_{总稳}$,总的解离常数为 $K_{总离}$,则

$$\beta_n=K_{总稳}=1/K_{总离}$$

络合物的累积稳定常数越大,络合物越稳定。一些金属离子与常见配体形成的络合物的累积稳定常数 $\lg\beta_i$列在附录一附表 3 中。

5-1-3 分布分数

在络合平衡中,金属离子或其络合物某种型体的平衡浓度与该金属离子分析浓度的比值,称为该型体的分布分数。与酸碱平衡类似,络合分布分数也以 δ 为表示符号。以分析浓度为 c_M 的金属离子与络合剂 L 形成络合物 ML_n为例,当络合反应达到平衡时,根据逐级累积稳定常数的定义,溶液中络合物各种型体平衡浓度的表达式为

$$\beta_1=\frac{[ML]}{[M][L]} \qquad [ML]=\beta_1[M][L]$$

$$\beta_2=\frac{[ML_2]}{[M][L]^2} \qquad [ML_2]=\beta_2[M][L]^2$$

$$\vdots \qquad\qquad \vdots$$

$$\beta_n=\frac{[ML_n]}{[M][L]^n} \qquad [ML_n]=\beta_n[M][L]^n$$

根据物料平衡,M 的分析浓度 c_M 应为 M 各型体平衡浓度之和:

$$c_M=[M]+\beta_1[M][L]+\beta_2[M][L]^2+\cdots+\beta_n[M][L]^n=[M](1+\beta_1[L]+\beta_2[L]^2+\cdots+\beta_n[L]^n)$$

故分布分数为

$$\delta_M = \frac{[M]}{c_M} = \frac{1}{1+\beta_1[L]+\beta_2[L]^2+\cdots+\beta_n[L]^n}$$

$$\delta_{ML} = \frac{[ML]}{c_M} = \frac{\beta_1[L]}{1+\beta_1[L]+\beta_2[L]^2+\cdots+\beta_n[L]^n}$$

$$\delta_{ML_2} = \frac{[ML_2]}{c_M} = \frac{\beta_2[L]^2}{1+\beta_1[L]+\beta_2[L]^2+\cdots+\beta_n[L]^n}$$

$$\vdots$$

$$\delta_{ML_n} = \frac{[ML_n]}{c_M} = \frac{\beta_n[L]^n}{1+\beta_1[L]+\beta_2[L]^2+\cdots+\beta_n[L]^n} \tag{5-2}$$

可见,络合体系的分布分数具有与酸碱体系完全相同的特点,即各分布分数之和等于 1;分布分数与总浓度 c_M 无关,除了与络合平衡常数有关外,仅是[L]的函数;同一体系各分布分数表达式中的分母均相同,分子仅是其中的某一项。

如果将酸碱分布分数也用累积稳定常数 β 表示,其表达式与络合分布分数非常相似。以二元酸 H_2B 为例,其原来的分布分数表达式为

$$\delta_{H_2B} = \frac{[H^+]^2}{[H^+]^2+K_{a_1}[H^+]+K_{a_1}K_{a_2}}$$

$$\delta_{HB^-} = \frac{K_{a_1}[H^+]}{[H^+]^2+K_{a_1}[H^+]+K_{a_1}K_{a_2}}$$

$$\delta_{B^{2-}} = \frac{K_{a_1}K_{a_2}}{[H^+]^2+K_{a_1}[H^+]+K_{a_1}K_{a_2}}$$

若将 H_2B 的解离表示为 B^{2-} 与 H^+ 的形成或“络合”,则相应的反应方程式和逐级稳定常数分别为

$$B^{2-}+H^+ \rightleftharpoons HB^- \qquad K_1 = \frac{[HB^-]}{[H^+][B^{2-}]} = \frac{1}{K_{a_2}}$$

$$HB^-+H^+ \rightleftharpoons H_2B \qquad K_2 = \frac{[H_2B]}{[H^+][HB^-]} = \frac{1}{K_{a_1}}$$

引入逐级累积稳定常数,则

$$\beta_1 = K_1 = \frac{1}{K_{a_2}}$$

$$\beta_2 = K_1K_2 = \frac{1}{K_{a_1}K_{a_2}}$$

代入上述分布分数表达式,可得

$$\delta_{H_2B} = \frac{\beta_2[H^+]^2}{1+\beta_1[H^+]+\beta_2[H^+]^2}$$

$$\delta_{HB^-} = \frac{\beta_1[H^+]}{1+\beta_1[H^+]+\beta_2[H^+]^2}$$

$$\delta_{B^{2-}}=\frac{1}{1+\beta_1[H^+]+\beta_2[H^+]^2}$$

对于 ML_n 络合体系，当[L]不同时，可求得相应各型体的分布分数 δ_i。若以 lg[L]或 pL = -lg[L]为横坐标，以各型体的分布分数 δ_i 为纵坐标，作 δ_i-lg[L]图或 δ_i-pL 图，即可得到该体系的分布分数图。例如，Cu^{2+} 与 NH_3 的络合反应为

$$Cu^{2+}+NH_3 \rightleftharpoons Cu(NH_3)^{2+} \qquad K_1=10^{4.13}$$

$$Cu(NH_3)^{2+}+NH_3 \rightleftharpoons Cu(NH_3)_2^{2+} \qquad K_2=10^{3.48}$$

$$Cu(NH_3)_2^{2+}+NH_3 \rightleftharpoons Cu(NH_3)_3^{2+} \qquad K_3=10^{2.87}$$

$$Cu(NH_3)_3^{2+}+NH_3 \rightleftharpoons Cu(NH_3)_4^{2+} \qquad K_4=10^{2.11}$$

根据式(5-1)可以计算得到 $\lg\beta_1 \sim \lg\beta_4$ 分别为 4.13，7.61，10.48 和 12.59，再根据式(5-2)计算出在不同的游离氨的浓度$[NH_3]$(以 $p[NH_3]$表示)时，Cu^{2+} 和铜氨络合物各型体的分布分数 δ_i，得到该络合体系的分布分数图(图 5-1)。

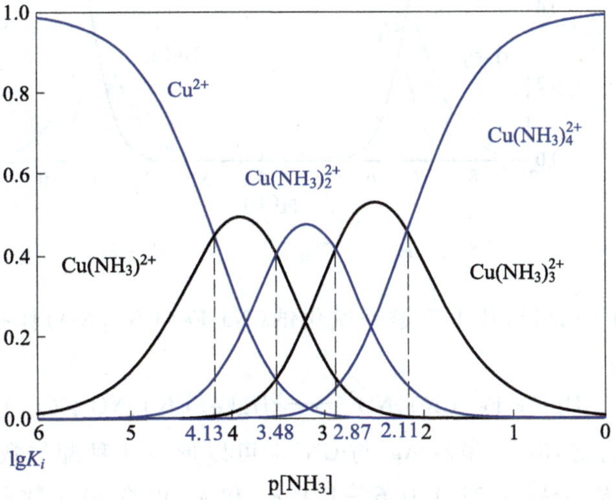

图 5-1　Cu(Ⅱ)-NH_3 络合体系的分布分数图

图 5-1 中铜氨络合物各种型体的分布与多元弱酸溶液中各种型体的分布相似，随着 $p[NH_3]$的减小(即$[NH_3]$的增大)，Cu^{2+} 与 NH_3 逐渐生成配位数更高的络合物。相邻两级络合物分布系数曲线的交点所对应的 $p[NH_3]$为该两级络合物相关的 $\lg K_i$。由于铜氨络合物的各相邻逐级稳定常数比较接近($\lg K_1 \sim \lg K_4$ 分别为4.13，3.48，2.87 和 2.11)，当$[NH_3]$在相当大的范围内变化时，都是有几种络合物型体同时存在，没有一种占绝对优势。

5-1-4　络合剂

无机络合剂(如：NH_3，：Cl^-，：OH^- 等)一般为单基配体，仅能提供一对可供配位的孤对电子。而金属离子的可接受孤对电子的空轨道数通常都大于 1，在水溶液中很容易与无机络合剂形成多种配位数不同的络合物。如果逐级稳定常数相差较小，且总稳定常数不足够大，则络合反应无法按照唯一的反应方程式进行，因此无机络合剂一般不适合作滴定剂。

但氰量法和汞量法是两个例外。汞量法是用 Hg^{2+} 滴定 Cl^-，其基础是二者的络合反应。虽然 Hg^{2+} 与 Cl^- 可以形成配位数从 1∶1 到 1∶4 的 4 种络合物，$\lg K_1 \sim \lg K_4$ 分别为 6.74，6.48，0.85，1.00，但由于 K_2 和 K_3 相差 5 个数量级，因此在一个相当宽的 $[Cl^-]$ 的范围内（$10^{-5} \sim 10^{-3}$ mol·L^{-1}），$HgCl_2$ 型体占绝对优势，其分布分数几乎等于 1。故实际上络合物只以 $HgCl_2$ 这一种型体稳定存在，反应按唯一的方程式进行，故可以用 Hg^{2+} 滴定 Cl^-：

$$Hg^{2+} + 2Cl^- \xlongequal{} HgCl_2$$

图 5-2 为 Hg^{2+}-Cl^- 络合体系的分布分数图，从中可以更加直观地观察到这一点。

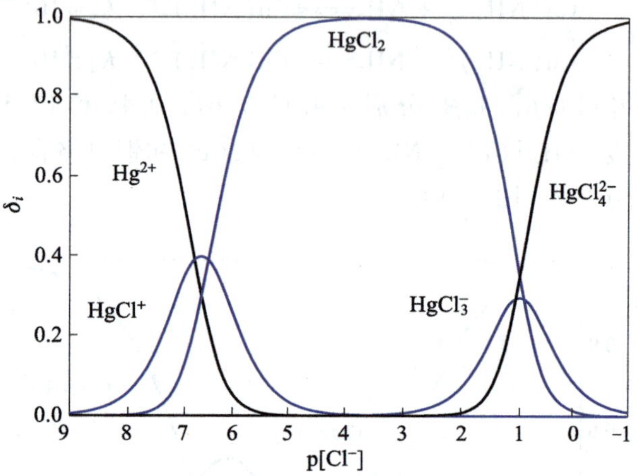

图 5-2 Hg^{2+}-Cl^- 络合体系的分布分数图

当以 Hg^{2+} 滴定 Cl^- 时，可以用亚硝酰铁氰化钠（$Na_2Fe(CN)_5NO$）作指示剂，以刚形成白色沉淀为滴定终点，反应为

$$Hg^{2+} + Fe(CN)_5NO^{2-} \xlongequal{} HgFe(CN)_5NO\downarrow \text{（白）}$$

氰量法是用 Ag^+ 滴定 CN^-。虽然 Ag^+ 与 CN^- 也可以形成 4 种配位数不同的络合物，但 Ag^+-CN^- 络合物的 $\lg K_2 \sim \lg K_4$ 分别为 21.1，0.6，-1.1，K_2 和 K_3 相差 20 个数量级，$Ag(CN)_2^-$ 型体占绝对优势，其分布分数几乎等于 1。故实际上络合物以 $Ag(CN)_2^-$ 这一种型体稳定存在，反应按照唯一的方程式进行：

$$Ag^+ + 2CN^- \xlongequal{} Ag(CN)_2^-$$

当用 Ag^+ 滴定 CN^- 时，以溶液发生混浊指示滴定终点：

$$Ag^+ + Ag(CN)_2^- \xlongequal{} 2AgCN \quad \text{或} \quad Ag[Ag(CN)_2]\downarrow \text{（白）}$$

有机络合剂多为多基配体，一个配体分子中有 2 对及 2 对以上的可供配位的孤对电子，与金属离子发生络合反应时常可形成配位比低的具有环状结构的螯合物，稳定性好。

络合滴定中常用的有机多基配体是氨羧络合剂（complexone），即具有氨基二乙酸基 $[—N(CH_2COOH)_2]$ 的络合剂。一个氨基二乙酸基有一个氨氮配位原子和两个羧氧配位原子，可以与金属离子组成两个稳定的五元环，即形成螯合物。而络合滴定中所采用的氨羧络合剂通常含有两个氨基二乙酸基，即可提供 6 个配位原子，因而可以基本满足金属离子的全部配位要求，故通常形成 1∶1 的络合物，这非常有利于定量滴定。

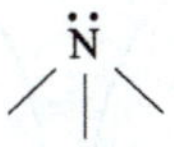

氨氮

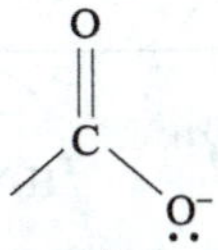

羧氧

在氨羧络合剂中，最有代表性且应用最广泛的是乙二胺四乙酸。

5-2 乙二胺四乙酸

5-2-1 结构与性质

乙二胺四乙酸(ethylene diamine tetra-acetic acid)简称 EDTA，其结构式为

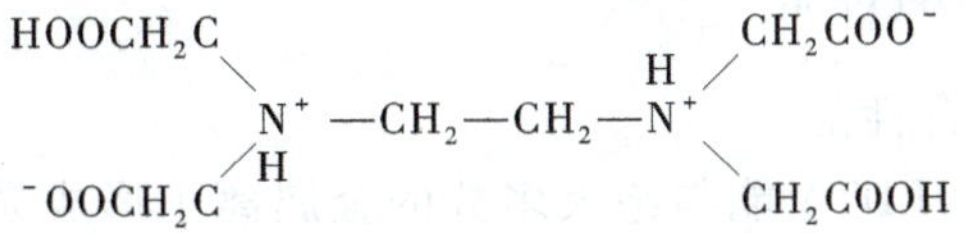

EDTA 的中性分子是四元酸，常用 H_4Y 表示，在水溶液中，互为对角线的两个羧基上的 H^+ 会转移到氮原子上，形成上述双偶极离子。在强酸性溶液中，双偶极离子中的两个羧酸根可以再各接受一个质子，形成 H_6Y^{2+}。故 EDTA 实际上是一个六元酸，其六级解离常数及其对应的稳定常数与累积稳定常数见表 5-1。

表 5-1 EDTA 的解离常数 K_{a_i}、稳定常数 K_i 和累积稳定常数 β_i(20 ℃, I=0.1 mol·kg^{-1})

K_{a_i}	K_{a_1}	K_{a_2}	K_{a_3}	K_{a_4}	K_{a_5}	K_{a_6}
	$10^{-0.9}$	$10^{-1.6}$	$10^{-2.07}$	$10^{-2.75}$	$10^{-6.24}$	$10^{-10.34}$
K_i	K_1	K_2	K_3	K_4	K_5	K_6
	$10^{10.34}$	$10^{6.24}$	$10^{2.75}$	$10^{2.07}$	$10^{1.6}$	$10^{0.9}$
β_i	β_1	β_2	β_3	β_4	β_5	β_6
	$10^{10.34}$	$10^{16.58}$	$10^{19.33}$	$10^{21.4}$	$10^{23.0}$	$10^{23.9}$

故在水溶液中 EDTA 能以 H_6Y^{2+}, H_5Y^+, H_4Y, H_3Y^-, H_2Y^{2-}, HY^{3-}和 Y^{4-} 7 种型体存在。EDTA 各型体在不同 pH 下的分布分数曲线如图 5-3 所示。由图可见，只有在 pH<1 的强酸性溶液中，EDTA 才主要以 H_6Y^{2+} 型体存在；在 pH>10.5 时，主要以酸根 Y^{4-} 型体存在，该型体与金属离子形成的络合物最为稳定。因此，溶液的 pH 成为影响络合物稳定性的重要因素之一。

EDTA 中性分子在水中的溶解度较小(0.2 g·L^{-1}, 22 ℃)。市售试剂是 EDTA 的二钠盐($Na_2H_2Y\cdot 2H_2O$)，在水中的溶解度较大(111 g·L^{-1}, 22 ℃)，约为 0.3 mol·L^{-1}，故 EDTA 溶液通常以其二钠盐配制，主要型体为 H_2Y^{2-}(pH 约为 4.5)。

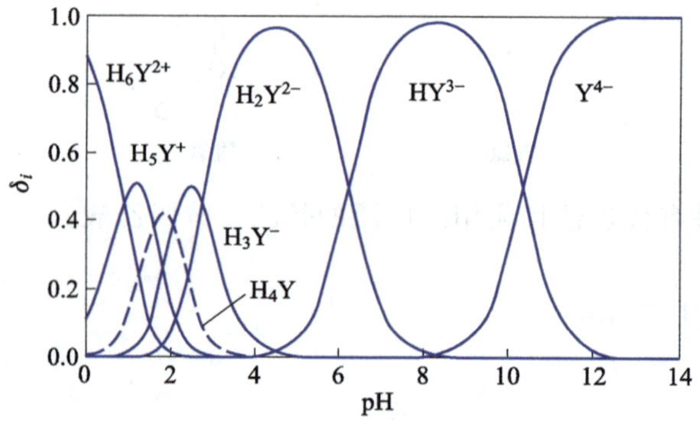

图 5-3 EDTA 各型体在不同 pH 下的分布分数曲线

5-2-2 EDTA 络合物的特点

1. EDTA 具有广泛的络合性能

除了一价的碱金属以外,EDTA 能与绝大多数的金属离子形成易溶性的络合物,并且反应速率大多较快。这为在络合滴定中 EDTA 的普遍应用提供了可能,但同时也造成了其选择性较差的缺点。

2. 络合比简单

EDTA 分子包含两个氨基二乙酸基,可提供 6 个配位原子,而金属离子的配位数均不超过 8,故绝大多数条件下 EDTA 与金属离子可以形成唯一的 1∶1 型络合物,这为将 EDTA 与金属离子的络合反应用于定量滴定提供了可能。

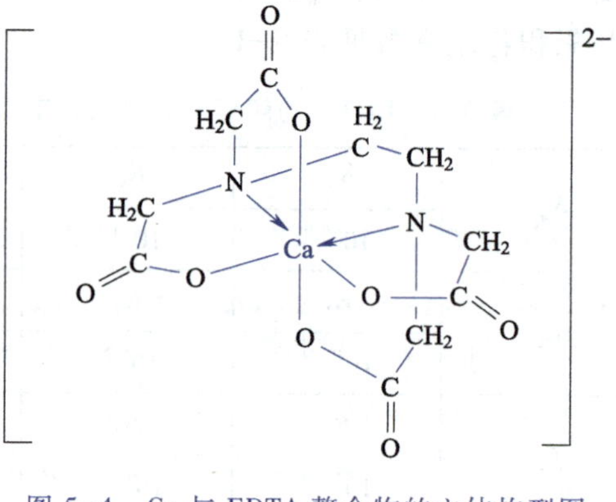

图 5-4 Ca 与 EDTA 螯合物的立体构型图

3. 络合物稳定性高

由于 EDTA 包含 6 个配位原子,与金属离子络合后可以形成 5 个五元环(图 5-4),故其络合物又被称为螯合物,通常都非常稳定。常见的金属离子与 EDTA 形成的络合物的稳定常数见附录—附表 4。

4. 与无色的金属离子形成无色的络合物

这十分有利于用指示剂确定滴定终点。但 EDTA 与有色的金属离子往往形成颜色更深的络合物,如 CuY^{2-} 为深蓝色,NiY^{2-} 为蓝色,CrY^{-} 为深紫色,FeY^{-} 为黄色,CoY^{2-} 和 MnY^{2-} 均为紫红色,这对滴定时采用指示剂确定终点不利。因此当滴定这些金属离子时,应尽量控制其浓度不要过大,避免颜色过深。

由于 EDTA 的上述特点,EDTA 成为络合滴定中最重要的“专用”络合剂和滴定剂。通常所说的络合滴定,如不做特别说明,滴定剂均采用 EDTA。

为表述的简便,通常均略去离子的电荷,如以 Y 表示 EDTA 的酸根,以 M 表示金属离子,而以 MY 表示它们的络合物。

5-3　副反应系数和条件稳定常数

5-3-1　络合滴定反应的复杂性

在络合滴定中，通常是用 EDTA（Y）滴定金属离子 M 并生成产物 MY。但是，Y 与 M 的反应只是我们所希望发生的主反应，实际上，还可能存在着众多的副反应，如下列方程式所示：

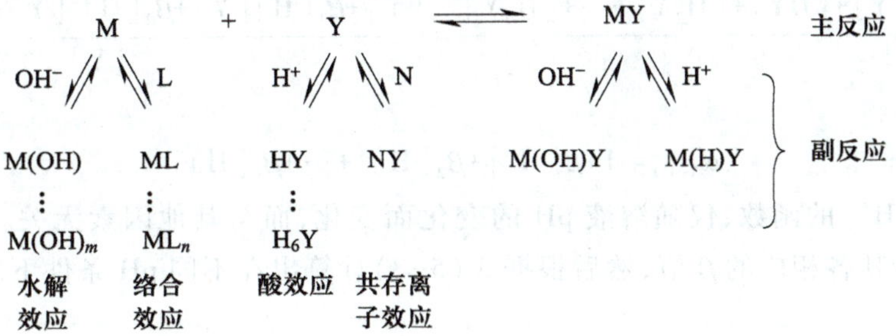

如金属离子 M 可以与溶液中的其他络合剂 L 发生副反应，而这里 L 可能来源于在滴定过程中所加入的缓冲剂或掩蔽剂；在碱性条件下，M 可能与 OH^- 生成各级羟基络合物直至 $M(OH)_m$；溶液中共存的其他金属离子 N 也往往与 Y 络合生成 NY；水溶液中的 H^+ 则可能与 Y 结合生成从 HY 到 H_6Y 的各级 EDTA 酸，等等。络合副反应是普遍存在的，即使溶液中不存在其他络合剂 L 和干扰金属离子 N，水溶液中 H^+ 和 OH^- 的存在也是不可避免的。

除了反应物 M 和 Y，上述主反应的产物 MY 也可能发生副反应，生成 MHY 或 MOHY。但通常 MY 的副反应趋势较弱，且只有在 pH 很低时才生成 MHY，在 pH 很高时才生成 MOHY。故本书只考虑反应物 M 和 Y 的副反应，而忽略产物 MY 的副反应。

在络合滴定中不但要考虑 M 与 Y 的主反应本身的情况，还要考虑各种副反应对主反应的影响，即要同时考虑主反应和副反应等多个平衡关系，这使得络合滴定反应的理论处理变得十分复杂。

1963 年，芬兰的分析化学家林邦（Ringbom）提出了副反应系数和条件稳定常数的概念，发展起一套处理络合滴定的理论，非常巧妙地解决了由于发生副反应给络合滴定处理带来的困难和挑战。

5-3-2　Y 的副反应系数 α_Y

1. α_Y 的定义

定义 Y 的副反应系数（side reaetion coefficient）为

$$\alpha_Y = \frac{[Y']}{[Y]}$$

这里 [Y] 是 EDTA 酸根 Y 的平衡浓度，[Y′] 是未与 M 络合的 Y 的各种型体平衡浓度的总和。

假设 Y 只发生了与 H^+ 和 N 的副反应，则

$$c_Y = [Y] + [HY] + [H_2Y] + \cdots + [H_6Y] + [NY] + [MY]$$

由于这里 $[Y']=[Y]+[HY]+[H_2Y]+\cdots+[H_6Y]+[NY]$，故有 $c_Y=[Y']+[MY]$。

如无任何副反应发生，则 $[Y']=[Y]$，$\alpha_Y=1$；如有副反应发生，必有 $[Y']>[Y]$，$\alpha_Y>1$。故 Y 的副反应系数有意义的取值范围为 $\alpha_Y\geqslant 1$。这里 α_Y 越大，Y 的副反应越严重；α_Y 越小，Y 的副反应的影响越小。α_Y 定量反映了 Y 的副反应进行的程度。

2. α_Y 的计算

（1）$\alpha_{Y(H)}$ $\alpha_{Y(H)}$ 又称酸效应系数，是假设 Y 只发生与 H^+ 的副反应时的副反应系数。根据副反应系数的定义，

$$\alpha_{Y(H)}=\frac{[Y']}{[Y]}=\frac{[Y]+[HY]+[H_2Y]+\cdots+[H_6Y]}{[Y]}=\frac{[Y]+\beta_1[H][Y]+\beta_2[H]^2[Y]+\cdots+\beta_6[H]^6[Y]}{[Y]}$$

故有

$$\alpha_{Y(H)}=1+\beta_1[H]+\beta_2[H]^2+\cdots+\beta_6[H]^6 \tag{5-3}$$

可见，$\alpha_{Y(H)}$ 只是 $[H^+]$ 的函数，仅随溶液 pH 的变化而变化，而与其他因素无关。可以根据 EDTA 的各 K_a 值换算出其各相应的 β 值，然后根据式(5-3)计算出在不同 pH 条件下的 $\lg\alpha_{Y(H)}$ 值，见附录一附表 5。

（2）$\alpha_{Y(N)}$ $\alpha_{Y(N)}$ 又称共存离子效应系数，是假设 Y 只发生与 N 的副反应时的副反应系数。根据副反应系数的定义，

$$\alpha_{Y(N)}=\frac{[Y']}{[Y]}=\frac{[Y]+[NY]}{[Y]}=\frac{[Y]+K_{NY}[N][Y]}{[Y]}=1+K_{NY}[N]$$

也可以表示为

$$\alpha_{Y(N)}=1+\beta_1[N] \tag{5-4}$$

可见，$\alpha_{Y(N)}$ 只是 $[N]$ 的函数。

（3）总副反应系数 α_Y 假设 Y 既与 H^+ 又与 N 发生了副反应，则

$$\begin{aligned}\alpha_Y&=\frac{[Y']}{[Y]}=\frac{[Y]+[HY]+[H_2Y]+\cdots+[H_6Y]+[NY]}{[Y]}\\&=\frac{[Y]+[HY]+[H_2Y]+\cdots+[H_6Y]}{[Y]}+\frac{[Y]+[NY]}{[Y]}-\frac{[Y]}{[Y]}\\&=\alpha_{Y(H)}+\alpha_{Y(N)}-1\end{aligned}$$

即可以根据 $\alpha_{Y(H)}$ 和 $\alpha_{Y(N)}$ 的值计算出总副反应系数 α_Y。同理，如果 Y 有 p 个副反应同时发生，则总副反应系数：

$$\alpha_Y=\alpha_{Y_1}+\alpha_{Y_2}+\cdots+\alpha_{Y_p}-(p-1) \tag{5-5}$$

5-3-3 M 的副反应系数 α_M

1. α_M 的定义

$$\alpha_M=\frac{[M']}{[M]}$$

这里 $[M]$ 是游离金属离子 M 的平衡浓度，$[M']$ 是未与 Y 络合的 M 的各种型体平衡浓度的总和。

假设 M 只发生了与 OH^- 和 L 的副反应，则

$$c_M=[M]+[ML]+\cdots+[ML_n]+[M(OH)]+\cdots+[M(OH)_m]+[MY]$$

由于这里$[M']=[M]+[ML]+\cdots+[ML_n]+[M(OH)]+\cdots+[M(OH)_m]$，故有 $c_M=[M']+[MY]$。

如无任何副反应发生，则$[M']=[M]$，$\alpha_M=1$；如有副反应发生，必有$[M']>[M]$，$\alpha_M>1$。故 M 的副反应系数有意义的取值范围为 $\alpha_M\geqslant 1$。这里 α_M 越大，M 的副反应越严重；α_M 越小，M 的副反应的影响越小。α_M 定量反映了 M 的副反应进行的程度。

2. α_M 的计算

α_M 的计算与 α_Y 的计算类似。假设 M 既与 OH^- 又与 L 发生了副反应，则总副反应系数为

$$\alpha_M=\frac{[M']}{[M]}=\frac{[M]+[M(OH)]+\cdots+[M(OH)_m]+[ML]+\cdots+[ML_n]}{[M]}$$

$$=\frac{[M]+[M(OH)]+\cdots+[M(OH)_m]}{[M]}+\frac{[M]+[ML]+\cdots+[ML_n]}{[M]}-\frac{[M]}{[M]}$$

$$=\alpha_{M(OH)}+\alpha_{M(L)}-1$$

这里 $\alpha_{M(OH)}$ 为假设 M 只发生与 OH^- 的副反应时的副反应系数，又称水解效应系数，$\alpha_{M(L)}$ 为假设 M 只发生与 L 的副反应时的副反应系数，又称络合效应系数。其中

$$\alpha_{M(OH)}=1+\beta_1[OH]+\beta_2[OH]^2+\cdots+\beta_m[OH]^m \tag{5-6}$$

$\alpha_{M(OH)}$ 只是$[OH^-]$的函数，仅随溶液 pH 的改变而改变。不同金属离子 M 在不同 pH 之下的 $\lg\alpha_{M(OH)}$ 值列于附录一附表 6。

$$\alpha_{M(L)}=1+\beta_1[L]+\beta_2[L]^2+\cdots+\beta_n[L]^n \tag{5-7}$$

$\alpha_{M(L)}$ 只是$[L]$的函数。

同理，如果 M 有 q 个副反应同时发生，则总副反应系数为

$$\alpha_M=\alpha_{M_1}+\alpha_{M_2}+\cdots+\alpha_{M_q}-(q-1) \tag{5-8}$$

5-3-4 条件稳定常数

由于 M′是除了主反应产物 MY 以外所有 M 的各种型体的总和，Y′是除了主反应产物 MY 以外所有 Y 的各种型体的总和，则包括各种副反应的复杂的 M 与 Y 的络合滴定反应体系可以简化表示为

$$M'+Y'\rightleftharpoons MY$$

相应的平衡常数为条件稳定常数(conditional stability constant)，即

$$K'_{MY}=\frac{[MY]}{[M'][Y']}$$

由于

$$\alpha_M=\frac{[M']}{[M]}\qquad [M']=\alpha_M[M]$$

$$\alpha_Y=\frac{[Y']}{[Y]}\qquad [Y']=\alpha_Y[Y]$$

则

$$K'_{MY}=\frac{[MY]}{[M'][Y']}=\frac{[MY]}{[M][Y]}\cdot\frac{1}{\alpha_M\alpha_Y}=\frac{K_{MY}}{\alpha_M\alpha_Y}$$

或

$$\lg K'_{MY}=\lg K_{MY}-\lg\alpha_M-\lg\alpha_Y \tag{5-9}$$

如果没有发生任何副反应，则 $\alpha_M=\alpha_Y=1$，必有 $K'_{MY}=K_{MY}$；如果 M 或 Y 发生了副反应，则 $\alpha_M>1$ 或 $\alpha_Y>1$，于是 $K'_{MY}<K_{MY}$，即总有 $K'_{MY}\leqslant K_{MY}$。当有副反应发生时，主反应的完全程度要降低，但 K_{MY} 值并不改变，因为 K_{MY} 是浓度常数，当温度与离子强度一定时是定值，不随副反应发生与否或发生的程度而改变。因此稳定常数 K_{MY} 无法反映在有副反应发生时主反应实际进行的完全程度。而 K'_{MY} 值的大小则与副反应进行的程度直接相关。根据式(5-9)，副反应越严重，Y 和 M 的副反应系数 α_Y 和 α_M 就越大，K'_{MY} 值就越小，越偏离 K_{MY}，故 K'_{MY} 定量反映了当有副反应发生时主反应实际进行的完全程度。另外，副反应系数 α 是 pH、游离络合剂 L 的浓度[L]、游离干扰金属离子 N 的浓度[N]等因素的函数，只有当各种条件一定时，α 才为定值，K'_{MY} 才是常数，故 K'_{MY} 被称为条件稳定常数。

例 5-1 请分别计算当溶液的 pH 为(1) 10.0；(2) 11.0 和(3) 12.0，$[NH_3]=0.10\ mol\cdot L^{-1}$ 时的 $\lg K'_{ZnY}$ 值。已知 $Zn-NH_3$ 络合物的 $\lg\beta_1\sim\lg\beta_4$ 分别是 2.27，4.61，7.01 和 9.06，$\lg K_{ZnY}=16.50$。

解：

$$\alpha_{Zn(NH_3)}=1+\beta_1[NH_3]+\beta_2[NH_3]^2+\cdots+\beta_4[NH_3]^4$$
$$=1+10^{1.27}+10^{2.61}+10^{4.01}+10^{5.06}=10^{5.10}$$

(1) 当 pH=10.0 时，查附录一附表 6，$\lg\alpha_{Zn(OH)}=2.4$，则

$$\alpha_{Zn}=\alpha_{Zn(OH)}+\alpha_{Zn(NH_3)}-1=10^{2.4}+10^{5.10}-1=10^{5.10}$$

当 pH=10.0 时，查附录一附表 5，$\lg\alpha_Y=\lg\alpha_{Y(H)}=0.45$，故

$$\lg K'_{ZnY}=\lg K_{ZnY}-\lg\alpha_{Zn}-\lg\alpha_Y=16.50-5.10-0.45=10.95$$

(2) 当 pH=11.0 时，查附录一附表 6，$\lg\alpha_{Zn(OH)}=5.4$

$$\alpha_{Zn}=\alpha_{Zn(OH)}+\alpha_{Zn(NH_3)}-1=10^{5.4}+10^{5.10}-1=10^{5.6}$$

当 pH=11.0 时，查附录一附表 5，$\lg\alpha_Y=\lg\alpha_{Y(H)}=0.07$，故

$$\lg K'_{ZnY}=\lg K_{ZnY}-\lg\alpha_{Zn}-\lg\alpha_Y=16.50-5.6-0.07=10.83$$

(3) 当 pH=12.0 时，查附录一附表 6，$\lg\alpha_{Zn(OH)}=8.5$

$$\alpha_{Zn}=\alpha_{Zn(OH)}+\alpha_{Zn(NH_3)}-1=10^{8.5}+10^{5.10}-1=10^{8.5}$$

当 pH=12.0 时，查附录一附表 5，$\lg\alpha_Y=\lg\alpha_{Y(H)}=0.01$，故

$$\lg K'_{ZnY}=\lg K_{ZnY}-\lg\alpha_{Zn}-\lg\alpha_Y=16.50-8.5-0.01=7.99$$

5-4 络合滴定法的基本原理

5-4-1 络合滴定曲线

1. 滴定曲线方程

络合滴定曲线就是 $pM'-\phi$ 关系曲线，这里 $pM'=-\lg[M']$，ϕ 为滴定分数。络合滴定曲线反映了滴定过程中[M']或 pM'的变化。

设在一定条件下，用浓度为 c_Y 的 EDTA 滴定浓度为 c_M，体积为 V_0 的金属离子 M，当滴定到某一时刻，EDTA 消耗的体积为 V，此时的[M']与 ϕ 的关系式即为该体系的滴定曲线方程。

滴定反应为

$$Y'+M' \rightleftharpoons MY$$

体系的 MBE 为

$$[M']+[MY]=\frac{c_M V_0}{V+V_0} \quad [Y']+[MY]=\frac{c_Y V}{V+V_0} \tag{5-10}$$

$$K'_{MY}=\frac{[MY]}{[M'][Y']} \tag{5-11}$$

假设在整个滴定过程中条件保持不变,则条件稳定常数 K'_{MY} 在整个滴定过程中为定值。

滴定分数为

$$\phi=\frac{c_Y V}{c_M V_0} \tag{5-12}$$

结合式(5-10)、式(5-11)和式(5-12),可推导出

$$K'_{MY}(c_Y+c_M\phi)[M']^2+[c_Mc_YK'_{MY}(\phi-1)+c_M\phi+c_Y][M']-c_Mc_Y=0 \tag{5-13}$$

式(5-13)即为络合滴定的滴定曲线方程,是求算[M′]的精确式。在一定的滴定条件下,K'_{MY},c_M 和 c_Y 均为定值,于是[M′]仅为 ϕ 的函数。给定一个 ϕ,即可由式(5-13)解得相应的[M′]值,进而换算成 pM′,由此可绘制出 pM′-ϕ 滴定曲线。

滴定曲线方程具有普遍的适用性,不但适用于滴定过程的各个阶段,还适用于 M 与 Y 的各种浓度。由于滴定曲线方程仅用一个数学表达式就描述了整个滴定过程中的[M′]变化,因此适用于利用计算机进行计算。

2. 近似计算滴定曲线

通过近似计算的方法计算络合滴定曲线,虽然不具有普遍性,但简便易行,在通常情况下能满足准确度的要求,因而比较实用。与酸碱滴定中近似计算滴定曲线的基本原理一致,在此将不再具体解释如何进行络合滴定曲线的近似计算,仅简单介绍主要思路。可以将 Y 滴定 M 的过程分成 4 个阶段。

(1) 滴定前($\phi=0$) 此时体系就是 M′体系,可以根据金属离子的起始浓度计算[M′]。

(2) 滴定开始到化学计量点前($0<\phi<1$) 此时由于体系中仍有剩余的金属离子,相当于 M′+MY体系。考虑到 K'_{MY} 通常较大,MY 的解离所贡献的 M′很小,可以近似认为体系仍是单纯的 M′体系,只是其分析浓度应该是剩余的金属离子的浓度。

(3) 化学计量点($\phi=1$) 此时体系中既没有剩余的 M,也没有过量的 Y,相当于 MY 体系,其[M′]的计算将在下面专门讨论。

(4) 化学计量点后($\phi>1$) 此时由于体系中存在过量的 Y,相当于 MY+Y′体系。考虑到 K'_{MY} 通常较大,MY 的解离所贡献的 Y′很小,可近似认为体系是单纯的 Y′体系,只是其分析浓度应该是过量的 EDTA 的浓度。当计算出[Y′]以后,可由下式近似计算出[M′]。

$$[M']=\frac{[MY]}{K'_{MY}[Y']}\approx\frac{c'_M}{K'_{MY}[Y']}$$

这里

$$c'_M=\frac{c_M V_0}{V+V_0}$$

5-4-2　化学计量点 pM'_{sp} 的近似计算

化学计量点时,体系中既没有多余的 M′也没有过量的 Y′,全部 M′和 Y′都是由 MY 解离产生的,故有 $[M']_{sp}=[Y']_{sp}$。在通常情况下,MY 都比较稳定,即 K'_{MY} 比较大,化学计量点时 MY 的解离所贡献的[M′]很小,因此可作近似处理:

$$c_M^{sp}=[M']_{sp}+[MY]_{sp}\approx[MY]_{sp}$$

于是

$$K'_{MY}=\frac{[MY]_{sp}}{[M']_{sp}[Y']_{sp}}=\frac{c_M^{sp}}{[M']_{sp}^2}$$

$$[M']_{sp}=\sqrt{\frac{c_M^{sp}}{K'_{MY}}} \tag{5-14}$$

或

$$pM'_{sp}=\frac{1}{2}(\lg K'_{MY}+pc_M^{sp}) \tag{5-15}$$

这里 c_M^{sp} 为 M 在化学计量点时的分析浓度,其与 M 的起始浓度 c_M 的关系为

$$c_M^{sp}=\frac{c_M V_0}{V_{sp}+V_0}$$

式(5-14)和式(5-15)都可以认为是计算化学计量点时的[M′]和 pM′的最简式。

例 5-2　在 pH=10.00,$[NH_3]=0.20\ mol\cdot L^{-1}$条件下,以 $2.00\times10^{-2}\ mol\cdot L^{-1}$ EDTA 滴定相同浓度的 Cu^{2+},求算化学计量点时的 pCu′,pY′,pCu 和 pY。

解: 铜氨络合物的 $\lg\beta_1\sim\lg\beta_4$ 为 4.13,7.61,10.48 和 12.59,$\lg K_{CuY}=18.80$。

先计算 α_{Cu}。当 pH=10.0 时,查附录一附表 6,$\lg\alpha_{Cu(OH)}=1.7$。

在化学计量点时 $[NH_3]=0.10\ mol\cdot L^{-1}$,故

$$\alpha_{Cu(NH_3)}=1+\beta_1[NH_3]+\beta_2[NH_3]^2+\cdots+\beta_4[NH_3]^4$$
$$=1+10^{3.13}+10^{5.61}+10^{7.48}+10^{8.59}=10^{8.62}$$
$$\alpha_{Cu}=\alpha_{Cu(OH)}+\alpha_{Cu(NH_3)}-1=10^{1.7}+10^{8.62}-1=10^{8.62}$$

可见,实际上 NH_3 与 Cu(Ⅱ)的副反应占主导地位。

再计算 α_Y。当 pH=10.0 时,查附录一附表 5,$\lg\alpha_Y=\lg\alpha_{Y(H)}=0.45$。

于是

$$\lg K'_{CuY}=\lg K_{CuY}-\lg\alpha_{Cu}-\lg\alpha_Y$$
$$=18.80-8.62-0.45=9.73$$

化学计量点时,有

$$pCu'_{sp}=\frac{1}{2}(\lg K'_{CuY}+pc_{Cu}^{sp})=\frac{1}{2}(9.73+2.00)=5.86$$

根据 $\alpha_{Cu}=\frac{[Cu']_{sp}}{[Cu]_{sp}}$,则

$$pCu_{sp}=pCu'_{sp}+\lg\alpha_{Cu}=5.86+8.62=14.48$$
$$pY'_{sp}=pCu'_{sp}=5.86$$
$$pY_{sp}=pY'_{sp}+\lg\alpha_Y=5.86+0.45=6.31$$

在化学计量点时总有 $pM'_{sp}=pY'_{sp}$,但通常 $pM_{sp}\neq pY_{sp}$。

5-4-3 直接准确滴定的条件

与一元弱酸或弱碱的滴定类似，影响络合滴定突跃大小的因素有两个，M 与 Y 的浓度（c_M 和 c_Y）和 MY 的条件稳定常数 K'_{MY}。图 5-5 是当 $\lg K'_{MY}=10$ 时，体系浓度对 EDTA 滴定等浓度的 M 的滴定曲线的影响。可见当 $\lg K'_{MY}$一定时，浓度越大，滴定突跃也越大，且这种影响主要表现在化学计量点之前。图 5-6 是 $\lg K'_{MY}$ 对0.010 0 $mol \cdot L^{-1}$ EDTA滴定等浓度的 M 的滴定曲线的影响。可见当体系浓度一定时，$\lg K'_{MY}$越大，滴定突跃也越大。这种影响主要表现在化学计量点之后，这是因为 K'_{MY}越大，滴定反应进行的完全程度也越大，这里 K'_{MY}就是络合滴定反应的平衡常数 K_t。

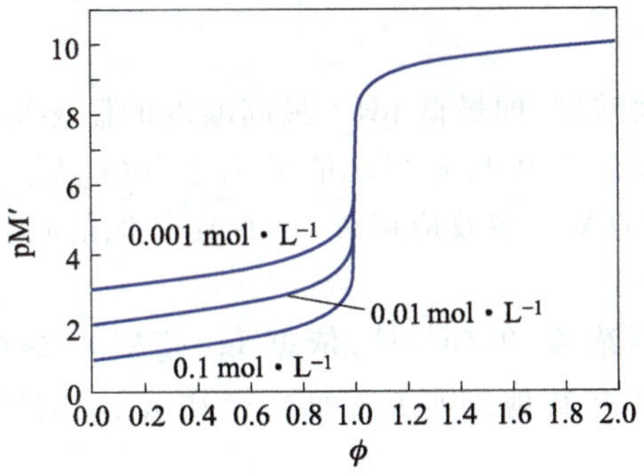

图 5-5 EDTA 滴定等浓度的金属离子 M 的滴定曲线

（$\lg K'_{MY}=10$，Y 与 M 的浓度分别为 0.1 $mol \cdot L^{-1}$，0.01 $mol \cdot L^{-1}$和 0.001 $mol \cdot L^{-1}$）

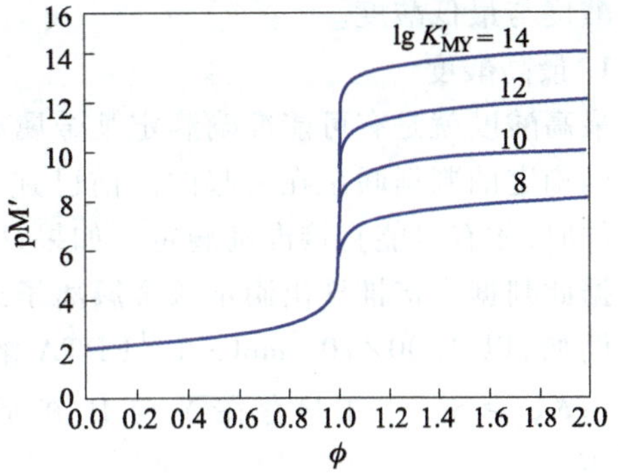

图 5-6 0.010 0 $mol \cdot L^{-1}$ EDTA 滴定等浓度的金属离子 M 的滴定曲线

（$\lg K'_{MY}$分别为 8，10，12，14）

与酸碱滴定类似，当采用指示剂检测络合滴定的终点时，由于人眼辨色能力的局限，对指示剂的颜色变化一般总有最大不超过±0.2 个 pM 单位的不确定性，这就会造成终点观测误差。即使指示剂的变色点与化学计量点完全一致，终点误差等于零，这种由于终点颜色观测的不确定性造成的终点观测误差依然存在。若要求控制其所引起的相对误差在±0.1%之内，则要求滴定体系至少有 0.4 个 pM 单位的滴定突跃，即从 $\phi=0.999$ 变化到 $\phi=1.001$，pM′至少有 0.4 个单位的改变。理论计算结果表明，当乘积 $c_M^{sp}K'_{MY}$一定时，滴定突跃范围的宽度也一定；且滴定突跃的大小仅与乘积 $c_M^{sp}K'_{MY}$有关，$c_M^{sp}K'_{MY}$越大，滴定突跃就越大；只有当该乘积大于等于 10^6 时，滴定突跃才至少有 0.4 个 pM 单位。这里 c_M^{sp} 为金属离子 M 在化学计量点时的分析浓度。由此可得络合滴定能够直接准确滴定的判据为

$$\lg(c_M^{sp}K'_{MY}) \geqslant 6 \tag{5-16}$$

应该指出，该判据不是绝对的、无条件的，而是相对的、有条件的，是在允许误差为±0.1%，终点判断的不确定性为±0.2 个 pM 单位的前提下得到的。如果允许误差的大小不同，或者规定不同的终点判断的不确定性，则该判据也将有所不同。另外，与一元弱酸滴定类似，$\lg(c_M^{sp}K'_{MY}) \geqslant 6$ 这一判据仅表明准确滴定的可能性，并不保证能够实现准确滴定。满足这一判据只能保证终点

观测误差在±0.1%之内，但并不能保证其他误差如终点误差也在±0.1%之内。最后，这一判据是仅对直接准确滴定方式而言的，对于间接滴定或者返滴定方式不适用，故这一判据是准确滴定的必要条件而不是充分条件。

5-4-4　单一金属离子滴定的酸度控制

在各种影响络合滴定的因素中，酸度或 pH 条件是最为重要的。一般来说，如果 pH 太低，EDTA 的酸效应会很严重，将导致 K'_{MY} 过小，滴定突跃过小，因而无法直接准确滴定。而如果 pH 太高，金属离子则可能产生氢氧化物沉淀。由于在滴定过程中这种氢氧化物沉淀或者根本不可能再转化为 EDTA 的络合物，或者虽然可以转化但转化的速率很小，这样都必然严重影响滴定的准确度。因此酸度控制就成为络合滴定中特别需要注意的问题，其中最重要的两个关键点就是最高酸度与最低酸度。

1. 最高酸度

最高酸度就是有可能准确滴定某金属离子的最大酸度，即最低 pH。最高酸度的概念是与直接准确滴定的判据联系在一起的。前已述及，某金属离子 M 只有当其能够满足 $\lg(c_M^{sp}K'_{MY})\geqslant 6$ 的条件时，才有可能直接准确滴定。如果这时除了 EDTA 的酸效应以外，不存在其他的副反应，则可据此判据直接推导出滴定该金属离子的最高酸度。

例如，以 $2.00\times10^{-2}\ mol\cdot L^{-1}$ EDTA 溶液滴定等浓度的 Zn^{2+} 时，依据 $\lg(c_M^{sp}K'_{MY})\geqslant 6$，则要求 $\lg K'_{MY}\geqslant 8$。由于只存在 Y 与 H^+ 的副反应而没有其他副反应，即只存在 $\alpha_{Y(H)}$ 的影响，则要求

$$\lg K'_{MY}=(\lg K_{MY}-\lg\alpha_{Y(H)})\geqslant 8$$

或

$$\lg\alpha_{Y(H)}\leqslant(\lg K_{MY}-8)=16.5-8=8.5$$

即 $\lg\alpha_{Y(H)}$ 的最大允许值为 8.5。而 $\lg\alpha_{Y(H)}$ 又是 pH 的函数，于是与此最大允许的 $\lg\alpha_{Y(H)}$ 相对应的 pH 即为在此条件下滴定 Zn^{2+} 的最高酸度。查附录一附表 5 可知，当 $\lg\alpha_{Y(H)}=8.5$ 时，pH = 4.0。如果溶液的酸度超过这一限度，即其 pH 低于 4.0 时，$\lg\alpha_{Y(H)}$ 将大于 8.5，$\lg K'_{MY}$ 就将小于 8，或 $\lg(c_M^{sp}K'_{MY})$ 就将小于 6，因而达不到准确滴定的要求。所以 pH 4.0 就是滴定 Zn^{2+} 的最高允许酸度或最低 pH。

在络合滴定中，了解滴定各种金属离子的最高酸度对选择适宜的 pH 条件有重要的参考价值。所以通常将金属离子化学计量点浓度 $c_M^{sp}=0.01\ mol\cdot L^{-1}$ 时常见金属离子的最高酸度标在 EDTA 的酸效应曲线上，以供实际工作参考，如图 5-7 所示。

2. 最低酸度

最低酸度就是金属离子开始生成氢氧化物沉淀时的酸度，即最高 pH。

例如，以 $2.00\times10^{-2}\ mol\cdot L^{-1}$ EDTA 溶液滴定同浓度的 Zn^{2+}，$Zn(OH)_2$ 的 $pK_{sp}=15.68$。

根据

$$K_{sp}=[Zn^{2+}][OH^-]^2$$

$$[OH^-]=\sqrt{\frac{K_{sp}}{[Zn^{2+}]}}=\sqrt{\frac{10^{-15.68}}{0.020\ 0}}\ mol\cdot L^{-1}=10^{-7.0}\ mol\cdot L^{-1}$$

故最低酸度为 pH = 7.0。

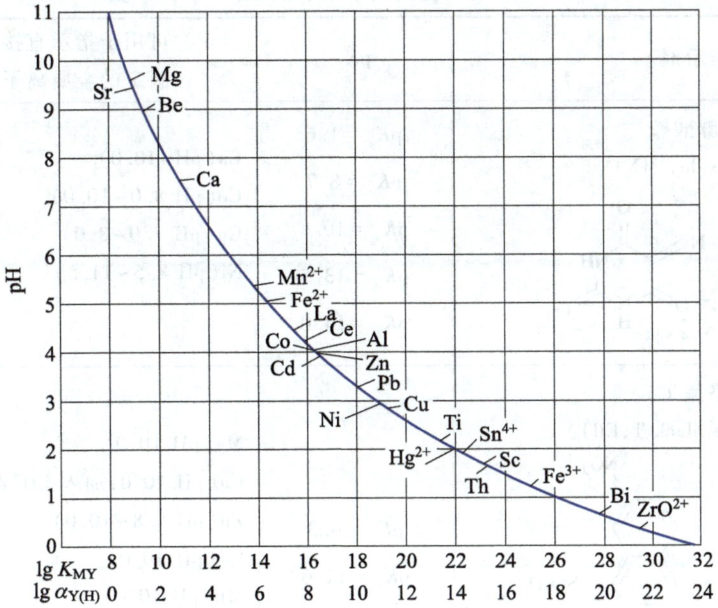

图 5-7 EDTA 滴定金属离子 M 的酸效应曲线和不同 M 的最高酸度

($c_M^{sp}=0.01\ mol\cdot L^{-1}$)

由于最低酸度是金属离子开始生成氢氧化物沉淀时的酸度,计算时应该用 Zn^{2+} 的起始浓度 $0.020\ 0\ mol\cdot L^{-1}$。

于是,滴定 Zn^{2+} 的允许酸度范围为 pH 4.0~7.0。

需要指出的是,虽然此时滴定 Zn^{2+} 的最低酸度为 pH 7.0,但如果在溶液中加入氨水,却可以大大降低滴定 Zn^{2+} 的最低酸度,甚至达到 pH 12,因而极大地扩大了其允许酸度范围。这主要是由于 NH_3 可以与 Zn(Ⅱ)形成锌氨络合物,从而避免了 $Zn(OH)_2$ 沉淀的生成。当然,由于锌氨络合物的形成使得 $\alpha_{Zn(NH_3)}$ 的影响突出起来,会使 $\lg K'_{MY}$ 有所降低,但通常这种影响不是很大,不会从根本上影响 Zn^{2+} 的准确滴定(见例 5-1)。故这里加入的 NH_3 又称为辅助络合剂。在实际滴定中,常常是采用 NH_3-NH_4Cl 缓冲体系来调节被滴定剂的 pH,而其中的 NH_3 又同时起到辅助络合剂的作用。

5-5 金属离子指示剂

5-5-1 作用原理

络合滴定中使用的指示剂称为金属离子指示剂(metal ion indicator),也称金属指示剂(metal indicator)。它们通常都是有机染料,因而具有颜色;又多是多元酸,且在不同的酸度或 pH 下有不同的颜色;还是络合剂,能与金属离子络合,因此可以作为络合滴定的指示剂。

例如,在 pH 10.0 时用 EDTA 滴定 Mg^{2+},常以铬黑 T(eriochrome black T,EBT)为指示剂。EBT 也是三元酸,结构式见表 5-2。

表 5-2 常用的金属离子指示剂、结构和 pK_a 值

指示剂	pK_a	可用于指示直接滴定的金属离子	终点时颜色变化
紫脲酸铵 (murexide, MX) 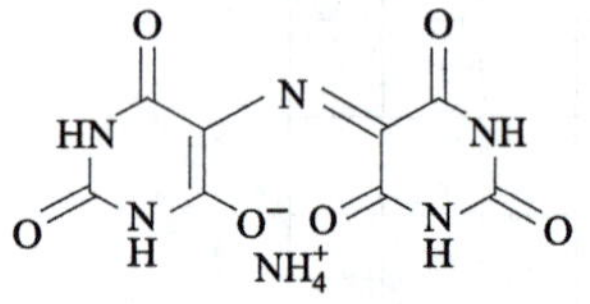	$pK_{a_1}=1.6$ $pK_{a_2}=8.7$ $pK_{a_3}=10.3$ $pK_{a_4}=13.5$ $pK_{a_5}=14.0$	Ca(pH>10.0) Co(pH 8.0~10.0) Cu(pH 7.0~8.0) Ni(pH 8.5~11.5)	红~紫 黄~紫 黄~紫 黄~紫红
铬黑 T (eriochrome black T, EBT) 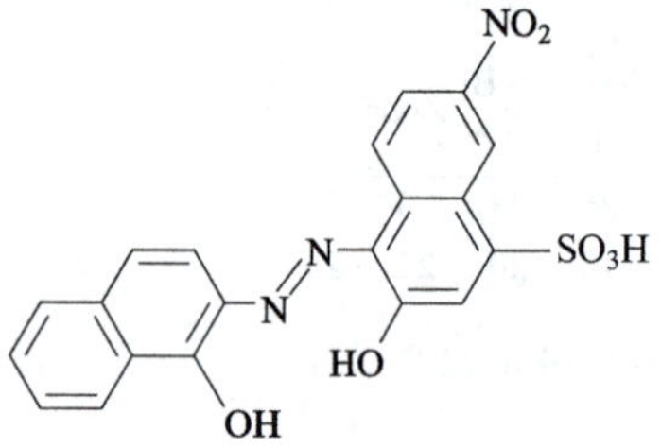	$pK_{a_2}=6.3$ $pK_{a_3}=11.6$	Mg(pH 10.0) Ca(pH 10.0,加入 EDTA-Mg) Zn(pH 6.8~10.0) Cd(pH 10.0) Mn(pH 10.0) Pb(pH 10.0) 稀土金属(pH 10.0)	紫红~蓝
钙指示剂 (calconcarboxylic acid, NN) 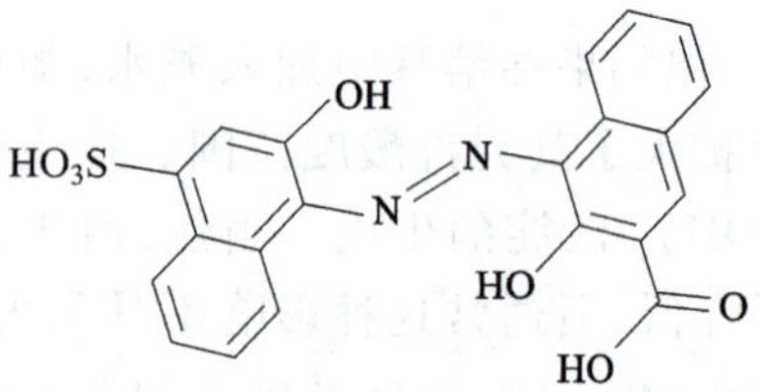	$pK_{a_2}=3.8$ $pK_{a_3}=9.4$ $pK_{a_4}=13.0\sim14.0$	Ca(pH 12.0)	红~蓝
1-(2-吡啶基偶氮)-2-萘酚 [1-(2-pyridyla-zo)-2-naphthol, PAN] 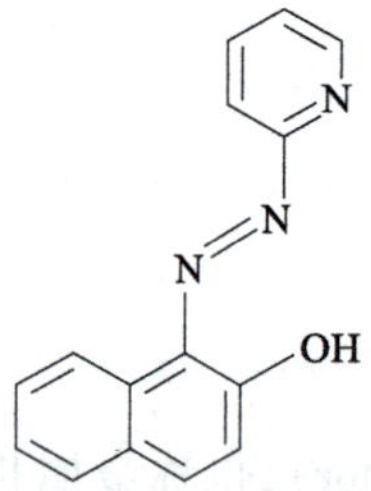	$pK_{a_1}=1.9$ $pK_{a_2}=12.2$	Zn(pH 5.0~7.0) Cd(pH 6.0) Cu(pH 6.0) Bi(pH 2.5) Th(pH 2.0~3.5)	红~黄

续表

指示剂	pK_a	可用于指示直接滴定的金属离子	终点时颜色变化
4-(2-吡啶基偶氮)间苯二酚 [4-(2-pyridylazo)resorcinol, PAR] 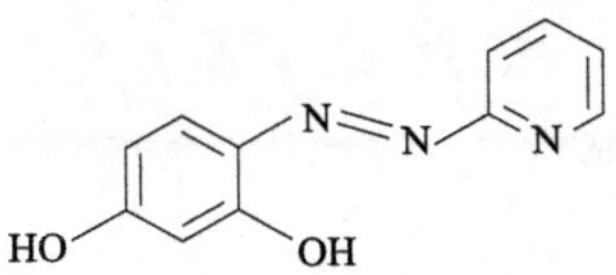	$pK_{a_1}=3.1$ $pK_{a_2}=5.5$ $pK_{a_3}=11.9$	Cu(pH 3.0~5.0) Zn(pH 6.0) Pb(pH 5.0) In(pH 2.5)	红~黄
二甲酚橙 (xylenol orange, XO) 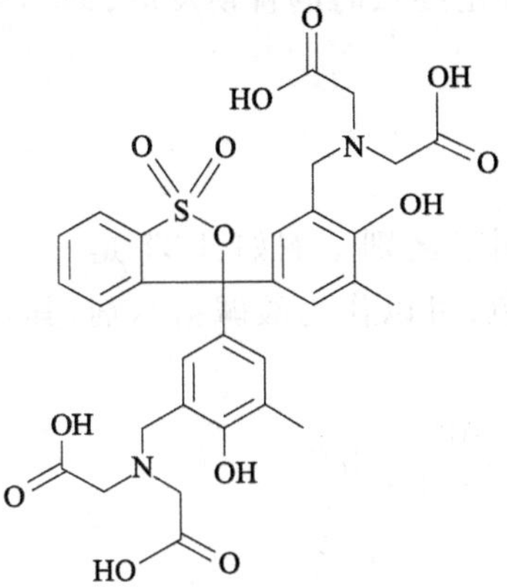	$pK_{a_2}=2.32$ $pK_{a_3}=2.85$ $pK_{a_4}=6.70$ $pK_{a_5}=10.47$ $pK_{a_6}=12.23$	Bi(pH 1.0~2.0) Th(pH 1.6~3.5) Cd(pH 5.0~6.0) La(pH 5.0~6.0) Pb(pH 5.0~6.0) Zn(pH 5.0~6.0)	红~黄
磺基水杨酸 (sulosalicylic acid, SSA) 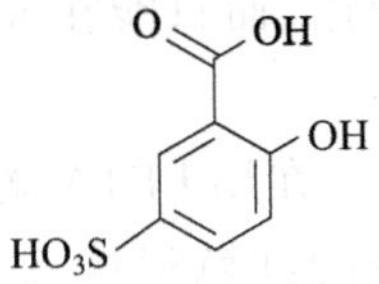	$pK_{a_1}=2.6$ $pK_{a_2}=11.7$	Fe(Ⅲ)(pH 1.5~3.0)	红紫~黄
邻苯二酚紫 (pyrocatechol violet, PV) 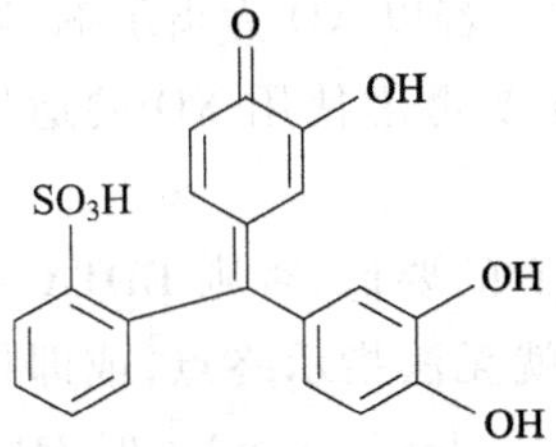	$pK_{a_1}=0.2$ $pK_{a_2}=7.8$ $pK_{a_3}=9.8$ $pK_{a_4}=11.7$	Cu(pH 6.0~7.0) Pb(pH 5.5) Cd(pH 10.0) Mg(pH 10.0) Zn(pH 10.0) Co(pH 8.0~9.0) Ni(pH 8.0~9.0) Mn(pH 9.0)	Cu、Pb：蓝~黄 其余：蓝~紫

在 pH 10.0 时游离的 EBT 为蓝色，而 Mg-EBT 络合物为红色，二者颜色明显不同。滴定前，当向 Mg^{2+} 溶液加入少量 EBT 后，很少量的 Mg^{2+} 会与 EBT 络合，形成 Mg-EBT 络合物，使溶液呈

现红色，反应为

$$Mg + EBT \rightleftharpoons Mg\text{-}EBT(红)$$

滴定过程中，溶液中大量的 Mg^{2+} 被 EDTA 所滴定，生成 MgY 络合物，但少量 Mg-EBT 络合物仍存在于溶液中，故溶液仍保持红色。化学计量点时，全部游离的 Mg^{2+} 都被 EDTA 所滴定，由于 $\lg K'_{MgY} > \lg K'_{Mg\text{-}EBT}$，继续加入的 Y 将夺取 Mg-EBT 络合物中的 Mg^{2+}，形成 MgY 络合物，而把 EBT 释放出来，使溶液呈现蓝色，反应为

$$Y + Mg\text{-}EBT(红) \rightleftharpoons MgY + EBT(蓝)$$

溶液此时由红色突变为蓝色，从而指示滴定终点。

可见，络合滴定终点指示的原理是发生了置换反应。因此在讨论指示剂的变色原理时，通常都不必考虑指示剂本身在不同 pH 下的具体存在型体，而以 In 和 MIn 分别作为游离指示剂和它与金属离子的络合物的代表符号，并可用如下简化方式表示滴定终点时的置换反应，即

$$Y + MIn \rightleftharpoons MY + In$$

5-5-2 金属离子指示剂应具备的条件

（1）络合物 MIn 的颜色应该与指示剂 In 本身的颜色有明显区别　例如，EBT 是三元酸，本身在不同的 pH 条件下就具有不同的结构因而呈现不同的颜色，可以作为酸碱指示剂，其各型体的颜色和相应的 pK_a 为

$$\underset{红色}{H_3In} \underset{pK_{a_1}=3.9}{\overset{-H^+}{\rightleftharpoons}} \underset{紫红色}{H_2In^-} \underset{pK_{a_2}=6.4}{\overset{-H^+}{\rightleftharpoons}} \underset{蓝色}{HIn^{2-}} \underset{pK_{a_3}=11.5}{\overset{-H^+}{\rightleftharpoons}} \underset{橙色}{In^{3-}}$$

即当溶液 pH<6.4 时，EBT 显紫红色或红色，在 pH>11.5 时显橙色，而只有在 pH 7.0~11.0 时显蓝色。在用 EDTA 滴定金属离子 M 时，由于 M-EBT 络合物的颜色多为红色，与 EBT 在 pH<6.4 和 pH>11.5 的颜色很接近，故 EBT 不能在 pH<6.4 或 pH>11.5 时使用，而只能在 pH 7.0~11.0 时使用，以使 EBT 本身保持蓝色，从而保证终点颜色变化鲜明。

又如，二甲酚橙（XO）在 pH<6.0 时为黄色，在 pH>6.3 时为红色。在用 EDTA 滴定金属离子 M 时，由于 M-XO 络合物的颜色通常为紫红色，与 XO 在 pH>6.3 时的红色很接近，故 XO 只能在 pH<6.0 时使用，以使 XO 本身保持黄色。

可见，在具体的滴定中，不仅要考虑滴定本身的允许酸度范围，还要考虑指示剂的适用 pH 范围。例如，用 $2.00\times10^{-2}\ mol\cdot L^{-1}$ EDTA 溶液滴定同浓度的 Zn^{2+}，若以 XO 为指示剂，则适宜的酸度范围除了应考虑最高酸度 pH 4.0 和最低酸度 pH 7.0 外，还要考虑使用 XO 的适用酸度范围为 pH<6.0，故滴定 Zn^{2+} 的适宜酸度范围应为 pH 4.0~6.0。

（2）络合物 MIn 的稳定性要适当　MIn 的稳定性应该比 MY 的要低，否则 EDTA 就不能在化学计量点时置换出 MIn 中的 In，溶液就不会发生颜色变化，也就无法指示终点，或即使可以发生颜色变化也会造成终点的延后和拖长。通常认为应满足 $(\lg K'_{MY} - \lg K'_{MIn}) \geq 2$。但 MIn 的稳定性也不能太低，否则会造成终点提前和拖长。通常认为应满足 $\lg K'_{MIn} \geq 4$。

（3）指示剂与 M 的显色反应必须灵敏、迅速、可逆　常用的金属离子指示剂、结构和 pK_a 值，以及可用于指示直接滴定的金属离子及相应的颜色变化见表 5-2。

5-5-3　金属离子指示剂的封闭、僵化与变质

1. 指示剂的封闭(blocking of indicator)

在实际的络合滴定中,有时虽已按对指示剂稳定性的要求选择了适当的指示剂,但在化学计量点附近时,Y 不能置换出 MIn 络合物中的 In,以致观察不到颜色的变化,这种现象称为指示剂的封闭。其原因往往是被滴定剂中某种共存金属离子与指示剂形成了十分稳定的络合物,妨碍了指示剂变色作用的正常发挥。例如,在 pH 10.0 时,以 EBT 为指示剂,用 EDTA 滴定 Ca^{2+} 和 Mg^{2+} 的总量时,共存的 Al^{3+},Fe^{3+},Cu^{2+},Co^{2+} 和 Ni^{2+} 等离子都会封闭 EBT。解决的方法是加入适当的掩蔽剂,使这些干扰离子与掩蔽剂形成更加稳定的络合物,而不再与指示剂络合。如可以用三乙醇胺掩蔽 Al^{3+},用 KCN 掩蔽 Cu^{2+},Co^{2+} 和 Ni^{2+}。Fe^{3+} 则可以用抗坏血酸还原为 Fe^{2+} 后,再用 KCN 掩蔽。如果干扰离子的浓度较大,则应进行分离处理。

2. 指示剂的僵化(ossification of indicator)

有些指示剂 In 本身或其与金属离子生成的络合物 MIn 在水中的溶解度较小,使 Y 与 MIn 的置换反应进行缓慢,终点颜色的变化拖长,这种现象称为指示剂的僵化。为此可以加入与水互溶的有机溶剂或在滴定过程中加热以增大 In 或 MIn 的溶解度。例如,采用 PAN 为指示剂时,常发生僵化现象,可以在被滴定剂中加入适量的乙醇,或在加热的条件下进行滴定。

3. 指示剂的变质(deterioration of indicator)

金属离子指示剂多为含有双键基团的有机化合物,易被空气中的氧气或溶液中的氧化剂所氧化,有的在日光照射下也容易分解,故很多金属离子指示剂在水溶液中不稳定,这种现象称为指示剂的变质。为此,常将金属离子指示剂配制成固体混合物或用有机溶剂稀释。如常用的 EBT 指示剂就是以固体 NaCl 和 EBT 质量比为 100∶1 的比例配制而成的,使用时直接将固体混合物加入被滴定剂中即可。

5-5-4　金属离子指示剂的变色点 pM'_{ep} 的计算

在考虑金属离子 M 与指示剂 In 的络合反应体系时,除了 M 与 In 可以发生主反应生成 MIn 络合物外,实际上还同时存在着一些副反应。如指示剂一般都是有机弱酸,其酸根可以与 H^+ 结合而产生酸效应;金属离子也可能发生与 OH^- 或其他络合剂 L 的副反应,其平衡关系示意如下:

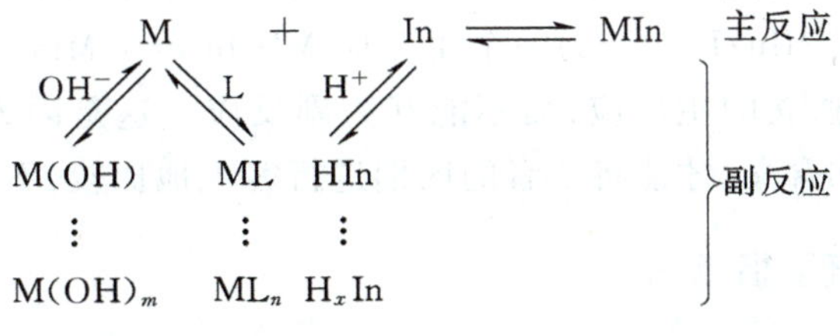

类似于 Y 与 M 的滴定反应的处理,若引入 M′和 In′的概念,则上述反应体系可以简化为

$$M'+In' \rightleftharpoons MIn$$

相应的条件平衡常数为

$$K'_{MIn}=\frac{[MIn]}{[M'][In']} \tag{5-17}$$

于是有

$$pM' = \lg K'_{MIn} + \lg \frac{[In']}{[MIn]} \tag{5-18}$$

由于在一定条件下，In′和 MIn 的颜色有明显区别，因此溶液的颜色取决于比值[In′]/[MIn]。当[In′]≫[MIn]时，溶液呈现指示剂本身的颜色；当[In′]≪[MIn]时，溶液呈现络合物 MIn 的颜色；而当[In′]=[MIn]时，溶液呈混合色。若定义[In′]=[MIn]时的 pM′为理论变色点，以 pM'_{ep}表示，则

$$pM'_{ep} = \lg K'_{MIn} = \lg K_{MIn} - \lg\alpha_M - \lg\alpha_{In} \tag{5-19}$$

可见，金属离子指示剂与酸碱指示剂不同，它并没有一个固定的变色点。不但同一指示剂对不同的金属离子有不同的变色点，即使是同一指示剂对同一金属离子，在不同的 pH 条件下其变色点也不同。

例 5-3　用 EBT 作为 EDTA 滴定 Mg^{2+}的指示剂，求 pH=10.0 时的变色点 pM'_{ep}。$\lg K_{Mg-EBT}=7.0$，EBT-H 的 $\lg\beta_1=11.6$，$\lg\beta_2=17.9$。

解：

$$\alpha_{EBT(H)} = 1+\beta_1[H]+\beta_2[H]^2$$
$$= 1+10^{1.6}+10^{-2.1} = 10^{1.6}$$

查附录一附表 6，pH=10.0 时，$\lg\alpha_{Mg(OH)}=0$，故

$$pM'_{ep} = \lg K'_{Mg-EBT} = \lg K_{Mg-EBT} - \lg\alpha_{EBT(H)} = 7.0-1.6=5.4$$

应该指出的是，由于金属离子指示剂的各种基础数据如 $\lg K_{MIn}$和 $\lg\alpha_{In(H)}$等往往查不到，因此很难通过理论计算获得它们的变色点，通常都是通过实验测得在不同条件下的实际变色点。如附录一附表 7 就是一些常用金属离子指示剂与各种金属离子在不同 pH 下的实际变色点。显然，实验测得的实际变色点与计算得到的理论变色点可能并不一致，而在本书的处理时通常忽略二者的区别，近似认为二者一致。要注意的是，如果将查表获得的实际变色点表示为 pM_t，则

$$pM_t = \lg K_{MIn} - \lg\alpha_{In(H)} \tag{5-20}$$

即 pM_t与式(5-19)中的 pM'_{ep}并不完全一致，式(5-20)中不但不包括 α_M 项，而且 α_{In}项中也只考虑了 $\alpha_{In(H)}$，即只考虑了 In 与 H^+的副反应，这样是为了使附录一附表 7 中所列数据具有更加普遍的适用性。显然，如果在一个实际体系中 M 也发生了副反应，则变色点应校正为

$$pM'_{ep} = pM_t - \lg\alpha_M = \lg K_{MIn} - \lg\alpha_{In(H)} - \lg\alpha_M$$

在处理含有指示剂的络合滴定体系时，应认为存在着两个平行的主反应。对于主反应 $M'+Y' \rightleftharpoons MY$，M′中不应包括 MIn；而对于另一个主反应 $M'+In' \rightleftharpoons MIn$，M′中不应包括 MY。即认为这两个是平行的、相互独立的主反应，而不能互为副反应。这是因为化学计量点和变色点的 M′应该具有相同的内容和含义，才能将二者的区别进行客观地比较，不致引起混乱。

5-5-5　间接金属离子指示剂

以 Cu-PAN 指示剂为例，它是 CuY 与 PAN 的混合溶液。PAN 本身为黄色，它与 M 的络合物 M-PAN 通常为红色。由于 $K'_{CuY}>K'_{Cu-PAN}$，在 CuY 与 PAN 的混合溶液中 PAN 以游离态存在，由于 CuY 为蓝色，故 Cu-PAN 指示剂为黄绿色。使用 Cu-PAN 指示剂的前提是待测金属离子 M 的 $K'_{MY}>K'_{CuY}$，但 $K'_{M-PAN}<K'_{Cu-PAN}$。当将 Cu-PAN 加入待滴定的 M 溶液中，将发生如下两个反应：

$$CuY+M \rightleftharpoons MY+Cu^{2+}$$

$$Cu^{2+}+PAN \rightleftharpoons Cu\text{-}PAN$$

总反应为

$$\underset{(\text{黄绿色})}{CuY(\text{蓝})+PAN(\text{黄})}+M \rightleftharpoons MY+\underset{(\text{红色})}{Cu\text{-}PAN(\text{红})}$$

此时溶液将由黄绿色转变为 Cu-PAN 的红色，且在用 Y 滴定 M 的过程中，始终保持 Cu-PAN 的红色。化学计量点时，被滴定剂中的 M 已经全部被 Y 所滴定，再加入的 Y 将置换出 Cu-PAN 中的 PAN，使溶液转变为黄绿色，从而指示终点。反应为

$$\underset{(\text{红色})}{Y+Cu\text{-}PAN} \rightleftharpoons \underset{(\text{黄绿色})}{CuY+PAN}$$

由于滴定前加入的 CuY 与最后生成的 CuY 是等量的，故 Cu-PAN 指示剂中的 CuY 并不影响测定结果的准确性。

Cu-PAN 指示剂的优点是，可在很宽的 pH 范围内使用，其适用的酸度范围为 pH 1.9～12.2。因此可以在连续滴定多种金属离子时采用该指示剂，这样就可以在同一被滴定剂中通过分阶段调节 pH，实现连续指示终点。

5-6 终点误差

5-6-1 终点误差公式

终点误差是由滴定终点与化学计量点不一致所引起的误差。与酸碱滴定相同，络合滴定的终点误差的定义式也可以用式(4-29)表示，即终点误差是滴定至终点时实际所加入的滴定剂的量与滴定至化学计量点时应当加入的滴定剂的量之差，与化学计量点时应当加入的滴定剂的量的比值。若以浓度为 c_Y 的 EDTA 溶液滴定浓度为 c_M，体积为 V_0 的某金属离子 M，终点时实际加入的 Y 的体积为 V_{ep}，化学计量点时应当加入的 Y 的体积为 V_{sp}，则终点误差为

$$E_t=\frac{c_Y V_{ep}-c_Y V_{sp}}{c_Y V_{sp}} \tag{5-21}$$

化学计量点时有

$$\phi_{sp}=\frac{c_Y V_{sp}}{c_M V_0}=1, \quad c_Y V_{sp}=c_M V_0$$

故

$$E_t=\frac{c_Y V_{ep}-c_M V_0}{c_M V_0} \tag{5-22}$$

终点时的 MBE 为

$$[Y']_{ep}+[MY]_{ep}=\frac{c_Y V_{ep}}{V_0+V_{ep}},$$

$$[M']_{ep}+[MY]_{ep}=\frac{c_M V_0}{V_0+V_{ep}}$$

由上述两式可得

$$c_Y V_{ep} - c_M V_0 = (V_0 + V_{ep})([Y']_{ep} - [M']_{ep})$$

于是

$$E_t = \frac{V_0 + V_{ep}}{c_M V_0}([Y']_{ep} - [M']_{ep})$$

通常滴定终点与化学计量点很接近，可近似认为

$$(V_0 + V_{ep}) \approx (V_0 + V_{sp})$$

于是 M 在滴定终点的浓度 c_M^{ep} 近似等于它在化学计量点时的浓度 c_M^{sp}，即

$$c_M^{ep} = \frac{c_M V_0}{V_0 + V_{ep}} \approx \frac{c_M V_0}{V_0 + V_{sp}} = c_M^{sp}$$

故终点误差可以表示为

$$E_t = \frac{[Y']_{ep} - [M']_{ep}}{c_M^{sp}} \tag{5-23}$$

该式在形式上非常类似于强碱滴定强酸的终点误差公式[式(4-31)]。

由于根据指示剂的变色点 pM'_{ep} 或 $[M']_{ep}$ 无法直接获得 $[Y']_{ep}$ 值，故式(5-23)并不实用，可在此式的基础上继续推导更加方便实用的终点误差公式。

设

$$\Delta pM = pM'_{ep} - pM'_{sp} = \lg \frac{[M']_{sp}}{[M']_{ep}}$$

则

$$10^{\Delta pM} = \frac{[M']_{sp}}{[M']_{ep}}, \quad [M']_{ep} = [M']_{sp} 10^{-\Delta pM}$$

设

$$\Delta pY = pY'_{ep} - pY'_{sp} = \lg \frac{[Y']_{sp}}{[Y']_{ep}}$$

则

$$10^{\Delta pY} = \frac{[Y']_{sp}}{[Y']_{ep}}, \quad [Y']_{ep} = [Y']_{sp} 10^{-\Delta pY}$$

代入式(5-23)可得

$$E_t = \frac{[Y']_{sp} 10^{-\Delta pY} - [M']_{sp} 10^{-\Delta pM}}{c_M^{sp}}$$

化学计量点时，$[Y']_{sp} = [M']_{sp}$，故有

$$E_t = \frac{[M']_{sp}(10^{-\Delta pY} - 10^{-\Delta pM})}{c_M^{sp}}$$

又

$$K'_{MY} = \frac{[MY]_{ep}}{[M']_{ep}[Y']_{ep}} = \frac{[MY]_{sp}}{[M']_{sp}[Y']_{sp}}$$

若 $[MY]_{ep} \approx [MY]_{sp}$，则

$$\frac{[M']_{sp}}{[M']_{ep}} = \frac{[Y']_{ep}}{[Y']_{sp}}, 10^{\Delta pM} = 10^{-\Delta pY}$$

故有

$$E_t = \frac{[M']_{sp}(10^{\Delta pM} - 10^{-\Delta pM})}{c_M^{sp}} \tag{5-24}$$

由于化学计量点时$[M']_{sp}=\sqrt{\dfrac{c_M^{sp}}{K'_{MY}}}$，代入式(5-24)，则

$$E_t=\frac{10^{\Delta pM}-10^{-\Delta pM}}{\sqrt{c_M^{sp}K'_{MY}}} \qquad (5-25)$$

式(5-25)即为Y滴定M的终点误差公式，又称林邦误差公式。

在推导终点误差公式或式(5-25)的过程中，做了几次近似处理。但在大多数情况下，特别是常用条件下，这些近似都是合理的，因此一般不会影响该公式的可靠性。

林邦误差公式的推导思路具有普遍性，不仅适用于络合滴定，实际上也适用于酸碱滴定。例如，对于强碱滴定一元弱酸HB体系，从其终点误差公式[式(4-33)]出发，并定义

$$\Delta pH=pH_{ep}-pH_{sp}$$

按照同样的推导思路，可以得到形式上与式(5-25)很类似的林邦误差公式，即

$$E_t=\frac{10^{\Delta pH}-10^{-\Delta pH}}{\sqrt{c_{HB}^{sp}K_t}} \qquad (5-26)$$

这里滴定反应常数$K_t=\dfrac{K_a}{K_w}$。

5-6-2 影响终点误差的因素

根据络合滴定的终点误差公式[式(5-25)]，当以Y滴定M时，若滴定终点与化学计量点一致，则

$$[M']_{ep}=[M']_{sp},\Delta pM=0,10^{\Delta pM}=10^{-\Delta pM},E_t=0$$

若Y滴定过量，则

$$[M']_{ep}<[M']_{sp},\Delta pM>0,10^{\Delta pM}>10^{-\Delta pM},E_t>0$$

若Y滴定不足，则

$$[M']_{ep}>[M']_{sp},\Delta pM<0,10^{\Delta pM}<10^{-\Delta pM},E_t<0$$

可见，ΔpM与E_t的符号是一致的，可以通过ΔpM的正负来判断滴定是过量还是不足。而E_t的正或负也直接反映了滴定到终点时滴定剂Y是过量还是不足。

从终点误差公式[式(5-25)]可以看到，当乘积$c_M^{sp}K'_{MY}$一定时，$|\Delta pM|$值越大，$|E_t|$值也越大。实际上乘积$c_M^{sp}K'_{MY}$决定了滴定突跃的大小，$c_M^{sp}K'_{MY}$值一定，滴定突跃的大小也一定。此时$|\Delta pM|$值越大，表明滴定终点距离化学计量点越远，所造成的相对误差$|E_t|$值也就越大。

从终点误差公式[式(5-25)]还可以看到，当$|\Delta pM|$一定时，乘积$c_M^{sp}K'_{MY}$越大，$|E_t|$值就越小。这是因为乘积$c_M^{sp}K'_{MY}$越大，滴定突跃也就越大，而同样的绝对误差$|\Delta pM|$所引起的相对误差$|E_t|$值就会越小。

在实际的络合滴定中，当滴定体系和实验条件确定以后，c_M^{sp}和K'_{MY}均是定值，与指示剂的选择无关。而ΔpM则与指示剂的选择直接相关，决定了终点误差的大小。

例5-4 在pH=10.0时，用0.020 0 mol·L^{-1} EDTA溶液滴定同浓度的Mg^{2+}，以EBT为指示剂，求终点误差，已知$\lg K_{MgY}=8.7$。

解： 查附录一附表5，pH=10.0时，$\lg\alpha_{Y(H)}=0.45$，则

$$\lg K'_{MgY}=\lg K_{MgY}-\lg\alpha_{Y(H)}=8.7-0.45=8.25$$

化学计量点时有

$$pM'_{sp}=\frac{1}{2}(\lg K'_{MY}+pc_M^{sp})$$

$$=0.5\times(8.25+2.00)=5.12$$

查附录一附表 7,pH = 10.0,Mg-EBT 的 $pM'_{ep}=5.4$,此为滴定终点。

故 $$\Delta pM=pM'_{ep}-pM'_{sp}=5.4-5.12=0.28$$

故终点误差为

$$E_t=\frac{10^{\Delta pM}-10^{-\Delta pM}}{\sqrt{c_M^{sp}K'_{MY}}}=\frac{10^{0.28}-10^{-0.28}}{\sqrt{10^{6.25}}}=0.10\%$$

5-6-3 终点误差公式的应用

1. 求终点误差

这实际上就是已知乘积 $c_M^{sp}K'_{MY}$ 和 ΔpM,根据终点误差公式[式(5-25)]求 E_t。这在上面已经详细讨论过,不再赘述。

2. 求突跃范围

络合滴定的突跃范围是指化学计量点前后±0.1%误差时的 pM′变化范围。突跃范围相对于化学计量点是对称的,只要求得化学计量点前或后 0.1%误差时的 pM′到化学计量点的距离 ΔpM,以及化学计量点的 pM'_{sp},就可以得出突跃范围。这相当于根据终点误差公式[式(5-25)],已知乘积 $c_M^{sp}K'_{MY}$ 和 E_t(±0.1%)而求 ΔpM。

例 5-5 求 pH = 5.0 时,用 0.020 0 mol · L^{-1}EDTA 溶液滴定同浓度 Zn^{2+}的突跃范围。$\lg K_{ZnY}=16.50$。

解: 查附录一附表 5,pH = 5.0,$\lg\alpha_{Y(H)}=6.45$,则

$$\lg K'_{ZnY}=\lg K_{ZnY}-\lg\alpha_{Y(H)}=16.50-6.45=10.05$$

化学计量点时有

$$pM'_{sp}=\frac{1}{2}(\lg K'_{MY}+pc_M^{sp})$$

$$=0.5\times(10.05+2.00)=6.02$$

将 $c_M^{sp}K'_{MY}=10^{8.05}$ 和 $E_t=0.001$ 代入式(5-25),可得

$$10^{\Delta pM}-10^{-\Delta pM}=E_t\sqrt{c_M^{sp}K'_{MY}}=0.001\times\sqrt{10^{8.05}}=10^{1.02}$$

设 $10^{\Delta pM}=x$,则上式可表示为

$$x-\frac{1}{x}=10^{1.02}\quad 或\quad x^2-10^{1.02}x-1=0$$

解此方程得

$$x=\frac{10^{1.02}+\sqrt{10^{2.04}+4}}{2}=10^{1.02}$$

故 ΔpM = 1.02。突跃范围为 pM′6.02±1.02,或 pM′5.00~7.04,宽度为 2.04 个 pM 单位。

3. 求直接准确滴定的条件

直接准确滴定条件的推导前提是,允许误差±0.1%,不确定性±0.2 个 pM 单位。这相当于根据终点误差公式[式(5-25)],已知 ΔpM(±0.2)和 E_t(±0.1%),求乘积 $c_M^{sp}K'_{MY}$。从式(5-25)可以推导出

$$c_{M}^{sp}K'_{MY}=\left(\frac{10^{\Delta pM}-10^{-\Delta pM}}{E_t}\right)^2$$

或

$$\lg(c_{M}^{sp}K'_{MY})=2\lg\left(\frac{10^{\Delta pM}-10^{-\Delta pM}}{E_t}\right)$$

将 $\Delta pM=0.2$ 和 $E_t=0.001$ 代入上式，可得

$$\lg(c_{M}^{sp}K'_{MY})=2\lg\left(\frac{10^{0.2}-10^{-0.2}}{0.001}\right)=5.96\approx 6$$

由此可以得出直接准确滴定的条件为

$$\lg(c_{M}^{sp}K'_{MY})\geqslant 6$$

实际上此时的 E_t 已经不再代表终点误差，而是代表终点观测误差。这里只是借用了终点误差公式的形式。

例 5-6 用 0.020 mol · L^{-1}EDTA 溶液滴定 0.020 mol · L^{-1}的 Fe^{3+}，若要求 $\Delta pM=\pm 0.2$，终点误差 E_t 在±0.3%以内，计算适宜的酸度范围。

解： 由式(5-25)得到直接准确滴定条件的计算公式 $c_{M}^{sp}K'_{MY}=\left(\frac{10^{\Delta pM}-10^{-\Delta pM}}{E_t}\right)^2$，则

$$c_{M}^{sp}K'_{MY}=\left(\frac{10^{0.2}-10^{-0.2}}{0.003}\right)^2=10^{5.0}$$

$$\lg(c_{M}^{sp}K'_{MY})\geqslant 5$$

由于 $c_{Fe}^{sp}=0.010$ mol · L^{-1}，则 $\lg K'_{FeY}\geqslant 7$

$\lg\alpha_{Y(H)}=\lg K_{FeY}-\lg K'_{FeY}=25.1-7=18.1$

查附录一附表 5，最高酸度 pH = 1.0

已知 $Fe(OH)_3$ 的 $K_{sp}=1.3\times10^{-38}$，则

$$[OH^-]=\sqrt[3]{\frac{K_{sp}}{[Fe^{3+}]}}=\sqrt[3]{\frac{10^{-37.9}}{0.020}}\ \text{mol}\cdot\text{L}^{-1}=10^{-12.1}\ \text{mol}\cdot\text{L}^{-1}$$

则最低酸度 pH = 1.9

故在终点误差不超过±0.3%时，滴定 Fe^{3+} 的适宜酸度范围为 pH 1.0~1.9。

5-7 混合金属离子的选择性滴定

以上均为单一金属离子滴定的相关讨论。在实际工作中，经常遇到分析对象中含有多种金属离子的情况，而 EDTA 等氨羧络合剂具有广泛的络合作用，因此，如何在混合金属离子溶液中进行选择性滴定是络合滴定中需要解决的重要问题。

5-7-1 控制酸度进行分步滴定

1. 分步滴定的可能性

以两种金属离子混合溶液的滴定为例。若以 EDTA 滴定由浓度为 c_M 的 M 和浓度为 c_N 的 N 组成的混合金属离子溶液，$K_{MY}>K_{NY}$。理论上存在两个化学计量点，因此对能否直接准确滴定需判断两次。一是能否准确滴定 M 和 N 的总量，即准确滴定到第二化学计量点 sp_2，此时的判据类

似于单一离子的滴定，取决于与 Y 的络合物稳定性较差的金属离子 N 能否满足 $\lg(c_N^{sp_2}K'_{NY})\geqslant 6$ 的条件，在此不再赘述。二是能否准确分步滴定 M，即准确滴定到第一化学计量点 sp_1，这就是所谓分步滴定的可能性，即在 N 存在下能否选择性地准确滴定 M。在这里，如果将 N 与 Y 的反应看作 M 与 Y 的主反应的一个副反应，则仍可采用判据 $\lg(c_M^{sp_1}K'_{MY})\geqslant 6$。但这一判据不直观，需经过较多的计算。下面讨论能否由此出发，推导出更加简单实用的判据。

在该体系中，由于 Y 同时发生与 H^+ 和 N 两个副反应，Y 的副反应系数为

$$\alpha_Y=\alpha_{Y(H)}+\alpha_{Y(N)}-1$$

$\lg\alpha_Y$，$\lg\alpha_{Y(H)}$ 和 $\lg\alpha_{Y(N)}$ 随被滴定剂 pH 变化的示意图见图 5-8。可见，当溶液 pH 较低时，$\alpha_{Y(H)}>>\alpha_{Y(N)}$，$\lg\alpha_Y$ - pH 曲线与 $\lg\alpha_{Y(H)}$ -pH 曲线重合，$\lg\alpha_Y$ 值随 pH 的增加而下降；当溶液 pH 较高时，$\alpha_{Y(H)}\ll\alpha_{Y(N)}$，$\lg\alpha_Y$-pH 曲线与 $\lg\alpha_{Y(N)}$ -pH 曲线重合，是一条不随 pH 改变的水平直线。总的看来，$\lg\alpha_Y$ 存在着最小值 $\lg\alpha_{Y(N)}$，而相应的 $\lg K'_{MY}$ 则存在一个可能达到的最大值，即

$$\lg K'_{MY}=\lg K_{MY}-\lg\alpha_{Y(N)}$$

如果此最大值能够满足 $\lg(c_M^{sp_1}K'_{MY})\geqslant 6$ 的条件，则说明有可能在 N 的存在下选择性地滴定 M。反之，如果连此最大值都不能满足 $\lg(c_M^{sp_1}K'_{MY})\geqslant 6$ 的条件，则根本没有可能在 N 的存在下准确滴定 M。因此可以在 $\alpha_Y=\alpha_{Y(N)}$，即认为 Y 只发生与 N 的副反应，$\lg K'_{MY}$ 取得其最大值的条件下推导出选择性滴定 M 的判据。

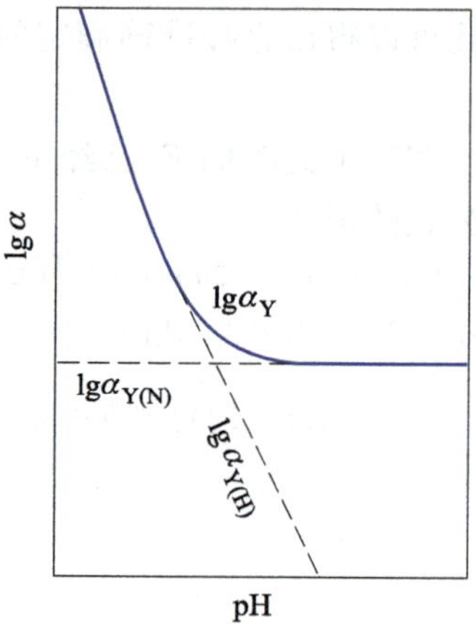

图 5-8　$\lg\alpha_Y$ 与 pH 关系图

当以 Y 滴定到 M 的化学计量点 sp_1 时，由于 $K_{MY}>K_{NY}$，Y 主要与 M 络合，基本上未与 N 反应，因此可以近似认为

$$c_N^{sp_1}=[N]_{sp_1}+[NY]_{sp_1}\approx[N]_{sp_1}$$

于是

$$\alpha_Y=\alpha_{Y(N)}=1+K_{NY}[N]_{sp_1}=K_{NY}c_N^{sp_1}$$

$$\lg K'_{MY}=\lg K_{MY}-\lg\alpha_Y=\lg K_{MY}-\lg(c_N^{sp_1}K_{NY})$$

等号两边同加上 $\lg c_M^{sp_1}$，于是

$$\lg(c_M^{sp_1}K'_{MY})=\lg(c_M^{sp_1}K_{MY})-\lg(c_N^{sp_1}K_{NY})=\Delta\lg K+\lg(c_M/c_N)$$

这里 $\Delta\lg K=\lg K_{MY}-\lg K_{NY}$，$c_M/c_N=c_M^{sp_1}/c_N^{sp_1}$，被滴定剂中 M 与 N 的浓度比在整个滴定过程中都是一定的。因此在 N 存在时能否准确分步滴定 M 的判据为

$$\Delta\lg K+\lg(c_M/c_N)\geqslant 6 \tag{5-27}$$

当 M 与 N 浓度相等，即 $c_M=c_N$ 时，判据简化为

$$\Delta\lg K\geqslant 6$$

可见，当共存的两种金属离子与 EDTA 所形成的络合物的稳定性相差越大，即 $\Delta\lg K$ 越大，则 $\lg(c_M^{sp_1}K'_{MY})$ 值越大，在 N 存在下选择性滴定 M 的可能性越大。

例 5-7　0.020 0 $mol\cdot L^{-1}$ 的 Bi^{3+} 与同浓度的 Pb^{2+} 的混合溶液，能否用同浓度的 EDTA 直接准确滴定其中的 Bi^{3+}？$\lg K_{BiY}=27.94$，$\lg K_{PbY}=18.04$。

解： $c_{Bi^{3+}}=c_{Pb^{2+}}$，$\lg K_{BiY}=27.94$，$\lg K_{PbY}=18.04$，则

$$\Delta\lg K+\lg(c_{Bi^{3+}}/c_{Pb^{2+}})=\Delta\lg K=9.90>6$$

故有可能在 Pb^{2+}存在时分步直接准确滴定 Bi^{3+}。

2. 酸度控制

混合金属离子滴定的酸度控制,其原理与单一金属离子滴定完全相同。只要符合分步准确滴定的条件,就有可能准确滴定。酸度控制的两个关键点仍然是最高酸度和最低酸度。对此不再赘述。

例 5-8 0.020 0 mol · L^{-1}的 Mg^{2+}与同浓度的 Pb^{2+}的混合溶液,能否用同浓度的 EDTA 直接准确滴定其中的 Pb^{2+}? 并求滴定 Pb^{2+}的允许酸度范围。$\lg K_{MgY}=8.69$,$\lg K_{PbY}=18.04$,$Pb(OH)_2$ 的 $pK_{sp}=16.09$。

解: 由于 $\lg K_{PbY}>\lg K_{MgY}$,故滴定时必先滴定 Pb^{2+},后滴定 Mg^{2+}。

又
$$\Delta\lg K+\lg(c_{Pb^{2+}}/c_{Mg^{2+}})=\Delta\lg K=9.35>6$$

故有可能在 Mg^{2+}存在时选择性地准确滴定 Pb^{2+}。

最高酸度的计算:

依据 $\lg(c_M^{sp}K'_{MY})\geqslant 6$,由于 $c_{Pb}^{sp}=0.010\ 0$ mol · L^{-1},则要求 $\lg K'_{PbY}\geqslant 8$。这里只考虑 Y 与 H^+的副反应,即假设只存在 $\alpha_{Y(H)}$的影响,则有

$$\lg K'_{PbY}=(\lg K_{PbY}-\lg\alpha_{Y(H)})\geqslant 8$$

或
$$\lg\alpha_{Y(H)}\leqslant(\lg K_{PbY}-8)=18.04-8=10.04$$

即 $\lg\alpha_{Y(H)}$的最大允许值为 10.04。查附录一附表 5,与此最大允许的 $\lg\alpha_{Y(H)}$值相对应的 pH=3.3。

最低酸度的计算:

$$[OH^-]=\sqrt{\frac{K_{sp}}{[Pb^{2+}]}}=\sqrt{\frac{10^{-16.09}}{0.020\ 0}}\ \text{mol}\cdot\text{L}^{-1}=10^{-7.20}\ \text{mol}\cdot\text{L}^{-1}$$

$$pH=6.8$$

故滴定 Pb^{2+}与 Mg^{2+}混合液中的 Pb^{2+}的允许酸度范围为 pH 3.3~6.8。

5-7-2 掩蔽法

如果待测金属离子和共存离子与 EDTA 所形成的络合物的稳定性相差不大,甚至共存离子与 EDTA 所形成的络合物更加稳定,即如果不满足 $\Delta\lg K+\lg(c_M/c_N)\geqslant 6$ 的条件,就不可能实现对待测离子的选择性直接准确滴定。此时可以采用掩蔽法,以消除共存干扰离子的影响。

1. 氧化还原掩蔽法

采用氧化剂或还原剂改变共存离子的价态,降低其与 Y 形成络合物的稳定性或使其不与 Y 络合,从而达到选择性直接准确滴定的目的。

例如,欲以 EDTA 滴定 Bi^{3+}和 Fe^{3+}混合溶液中的 Bi^{3+},$\lg K_{BiY}=27.94$,$\lg K_{Fe(Ⅲ)Y}=25.1$,$\Delta\lg K=\lg K_{BiY}-\lg K_{Fe(Ⅲ)Y}=2.84<6$,即由于共存 Fe^{3+}的干扰,无法分级准确滴定混合液中的 Bi^{3+}。为此可采用还原剂将溶液中的 Fe^{3+}还原为 Fe^{2+},而由于 $\lg K_{Fe(Ⅱ)Y}=14.3$,此时 $\Delta\lg K=\lg K_{BiY}-\lg K_{Fe(Ⅱ)Y}=13.64>6$,故可以在 Fe^{2+}共存的条件下准确滴定 Bi^{3+}。与此类似,当 Fe^{3+}与其他一些 $\lg K_{MY}$值相近的离子,如 ZrO^{2+},Th^{4+},Sc^{3+},In^{3+},Sn^{4+},Hg^{2+}等共存时,可以采取类似的氧化还原掩蔽法达到提高选择性,从而准确滴定的目的。有些离子的高价态对 EDTA 的滴定不产生干扰。例如 Cr^{3+}对滴定有干扰,但 CrO_4^{2-},$Cr_2O_7^{2-}$对滴定没有干扰,所以将 Cr^{3+}氧化为 $Cr_2O_7^{2-}$后,即可消除其滴定干扰。

2. 沉淀掩蔽法

沉淀掩蔽法是加入选择性沉淀剂,通过与共存离子形成沉淀而降低共存离子的浓度,在不分

离沉淀的情况下直接准确滴定。

例如，欲以 EDTA 滴定 Ca^{2+} 和 Mg^{2+} 混合溶液中的 Ca^{2+}，$\lg K_{CaY}=10.70$，$\lg K_{MgY}=8.69$，$\Delta\lg K=\lg K_{CaY}-\lg K_{MgY}=2.01<6$，即由于 Mg^{2+} 的干扰，无法分级准确滴定混合溶液中的 Ca^{2+}。为此可采用 NaOH 将溶液的 pH 调至 12.0，使 Mg^{2+} 沉淀为 $Mg(OH)_2$，从而消除 Mg^{2+} 的干扰，直接用 EDTA 准确滴定溶液中的 Ca^{2+}。

沉淀掩蔽法也存在一些缺点，如某些沉淀反应往往进行得不完全，掩蔽效率不高；部分沉淀反应发生时会伴随着共沉淀现象，影响滴定的准确度；有的沉淀会吸附金属离子指示剂，或者某些沉淀颜色较深，影响滴定终点的观察。

3. 络合掩蔽法

络合掩蔽法是络合滴定中最常用的掩蔽法。其基本思路是，在金属离子 M 与 N 的混合溶液中，为了消除共存离子 N 对 Y 滴定 M 的干扰，加入可以与 N 发生络合反应的掩蔽剂，以降低溶液中游离 N 的平衡浓度[N]，从而大大降低 N 与 Y 的副反应的 $\alpha_{Y(N)}$ 值，提高 $\lg K'_{MY}$。

若在混合溶液中加入掩蔽剂 L，溶液中存在的平衡关系是

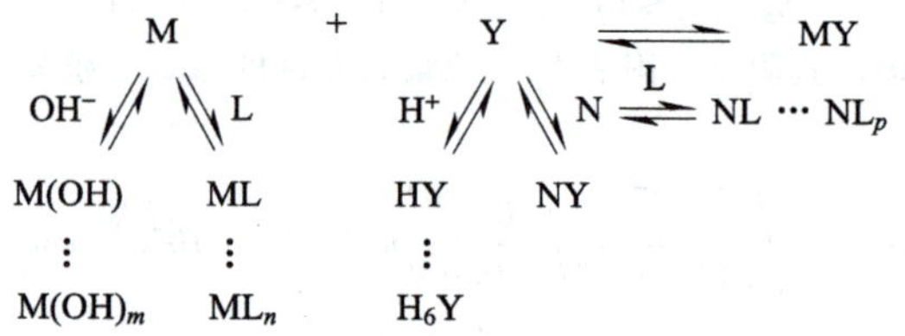

L 与 N 的反应实际上是 N 与 Y 这个反应的副反应。若掩蔽效果好，化学计量点时[N]已经降得很低，以至于 $\alpha_{Y(N)}<\alpha_{Y(H)}$，而 $\alpha_Y\approx\alpha_{Y(H)}$，则 N 不构成干扰。此时 $\lg K'_{MY}$ 仅与酸度有关，与滴定单一金属离子 M 相同。

若加入掩蔽剂 L 后，$\alpha_{Y(N)}>\alpha_{Y(H)}$，则 $\alpha_Y\approx\alpha_{Y(N)}$，而溶液中剩余的[N]可以由 $\alpha_{N(L)}$ 求得，$\alpha_{Y(N)}$ 的计算公式为

$$\alpha_{Y(N)}=1+[N]K_{NY}\approx\frac{c_N}{\alpha_{N(L)}}K_{NY} \tag{5-28}$$

例 5-9 0.020 0 $mol\cdot L^{-1}$ 的 Al^{3+} 与同浓度的 Zn^{2+} 的混合溶液，能否用同浓度的 EDTA 在 pH=5.5 时直接准确滴定其中的 Zn^{2+}？若加入 NaF 掩蔽 Al^{3+}，使化学计量点时 $[F^-]=0.10\ mol\cdot L^{-1}$，此时能否准确滴定 Zn^{2+}？$\lg K_{AlY}=16.13$，$\lg K_{ZnY}=16.50$，Al-F 络合物的 $\lg\beta_1\sim\lg\beta_6$ 分别为 6.1，11.15，15.00，17.7，19.4 和 19.7。

解：(1) 未加 NaF 时，有

$$\Delta\lg K+\lg(c_{Zn}/c_{Al})=\Delta\lg K=\lg K_{ZnY}-\lg K_{AlY}=0.37<6$$

由于 ZnY 与 AlY 的稳定性相差很小，Al^{3+} 对 Zn^{2+} 的滴定干扰很大，故不可能在 Al^{3+} 存在时准确滴定 Zn^{2+}。

(2) 加入 NaF 后，可将 F^- 与 Al^{3+} 的络合反应看作 EDTA 与 Al^{3+} 反应的副反应，在滴定 Zn^{2+} 的化学计量点时，有

$$\alpha_{Al(F)}=1+\beta_1[F]+\cdots+\beta_6[F]^6=10^{14.55}$$

$$[Al^{3+}]=\frac{[Al']}{\alpha_{Al(F)}}\approx\frac{c_{Al}}{\alpha_{Al(F)}}=\frac{0.01}{10^{14.55}}mol\cdot L^{-1}=10^{-16.55}\ mol\cdot L^{-1}$$

即由于 F^- 的掩蔽作用，即便[Al′]采用最大值 c_{Al}，计算得到的 $[Al^{3+}]$ 也大大降低，对滴定 Zn^{2+} 的干扰也大大减小。此时

$$\alpha_{Y(Al)}=1+[Al^{3+}]K_{AlY}=1+10^{-16.55}\times10^{16.13}=10^{0.14}$$

查附录一附表 5,pH = 5.5 时,$\lg\alpha_{Y(H)}$ = 5.5,故

$$\alpha_Y=\alpha_{Y(Al)}+\alpha_{Y(H)}-1=10^{0.14}+10^{5.5}-1=10^{5.5}$$

即此时 Al^{3+} 对 Zn^{2+} 的干扰已可以忽略不计

$$\lg K'_{ZnY}=\lg K_{ZnY}-\lg\alpha_Y=16.50-5.5=11.0$$

$$\lg(c^{sp}_{Zn}K'_{ZnY})=9.0>6$$

故有可能直接准确滴定 Zn^{2+}。

上述方法是将干扰离子 N 掩蔽起来再滴定离子 M。若还需要继续滴定 N,可以在滴定 M 以后加入一种试剂破坏 N 与掩蔽剂的络合物,释放出 N,然后继续用 EDTA 滴定 N,这种方法称为解掩蔽。

例如,欲以 EDTA 滴定 Zn^{2+} 和 Pb^{2+} 混合溶液中的 Pb^{2+} 和 Zn^{2+},$\lg K_{ZnY}=16.50$,$\lg K_{PbY}=18.04$。$\Delta\lg K=\lg K_{PbY}-\lg K_{ZnY}=1.54<6$,即由于 Zn^{2+} 的干扰,无法通过控制酸度分级准确滴定。为此可以先在氨性酒石酸溶液中用 KCN 掩蔽 Zn^{2+},使 Zn^{2+} 生成稳定的络合物 $Zn(CN)_4^{2-}$,再以 EBT 为指示剂,用 EDTA 滴定溶液中的 Pb^{2+},测得 Pb^{2+} 的含量。滴定完成后,再在溶液中加入甲醛,使 $Zn(CN)_4^{2-}$ 转化为 Zn^{2+},其反应为

$$4HCHO+Zn(CN)_4^{2-}+4H_2O=\!=\!=Zn^{2+}+4OH^-+4H_2C(CN)OH$$ (羟基乙腈)

再继续用 EDTA 滴定 Zn^{2+},可测得混合溶液中 Zn^{2+} 的含量。这里是利用两种试剂——掩蔽剂与解掩蔽剂进行连续滴定。

又如,硫脲可以将 Cu^{2+} 还原为 Cu^+,并掩蔽 Cu^+,再用 H_2O_2 氧化,则可以将 Cu^{2+} 释放出来。

5-7-3 选用其他氨羧络合剂提高选择性

EDTA 虽然是络合滴定中最重要、最常用的滴定剂,但其他氨羧络合剂也各有特点,因此往往在络合滴定中成为 EDTA 的重要补充。

例如,乙二醇双(2-氨基乙醚)四乙酸(ethy leneglycol bis (2-aminoethylether) tetraacetic acid),简称 EGTA,其结构式为

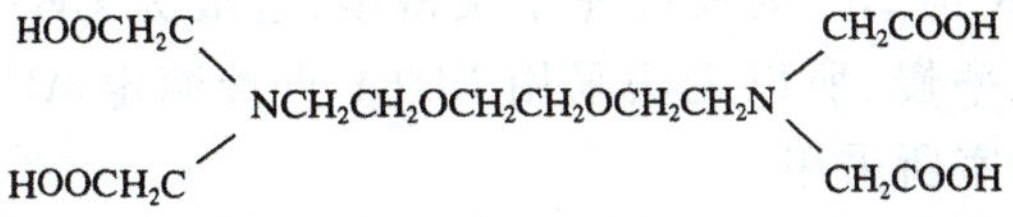

几种金属离子与 EGTA 和 EDTA 所形成的络合物的 lg*K* 数据见表 5-3。

表 5-3 几种金属离子与 EGTA 和 EDTA 所形成的络合物的 lg*K*

M	Mg^{2+}	Ca^{2+}	Sr^{2+}	Ba^{2+}
$\lg K_{M-EGTA}$	5.2	11.0	8.5	8.4
$\lg K_{M-EDTA}$	8.7	10.7	8.6	7.8

可见,当 Ca^{2+} 和 Mg^{2+} 共存时,若用 EDTA 滴定,由于 $\lg K_{Ca-EDTA}$ 和 $\lg K_{Mg-EDTA}$ 相差很小,$\Delta\lg K$ 只有 2.0,故无法直接分步滴定其中的 Ca^{2+}。而如果换用 EGTA 为滴定剂,则 $\Delta\lg K=\lg K_{Ca-EGTA}-\lg K_{Mg-EGTA}=5.8$,即二者的差值 $\Delta\lg K$ 增大,可在适当的条件下实现在 Mg^{2+} 存在时对 Ca^{2+} 的选择性滴定。

又如，乙二胺四丙酸（ethylenediamine tetrapropionic acid）简称EDTP，其结构式为

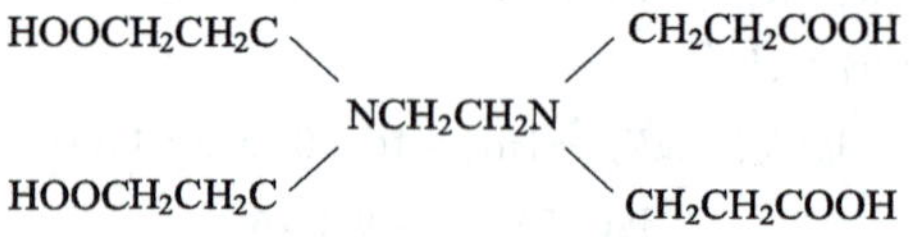

几种金属离子与EDTP和EDTA所形成的络合物的lg$K$数据见表5-4。

表5-4　几种金属离子与EDTP和EDTA所形成的络合物的lg$K$

M	Cu^{2+}	Zn^{2+}	Cd^{2+}	Mg^{2+}	Mn^{2+}
$\lg K_{M-EDTP}$	15.4	7.8	6.0	1.8	4.7
$\lg K_{M-EDTA}$	18.8	16.5	16.5	8.7	13.8

可见，除了Cu-EDTP以外，其他常见金属离子与EDTP形成的络合物的稳定性都比相应的EDTA络合物要低很多。因此，当有Zn^{2+}，Cd^{2+}，Mg^{2+}和Mn^{2+}等离子与Cu^{2+}共存时，可用EDTP直接准确滴定溶液中的Cu^{2+}，上述共存离子不干扰。而若采用EDTA为滴定剂，则这些共存离子对Cu^{2+}滴定的干扰将非常严重，因此无法准确滴定其中的Cu^{2+}。

再如，1，2-环己二胺四乙酸（1，2-cyclohexane diamine tetraacetic acid）简称CyDTA，其结构式为

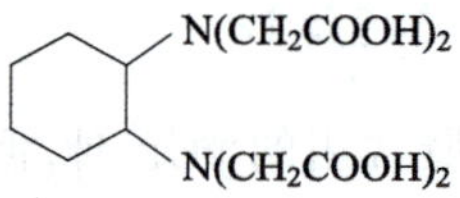

CyDTA与金属离子形成的络合物普遍比相应的EDTA络合物更稳定，但CyDTA与大多数金属离子的络合反应速率都比较慢，这限制了CyDTA在络合滴定中的应用。然而CyDTA与Al^{3+}的络合反应速率却比EDTA与Al^{3+}的反应速率快得多，这成为CyDTA的一个突出优点。由于EDTA与Al^{3+}的络合反应速率慢，所以无法采用EDTA直接滴定Al^{3+}，因此用CyDTA直接滴定Al^{3+}的方法已经被不少实验室所采用。

几种金属离子与CyDTA和EDTA所形成的络合物的lg$K$数据见表5-5。

表5-5　几种金属离子与CyDTA和EDTA所形成的络合物的lg$K$

M	Mg^{2+}	Ca^{2+}	Al^{3+}	Fe^{3+}	Cu^{2+}	Zn^{2+}	Cd^{2+}
$\lg K_{M-CyDTA}$	11.0	13.2	18.3	29.3	22.0	19.3	19.9
$\lg K_{M-EDTA}$	8.7	10.7	16.1	25.1	18.8	16.5	16.5

5-8 络合滴定的方式及应用

5-8-1 直接滴定方式

若某金属离子与 EDTA 的络合反应能够满足定量、完全，速率快，有适当的方法指示终点的条件，均可采用直接滴定方式进行滴定。对于直接滴定，前面已经讨论得很多，不再赘述。

5-8-2 返滴定方式

当待测离子与 EDTA 的络合反应速率比较慢，或采用直接滴定方式没有合适的指示剂时，可采用返滴定的方式进行测定。

例如，用 EDTA 滴定 Al^{3+} 时，虽然 AlY 络合物很稳定，$\lg K_{AlY}=16.13$，但是 Al^{3+} 与 EDTA 的络合反应十分缓慢，特别是当溶液酸度较低时，Al^{3+} 会生成一系列多核羟基络合物，而 EDTA 与这些多核羟基络合物的交换反应就更加缓慢。另外，Al^{3+} 对 XO 和 EBT 等指示剂有封闭作用。因此不能用 EDTA 直接滴定 Al^{3+}。但可以采用返滴定法测定 Al^{3+}。将已知浓度且过量的 EDTA 标准溶液加入含有 Al^{3+} 的试液，调节 pH 约 3.5，煮沸。由于溶液的酸度较高，可避免 Al^{3+} 形成多核羟基络合物，又由于有过量的 EDTA 存在且加热，大大加速了 EDTA 与 Al^{3+} 的反应，并促进二者反应完全。然后将溶液放至室温，调节 pH 至 5～6，再加入 XO 指示剂，以 Zn^{2+} 标准溶液滴定与 Al^{3+} 反应后剩余的 EDTA，即可间接得到试液中 Al^{3+} 的含量。

用作返滴定的金属离子 N 与 EDTA 的络合物必须有足够大的稳定性，以保证测定的准确度。但是其稳定性又不应比待测金属离子 M 与 EDTA 的络合物的稳定性更高，即应保持 $\lg K_{MY}>\lg K_{NY}$，否则在返滴定中 N 将会把已经形成的 MY 中的 M 置换出来，导致测定结果偏低。但对于上述 Al^{3+} 的返滴定，虽然 $\lg K_{ZnY}(16.50)$ 略大于 $\lg K_{AlY}(16.13)$，但由于 AlY 络合物解离的速率也很慢，所以在返滴定时 Zn^{2+} 并不能将 AlY 中的 Al^{3+} 置换出来。但返滴定实验应尽快完成，避免混合液长时间放置。

5-8-3 间接滴定方式

例如，AgY 络合物的稳定性不高，$\lg K_{AgY}=7.32$，因此通常不能用 EDTA 直接进行滴定。可采用间接滴定方式，即在含有 Ag^+ 的待测液中加入过量的 $Ni(CN)_4^{2-}$，使发生如下置换反应：

$$2Ag^{+}+Ni(CN)_4^{2-}=\!=\!=2Ag(CN)_2^{-}+Ni^{2+}$$

这一反应不但进行得很完全（$\lg K=10.9$），而且可以按照该方程式定量生成与 Ag^+ 有确定计量关系的 Ni^{2+}。然后可以在 pH=10.0 的氨性缓冲溶液中，以紫脲酸胺作指示剂，用 EDTA 标准溶液滴定置换出的 Ni^{2+}，从而达到间接滴定 Ag^+ 的目的。这一方法常用在对银币中 Ag 的测定。

又如 K^+ 的测定。由于 KY 络合物很不稳定，无法用 EDTA 直接滴定 K^+。可在含有 K^+ 的试液中加入 $Na_3Co(NO_2)_6$，生成 $K_2NaCo(NO_2)_6\cdot 6H_2O$ 沉淀，反应式为

$$2K^{+}+Na_3Co(NO_2)_6+6H_2O=\!=\!=K_2NaCo(NO_2)_6\cdot 6H_2O\downarrow+2Na^{+}$$

将沉淀 $K_2NaCo(NO_2)_6\cdot 6H_2O$ 过滤分离洗涤后，用酸溶解，再用 EDTA 滴定溶液中的 Co^{2+}，然后

根据测得的 Co^{2+} 的量间接测得 K^{+} 的含量。

间接滴定方式也可以用于测定某些阴离子。例如，测定磷酸根 PO_4^{3-} 含量，可先加入一定量且过量的 Bi^{3+}，使二者生成与 PO_4^{3-} 具有确定计量关系的 $BiPO_4$ 沉淀，再用 EDTA 滴定剩余的 Bi^{3+}。对于 SO_4^{2-}，CO_3^{2-}，CrO_4^{2-}，S^{2-} 等阴离子，也可以采用类似的方法间接测定。

5-8-4 置换滴定方式

置换滴定方式是提高络合滴定选择性的有效途径之一。若被测离子 M 与干扰离子皆可与 EDTA 发生完全程度较高的络合反应，则可以在滴定后加入选择性高的配体来夺取 M，释放出与 M 等物质的量的 EDTA，再用金属离子标准溶液滴定释放出来的 EDTA，即可测得 M 的含量。

例如，测定锡合金中的 Sn(Ⅳ)时，可以在试液中加入一定量且过量的 EDTA 标准溶液，将可能存在的 Pb^{2+}，Zn^{2+}，Cd^{2+}，Bi^{3+} 等干扰离子与 Sn(Ⅳ)一起发生络合反应，用 Zn^{2+} 标准溶液滴定过量的 EDTA。再加入 NH_4F，选择性地将 SnY 中的 EDTA 置换出来，最后用 Zn^{2+} 标准溶液滴定置换出来的 EDTA，即可求得 Sn(Ⅳ)的含量。

可以利用置换滴定方式的原理改善指示剂变色的敏锐度。例如，在 pH = 10.0 时用 EDTA 滴定 Ca^{2+}，用 EBT 为指示剂，终点变色不明晰。但若在被滴定剂中加入少量 MgY，则终点变色的敏锐度有很大改善。在 pH 10.0 时，各络合物的稳定常数为 $\lg K'_{CaY}=10.25$，$\lg K'_{MgY}=8.24$，$\lg K'_{Mg-EBT}=5.4$，$\lg K'_{Ca-EBT}=3.8$。

未加 MgY 时，化学计量点时的反应为

$$Y+Ca\text{-}EBT(红) \!=\!=\!= CaY+EBT(蓝) \quad (K'_{CaY}>K'_{Ca-EBT})$$

由于 $\lg K'_{Ca-EBT}=3.8$，比较小，即 Ca-EBT 络合物的稳定性不高，故造成终点提前并拖长，或溶液由 Ca-EBT 络合物的红色变为 EBT 的蓝色不明晰。

在试液中加入少量 MgY 后，发生两个置换反应，即

$$Ca+MgY \!=\!=\!= CaY+Mg \quad (K'_{CaY}>K'_{MgY})$$

$$Mg+Ca\text{-}EBT(红) \!=\!=\!= Ca+Mg\text{-}EBT(红) \quad (K'_{Mg-EBT}>K'_{Ca-EBT})$$

但由于 Mg-EBT 络合物也是红色，与 Ca-EBT 的红色相同，溶液外观颜色没有变化。滴定过程中，试液中的 Ca^{2+} 被 Y 滴定，但 Mg-EBT 仍在溶液中，故溶液仍呈红色。化学计量点时，全部 Ca^{2+} 都被 Y 所滴定，再加入的 Y 将置换出 Mg-EBT 中的 Mg^{2+}，而使 EBT 游离出来，溶液由 Mg-EBT 的红色突变为 EBT 的蓝色，反应为

$$Y+Mg\text{-}EBT(红) \!=\!=\!= MgY+EBT(蓝) \quad (K'_{MgY}>K'_{Mg-EBT})$$

由于此时在终点实现变色的已经不是原来的 Ca-EBT，而是 Mg-EBT，而 Mg-EBT 的稳定性要优于 Ca-EBT($\lg K'_{Mg-EBT}=5.4$)，故使得终点变色更明晰。之所以能够发生上述一系列置换反应，并可用于改善指示剂变色的敏锐度，主要是该滴定体系所涉及的 4 个络合条件稳定常数有着特定的大小顺序。另外，由于原先所加入的 MgY 最后又全部变回 MgY，故 MgY 的加入对滴定 Ca^{2+} 的准确度并无影响。

总之，络合滴定法在金属离子的测定方面应用广泛，目前应用直接滴定方式或返滴定方式可测定的元素已近 50 种，应用间接滴定方式可测定的元素也有近 30 种，如图 5-9 所示。

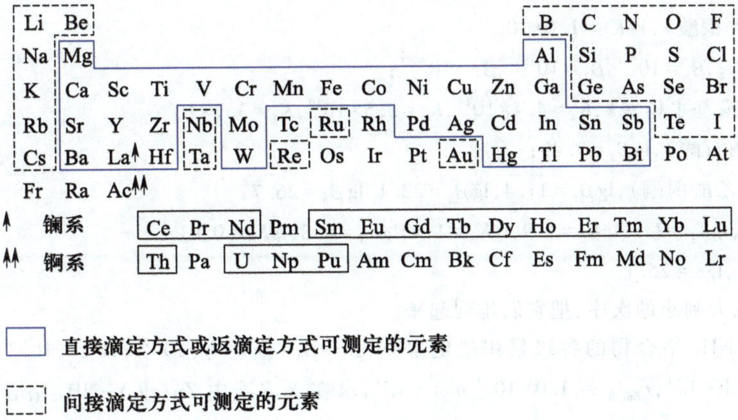

图 5-9　络合滴定法可测定的元素

思　考　题

5-1　Cu^{2+},Zn^{2+},Ni^{2+},Cd^{2+}等金属离子均能与 NH_3 形成络合物,为何不能以氨水为滴定剂来实现对这些金属离子的络合滴定?

5-2　为什么 EDTA 是比较好的络合滴定剂? 它都具有哪些分析特性?

5-3　完全质子化的 EDTA 是几元酸? 实验中常用 $Na_2H_2Y \cdot H_2O$ 来配制 EDTA 溶液,如何计算溶液的 pH?

5-4　请分别写出 δ_Y 与 $\alpha_{Y(H)}$ 的计算公式,两者是倒数关系吗?

5-5　若某三元酸 H_3B 的解离常数分别为 K_{a_1},K_{a_2} 和 K_{a_3},B^{3-} 与 H^+ 的累积稳定常数为 β_1,β_2 和 β_3,请推导各 β 与各 K_a 的关系。

5-6　影响络合滴定突跃范围的因素有哪些?

5-7　何谓金属离子滴定的最高酸度与最低酸度?

5-8　金属离子指示剂指示滴定终点的原理是什么? 什么是金属离子指示剂的理论变色点和理论变色范围?

5-9　为什么络合滴定要控制溶液的酸度?

5-10　有哪些方法可以提高混合金属离子滴定的选择性? 请写出测定下列混合金属离子各组分的简要滴定分析方案,指出滴定的方式、滴定剂、酸度、指示剂及所需其他试剂(假设均为等浓度混合)。

(1) Zn^{2+},Mg^{2+};

(2) Bi^{3+},Al^{3+},Pb^{2+};

(3) Fe^{3+},Al^{3+}。

习　　题

5-1　含 Cu^{2+}溶液,加入氨水,当反应达到平衡后,$[NH_3]=10^{-4}\ mol \cdot L^{-1}$,$c_{Cu^{2+}}=1.0\times10^{-2}\ mol \cdot L^{-1}$,求算此时溶液中的$[Cu^{2+}]$。

5-2　计算含有 $1.00\ mol \cdot L^{-1}$ HCl 和 $1.00\times10^{-2}\ mol \cdot L^{-1}$ $Cd(NO_3)_2$ 的溶液中 Cd^{2+},$CdCl^+$,$CdCl_2$,$CdCl_3^-$ 和 $CdCl_4^{2-}$ 等型体的平衡浓度。

5-3 从不同资料中查得 Fe^{3+} 各种络合物的有关常数。

(1) Fe^{3+}-CA(柠檬酸),$1/K_n = 1.0\times10^{-25}$;

(2) Fe^{3+}-$H_2C_2O_4$,$\beta_1 = 10^{9.4}$,$\beta_2 = 10^{16.2}$,$\beta_3 = 10^{20.2}$;

(3) Fe^{3+}-SSA(磺基水杨酸),$K_1 = 4.4\times10^{14}$,$K_2 = 3.5\times10^{10}$,$K_3 = 3.7\times10^{6}$;

(4) Fe^{3+}-TA(酒石酸),$\lg\beta_2 = 7.49$;

(5) Fe^{3+}-acac(乙酰丙酮),$\lg\beta_1 = 11.4$,$\lg\beta_2 = 22.1$,$\lg\beta_3 = 26.7$;

(6) Fe^{3+}-SCN^-,$\lg K_1 = 2.3$,$\lg K_2 = 1.9$,$\lg K_3 = 1.4$,$\lg K_4 = 0.8$,$\lg K_5 = 0.01$;

(7) Fe^{3+}-EDTA,$\lg K = 25.1$。

试按总稳定常数以从大到小的次序,把它们排列起来。

5-4 Zn(Ⅱ)-NH_3 络合物的各级累积稳定常数($\beta_1 \sim \beta_4$)分别为:$10^{2.27}$,$10^{4.61}$,$10^{7.01}$,$10^{9.06}$,若其溶液中 $[NH_3] = 1.0\times10^{-4}$ mol·L^{-1},$c_{Zn(Ⅱ)} = 1.0\times10^{-2}$ mol·L^{-1},求在该溶液中 Zn(Ⅱ)-NH_3 络合物各种型体的平衡浓度。

5-5 计算在 pH 1.0 和 pH 2.0 时,草酸根的 $\lg\alpha_{C_2O_4(H)}$。

5-6 当 Cd(Ⅱ)-NH_3 络合物溶液中,$c_{(NH_3-NH_4Cl)} = 0.20$ mol·L^{-1},求算当 pH 9.62 和 pH 10.0 时的 $\lg\alpha_{Cd(OH)}$ 和 $\lg\alpha_{Cd}$ 值。Cd(Ⅱ)-OH^- 络合物的 $\lg\beta_1 \sim \lg\beta_4$ 分别为 4.3,7.7,10.3 和 12.0。

5-7 计算 pH 5.0 和 pH 10.0 时的 $\lg K'_{PbY}$。

5-8 计算当 pH = 5.0,$[F^-] = 0.001$ mol·L^{-1} 时的 $\lg K'_{AlY}$。

5-9 计算 pH 9.0,$[NH_3] = 0.10$ mol·L^{-1},$[CN^-] = 1.0\times10^{-4}$ mol·L^{-1} 时的 $\lg K'_{NiY}$。

5-10 以 NH_3-NH_4Cl 缓冲溶液控制酸度保持 pH 10.0,用 2.0×10^{-2} mol·L^{-1} EDTA 标准溶液滴定等浓度的 Pb^{2+},求算其 pPb'_{sp}。

5-11 EBT 和铬蓝黑 R(BBR)金属离子指示剂都是二元酸,其质子化常数和它们与 Mg^{2+} 形成络合物的稳定常数分别为

	$\lg\beta_1$	$\lg\beta_2$	$\lg K_{MgIn}$
EBT	11.6	17.9	7.0
BBR	13.5	20.5	7.6

求算当 pH 10.0 时的 $\lg K'_{MgIn}$。如果以 2.0×10^{-2} mol·L^{-1} EDTA 滴定同浓度的 Mg^{2+},选用上述哪种指示剂更合适?

5-12 以 NH_3-NH_4^+ 缓冲体系控制被滴定剂的 pH 为 10.0,在化学计量点时 $[NH_3] = 0.1$ mol·L^{-1},此时溶液中含有 $[CN^-] = 1.0\times10^{-3}$ mol·L^{-1},试判断在此条件下能否以 2.0×10^{-2} mol·L^{-1} EDTA 滴定等浓度的 Zn^{2+}?如能直接滴定,选用 EBT 为指示剂的终点误差为多少?

5-13 以 2.0×10^{-2} mol·L^{-1} EDTA 标准溶液滴定同浓度的 Pb^{2+} 时,用 $c_{(HAc-NaAc)} = 0.3$ mol·L^{-1} 溶液或 $c_{[(CH_2)_6N_4-HCl]} = 0.3$ mol·L^{-1} 溶液控制 pH 5.0,并选用 XO 为指示剂,试计算分别选用上述两种不同缓冲体系控制 pH 时的终点误差。Pb^{2+}-Ac^- 的 $\lg\beta_1 = 1.92$,$\lg\beta_2 = 3.34$。

5-14 含 2.0×10^{-2} mol·L^{-1} 的 Ca^{2+} 溶液用等浓度的 EDTA 标准溶液滴定,如要求滴定突跃 ≥0.4 pM 单位,终点观测误差在±0.1%之内,求算其滴定的最高酸度。

5-15 用 0.020 mol·L^{-1} 的 EDTA 标准溶液滴定含有 0.020 mol·L^{-1} Ca^{2+} 和 0.020 mol·L^{-1} Mg^{2+} 混合液中的 Ca^{2+},若用 NaOH 沉淀掩蔽 Mg^{2+},并将溶液调到 pH 12.0,请通过计算说明掩蔽后的 Mg^{2+} 是否对准确滴定 Ca^{2+} 有干扰。

5-16 含 2.0×10^{-2} mol·L^{-1} Pb^{2+} 和 2.0×10^{-2} mol·L^{-1} Al^{3+} 的溶液,在 pH 6.0 条件下加入 acac(乙酰丙酮)掩蔽 Al^{3+},并保持溶液中 [acac] = 0.10 mol·L^{-1}。通过计算讨论在上述条件下,能否以 2.0×10^{-2} mol·L^{-1} EDTA

标准溶液实现对 Pb^{2+} 的选择性滴定？滴定时如选用 XO 为指示剂，其终点误差是多少？

5-17　常用汞量法测定血清或尿液中氯化物的含量。学生从教师处领到一份血清试样，随即吸取 0.500 mL 血清试液，移入盛有 3.50 mL 水的小烧杯中，加 0.50 mL 10% Na_3WO_4 和 0.50 mL 0.33 $mol \cdot L^{-1}$ H_2SO_4 溶液，充分混合后，放置 10 min，使血清中蛋白质完全沉淀，并进行离心分离。再吸取处理所得离心液 2.00 mL，移入锥形瓶中，加 4 滴二苯卡巴腙指示剂溶液，使用微量滴定管以 9.00×10^{-3} $mol \cdot L^{-1}$ $Hg(NO_3)_2$ 标准溶液进行滴定，滴至终点（显紫红色）时，消耗 $Hg(NO_3)_2$ 标准溶液 2.48 mL，求算该血清试样中氯化物的含量，以 NaCl（$mg \cdot mL^{-1}$）表示。

5-18　1.00 mL $Ni(NO_3)_2$ 溶液，加入 NH_3-NH_4Cl 缓冲溶液，经加水稀释，再加入 15.00 mL 1.00×10^{-2} $mol \cdot L^{-1}$ EDTA 标准溶液，当反应完全后，过量的 EDTA 标准溶液用 1.50×10^{-2} $mol \cdot L^{-1}$ $MgCl_2$ 标准溶液返滴定，消耗 $MgCl_2$ 标准溶液 4.37 mL，求算原始 $Ni(NO_3)_2$ 溶液的浓度，以 $mol \cdot L^{-1}$ 表示。

5-19　测定奶粉中的钙含量。1.500 g 试样经灰化处理，并制备成试液，然后用 EDTA 标准溶液进行滴定。滴至终点时消耗 EDTA 标准溶液 13.10 mL。EDTA 标准溶液是用高纯金属锌标定的。具体做法是称取 0.632 0 g 高纯锌，用稀 HCl 溶解后，定容至 1.000 L。吸取 10.00 mL 该 Zn^{2+} 溶液，用 EDTA 标准溶液滴定时需要 10.80 mL。求算奶粉试样中钙的含量，以 $\mu g \cdot g^{-1}$ 表示。

5-20　临床检验中可用络合滴定法测定血清中的 Ca^{2+} 含量。取血清 1.00 mL，加 10 mL 0.2 $mol \cdot L^{-1}$ NaOH 溶液调节 pH 约 12.0，再加入钙指示剂，然后用微量滴定管以浓度为 0.002 000 $mol \cdot L^{-1}$ EDTA 标准溶液滴定，滴定到终点时消耗 EDTA 标准溶液 1.28 mL，请计算血清试样中的钙含量，用 $mg \cdot mL^{-1}$ 表示。

5-21　污水中 Cu^{2+} 的测定，先分离后通过溶剂萃取浓缩，在 pH 约 3.0 时用二氯甲烷将二硫腙铜螯合物萃取出来，蒸发掉溶剂后，将螯合物灰化破坏其有机组分后，形成试液，用 EDTA 标准溶液滴定。三份 1 .000 L 试样各用 25.00 mL 二氯甲烷进行萃取，将萃取液合并后定容至 100.00 mL。取 50.00 mL 的试样进行蒸发、灰化和滴定。如果 EDTA 标准溶液的浓度为 0.034 87 $mol \cdot L^{-1}$，使用微量滴定管滴定 Cu^{2+} 所消耗的 EDTA 体积为 2.89 mL，请计算污水中铜的含量，用 ppm 表示。

5-22　称取含有铁和铝的矿物试样 0.200 0 g，将其完全溶解后，将试液的酸性调至 pH 2.0，并加热至约 50 ℃时，以磺基水杨酸为指示剂，用 0.020 00 $mol \cdot L^{-1}$ EDTA 标准溶液滴定 Fe^{3+}，消耗 18.16 mL。再将试液调至 pH 3.5，加入上述 EDTA 标准溶液 25.00 mL，并加热煮沸。当反应完全后，再调试液至 pH 4.5，以 PAN 为指示剂，趁热用 $CuSO_4$ 标准溶液（每毫升含 $CuSO_4 \cdot 5H_2O$ 0.005 000 g）返滴定，用去 8.12 mL。计算试样中 Fe_2O_3 和 Al_2O_3 的质量分数。

5-23　测定锆英石中的 Zr 和 Fe。称取 1.000 g 试样，以适当的方法制备成 200.0 mL 试液。移取 50.00 mL 试液，调至 pH 0.8，加入盐酸羟胺掩蔽 Fe^{3+}，以二甲酚橙为指示剂，用 1.000×10^{-2} $mol \cdot L^{-1}$ EDTA 标准溶液滴定 Zr^{4+}，消耗 10.00 mL。再加入浓 HNO_3 加热，使 Fe^{2+} 氧化成 Fe^{3+}，再将试液调至 pH 1.5，以磺基水杨酸作指示剂，用上述 EDTA 标准溶液滴定 Fe^{3+}，用去 20.00 mL。计算试样中 ZrO_2 和 Fe_2O_3 的质量分数。

参考答案

第6章　氧化还原滴定法

氧化还原滴定法是以氧化还原反应为基础的滴定方法，它以氧化剂或还原剂为滴定剂，直接滴定一些具有还原性或氧化性的物质，或者间接滴定一些本身并没有氧化还原性，但能与氧化剂或还原剂发生反应的物质。氧化还原滴定法是在滴定分析中应用最广泛的方法之一。许多无机物和有机化合物都具有氧化性或者还原性，因此氧化还原滴定法能够直接或间接地测定无机物和有机化合物的含量。

6-1　概述

与酸碱反应和络合反应不同，氧化还原反应是基于电子的转移，因此它的机理通常比较复杂。有的氧化还原反应还伴随着副反应，有时介质对反应有较大的影响。不同的氧化还原反应其反应速率也不相同。绝大多数氧化还原反应的反应速率较慢，这对滴定分析是不利的，有的甚至根本不适用于滴定分析。因此在考虑氧化还原滴定问题时，不仅要从热力学的氧化还原平衡的角度考虑反应的可能性，还要从动力学的反应速率的角度考虑反应的现实性。

氧化还原反应的复杂性还表现为，相同的反应物在不同条件下的反应结果可能很不相同，有时由于副反应的发生，反应物之间没有确定的计量关系。例如，$KMnO_4$ 作为氧化剂可以滴定许多还原剂，但在不同酸度条件下其被还原的产物却很不相同，强酸性条件下产物是 Mn^{2+}，中性或弱酸性条件下产物是 MnO_2，而碱性条件下产物则是 MnO_4^{2-}。因此，在氧化还原滴定中必须严格控制反应条件，以保证滴定反应自始至终按照同一反应式定量进行。

氧化还原电对一般可分为可逆电对和不可逆电对两类。所谓可逆电对，是指氧化还原电对在氧化还原反应的过程中能迅速建立起氧化还原平衡，其实际显示或测得的电极电位与按能斯特方程计算出来的电极电位一致，如 Fe^{3+}/Fe^{2+}，I_2/I^-，Ce^{4+}/Ce^{3+} 等。不可逆电对在氧化还原反应的过程中不能很快建立起氧化还原平衡，其实际显示或测得的电极电位与按能斯特(Nernst)方程计算出来的电极电位有一定差距，如 MnO_4^-/Mn^{2+}，$Cr_2O_7^{2-}/Cr^{3+}$，O_2/H_2O_2，H_2O_2/H_2O 等。对于不可逆电对，一方面没有其他比较简便的理论公式可以计算其电极电位，另一方面按能斯特方程计算的电极电位虽与实际测得的电极电位有差距，但仍有相当的参考价值。所以在本书中不严格区分这两种电对，电极电位都按照能斯特方程进行计算。

在氧化还原反应中，可以用来进行氧化还原滴定的反应很多，它们的反应条件又各不相同。所以氧化还原滴定法通常按照滴定剂的不同来分类，如高锰酸钾法、重铬酸钾法和碘量法等。因此在学习氧化还原滴定分析法时，不仅要掌握氧化还原平衡和氧化还原滴定的一般原理和方法，而且要具体地研究各种常用的氧化还原滴定方法，理解各种方法的特点和应用范围，掌握它们的特殊规律。

6-2 氧化还原平衡

6-2-1 条件电极电位

物质氧化性、还原性的强弱可以用其氧化还原电对电极电位的大小来衡量,电对的电极电位值越高,其氧化型的氧化能力就越强;反之,电极电位值越低,则其还原型的还原能力越强。因此,氧化剂可以氧化电极电位比它更低的还原剂,还原剂可以还原电极电位比它更高的氧化剂。所以,根据参加氧化还原反应的有关电对的电极电位,可以判断氧化还原反应进行的方向、次序和反应进行的程度。

若以 Ox 表示某一电对的氧化型,Red 表示其还原型,则其氧化还原半反应可以表示为

$$\mathrm{Ox}+ne^- \rightleftharpoons \mathrm{Red}$$

式中,n 为电子转移数。假设在一定条件下该电对的电极电位为 E,当 E 值较高时,说明该氧化还原电对氧化型 Ox 的氧化能力较强,而其还原型 Red 的还原能力较弱。反之,当 E 值较低时,则说明 Ox 的氧化能力较弱,而 Red 的还原能力较强。

如果上述氧化还原半反应是可逆的,则其电极电位 E 的大小符合能斯特方程,即

$$E=E^{\ominus}_{\mathrm{Ox/Red}}+\frac{RT}{nF}\ln\frac{a_{\mathrm{Ox}}}{a_{\mathrm{Red}}} \tag{6-1}$$

式中,E 是电对的电极电位;$E^{\ominus}$ 是电对的标准电极电位;a_{Ox} 和 a_{Red} 分别表示氧化型和还原型的活度;R 是摩尔气体常数[8.314 J·(mol·K)$^{-1}$];T 是热力学温度;F 是法拉第常数(96 485 C·mol^{-1});n 是半反应中的电子转移数。从式(6-1)可以看出 E 是温度的函数。

在 25 ℃时,将各常数值代入式(6-1)并取常用对数,可表示为

$$E=E^{\ominus}_{\mathrm{Ox/Red}}+\frac{0.059}{n}\lg\frac{a_{\mathrm{Ox}}}{a_{\mathrm{Red}}} \tag{6-2}$$

式中,标准电极电位 $E^{\ominus}$ 是当氧化型活度 a_{Ox} 和还原型活度 a_{Red} 都为 1 mol·L^{-1} 时的电位,其大小与该电对本身的性质有关,且在温度一定时为常数。部分氧化还原电对在 18~25 ℃时的标准电极电位 $E^{\ominus}$ 值列于附录一附表 8 中。

对于下述氧化还原半反应:

$$Fe^{3+}+e^- \rightleftharpoons Fe^{2+}$$

25 ℃时,其电极电位为

$$E=E^{\ominus}_{Fe^{3+}/Fe^{2+}}+\frac{0.059}{n}\lg\frac{a_{Fe^{3+}}}{a_{Fe^{2+}}} \tag{6-3}$$

引入活度系数,则

$$E=E^{\ominus}_{Fe^{3+}/Fe^{2+}}+0.059\lg\frac{\gamma_{Fe^{3+}}[Fe^{3+}]}{\gamma_{Fe^{2+}}[Fe^{2+}]} \tag{6-4}$$

溶液中的铁通常不仅以 Fe^{3+} 和 Fe^{2+} 这两种型体存在。例如,在 1 mol·L^{-1} HCl 溶液中,除了 Fe^{3+} 型体外,Fe(Ⅲ)还以 $FeOH^{2+}$,$FeCl^{2+}$,$FeCl_2^+$ 等型体存在;除了 Fe^{2+} 型体外,Fe(Ⅱ)还以 $FeOH^+$,$FeCl^+$,$FeCl_2$ 等型体存在。通常情况下,只知道 Fe(Ⅲ)和 Fe(Ⅱ)的总浓度 $c_{\mathrm{Fe(III)}}$ 和 $c_{\mathrm{Fe(II)}}$,而不

知道游离态的 Fe^{3+} 和 Fe^{2+} 的平衡浓度。若欲用总浓度 $c_{Fe(Ⅲ)}$ 和 $c_{Fe(Ⅱ)}$ 来表示其电极电位，根据副反应系数 α 的概念则有

$$\alpha_{Fe(Ⅲ)}=\frac{c_{Fe(Ⅲ)}}{[Fe^{3+}]} \tag{6-5}$$

得

$$[Fe^{3+}]=\frac{c_{Fe(Ⅲ)}}{\alpha_{Fe(Ⅲ)}} \tag{6-6}$$

同理

$$[Fe^{2+}]=\frac{c_{Fe(Ⅱ)}}{\alpha_{Fe(Ⅱ)}} \tag{6-7}$$

将式(6-6)和式(6-7)代入式(6-4)中，整理，得

$$E=E^{\ominus}_{Fe^{3+}/Fe^{2+}}+0.059\lg\frac{\gamma_{Fe^{3+}}\alpha_{Fe(Ⅱ)}}{\gamma_{Fe^{2+}}\alpha_{Fe(Ⅲ)}}+0.059\lg\frac{c_{Fe(Ⅲ)}}{c_{Fe(Ⅱ)}} \tag{6-8}$$

式中，$\alpha_{Fe(Ⅱ)}$ 和 $\alpha_{Fe(Ⅲ)}$ 分别是在 1 mol · L^{-1} HCl 溶液中 Fe(Ⅱ)和 Fe(Ⅲ)的副反应系数。

将 $c_{Fe(Ⅲ)}=c_{Fe(Ⅱ)}=1$ mol · L^{-1}时 Fe(Ⅲ)/Fe(Ⅱ)体系在 1 mol · L^{-1} HCl 溶液中的实际电极电位定义为其在 1 mol · L^{-1} HCl 介质中的条件电极电位 $E^{\ominus'}_{Fe(Ⅲ)/Fe(Ⅱ)}$，则

$$E^{\ominus'}_{Fe^{3+}/Fe^{2+}}=E^{\ominus}_{Fe^{3+}/Fe^{2+}}+0.059\lg\frac{\gamma_{Fe^{3+}}\alpha_{Fe(Ⅱ)}}{\gamma_{Fe^{2+}}\alpha_{Fe(Ⅲ)}} \tag{6-9}$$

因此，Fe(Ⅲ)/Fe(Ⅱ)电对的能斯特方程可表示为

$$E=E^{\ominus'}_{Fe^{3+}/Fe^{2+}}+0.059\lg\frac{c_{Fe(Ⅲ)}}{c_{Fe(Ⅱ)}} \tag{6-10}$$

式中，$E^{\ominus'}_{Fe^{3+}/Fe^{2+}}$称为铁电对的条件电极电位。推广到一般情况，某氧化还原电对的条件电极电位($E^{\ominus'}_{Ox/Red}$)是在特定条件下，该电对的氧化型 Ox 的总浓度和还原型 Red 的总浓度均为 1 mol · L^{-1}时的实际电位。故一般情况下的能斯特方程可以表示为

$$E=E^{\ominus'}_{Ox/Red}+\frac{0.059}{n}\lg\frac{c_{Ox}}{c_{Red}} \tag{6-11}$$

这里

$$E^{\ominus'}_{Ox/Red}=E^{\ominus}_{Ox/Red}+\frac{0.059}{n}\lg\frac{\gamma_{Ox}\alpha_{Red}}{\gamma_{Red}\alpha_{Ox}} \tag{6-12}$$

由条件电极电位的定义式[式(6-12)]可以看到，$E^{\ominus'}$值的大小与活度系数和副反应系数有关，因而要受到溶液离子强度、酸度、络合剂浓度以及是否有沉淀生成等各种因素的影响，只有在条件一定时才是常数。可见，氧化还原平衡中的条件电极电位 $E^{\ominus'}$与标准电极电位 $E^{\ominus}$ 的关系类似于络合平衡中的条件稳定常数 K'与热力学稳定常数 K 的关系。显然，用条件电极电位处理实际问题比较简单，也更加符合实际情况。

一个电对在一定条件下的实际电极电位是一个客观存在的定值，因此无论是按照标准电极电位 $E^{\ominus}$ 的能斯特方程[式(6-2)]去计算，还是按照条件电极电位 $E^{\ominus'}$的能斯特方程[式(6-11)]去计算，其结果必然是完全相同的。事实上，从 $E^{\ominus'}$的定义式[式(6-12)]可以看到，式(6-2)与式(6-11)实质上是等同的。但按照标准电极电位 $E^{\ominus}$ 的能斯特方程[式(6-2)]计算电极电位时，其中的

$\lg\dfrac{a_{Ox}}{a_{Red}}$或$\lg\dfrac{\gamma_{Ox}\alpha_{Red}}{\gamma_{Red}\alpha_{Ox}}$值很不易计算。提出条件电极电位的概念以后,可以直接通过实验测得在一定条件下的$E^{\ominus'}$值,即将不易计算的$\lg\dfrac{\gamma_{Ox}\alpha_{Red}}{\gamma_{Red}\alpha_{Ox}}$值放到$E^{\ominus'}$之中用实验来解决。一般分析化学手册中都列有许多经过实验测得的条件电极电位值,可通过查表并利用式(6-11)求得比较符合实际的电极电位。附录一附表9中列出了部分氧化还原电对的条件电极电位值。

由于实际体系的反应条件多种多样,如果在计算中查不到与实际体系条件相同的$E^{\ominus'}$值,可以采用条件相近的$E^{\ominus'}$值来代替。如果条件相近的$E^{\ominus'}$值无法查到,可用$E^{\ominus}$值代替$E^{\ominus'}$值作近似计算。

例 6-1 计算 1 mol · L^{-1} HCl 溶液中 $c_{Ce(Ⅳ)}=1.00\times10^{-2}$ mol · L^{-1},$c_{Ce(Ⅲ)}=1.00\times10^{-3}$ mol · L^{-1}时 Ce(Ⅳ)/Ce(Ⅲ)电对的电极电位。

解: 查附录一附表9,在 1 mol · L^{-1} HCl 介质中,半反应

$$Ce(Ⅳ)+e^- \rightleftharpoons Ce(Ⅲ) \quad E^{\ominus'}=1.28\ V$$

$$E=E^{\ominus'}_{Ce(Ⅳ)/Ce(Ⅲ)}+0.059\lg\frac{c_{Ce(Ⅳ)}}{c_{Ce(Ⅲ)}}=\left(1.28+0.059\lg\frac{1.00\times10^{-2}}{1.00\times10^{-3}}\right)V=1.34\ V$$

例 6-2 计算 2.5 mol · L^{-1} HCl 溶液中用固体亚铁盐将 0.100 mol · L^{-1} $K_2Cr_2O_7$溶液还原至一半时溶液的电极电位。

解: 溶液的电极电位就是$Cr_2O_7^{2-}/Cr^{3+}$电对的电极电位。附录一附表9中没有 2.5 mol · L^{-1} HCl 介质中该电对的条件电极电位值,可采用条件相近的 3.0 mol · L^{-1} HCl 介质中的$E^{\ominus'}$值代替,$E^{\ominus'}=1.08$ V。将 0.100 mol · L^{-1} $K_2Cr_2O_7$溶液还原至一半时,

$$c_{Cr_2O_7^{2-}}=0.5\times0.100\ mol\cdot L^{-1}=0.050\ 0\ mol\cdot L^{-1}$$

$$c_{Cr^{3+}}=2\times0.050\ 0\ mol\cdot L^{-1}=0.100\ mol\cdot L^{-1}$$

故

$$E=E^{\ominus'}_{Cr_2O_7^{2-}/Cr^{3+}}+\frac{0.059}{6}\lg\frac{c_{Cr_2O_7^{2-}}}{c^2_{Cr^{3+}}}$$

$$=\left[1.08+\frac{0.059}{6}\lg\frac{0.050\ 0}{(0.100)^2}\right]V=1.09\ V$$

注意,能斯特方程分母中$c_{Cr(Ⅲ)}$项的方次是2,因半反应中Cr^{3+}的系数是2:

$$Cr_2O_7^{2-}+14H^++6e^- \rightleftharpoons 2Cr^{3+}+7H_2O$$

另外,能斯特方程浓度项中不包括[H^+],因为[H^+]的影响已被包括在$E^{\ominus'}$之中了。

6-2-2 影响条件电极电位的因素

根据式(6-12)可知,影响条件电极电位的因素就是影响电对活度系数和副反应系数的因素。这些影响因素主要有离子强度、沉淀的生成、络合物的形成和溶液的酸度等。所以,同一电对的条件电极电位在不同条件下是不同的。下面主要通过对具体电对的讨论,说明在不同条件下计算条件电极电位$E^{\ominus'}$值的方法。通过这种计算可以更深刻地理解条件电极电位的意义和影响条件电极电位的因素。

1. 离子强度的影响

从条件电极电位的定义式[式(6-12)]可以看出,活度系数是影响$E^{\ominus'}$值的因素之一,而活

度系数又取决于溶液的离子强度。当离子强度不同时,同一电对的 $E^{\ominus'}$ 值也不同。在氧化还原反应中,溶液的离子强度一般比较大,故以离子形态存在的电对的氧化态或还原态的活度系数往往小于 1,其条件电极电位与标准电极电位有较大差异。但由于活度系数往往不易计算,而各种副反应及其他因素的影响通常更为主要,所以在本章以后的讨论中一般忽略离子强度的影响,即近似地认为各型体的活度系数均等于 1。

2. 沉淀生成的影响

对于一个氧化还原电对,如果加入一种可以与氧化型或还原型生成沉淀的沉淀剂,则由于游离态的氧化型或还原型浓度的改变,将使电对的电极电位发生改变。若氧化态生成沉淀将使电对的电极电位降低,而还原态生成沉淀则使电对的电极电位升高。例如,用碘量法测定 Cu^{2+} 的含量是基于反应

$$2Cu^{2+}+4I^- = 2CuI\downarrow +I_2$$

若从 Cu^{2+}/Cu^+ 和 I_2/I^- 电对的标准电极电位判断($E^{\ominus}_{Cu^{2+}/Cu^+}=0.16\ V$,$E^{\ominus}_{I_2/I^-}=0.54\ V$),似乎应当是 I_2 氧化 Cu^+,Cu^{2+} 与 I^- 不能自发地进行反应。而实际上却是 Cu^{2+} 氧化 I^-,原因即在于 Cu^+ 和 I^- 生成了溶解度很小的 CuI 沉淀,溶液中的 $[Cu^+]$ 变得很小,导致 Cu^{2+}/Cu^+ 电对的电极电位显著提高,从而使上述反应得以进行。

例 6-3 计算在 $[I^-]=1.0\ mol\cdot L^{-1}$ 条件下,Cu^{2+}/CuI 电对的条件电极电位。已知 $E^{\ominus}_{Cu^{2+}/Cu^+}=0.16\ V$,$K_{sp(CuI)}=1.1\times10^{-12}$。

解:

$$E=E^{\ominus}_{Cu^{2+}/Cu^+}+0.059\lg\frac{[Cu^{2+}]}{[Cu^+]}$$

$$=E^{\ominus}_{Cu^{2+}/Cu^+}+0.059\lg\frac{[I^-]}{K_{sp}}+0.059\lg[Cu^{2+}]$$

因 Cu^{2+} 未发生副反应,故 $[Cu^{2+}]=c_{Cu(II)}$。当 $c_{Cu(II)}=1\ mol\cdot L^{-1}$ 时体系的实际电位即为 Cu^{2+}/CuI 电对的条件电极电位,即

$$E^{\ominus'}=E^{\ominus}_{Cu^{2+}/Cu^+}+0.059\lg\frac{[I^-]}{K_{sp}}$$

$$=[0.16-0.059\lg(1.1\times10^{-12})]\ V=0.87\ V$$

可见,由于 Cu^+ 生成 CuI 沉淀,$[Cu^+]$ 大大降低,从而使该电对的电极电位由 0.16 V 提高到 0.87 V,氧化能力大大提高。所以,当溶液中有过量 I^- 存在时,Cu^{2+} 可以定量氧化 I^- 生成 CuI 和 I_2。这一反应成为间接碘量法测定溶液中铜(Ⅱ)含量的基础,将在 6-7 节中进行详细的讨论。

由于 $[I^-]=1.0\ mol\cdot L^{-1}$,所以上例中条件电极电位 $E^{\ominus'}$ 在数值上正好等于 Cu^{2+}/CuI 电对的标准电极电位 $E^{\ominus}$,均为 0.87 V,但二者在概念上是有区别的。Cu^{2+}/CuI 电对的标准电极电位为

$$E^{\ominus}_{Cu^{2+}/CuI}=E^{\ominus}_{Cu^{2+}/Cu^+}+0.059\lg\frac{1}{K_{sp(CuI)}}$$

可见,$E^{\ominus'}$ 与 $[I^-]$ 有关,在应用 $E^{\ominus'}$ 进行计算时需根据不同的 $[I^-]$ 选择相应的 $E^{\ominus'}$ 值。由于有关 $[I^-]$ 的一项是包括在 $E^{\ominus'}$ 之中的,在用能斯特方程计算电极电位时只需关心氧化型的总浓度 $c_{Cu(II)}$ 和还原型的总浓度 c_{CuI}(这里 CuI 是固体,$c_{CuI}=1$):

$$E=E^{\ominus'}_{Cu^{2+}/CuI}+0.059\lg c_{Cu(II)}$$

而用 $E^{\ominus}$ 进行计算时,由于有关 $[I^-]$ 的一项不包括在 $E^{\ominus}$ 之中,因此不仅需要考虑 Cu^{2+} 的平衡浓度,还要考虑 I^- 的平衡浓度:

$$E=E^{\ominus}_{Cu^{2+}/CuI}+0.059\lg[Cu^{2+}][I^-]$$

3. 络合物形成的影响

对于一个氧化还原电对，如果有能与氧化型或还原型生成络合物的络合剂存在，则从 $E^{\ominus'}$ 的定义式[式(6-12)]可见，氧化型和还原型的副反应系数必然会改变，从而影响条件电极电位 $E^{\ominus'}$。有时络合物的形成甚至可以改变氧化还原反应的方向。例如，用间接碘量法测定 Cu^{2+} 时，共存的 Fe^{3+} 也能氧化 I^-，从而干扰 Cu^{2+} 的测定。可加入 F^-，使 Fe^{3+} 与 F^- 形成稳定的络合物，降低 Fe^{3+}/Fe^{2+} 电对的电极电位，使之无法氧化 I^-，因而消除了干扰。

例 6-4 计算 pH = 3.0，$[HF]+[F^-]=0.10\ mol\cdot L^{-1}$ 时 Fe(Ⅲ)/Fe(Ⅱ)电对的 $E^{\ominus'}$ 值。

解： 已知 $E^{\ominus}_{Fe^{3+}/Fe^{2+}}=0.77\ V$，$FeF_3$ 络合物的 $\lg\beta_1\sim\lg\beta_3$ 分别为 5.28，9.30 和 12.06，HF 的 $pK_a=3.14$。

$$[F^-]=([HF]+[F^-])\cdot\frac{K_a}{[H^+]+K_a}$$

$$=\frac{0.10\times10^{-3.14}}{10^{-3.0}+10^{-3.14}}\ mol\cdot L^{-1}=10^{-1.38}\ mol\cdot L^{-1}$$

$$\alpha_{Fe^{3+}(F)}=1+\beta_1[F^-]+\beta_2[F^-]^2+\beta_3[F^-]^3$$

$$=1+10^{3.90}+10^{6.54}+10^{7.92}=10^{7.94}$$

$$\alpha_{Fe^{2+}}=1$$

故

$$E^{\ominus'}=E^{\ominus}_{Fe^{3+}/Fe^{2+}}+0.059\lg\frac{\alpha_{Fe^{2+}}}{\alpha_{Fe^{3+}}}$$

$$=[0.77-0.059\lg(10^{7.94})]\ V=0.30\ V$$

4. 溶液酸度的影响

有些氧化还原半反应有 H^+ 或 OH^- 参加，此时溶液的酸度将直接影响其电极电位值。另外，一些电对的氧化型或还原型是弱酸或弱碱，溶液的酸度会影响其存在的型体分布，从而影响氧化型或还原型的平衡浓度，因此也将影响电极电位的大小。例如，对于反应：

$$H_3AsO_4+3I^-+2H^+ \rightleftharpoons HAsO_2+I_3^-+2H_2O$$

有关电对的标准电极电位分别为：$E^{\ominus}_{As(V)/As(III)}=0.56\ V$，$E^{\ominus}_{I_2/I^-}=0.54\ V$，二者相差不大。其中 I_2/I^- 电对的电极电位与溶液的酸度基本无关，而 $H_3AsO_4/HAsO_2$ 电对的电极电位则受酸度的影响很大。因此该反应进行的方向也必然受到溶液酸度的影响。只有在强酸性条件下，如 $[H^+]=1.0\ mol\cdot L^{-1}$ 时，反应才向右进行，而酸度降低时反应将向左进行，在碘量法中，常利用此原理进行 As(Ⅲ)的测定。

例 6-5 计算 pH = 8.00 时的 As(Ⅴ)/As(Ⅲ)电对的条件电极电位。

解： 已知半反应：

$$H_3AsO_4+2H^++2e^- \rightleftharpoons HAsO_2+2H_2O$$

反应的 $E^{\ominus}=0.56\ V$，H_3AsO_4 的 $pK_{a_1}\sim pK_{a_3}$ 分别为 2.20，7.00 和 11.50，$HAsO_2$ 的 $pK_a=9.22$。

$$E=E^{\ominus}_{As(V)/As(III)}+\frac{0.059}{2}\lg\frac{[H_3AsO_4][H^+]^2}{[HAsO_2]}$$

而

$$[H_3AsO_4]=\delta_{H_3AsO_4}c_{As(V)},\quad [HAsO_2]=\delta_{HAsO_2}c_{As(III)}$$

故

$$E=E^{\ominus}_{As(V)/As(III)}+\frac{0.059}{2}\lg\frac{\delta_{H_3AsO_4}[H^+]^2}{\delta_{HAsO_2}}+\frac{0.059}{2}\lg\frac{c_{As(V)}}{c_{As(III)}}$$

于是

$$E^{\ominus'}=E^{\ominus}_{As(V)/As(III)}+\frac{0.059}{2}\lg\frac{\delta_{H_3AsO_4}[H^+]^2}{\delta_{HAsO_2}}$$

当 pH=8.00 时，则

$$\delta_{H_3AsO_4}=\frac{[H^+]^3}{[H^+]^3+[H^+]^2K_{a_1}+[H^+]K_{a_1}K_{a_2}+K_{a_1}K_{a_2}K_{a_3}}$$

$$=\frac{10^{-24.00}}{10^{-24.00}+10^{-18.20}+10^{-17.20}+10^{-20.70}}=10^{-6.84}$$

$$\delta_{HAsO_2}=\frac{[H^+]}{[H^+]+K_a}=\frac{10^{-8.00}}{10^{-8.00}+10^{-9.22}}=0.94$$

故

$$E^{\ominus'}=\left(0.56+\frac{0.059}{2}\lg\frac{10^{-6.84}\times10^{-16.00}}{0.94}\right)\text{V}=-0.11\ \text{V}$$

从例 6-5 可以看到，在利用 $E^{\ominus'}$ 进行电极电位计算时，应选择与实际 pH 相应的 $E^{\ominus'}$ 值。由于有关 $[H^+]$ 的一项已经包括在 $E^{\ominus'}$ 之中，因此在能斯特方程的浓度项中，只应包括氧化型的总浓度和还原型的总浓度，即

$$E=E^{\ominus'}_{As(V)/As(III)}+\frac{0.059}{2}\lg\frac{c_{As(V)}}{c_{As(III)}}$$

而用标准电极电位 $E^{\ominus}$ 计算电位时，有关 $[H^+]$ 的一项则应包括在能斯特方程的浓度项中，并且浓度项中的浓度只是氧化型和还原型中某一型体的平衡浓度，即

$$E=E^{\ominus}_{As(V)/As(III)}+\frac{0.059}{2}\lg\frac{[H_3AsO_4][H^+]^2}{[HAsO_2]}$$

6-2-3 氧化还原反应进行的程度

氧化还原反应进行的完全程度可以用反应的平衡常数 K 的大小来衡量，平衡常数 K 越大，反应进行得越完全。而 K 又与有关电对的标准电极电位有着确定的数量关系。若用条件电极电位 $E^{\ominus'}$ 代替标准电极电位 $E^{\ominus}$，即可得到与之相应的条件平衡常数 K'，则更能反映在实际情况下反应进行的完全程度。例如，对于氧化还原反应：

$$a\text{Ox}_1+b\text{Red}_2 \rightleftharpoons a\text{Red}_1+b\text{Ox}_2$$

条件平衡常数为

$$K'=\frac{c^a_{Red_1}c^b_{Ox_2}}{c^a_{Ox_1}c^b_{Red_2}} \tag{6-13}$$

与该反应有关的氧化还原半反应和电极电位，对物质 1：

$$\text{Ox}_1+n_1\text{e}^- \rightleftharpoons \text{Red}_1$$

$$E_1=E_1^{\ominus'}+\frac{0.059}{n_1}\lg\frac{c_{Ox_1}}{c_{Red_1}} \tag{6-14}$$

对物质 2：

$$\text{Ox}_2+n_2\text{e}^- \rightleftharpoons \text{Red}_2$$

$$E_2=E_2^{\ominus'}+\frac{0.059}{n_2}\lg\frac{c_{Ox_2}}{c_{Red_2}} \tag{6-15}$$

当反应达到平衡时，$E_1 = E_2$，所以

$$E_1^{\ominus'} + \frac{0.059}{n_1}\lg\frac{c_{Ox_1}}{c_{Red_1}} = E_2^{\ominus'} + \frac{0.059}{n_2}\lg\frac{c_{Ox_2}}{c_{Red_2}}$$

两边同乘以 n_1 和 n_2 的最小公倍数 n，则 $n_1 = n/a$，$n_2 = n/b$，整理后得

$$\lg K' = \frac{n(E_1^{\ominus'} - E_2^{\ominus'})}{0.059} = \lg\frac{c_{Red_1}^{a} c_{Ox_2}^{b}}{c_{Ox_1}^{a} c_{Red_2}^{b}} \tag{6-16}$$

式中，$E_1^{\ominus'}$ 和 $E_2^{\ominus'}$ 分别为氧化剂和还原剂的条件电极电位；n 为氧化还原反应式中氧化剂和还原剂的电子转移数 n_1 和 n_2 的最小公倍数；K'为条件平衡常数，它与两电对的条件电极电位及电子转移数有关。

对于某一氧化还原反应，n 为定值，故两电对的条件电极电位之差 $\Delta E^{\ominus'} = (E_1^{\ominus'} - E_2^{\ominus'})$ 越大，K'也越大，表明反应进行的完全程度越高。因此可以直接通过比较两个有关电对的条件电极电位 $E^{\ominus'}$ 来判断氧化还原反应进行的完全程度。

若将上述氧化还原反应用于滴定分析，一般要求其完全程度在化学计量点时至少达到 99.9%，即化学计量点时应有

$$\frac{c_{Red_1}}{c_{Ox_1}} \geqslant \frac{99.9}{0.1} \approx 10^3 \qquad \frac{c_{Ox_2}}{c_{Red_2}} \geqslant \frac{99.9}{0.1} \approx 10^3$$

此时

$$\lg K' \geqslant \lg(10^3)^{a+b} \tag{6-17}$$

即

$$\frac{n(E_1^{\ominus'} - E_2^{\ominus'})}{0.059} \geqslant 3(a+b) \tag{6-18}$$

式中，a 和 b 分别为氧化还原反应式中氧化剂和还原剂的系数。

若 $n_1 = n_2 = 1$，则 $a = b = 1$，$n = 1$，$\Delta E^{\ominus'} \geqslant 0.059 \times 6\ \text{V} = 0.35\ \text{V}$；

若 $n_1 = n_2 = 2$，则 $a = b = 1$，$n = 2$，$\Delta E^{\ominus'} \geqslant 0.059 \times 3\ \text{V} = 0.18\ \text{V}$；

若 $n_1 = 2$，$n_2 = 1$，则 $a = 1$，$b = 2$，$n = 2$，$\Delta E^{\ominus'} \geqslant 0.059 \times 4.5\ \text{V} = 0.27\ \text{V}$，等等。

如果仅考虑反应的完全程度，通常可以认为 $\Delta E^{\ominus'} \geqslant 0.4\ \text{V}$ 的氧化还原反应能满足滴定分析的要求。

例 6-6 在 1 mol · L^{-1} $HClO_4$ 溶液中用 $KMnO_4$ 标准溶液滴定 Fe^{2+} 溶液，计算体系的条件平衡常数，并求化学计量点时溶液中 $c_{Fe(Ⅲ)}$ 与 $c_{Fe(Ⅱ)}$ 之比。

解： 在 1 mol · L^{-1} $HClO_4$ 溶液中有关电对的半反应及条件电极电位为

$$MnO_4^- + 8H^+ + 5e^- \rightleftharpoons Mn^{2+} + 4H_2O \qquad E^{\ominus'} = 1.45\ \text{V}$$

$$Fe^{3+} + e^- \rightleftharpoons Fe^{2+} \qquad E^{\ominus'} = 0.732\ \text{V}$$

滴定反应方程式为

$$MnO_4^- + 5Fe^{2+} + 8H^+ \rightleftharpoons Mn^{2+} + 5Fe^{3+} + 4H_2O$$

两电对电子转移数的最小公倍数 $n = 5$，则

$$\lg K' = \frac{n(E_{Mn}^{\ominus'} - E_{Fe}^{\ominus'})}{0.059} = \frac{5 \times (1.45\ \text{V} - 0.732\ \text{V})}{0.059\ \text{V}} = 60.85$$

故

$$K' = 7.1\times10^{60}$$

可以看出，该滴定反应具有相当大的条件平衡常数 K' 和 $\Delta E^{\ominus'}$ 值(0.718 V)，表明在化学计量点时反应进行得很完全。

在化学计量点时有

$$c_{Fe(III)} = 5c_{Mn(II)} \qquad c_{Fe(II)} = 5c_{Mn(VII)}$$

故

$$\frac{c_{Mn(II)}}{c_{Mn(VII)}} = \frac{c_{Fe(III)}}{c_{Fe(II)}}$$

$$K' = \frac{c_{Mn(II)}c^{5}_{Fe(III)}}{c_{Mn(VII)}c^{5}_{Fe(II)}} = \frac{c^{6}_{Fe(III)}}{c^{6}_{Fe(II)}}$$

因此

$$\frac{c_{Fe(III)}}{c_{Fe(II)}} = \sqrt[6]{K'} = \sqrt[6]{7.1\times10^{60}} = 1.4\times10^{10}$$

可见，该反应的完全程度很高，利用类似的方法可计算任一氧化还原反应的条件平衡常数并判断反应的完全程度。

6-3 氧化还原反应的速率

6-3-1 概述

氧化还原反应方程式只表示反应的起始状态和最终状态以及反应物和产物之间的化学计量关系。在氧化还原反应中，两电对条件电极电位之差 $\Delta E^{\ominus'}$ 值或条件平衡常数 K' 的大小只能表示氧化还原反应进行的完全程度，并不能完全说明反应过程的真实情况和反应速率的大小。实际上多数氧化还原反应的历程比较复杂，与酸碱反应和络合反应相比，速率较慢。而且氧化还原反应往往不是一步完成的，而是经历一系列的中间步骤分多步完成的，在一系列步骤中只要有一步进行得较慢就会影响总的反应速率。

例如，H_2O_2 氧化 I^- 的反应式为

$$H_2O_2+2I^-+2H^+ =\!=\!= I_2+2H_2O$$

但该反应方程式只表示反应的起始状态和最终状态，是总反应式，并不能完全反映该反应的实际进程。研究结果表明，这个反应实际上是分如下 3 步进行的：

$$H_2O_2+I^- \rightleftharpoons IO^-+H_2O \quad (慢)$$

$$IO^-+H^+ \rightleftharpoons HIO \quad (快)$$

$$HIO+I^-+H^+ \rightleftharpoons I_2+H_2O \quad (快)$$

将上面 3 个反应式相加，即得到上述总反应式。其中反应速率最慢的是第一步，这成为制约和决定整个反应速率的关键步骤。

所以，氧化还原反应速率较慢的主要原因是其反应机理或历程比较复杂。氧化剂和还原剂之间的电子转移往往遇到各种阻力，如溶剂分子和各种配体的阻碍、静电斥力的阻碍，以及由于电子层结构的改变造成的困难等。特别是有些氧化还原反应，不仅反应物的电子层结构发生了改变，而且还引起了其离子结构和组成的变化，如 $Cr_2O_7^{2-}$ 被还原为 Cr^{3+} 和 MnO_4^- 被还原为 Mn^{2+} 等，使得电子转移更加困难。

例如半反应：

$$Ce^{4+}+e^- \rightleftharpoons Ce^{3+} \quad E^\ominus=1.61\ V$$

$$O_2+4H^++4e^- \rightleftharpoons 2H_2O \quad E^\ominus=1.23\ V$$

尽管从热力学角度来看,Ce^{4+}氧化 H_2O 的反应有可能进行,但从动力学角度来看,因为反应速率极慢,以至于实际上这个反应根本无法实现,故 Ce^{4+}可以在水中稳定存在。所以在氧化还原滴定中,不仅要从反应平衡的角度来考虑反应的可能性,还要从反应速率的角度来考虑反应的现实性。反应速率慢的氧化还原反应通常不适用于氧化还原滴定。

虽然氧化还原反应速率的快慢主要是由反应本身的性质所决定的。但是,反应的外部因素也在相当程度上影响氧化还原反应的速率。因此有必要考察这些影响因素,以便在可能的情况下加快氧化还原反应的速率以利于滴定。

6-3-2 影响氧化还原反应速率的因素

1. 反应物的浓度

由于氧化还原反应的反应机理比较复杂,所以不能简单地从总的反应式定量判断反应物的浓度对反应速率的影响程度。但一般来说,反应物的浓度越大,反应的速率也越快。例如,用间接碘量法标定 $Na_2S_2O_3$ 溶液时,常采用 $K_2Cr_2O_7$作为基准物质。在酸性溶液中,以一定量的 $K_2Cr_2O_7$与 KI 反应:

$$Cr_2O_7^{2-}+6I^-+14H^+ \xlongequal{} 2Cr^{3+}+3I_2+7H_2O$$

此反应的反应速率不是很快,而增大 I^-的浓度或提高溶液的酸度都可以使反应速率加快。可见,反应物的浓度以及酸度(如果反应中有 H^+参加时)对反应速率都有很大影响。

2. 温度

对于大多数反应来说,升高温度可以提高反应的速率,这是由于温度的升高不仅增加了反应物之间的碰撞概率,而且可以使活化分子或活化离子在反应物中的比例提高,从而加快反应速率。通常温度每升高 10 ℃,反应速率增大 2~3 倍。例如,$KMnO_4$ 与 $H_2C_2O_4$ 在酸性溶液中的反应为

$$2MnO_4^-+5H_2C_2O_4+6H^+ \xlongequal{} 2Mn^{2+}+10CO_2\uparrow+8H_2O$$

在室温下,该反应速率较慢,不利于滴定,可以通过加热到 70~80 ℃来提高反应速率。

但是,应考虑升高温度时可能引起的其他一些不利因素,如 $KMnO_4$ 与 $H_2C_2O_4$ 的反应,温度过高会引起部分 $H_2C_2O_4$ 分解。此外,由于有些反应物(如 I_2)具有较大的挥发性,如果将溶液加热,将会引起它们的挥发损失;有些反应物(如 Sn^{2+},Fe^{2+})易与空气中的 O_2 反应,加热将会加速它们被氧化,从而引起较大误差。在这些情况下,就不能采用升高温度的方法来提高反应速率。因此,必须根据具体情况确定反应最适宜的温度,在操作中严格控制加热的温度范围。

3. 催化剂

催化剂可以改变反应速率。正催化剂可以加快反应速率;负催化剂则减慢反应速率,故又称阻化剂。通常所说的催化剂都是指正催化剂。催化反应的机理复杂,反应过程中由于有催化剂的存在,可能产生一些中间价态的离子、游离基或活泼的中间络合物,从而改变反应历程,并降低进行反应所需的活化能,使反应速率加快。但催化剂最终并不改变其本身的状态和数量。

例如,在酸性溶液中以 $KMnO_4$ 滴定 $H_2C_2O_4$,即使加热,该反应速率仍较慢。但若加入 Mn^{2+},则反应速率大大提高。这里 Mn^{2+}就是催化剂,由于它的参与而改变了原来的反应历程。具体的

催化机理很复杂，推测是 Mn^{2+} 与 Mn(Ⅶ)先反应生成 Mn(Ⅲ)，而 Mn(Ⅲ)又与 $C_2O_4^{2-}$ 反应生成一系列络合物，这些络合物又分解为 Mn^{2+} 和 CO_2，于是作为催化剂的 Mn^{2+} 又恢复到原来的状态。

由于在酸性介质中 MnO_4^- 本身就被还原为 Mn^{2+}，所以在用 $KMnO_4$ 滴定 $H_2C_2O_4$ 的过程中，即使不从外部加入催化剂 Mn^{2+}，Mn^{2+} 也可以由反应自身产生，这种由反应产物本身起催化作用的反应被称为自催化反应或自动催化反应。自催化反应的特点是，开始时由于没有催化剂存在，反应速率比较慢；随着反应的不断进行，作为催化剂的反应产物从无到有，浓度逐渐增大，反应速率也逐渐加快；然后由于反应物逐渐被消耗，其浓度越来越低，反应速率又逐渐降低。

4. 诱导作用

在氧化还原反应中，一种反应的进行，能够诱发和促进速率极慢的另一种反应进行的现象，叫作诱导作用。例如，$KMnO_4$ 氧化 Cl^- 的反应速率很慢，但是当溶液中同时存在 Fe^{2+} 时，$KMnO_4$ 与 Fe^{2+} 的反应即可以大大加速 $KMnO_4$ 与 Cl^- 的反应。此时，前一种反应称为诱导反应或初级反应，后一种被诱导的反应称为受诱反应。

$$MnO_4^- + 5Fe^{2+} + 8H^+ = Mn^{2+} + 5Fe^{3+} + 4H_2O \quad \text{（诱导反应）}$$

$$2MnO_4^- + 10Cl^- + 16H^+ = 2Mn^{2+} + 5Cl_2 + 8H_2O \quad \text{（受诱反应）}$$

这里 $KMnO_4$ 称为作用体，Fe^{2+} 称为诱导体，Cl^- 称为受诱体。

诱导作用的产生机理比较复杂，可能与诱导反应的中间步骤中所产生的不稳定中间体有关。正是这些不稳定中间体与受诱体的相互作用，大大加快了受诱反应的速率。在此例中，当 $KMnO_4$ 被 Fe^{2+} 还原时，要经过一系列单电子转移的中间还原过程，产生 Mn(Ⅵ)，Mn(Ⅴ)，Mn(Ⅳ)和 Mn(Ⅲ)等不稳定的中间价态离子。这些不稳定中间体再与 Cl^- 反应，加速了 Cl^- 的氧化。

诱导作用在氧化还原滴定中有时是有害的。例如在酸性介质中用 $KMnO_4$ 滴定 Fe^{2+} 时，如存在 Cl^-，则将由于诱导作用而引起较大的误差。所以高锰酸钾法测铁不能在盐酸介质中进行。但诱导作用也并不总是消极因素。例如在 Bi^{3+} 的定性分析中，可利用诱导作用大大提高鉴定 Bi^{3+} 的灵敏度。Pb(Ⅱ)被 Na_2SnO_2 还原为金属 Pb 的反应速率很慢，即使 Pb(Ⅱ)的浓度很大，也观察不到明显的黑色沉淀。但由于 Bi^{3+} 与 Na_2SnO_2 的反应可以诱导此反应发生，故只要有微量的 Bi^{3+} 存在，Pb(Ⅱ)将迅速被 Na_2SnO_2 还原，可立即观察到明显的黑色沉淀。利用这一诱导作用来鉴定 Bi^{3+}，比直接用 Na_2SnO_2 还原法鉴定 Bi^{3+} 要灵敏 250 倍。

诱导作用和催化作用的相同之处在于，它们均可大大加快反应速率。其不同之处在于，在催化作用中，催化剂参加反应后并不改变其原来的组成和形态，但在诱导作用中，诱导体参加反应后转变为其他物质。

6-4 氧化还原滴定中的指示剂

在氧化还原滴定中，可以根据滴定体系的不同而采用不同类型的指示剂来确定滴定终点，在仪器分析方法中还可以采用电位滴定法确定终点。氧化还原滴定中常用的指示剂有以下几种类型。

6-4-1 氧化还原指示剂

氧化还原指示剂是指本身具有氧化还原性质的有机试剂，其特点是它们的氧化型与还原型具有不同的颜色。在进行氧化还原滴定时，在化学计量点附近，指示剂由氧化型转变为还原型或者由还原型转变为氧化型，从而引起颜色的改变而指示终点。

若以 In(Ox)代表指示剂的氧化型，In(Red)代表指示剂的还原型，则氧化还原指示剂的氧化还原半反应为

$$\mathrm{In(Ox)}+ne^- \rightleftharpoons \mathrm{In(Red)}$$

以条件电极电位表示的能斯特方程为

$$E=E_{\mathrm{In}}^{\ominus'}+\frac{0.059}{n}\lg\frac{c_{\mathrm{In(Ox)}}}{c_{\mathrm{In(Red)}}} \tag{6-19}$$

式中，$E_{\mathrm{In}}^{\ominus'}$为指示剂在一定条件下的条件电极电位。在滴定过程中，当滴定体系的电极电位 E 发生变化时，指示剂的氧化型与还原型的浓度比 $c_{\mathrm{In(Ox)}}/c_{\mathrm{In(Red)}}$ 也将随之变化。当浓度比 $c_{\mathrm{In(Ox)}}/c_{\mathrm{In(Red)}}>10$ 时，溶液呈现氧化型的颜色。此时

$$E>E_{\mathrm{In}}^{\ominus'}+\frac{0.059}{n}\lg10=E_{\mathrm{In}}^{\ominus'}+\frac{0.059}{n}$$

当浓度比 $c_{\mathrm{In(Ox)}}/c_{\mathrm{In(Red)}}<0.1$ 时，溶液呈现还原型的颜色。此时

$$E<E_{\mathrm{In}}^{\ominus'}+\frac{0.059}{n}\lg0.1=E_{\mathrm{In}}^{\ominus'}-\frac{0.059}{n}$$

而当 $10\geqslant c_{\mathrm{In(Ox)}}/c_{\mathrm{In(Red)}}\geqslant0.1$ 时，能明显观察到溶液颜色的变化。所以，氧化还原指示剂的理论变色范围是 $E_{\mathrm{In}}^{\ominus'}\pm\frac{0.059}{n}$，而 $E_{\mathrm{In}}^{\ominus'}$是氧化还原指示剂的理论变色点。在选择指示剂时，应使其变色点的条件电极电位 $E_{\mathrm{In}}^{\ominus'}$处于体系的滴定突跃范围之内，并尽量使之与化学计量点电极电位 $E_{\mathrm{sp}}^{\ominus'}$一致（这里用下标 sp 表示化学计量点），以减少终点误差。

例如，二苯胺磺酸钠是滴定 Fe^{2+}时常用的一种氧化还原指示剂，通常以其还原型存在，反应过程如下所示。

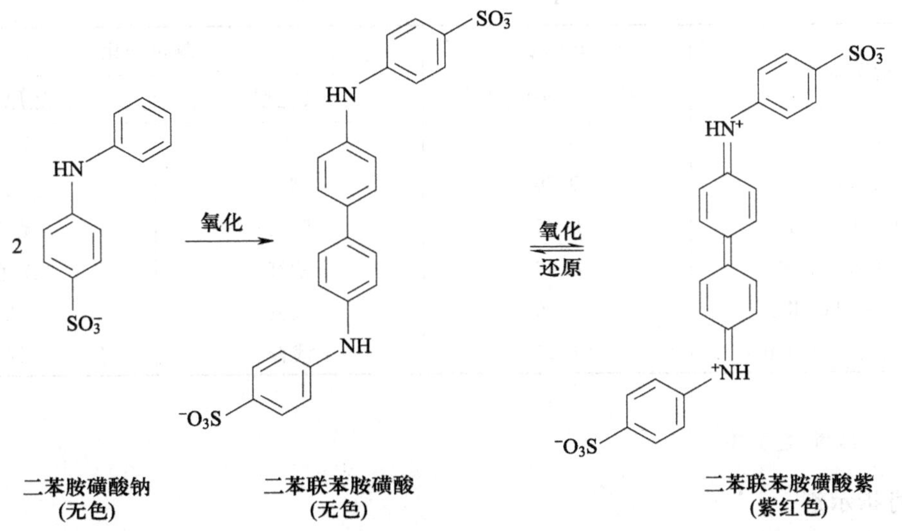

(6-20)

二苯胺磺酸钠的还原型为无色，变色时的氧化型为紫红色，在$[H^+]=1\ mol\cdot L^{-1}$时的条件电极电位$E^{\ominus\prime}=0.85\ V$。在滴定$Fe^{2+}$时，当溶液颜色突变为紫红色时，即为滴定终点。如用$Ce^{4+}$滴定$Fe^{2+}$，在所采用的条件下，滴定突跃为0.86~1.26 V。此时滴定终点0.85 V在突跃范围之外，将产生较大的负终点误差。为此可加入适量的H_3PO_4，使之与Fe^{3+}形成稳定的$Fe(HPO_4)^+$络合物，从而降低Fe(Ⅲ)/Fe(Ⅱ)电对的电极电位，使突跃范围向低电位处扩大，从而使滴定终点落入突跃范围之内，以降低终点误差。

另外，影响终点变色的因素还有指示剂用量、滴定剂加入速率、被滴定剂浓度及滴定时间等。因此，在实际使用时要根据具体情况控制好上述各项条件。

又如，邻二氮菲-Fe(Ⅱ)也是一种常用的氧化还原指示剂。邻二氮菲可与Fe^{2+}形成稳定的络离子，其氧化型显示极浅的蓝色，还原型显示红色，半反应为

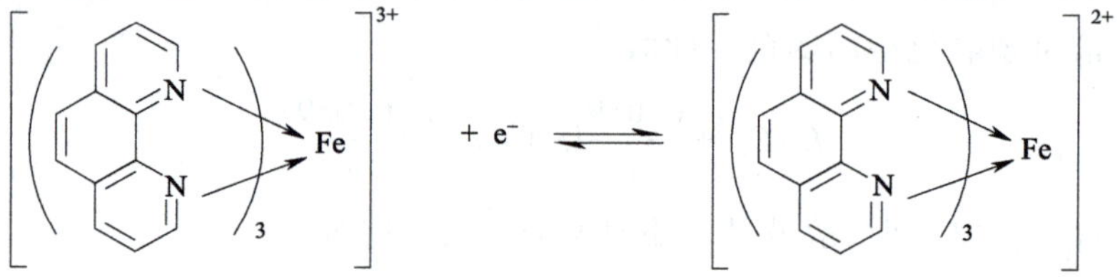

(氧化型，浅蓝色)　　　　(还原型，红色)

该反应是可逆的。在$[H^+]=1\ mol\cdot L^{-1}$时的条件电极电位$E^{\ominus\prime}=1.06\ V$。由于指示剂的条件电极电位较高，因而特别适合在强氧化剂作滴定剂时使用。如以Ce^{4+}滴定Fe^{2+}时，用邻二氮菲-Fe(Ⅱ)作指示剂更为合适，终点时溶液由红色突变为浅蓝色。但强酸以及能与邻二氮菲形成稳定络合物的金属离子(如Co^{2+}，Cu^{2+}，Ni^{2+}，Zn^{2+}，Cd^{2+}等)，会破坏邻二氮菲-Fe(Ⅱ)络合物。

由于氧化还原指示剂原则上对氧化还原滴定是普遍适用的，而不是只对某种特定的反应适用，因此其应用比较广泛。表6-1列出了一些常用的氧化还原指示剂及其理论变色点的条件电极电位和颜色变化。

表6-1　常用的氧化还原指示剂

指示剂	$E^{\ominus\prime}/V$ ($[H^+]=1\ mol\cdot L^{-1}$)	颜色变化	
		氧化型	还原型
亚甲基蓝	0.53	蓝	无色
二苯胺	0.76	紫	无色
二苯胺磺酸钠	0.85	紫红	无色
邻苯氨基苯甲酸	0.89	紫红	无色
邻二氮菲-Fe(Ⅱ)	1.06	浅蓝	红
硝基邻二氮菲-Fe(Ⅱ)	1.25	浅蓝	红

6-4-2　其他指示剂

1. 自身指示剂

在氧化还原滴定中，利用滴定剂或被滴定剂本身的颜色变化来指示终点，称为自身指示剂。

例如，在高锰酸钾法中，滴定剂 MnO_4^- 为紫红色，在酸性溶液中其还原产物 Mn^{2+} 近于无色。当用 $KMnO_4$ 滴定无色或浅色的还原剂时，化学计量点前，滴入的 MnO_4^- 都被还原为近于无色的 Mn^{2+}，整个溶液仍保持无色或浅色；滴定到化学计量点时，稍过量的 MnO_4^- 就可以使整个溶液呈现稳定的粉红色，从而指示滴定终点，故高锰酸钾可以作为自身指示剂。$KMnO_4$ 作为指示剂是相当灵敏的，化学计量点后只要 MnO_4^- 的浓度达到 2×10^{-6} mol · L^{-1}，就能清楚地观察到溶液的粉红色，故由于过量 $KMnO_4$ 所造成的误差通常可以忽略，只有在更精确的测定中才需要做空白校正。

2. 专属指示剂

专属指示剂的特点是，指示剂本身并没有氧化还原性质，但它能与滴定体系中的氧化剂或还原剂结合而显示特殊的颜色，以指示滴定终点。

例如，可溶性淀粉溶液作为指示剂常用于碘量法，被称为淀粉指示剂。它在氧化还原滴定中并不发生任何氧化还原反应，本身亦无色，但它可以与 I_2 结合生成 I_2-淀粉络合物，呈深蓝色，可利用其蓝色的出现或消失指示滴定终点。如在以 I_2 滴定还原剂的直接碘量法中，到化学计量点之前，滴入的 I_2 均被还原，溶液颜色不变。化学计量点时，还原剂被全部氧化，稍微过量的 I_2（浓度只要达 1×10^{-5} mol · L^{-1}）就会与淀粉结合而使溶液呈现明显的蓝色，从而指示滴定终点。在间接碘量法中，则可以利用 I_2 被还原从而使 I_2-淀粉络合物的蓝色消失而指示终点。淀粉指示剂的灵敏度很高，与 I_2 的反应具有良好的可逆性，是碘量法最常用的指示剂。

又如 SCN^- 和 Fe^{3+} 可以生成红色络合物，所以 KSCN 可以作为 Fe^{3+} 滴定 Sn^{2+} 的专属指示剂。化学计量点时，Sn^{2+} 全部反应完毕，稍过量的 Fe^{3+} 即可与 SCN^- 结合，生成红色的 $Fe(SCN)_5^{2-}$ 络合物，指示滴定终点的到达。

6-5 氧化还原滴定曲线

与其他滴定分析法相同，氧化还原滴定法也可以用滴定曲线来描述滴定进程。在氧化还原滴定中，随着滴定剂的加入和氧化还原反应的进行，体系中反应物的氧化型和还原型的浓度比值逐渐改变，体系的电极电位也随之不断改变。所以，氧化还原滴定曲线就是记录滴定过程中体系电极电位 E 随滴定分数 ϕ 变化的 $E-\phi$ 曲线。

氧化还原滴定曲线多是通过实验根据实测数据来绘制的，理论计算滴定曲线往往比较困难。这主要是由于氧化还原滴定常涉及不可逆电对，它们的实际电极电位不符合根据能斯特方程计算得到的结果。对于所涉及的电对均为可逆电对的滴定体系，利用能斯特方程计算得到的氧化还原滴定曲线则比较符合实际。

6-5-1 氧化还原滴定的滴定分数

设用浓度为 $c^0_{Ox_1}$ 的氧化剂 Ox_1 去滴定浓度为 $c^0_{Red_2}$，体积为 V_0 的还原剂 Red_2，若滴定反应为

$$a\mathrm{Ox}_1+b\mathrm{Red}_2 = a\mathrm{Red}_1+b\mathrm{Ox}_2$$

当加入 Ox_1 的体积为 V 时，滴定分数为

$$\phi=\frac{bc^0_{\mathrm{Ox}_1}V}{ac^0_{\mathrm{Red}_2}V_0}$$

这样定义滴定分数 ϕ，是为了用 ϕ 来反映滴定的客观进程。而滴定进程中最重要的就是化学计量点，为保持在化学计量点时 $\phi_{sp}=1$，必须满足

$$\frac{c_{Ox_1}^0 V_{sp}}{c_{Red_2}^0 V_0}=\frac{a}{b}$$

即化学计量点时所加入的氧化剂 Ox_1 的物质的量与被滴定的还原剂 Red_2 的物质的量之比，应恰好等于反应方程式所表达的二者之间的化学计量关系 a/b。

6-5-2 氧化还原滴定曲线

氧化还原滴定曲线通常是以反应体系的电极电位为纵坐标，以加入滴定剂的体积或滴定分数 ϕ 为横坐标来绘制的。现以两电对均为可逆电对的一个简单的氧化还原滴定体系为例，说明利用能斯特方程计算氧化还原滴定曲线的基本思路。

在 1 $mol \cdot L^{-1}$ H_2SO_4 介质中，以 0.100 0 $mol \cdot L^{-1}$的 Ce^{4+}溶液滴定 20.00 mL 0.100 0 $mol \cdot L^{-1}$的 Fe^{2+}溶液。已知在 1 $mol \cdot L^{-1}$ H_2SO_4 中，两个可逆电对 Ce^{4+}/Ce^{3+}和 Fe^{3+}/Fe^{2+}的半反应及条件电极电位为

$$Ce^{4+}+e^- \rightleftharpoons Ce^{3+} \quad E^{\ominus'}_{Ce(Ⅳ)/Ce(Ⅲ)}=1.44\ V$$
$$Fe^{3+}+e^- \rightleftharpoons Fe^{2+} \quad E^{\ominus'}_{Fe(Ⅲ)/Fe(Ⅱ)}=0.68\ V$$

滴定反应为

$$Ce^{4+}+Fe^{2+} = Ce^{3+}+Fe^{3+}$$

在本例中，由于 $a=b=1$，$c_{Ox_1}^0=c_{Red_2}^0=0.100\ 0\ mol\cdot L^{-1}$，故滴定分数 $\phi=V/V_0$（V 为滴定过程中加入 Ce^{4+}溶液的体积，V_0 为被滴定的 Fe^{2+}溶液的体积）。

滴定前，体系为 0.100 0 $mol\cdot L^{-1}$ Fe^{2+}。因空气中 O_2 的氧化作用，溶液中必然存在极少量的 Fe^{3+}，组成 Fe^{3+}/Fe^{2+}氧化还原电对，但由于无法确切知道此时 Fe^{3+}的浓度，故无法计算滴定前体系的电极电位。

但是当滴定一旦开始，体系中就会同时存在 Ce^{4+}/Ce^{3+}和 Fe^{3+}/Fe^{2+}两个电对，可以按照它们各自的能斯特方程计算体系的电极电位，即

$$E=E^{\ominus'}_{Ce(Ⅳ)/Ce(Ⅲ)}+0.059\lg\frac{c_{Ce(Ⅳ)}}{c_{Ce(Ⅲ)}} \qquad (6-21)$$

$$E=E^{\ominus'}_{Fe(Ⅲ)/Fe(Ⅱ)}+0.059\lg\frac{c_{Fe(Ⅲ)}}{c_{Fe(Ⅱ)}} \qquad (6-22)$$

在滴定过程中的任一时刻，当体系达到平衡时，其电极电位 E 是客观存在的定值。因此不论按照上述哪一个公式进行计算，结果都是相同的。可以根据不同的具体情况，选择其中比较方便计算的公式或同时利用这两个公式来进行计算。为此，将滴定过程分为 3 个阶段。

1. 滴定开始到化学计量点前

此时滴加的 Ce^{4+}几乎全部被 Fe^{2+}还原为 Ce^{3+}，达到平衡时 $c_{Ce(Ⅳ)}$ 极小，不易直接求得。因此不宜采用铈电对的能斯特方程[式(6-21)]，而应采用铁电对的能斯特方程[式(6-22)]来计算 E 值。而产物 Fe(Ⅲ)和 Ce(Ⅲ)的浓度在滴定的任何时刻都是相等的，即

$$c_{Fe(Ⅲ)}=c_{Ce(Ⅲ)}$$

例如，当加入 10.00 mL Ce^{4+}溶液时，滴定分数 $\phi=10.00\ mL/20.00\ mL=0.500\ 0$，则

$$c_{Fe(Ⅲ)} = c_{Ce(Ⅲ)} = \frac{0.1000 \times 10.00}{20.00 + 10.00} \text{ mol} \cdot \text{L}^{-1}$$

$$c_{Fe(Ⅱ)} = \frac{0.1000 \times 10.00}{20.00 + 10.00} \text{ mol} \cdot \text{L}^{-1}$$

$$E = E^{\ominus'}_{Fe(Ⅲ)/Fe(Ⅱ)} + 0.059 \lg \frac{c_{Fe(Ⅲ)}}{c_{Fe(Ⅱ)}}$$

$$= \left(0.68 + 0.059 \lg \frac{0.1000 \times 10.00}{0.1000 \times 10.00}\right) \text{V} = 0.68 \text{ V}$$

当加入 19.98 mL Ce^{4+}溶液时，滴定分数 $\phi = 19.98 \text{ mL}/20.00 \text{ mL} = 0.999$，即有 99.9%的 Fe^{2+}被氧化为 Fe^{3+}，此时

$$E = E^{\ominus'}_{Fe(Ⅲ)/Fe(Ⅱ)} + 0.059 \lg \frac{c_{Fe(Ⅲ)}}{c_{Fe(Ⅱ)}}$$

$$= \left(0.68 + 0.059 \lg \frac{0.1000 \times 19.98}{0.1000 \times 0.02}\right) \text{V} = 0.86 \text{ V}$$

2. 化学计量点

此时滴定分数 $\phi = 20.00 \text{ mL}/20.00 \text{ mL} = 1.000$，由于 Ce^{4+}和 Fe^{2+}都已全部定量反应完毕，它们的浓度都极小且不易求得，因此单独用铈电对或铁电对的能斯特方程都无法求得 E 值，可以将二者联系起来考虑。

$$E_{sp} = E^{\ominus'}_{Ce(Ⅳ)/Ce(Ⅲ)} + 0.059 \lg \frac{c^{sp}_{Ce(Ⅳ)}}{c^{sp}_{Ce(Ⅲ)}}$$

$$E_{sp} = E^{\ominus'}_{Fe(Ⅲ)/Fe(Ⅱ)} + 0.059 \lg \frac{c^{sp}_{Fe(Ⅲ)}}{c^{sp}_{Fe(Ⅱ)}}$$

将两式相加得

$$2E_{sp} = \left[E^{\ominus'}_{Ce(Ⅳ)/Ce(Ⅲ)} + E^{\ominus'}_{Fe(Ⅲ)/Fe(Ⅱ)}\right] + 0.059 \lg \frac{c^{sp}_{Ce(Ⅳ)} c^{sp}_{Fe(Ⅲ)}}{c^{sp}_{Ce(Ⅲ)} c^{sp}_{Fe(Ⅱ)}}$$

在化学计量点时，一方面产物的浓度仍是相等的，有

$$c^{sp}_{Ce(Ⅲ)} = c^{sp}_{Fe(Ⅲ)}$$

另一方面，由于 Ce^{4+}和 Fe^{2+}已全部参与反应，溶液中存在的极少量的 Ce^{4+}和 Fe^{2+}实际上是由反应产物发生逆反应的结果，因此二者的量必然相等，即

$$c^{sp}_{Ce(Ⅳ)} = c^{sp}_{Fe(Ⅱ)}$$

于是

$$\frac{c^{sp}_{Ce(Ⅳ)} c^{sp}_{Fe(Ⅲ)}}{c^{sp}_{Ce(Ⅲ)} c^{sp}_{Fe(Ⅱ)}} = 1$$

故

$$E_{sp} = \frac{1}{2}\left[E^{\ominus'}_{Ce(Ⅳ)/Ce(Ⅲ)} + E^{\ominus'}_{Fe(Ⅲ)/Fe(Ⅱ)}\right]$$

$$= \frac{1}{2}(1.44 + 0.68) \text{ V} = 1.06 \text{ V}$$

3. 化学计量点后

此时 Ce^{4+}过量，溶液中的 Fe^{2+}几乎全部被氧化成 Fe^{3+}，$c_{Fe(Ⅱ)}$极小，不易求得。因此不宜采用铁电对的公式[式(6-22)]，而应采用铈电对的公式[式(6-21)]来计算 E 值。

例如，当加入 20.02 mL Ce^{4+}溶液时，滴定分数 ϕ=20.02 mL/20.00 mL=1.001，则

$$c_{Ce(III)}=c_{Fe(III)}=\frac{0.1000\times20.00}{20.00+20.02}\ \text{mol}\cdot\text{L}^{-1}$$

$$c_{Ce(IV)}=\frac{0.1000\times0.02}{20.00+20.02}\ \text{mol}\cdot\text{L}^{-1}$$

$$E=\left(1.44+0.059\lg\frac{0.02}{20.00}\right)\text{V}=1.26\ \text{V}$$

又如，当加入 40.00 mL Ce^{4+}溶液时，滴定分数 ϕ=40.00 mL/20.00 mL=2.00，按上述步骤计算得 E=1.44 V。

利用上述方法可以计算滴定曲线上各点的电极电位，并将部分计算数据列于表 6-2 中。

表 6-2 滴定曲线上各点的电极电位

[0.1000 mol·L^{-1} Ce^{4+}滴定 20.00 mL 0.1000 mol·L^{-1} Fe^{2+}(1 mol·L^{-1} H_2SO_4 中)]

滴入 Ce^{4+}溶液的体积 V/mL	滴定分数 ϕ	体系的电极电位 E/V
1.00	0.050	0.60
2.00	0.100	0.62
4.00	0.200	0.64
8.00	0.400	0.67
10.00	0.500	0.68
12.00	0.600	0.69
18.00	0.900	0.74
19.80	0.990	0.80
19.98	0.999	0.86 } 突跃范围
20.00	1.000	1.06 } 突跃范围
20.02	1.001	1.26 } 突跃范围
22.00	1.100	1.38
30.00	1.500	1.42
40.00	2.000	1.44

根据表 6-2 的数据绘制出该体系的滴定曲线如图 6-1 所示。由于在滴定过程中有关氧化还原电对的氧化型和还原型的浓度比值发生了变化，特别是在化学计量点附近发生了突变，才使得体系的电极电位 E 也发生了相应的变化和突跃。当滴定分数 ϕ=0.5000 时，体系的电极电位恰等于还原剂电对 Fe^{3+}/Fe^{2+}的条件电极电位，这一区域内电极电位比较稳定，曲线平坦。而当滴定分数 ϕ=2.000时，体系的电极电位则等于氧化剂电对 Ce^{4+}/Ce^{3+}的条件电极电位。由于两电对的电子转移数相等，化学计量点的电极电位恰好处于滴定突跃的正中间。

化学计量点附近电极电位突跃的大小与两电对的条件电极电位之差有关，$\Delta E^{\ominus'}$越大，化学计量点附近的电极电位突跃也将越大。

在此例中，由于铈电对和铁电对都是可逆电对，实际电极电位符合能斯特方程，所以计算得到的滴定曲线与实测结果是一致的。但如果涉及不可逆电对，则实测的滴定曲线与理论计算所得滴定曲线会有较大差别。例如，图 6-2 是在 1 mol·L^{-1} H_2SO_4 介质中用 $KMnO_4$ 滴定 Fe^{2+}的滴定曲线。在化学计量点前，体系的电极电位主要由可逆电对 Fe^{3+}/Fe^{2+}所决定，故这部分实测滴定

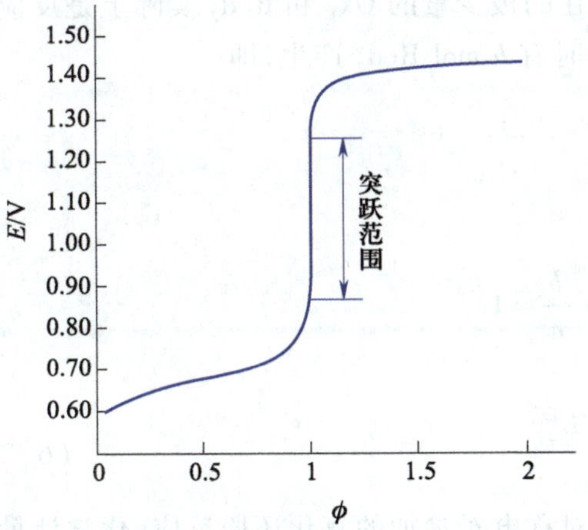

图 6-1 氧化还原滴定曲线

［$0.100\,0\ mol \cdot L^{-1}$ Ce^{4+}滴定 20.00 mL $0.100\,0\ mol \cdot L^{-1}$ Fe^{2+}（$1\ mol \cdot L^{-1}$ H_2SO_4）］

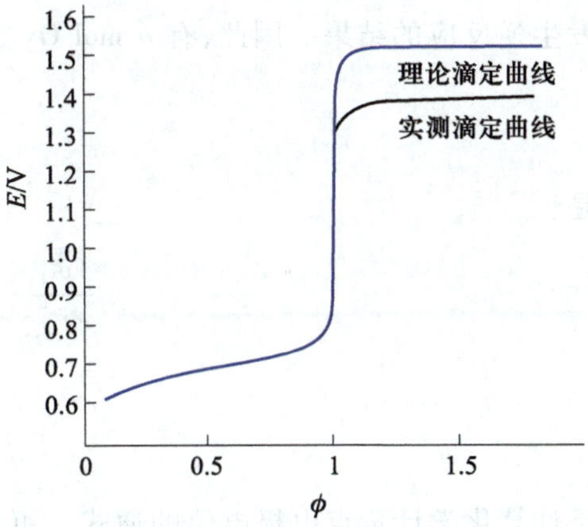

图 6-2 $KMnO_4$ 滴定 Fe^{2+} 的滴定曲线

［$0.020\,00\ mol \cdot L^{-1}$ $KMnO_4$ 滴定 20.00 mL $0.100\,0\ mol \cdot L^{-1}$ Fe^{2+}（$1\ mol \cdot L^{-1}$ H_2SO_4）］

曲线与理论滴定曲线并无明显差别。但是在化学计量点后，由于体系的电极电位主要由不可逆电对 MnO_4^-/Mn^{2+} 所决定，故这部分实测滴定曲线与理论滴定曲线有较明显的差别。

6-5-3 化学计量点电极电位的计算

在氧化还原滴定曲线的计算中，最重要的是化学计量点电极电位 E_{sp} 的计算。为此，以对称电对①参与的氧化还原反应为例，推导在一般情况下 E_{sp} 的计算通式。

设在一定条件下用氧化剂 Ox_1 滴定还原剂 Red_2，滴定反应为

$$a\mathrm{Ox}_1 + b\mathrm{Red}_2 \rightleftharpoons a\mathrm{Red}_1 + b\mathrm{Ox}_2$$

设 n_1 和 n_2 分别为物质 1 电对和物质 2 电对的电子转移数，在化学计量点时

$$E_{sp} = E_1^{\ominus'} + \frac{0.059}{n_1}\lg\frac{c_{\mathrm{Ox}_1}^{sp}}{c_{\mathrm{Red}_1}^{sp}} \tag{6-23}$$

$$E_{sp} = E_2^{\ominus'} + \frac{0.059}{n_2}\lg\frac{c_{\mathrm{Ox}_2}^{sp}}{c_{\mathrm{Red}_2}^{sp}} \tag{6-24}$$

式（6-23）$\times n_1$+式（6-24）$\times n_2$，得

$$(n_1+n_2)E_{sp} = (n_1E_1^{\ominus'} + n_2E_2^{\ominus'}) + 0.059\ \lg\frac{c_{\mathrm{Ox}_1}^{sp}c_{\mathrm{Ox}_2}^{sp}}{c_{\mathrm{Red}_1}^{sp}c_{\mathrm{Red}_2}^{sp}}$$

按照滴定反应方程式，在滴定的任一时刻，若有 a mol Red_1 产生，必同时产生 b mol Ox_2。故当滴定到化学计量点时，也应有

$$\frac{c_{\mathrm{Red}_1}^{sp}}{c_{\mathrm{Ox}_2}^{sp}} = \frac{a}{b}$$

① 对称电对是指在该电对的半反应方程式中，氧化型与还原型的系数相等，如电对 Fe^{3+}/Fe^{2+}，MnO_4^-/Mn^{2+} 等。而不对称电对则是指在该电对的半反应方程式中，氧化型与还原型的系数不相等，如 $Cr_2O_7^{2-}/Cr^{3+}$，I_2/I^- 等。

而此时，全部 Ox_1 和 Red_2 都定量反应完毕，溶液中存在的极少量的 Ox_1 和 Red_2 实际上是反应产物发生逆反应的结果。因此，有 a mol Ox_1 产生，必同时有 b mol Red_2 产生，即

$$\frac{c_{Ox_1}^{sp}}{c_{Red_2}^{sp}}=\frac{a}{b}$$

于是

$$\frac{c_{Ox_1}^{sp}}{c_{Red_2}^{sp}}\cdot\frac{c_{Ox_2}^{sp}}{c_{Red_1}^{sp}}=\frac{a}{b}\cdot\frac{b}{a}=1$$

故

$$E_{sp}=\frac{n_1E_1^{\ominus'}+n_2E_2^{\ominus'}}{n_1+n_2} \tag{6-25}$$

这是计算化学计量点电极电位的通式。可见，对于两对称电对参加的氧化还原反应，化学计量点电极电位与两电对的条件电极电位和电子转移数有关，而与滴定剂或被滴定物质的浓度无关。

若以化学计量点前后 0.1%误差时的电极电位变化作为突跃范围，则化学计量点前 0.1%时的电极电位 E 应以被滴定物质 2 电对的能斯特方程来计算：

$$E_2=E_2^{\ominus'}+\frac{0.059}{n_2}\lg\frac{99.9}{0.1}=E_2^{\ominus'}+\frac{3\times0.059}{n_2}$$

同理，化学计量点后 0.1%时的电极电位为

$$E_1=E_1^{\ominus'}+\frac{0.059}{n_1}\lg\frac{0.1}{100}=E_1^{\ominus'}-\frac{3\times0.059}{n_1}$$

则滴定突跃范围为$\left(E_2^{\ominus'}+\frac{3\times0.059}{n_2}\right)\sim\left(E_1^{\ominus'}-\frac{3\times0.059}{n_1}\right)$，滴定突跃范围的宽度为

$$\Delta E=E_1^{\ominus'}-E_2^{\ominus'}-\frac{3\times0.059\times(n_1+n_2)}{n_1n_2}=\Delta E^{\ominus'}-\frac{3\times0.059\times(n_1+n_2)}{n_1n_2}$$

可见，滴定突跃的大小主要由两电对的条件电极电位之差 $\Delta E^{\ominus'}$ 所决定，同时也与两电对的电子转移数 n_1 和 n_2 有关。

由式(6-25)可知，只有当 $n_1=n_2$ 时，才有

$$E_{sp}=\frac{1}{2}(E_1^{\ominus'}+E_2^{\ominus'}) \tag{6-26}$$

此时化学计量点正好处于滴定突跃的中点，滴定曲线在化学计量点的前后是对称的。例如上述 Ce^{4+} 滴定 Fe^{2+} 的体系，因为 $n_1=n_2=1$，所以化学计量点电极电位 $E_{sp}=1.06$ V 恰好在突跃范围 0.86～1.26 V 的正中间。但如果 $n_1\neq n_2$，则 E_{sp} 将不会处于滴定突跃的中点，而是偏向 n 值较大的电对的条件电极电位一方，且 n_1 和 n_2 相差越大，化学计量点偏向得越多。例如，在 1 mol·L^{-1} HCl 中以 Fe^{3+} 滴定 Sn^{2+}：

$$2Fe^{3+}+Sn^{2+}=\!=\!=2Fe^{2+}+Sn^{4+}$$

$$E_{Fe(Ⅲ)/Fe(Ⅱ)}^{\ominus'}=0.70\text{ V},n_{Fe}=1$$

$$E_{Sn(Ⅳ)/Sn(Ⅱ)}^{\ominus'}=0.14\text{ V},n_{Sn}=2$$

由于 $n_{Fe}\neq n_{Sn}$，计算得到的 $E_{sp}=0.33$ V，不在滴定突跃范围 0.23～0.52 V 的中点，而是偏下，处于

滴定突跃范围的 1/3 处，与 n 值较大的 Sn^{4+}/Sn^{2+} 电对的 $E^{\ominus'}_{Sn(IV)/Sn(II)}$ 值较接近。应当说明的是，由于电位滴定（属于仪器分析方法）通常都是以滴定曲线的拐点作为滴定终点，因此在 $n_1 \neq n_2$ 的情况下，滴定终点将与化学计量点电极电位不相符合。

化学计量点电极电位的计算式［式(6-25)］仅仅适用于参加滴定反应的两个电对都是对称电对的情况。而涉及不对称电对的氧化还原滴定，其化学计量点电极电位的计算较复杂，这里不作详细讨论，但其推导的基本思路是相同的。例如，在一定条件下以 $K_2Cr_2O_7$ 滴定 Fe^{2+} 时，其化学计量点电极电位的公式为

$$E_{sp}=\frac{6E^{\ominus'}_{Cr}+E^{\ominus'}_{Fe}}{7}+\frac{0.059}{7}\lg\frac{1}{2c_{Cr(III)}}$$

由此可以看出，有不对称电对参加的氧化还原反应的化学计量点电极电位，不仅与电对的条件电极电位和电子转移式有关，而且还与组分的浓度有关。

6-5-4 氧化还原滴定的终点误差

与酸碱滴定和络合滴定相似，氧化还原滴定的终点误差也可以用林邦误差公式来表示。

下面以反应中电子转移数为 1 的可逆电对为例，进行氧化还原滴定的终点误差计算公式的推导。

设在一定条件下，用浓度为 c_{Ox_1} 的氧化剂 Ox_1 滴定 V_0 mL 浓度为 c_{Red_2} 的还原剂 Red_2，滴定反应为

$$Ox_1'+Red_2' \rightleftharpoons Red_1'+Ox_2'$$

根据终点误差的定义，得

$$E_t=\frac{c_{Ox_1}V_{ep}-c_{Ox_1}V_{sp}}{c_{Ox_1}V_{sp}}=\frac{c_{Ox_1}V_{ep}-c_{Red_2}V_0}{c_{Red_2}V_0} \tag{6-27}$$

根据物料守恒得

$$[Ox_1']_{ep}+[Red_1']_{ep}=\frac{c_{Ox_1}V_{ep}}{V_0+V_{ep}}$$

$$[Red_2']_{ep}+[Ox_2']_{ep}=\frac{c_{Red_2}V_0}{V_0+V_{ep}}$$

产物浓度相等，即 $[Red_1']_{ep}=[Ox_2']_{ep}$

上述两物料守恒式相减得 $[Ox_1']_{ep}-[Red_2']_{ep}=\dfrac{c_{Ox_1}V_{ep}-c_{Red_2}V_0}{V_0+V_{ep}}$

从而

$$c_{Ox_1}V_{ep}-c_{Red_2}V_0=([Ox_1']_{ep}-[Red_2']_{ep})\times(V_0+V_{ep}) \tag{6-28}$$

将式(6-28)代入式(6-27)得

$$E_t=\frac{([Ox_1']_{ep}-[Red_2']_{ep})(V_0+V_{ep})}{c_{Red_2}V_0}=\frac{[Ox_1']_{ep}-[Red_2']_{ep}}{\dfrac{c_{Red_2}V_0}{V_0+V_{ep}}}$$

通常滴定终点和化学计量点很接近，可以近似认为 $(V_0+V_{ep})\approx(V_0+V_{sp})$。于是，$Red_2$ 在滴定终点的浓度 $c^{ep}_{Red_2}$ 近似等于它在化学计量点的浓度 $c^{sp}_{Red_2}$。故终点误差可以表示为

$$E_t=\frac{[Ox_1']_{ep}-[Red_2']_{ep}}{c_{Red_2}^{sp}} \tag{6-29}$$

对于 Ox_1/Red_1 电对,在滴定终点与化学计量点时,电极电位分别有如下表达式:

$$E_{ep}=E_1^{\ominus'}+0.059\lg\frac{[Ox_1']_{ep}}{[Red_1']_{ep}}$$

$$E_{sp}=E_1^{\ominus'}+0.059\lg\frac{[Ox_1']_{sp}}{[Red_1']_{sp}}$$

当滴定终点与化学计量点接近时,$[Red_1']_{ep}=[Red_1']_{sp}$,设 $\Delta E=E_{ep}-E_{sp}$,上两式相减并整理后得

$$\Delta E=E_{ep}-E_{sp}=0.059\lg\frac{[Ox_1']_{ep}}{[Ox_1']_{sp}}$$

即

$$[Ox_1']_{ep}=[Ox_1']_{sp}10^{\Delta E/0.059} \tag{6-30}$$

对于 Ox_2/Red_2 电对,同理可得

$$[Red_2']_{ep}=[Red_2']_{sp}10^{-\Delta E/0.059} \tag{6-31}$$

将式(6-30)和式(6-31)代入式(6-29),且在化学计量点时有 $[Ox_1']_{sp}=[Red_2']_{sp}$,则

$$E_t=\frac{[Red_2']_{sp}(10^{\Delta E/0.059}-10^{-\Delta E/0.059})}{c_{Red_2}^{sp}} \tag{6-32}$$

对于 Ox_2/Red_2 电对:

$$E_{sp}=\frac{1}{2}(E_1^{\ominus'}+E_2^{\ominus'})=E_2^{\ominus'}+0.059\lg\frac{[Ox_2']_{sp}}{[Red_2']_{sp}}$$

则

$$\frac{[Ox_2']_{sp}}{[Red_2']_{sp}}=10^{\frac{1}{2}(E_1^{\ominus'}-E_2^{\ominus'})/0.059}=10^{\frac{1}{2}\Delta E^{\ominus'}/0.059}$$

其中,$\Delta E^{\ominus'}=E_1^{\ominus'}-E_2^{\ominus'}$。又因为化学计量点时 Red_2 几乎都反应生成 Ox_2,即 $[Ox_2']_{sp}\approx c_{Red_2}^{sp}$,则

$$\frac{c_{Red_2}^{sp}}{[Red_2']_{sp}}=10^{\frac{1}{2}\Delta E^{\ominus'}/0.059}$$

将上式代入式(6-32)得

$$E_t=\frac{10^{\Delta E/0.059}-10^{-\Delta E/0.059}}{10^{\Delta E^{\ominus'}/(2\times0.059)}} \tag{6-33}$$

同理,可以推导出当两电对的电子转移数 $n_1\neq n_2$,但两电对仍为对称电对时,终点误差计算公式为

$$E_t=\frac{10^{n_1\Delta E/0.059}-10^{-n_2\Delta E/0.059}}{10^{n_1n_2\Delta E^{\ominus'}/(n_1+n_2)\times0.059}} \tag{6-34}$$

式中,$\Delta E=E_{ep}-E_{sp}$,$\Delta E^{\ominus'}=E_1^{\ominus'}-E_2^{\ominus'}$。

6-6　氧化还原滴定前的预处理

采用氧化还原滴定法进行试样中某组分的分析之前,经常要对试样进行一些预处理,以使试样中待测组分处于所期望的价态,然后才能进行滴定。在预处理中,通常将待测组分氧化为高价态,以便用还原剂来滴定;或将待测组分还原为低价态,以便用氧化剂来滴定。例如,钛铁矿矿石中的铁是以两种价态 Fe(Ⅲ)和 Fe(Ⅱ)存在的,若欲采用重铬酸钾法测其全铁含量,就必须在分解铁矿石的同时将全部 Fe(Ⅲ)还原为 Fe(Ⅱ),然后才能用 $K_2Cr_2O_7$滴定。这就需要做预先还原处理。

预处理所选用的预氧化剂或预还原剂必须符合一定条件。

(1) 能将待测组分全部氧化或还原为指定的价态,反应的速率比较快。

(2) 应有一定的选择性　例如,钛铁矿中含有相当量的 Ti(Ⅳ),当进行预先还原处理时,如果用金属锌作为还原剂(Zn^{2+}/Zn 的 $E^{\ominus}=-0.76$ V),则不但溶液中的 Fe^{3+}将被还原为 Fe^{2+}(Fe^{3+}/Fe^{2+}的 $E^{\ominus}=0.77$ V),而且 Ti(Ⅳ)也将被还原为 Ti(Ⅲ)[Ti(Ⅳ)/Ti(Ⅲ)的 $E^{\ominus}=0.10$ V],下一步用$K_2Cr_2O_7$滴定 Fe^{2+}时就会同时也将 Ti(Ⅲ)滴定,这显然是不合适的。但如果选择 $SnCl_2$ 作为预还原剂(Sn^{4+}/Sn^{2+}的 $E^{\ominus}=0.15$ V),则仅能使 Fe^{3+}还原为 Fe^{2+},而不会还原 Ti(Ⅳ),这就提高了反应的选择性。

(3) 过量的预氧化剂或预还原剂应易于除去　如上述用 $SnCl_2$ 作为预还原剂处理钛铁矿的溶液,过量的 $SnCl_2$ 在下步滴定中也会与 $K_2Cr_2O_7$反应,因而干扰 Fe^{2+}的测定,可利用 $HgCl_2$ 溶液除去过量的 $SnCl_2$:

$$SnCl_2+2HgCl_2 = SnCl_4+Hg_2Cl_2\downarrow(\text{白色丝状})$$

而在下步滴定中,由于 Hg_2Cl_2 沉淀与 $K_2Cr_2O_7$的反应速率极低,而不会干扰 Fe^{2+}的测定。这里应注意,为了避免 Hg_2Cl_2 进一步被 $SnCl_2$ 还原为 Hg,从而导致在下步滴定中 Hg 与 $K_2Cr_2O_7$发生反应,$HgCl_2$ 必须保持过量。

除了在溶液中使用预还原剂进行待测试液的预还原处理外,另一种重要的预还原技术是将颗粒状的金属还原剂填充到玻璃柱或塑料柱内,以形成还原柱,再将待处理的试液从上到下流过还原柱,使试液中的待测组分被还原到指定价态(图 6-3)。由于预还原剂是固定在还原柱中的,在预还原过程中不会随洗脱液进入溶液中,故不存在除去过量还原剂的问题。例如,试液中 Fe(Ⅲ)的预还原处理,可将其硫酸溶液流过由表面覆盖着锌汞齐的锌粒填充的还原柱,此时所有的Fe(Ⅲ)将被还原为 Fe(Ⅱ)。用稀 H_2SO_4 冲洗还原柱后,Fe(Ⅱ)将全部转移到洗脱液中。然后可用 $KMnO_4$ 或 $K_2Cr_2O_7$标准溶液滴定洗脱液中的 Fe(Ⅱ)。采用不同种类的金属还原剂作为填充材料可以得到选择性不同

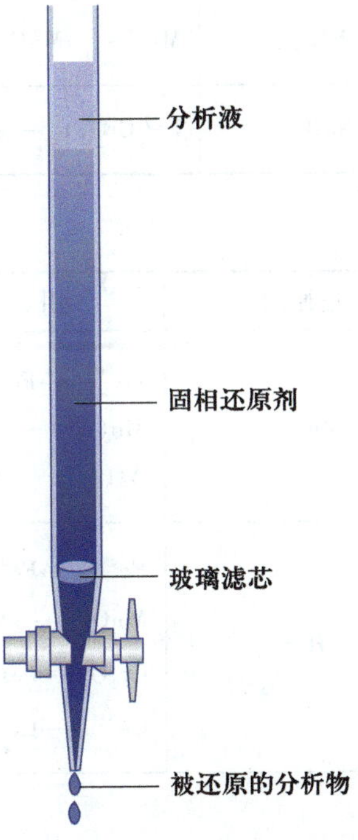

图 6-3　填充了固相还原剂的还原柱

的还原柱。常用的还原柱除锌汞齐还原柱外，还有金属铅还原柱和金属镉还原柱等。

一些常用的预氧化剂和预还原剂分别见表 6-3 和表 6-4。

表 6-3 常用预氧化剂

氧化剂	用途	条件	过量氧化剂除去的方法
$NaBiO_3$	$Mn^{2+} \longrightarrow MnO_4^-$ $Cr^{3+} \longrightarrow Cr_2O_7^{2-}$ $Ce^{3+} \longrightarrow Ce^{4+}$	HNO_3 溶液中	因 $NaBiO_3$ 微溶于水，故过量的 $NaBiO_3$ 可通过过滤而除去
$(NH_4)_2S_2O_8$	$Ce^{3+} \longrightarrow Ce^{4+}$ $VO^{2+} \longrightarrow VO_3^-$ $Cr^{3+} \longrightarrow Cr_2O_7^{2-}$ $Mn^{2+} \longrightarrow MnO_4^-$	在 HNO_3 或 H_2SO_4 溶液中，有 H_3PO_4 和催化剂 Ag^+ 存在	加热煮沸
H_2O_2	$Cr^{3+} \longrightarrow CrO_4^{2-}$ $Co^{2+} \longrightarrow Co^{3+}$ $Mn^{2+} \longrightarrow MnO_4^{2-}$	在碱性介质中	加热煮沸，加少量 Ni^{2+} 或 I^- 作催化剂，加速 H_2O_2 的分解
$HClO_4$	$Cr^{3+} \longrightarrow Cr_2O_7^{2-}$ $VO^{2+} \longrightarrow VO_3^-$ $I^- \longrightarrow IO_3^-$	浓 $HClO_4$，加热	煮沸除去所生成的 Cl_2，放冷并稀释，$HClO_4$ 即失去氧化性
KIO_4	$Mn^{2+} \longrightarrow MnO_4^-$	在酸性介质中加热	不必除去
Na_2O_2	$Fe(CrO_2)_2 \longrightarrow CrO_4^{2-}$	熔融	在酸性溶液中煮沸

表 6-4 常用预还原剂

还原剂	用途	条件	过量还原剂除去的方法
$SnCl_2$	$Fe^{3+} \longrightarrow Fe^{2+}$ $Mo(\text{VI}) \longrightarrow Mo(\text{V})$ $As(\text{V}) \longrightarrow As(\text{III})$	酸性溶液中，加热	加入过量 $HgCl_2$
H_2S	$Fe^{3+} \longrightarrow Fe^{2+}$ $MnO_4^- \longrightarrow Mn^{2+}$ $Cr_2O_7^{2-} \longrightarrow Cr^{3+}$ $Ce^{4+} \longrightarrow Ce^{3+}$	强酸性溶液中	加热煮沸

续表

还原剂	用　途	条　件	过量还原剂除去的方法
SO_2	$Fe^{3+} \longrightarrow Fe^{2+}$ $AsO_4^{3-} \longrightarrow AsO_3^{3-}$ Sb(Ⅴ)⟶Sb(Ⅲ) V(Ⅴ)⟶V(Ⅳ) $Cu^{2+} \longrightarrow Cu^{+}$	H_2SO_4 溶液中,SCN^- 催化	通 CO_2 气流
$TiCl_3$ 或 $SnCl_2-TiCl_3$	$Fe^{3+} \longrightarrow Fe^{2+}$	在酸性溶液中	用水稀释,少量过量的 $TiCl_3$ 可用中性红作指示剂,用稀 $K_2Cr_2O_7$ 溶液除去
联胺	As(Ⅴ)⟶As(Ⅲ) Sb(Ⅴ)⟶Sb(Ⅲ)		在浓 H_2SO_4 溶液中煮沸
Al	Sn(Ⅳ)⟶Sn(Ⅱ) Ti(Ⅳ)⟶Ti(Ⅲ)	在 HCl 溶液中	过滤

6-7　常用的氧化还原滴定方法

氧化还原滴定方法常以所采用的滴定剂的不同来命名并分类,如高锰酸钾法、重铬酸钾法和碘量法等。各种氧化还原滴定方法都有其各自的特点和应用范围,而前述氧化还原滴定的原理也都具体体现在这些方法之中。因此,掌握常用的氧化还原滴定方法的特点、反应条件和实际用途是十分重要的。由于还原剂易被空气中的氧气氧化而发生浓度改变,实际应用中多采用氧化剂作为滴定剂。

6-7-1　高锰酸钾法

1. 概述

$KMnO_4$ 是一种强氧化剂,其氧化能力与溶液的酸度有关。例如,在强酸性溶液中,MnO_4^- 被还原为 Mn^{2+},表现为强氧化剂:

$$MnO_4^- + 8H^+ + 5e^- \rightleftharpoons Mn^{2+} + 4H_2O \quad E^\ominus = 1.51\ V$$

在中性或弱酸性溶液中,MnO_4^- 被还原为 MnO_2:

$$MnO_4^- + 4H^+ + 3e^- \rightleftharpoons MnO_2 + 2H_2O \quad E^\ominus = 0.59\ V$$

在强碱性溶液中,MnO_4^- 被还原为 MnO_4^{2-},表现为较弱的氧化剂:

$$MnO_4^- + e^- \rightleftharpoons MnO_4^{2-} \quad E^\ominus = 0.56\ V$$

可见,在应用高锰酸钾法时,可以根据被测物质的性质等具体情况采用不同的酸度。同时也说明,在高锰酸钾法中必须严格控制反应的酸度条件,以保证滴定反应自始至终按照预期的确定反应式来进行。通常,高锰酸钾法主要在强酸性条件下应用。所用的强酸一般为硫酸,而不用盐酸和硝酸。因为Cl^-有一定的还原性，可能被MnO_4^-氧化，而硝酸又有一定的氧化性，可能氧化某些被测物质。

高锰酸钾法的优点是在酸性条件下氧化能力强，反应较快，因此应用广泛，可以直接或间接地测定许多无机物和有机化合物。$KMnO_4$本身具有鲜明的紫红色，可作为自身指示剂，在滴定无色或浅色的溶液时不需要外加指示剂。

2. $KMnO_4$溶液的配制和标定

市售$KMnO_4$固体试剂中常含有少量的MnO_2和其他杂质，易与水和空气中的某些还原性物质发生反应；同时，去离子水中也可能含有少量有机物质，它们可与MnO_4^-发生反应生成MnO_2，故$KMnO_4$标准溶液不能用直接法配制，而应先粗配后标定。而且$KMnO_4$标准溶液不够稳定，标定后不宜长期使用。

首先将新配制好的$KMnO_4$溶液加热至沸，冷却后储存于棕色瓶中，防止光对$KMnO_4$的催化分解，并放置一段时间，以使溶液中的还原性物质完全氧化。再用微孔玻璃漏斗过滤，以除去析出的MnO_2等沉淀。将过滤后的$KMnO_4$溶液储于棕色瓶中以待标定。

标定$KMnO_4$的基准物质可用$H_2C_2O_4 \cdot 2H_2O$，$Na_2C_2O_4$，As_2O_3和纯铁丝等。其中以$H_2C_2O_4 \cdot 2H_2O$和$Na_2C_2O_4$较为常用，草酸与$KMnO_4$的反应式为

$$2MnO_4^- + 5H_2C_2O_4 + 6H^+ = 2Mn^{2+} + 10CO_2\uparrow + 8H_2O$$

标定时，应注意控制以下反应条件。

（1）温度为70～80 ℃　温度过低，该反应的速率较慢；但若温度高于90 ℃，部分$H_2C_2O_4$会发生分解，即

$$H_2C_2O_4 = CO_2\uparrow + CO\uparrow + H_2O$$

所以通常用水浴加热控制反应温度。

（2）酸度为0.5～1 $mol \cdot L^{-1}$ H_2SO_4　酸度过低，会有部分MnO_4^-被还原为MnO_2，反应不能按确定的反应式进行；酸度过高，会导致$H_2C_2O_4$分解。

（3）应控制滴定速度先慢后快　开始滴定时，即使加热，$KMnO_4$与$H_2C_2O_4$的反应速率仍较慢。因此在开始阶段应保持较慢的滴定速度。否则，过快滴入的$KMnO_4$就会来不及和$H_2C_2O_4$反应而在热的酸性溶液中分解，即

$$4MnO_4^- + 12H^+ = 4Mn^{2+} + 5O_2\uparrow + 6H_2O$$

但是随着滴定的进行，作为催化剂的反应产物Mn^{2+}的浓度越来越大，加速了滴定反应的进行，故滴定速度也可随之加快。

3. 应用示例

（1）直接滴定方式　例如，用$KMnO_4$标准溶液在酸性条件下直接滴定H_2O_2溶液，其反应方程式为

$$2MnO_4^- + 5H_2O_2 + 6H^+ = 2Mn^{2+} + 5O_2\uparrow + 8H_2O$$

此反应在室温下即可进行。滴定开始时反应速率较慢，随着Mn^{2+}的生成和增多而逐渐加快。也可以预先加入少量Mn^{2+}作为催化剂。许多其他还原性物质，如$FeSO_4$，As(Ⅲ)，Sb(Ⅲ)，$H_2C_2O_4$，Sn^{2+}和NO_2^-等，都可用$KMnO_4$标准溶液直接滴定。

（2）间接滴定方式　例如，Ca^{2+}在水溶液中一般不表现出氧化还原性质，因此无法用高锰酸

钾法进行直接滴定或返滴定。但可以利用 Ca^{2+} 能生成草酸盐沉淀的性质,用高锰酸钾法进行间接滴定。即先用 $C_2O_4^{2-}$ 将 Ca^{2+} 全部沉淀为 CaC_2O_4,沉淀经过滤、洗涤后溶于稀 H_2SO_4 中,即

$$CaC_2O_4+2H^+ \rightleftharpoons Ca^{2+}+H_2C_2O_4$$

再用 $KMnO_4$ 标准溶液滴定生成的 $H_2C_2O_4$,从而间接求得 Ca^{2+} 的含量。

凡是能与 $C_2O_4^{2-}$ 定量生成沉淀的金属离子,只要它本身不与 $KMnO_4$ 反应,如 Th^{4+} 和某些稀土金属离子等,都可用上述间接滴定方式测定。

(3) 返滴定方式 例如,软锰矿中 MnO_2 含量的测定,可利用 MnO_2 的氧化性,先加入一定量且过量的 $H_2C_2O_4 \cdot 2H_2O$ 或 $Na_2C_2O_4$,在 H_2SO_4 介质中加热分解矿样,直至所余残渣为近乎白色时为止,表明试样已分解完全,MnO_2 已全部还原为 Mn^{2+},即

$$MnO_2+H_2C_2O_4+2H^+ \rightleftharpoons Mn^{2+}+2CO_2\uparrow+2H_2O$$

再用 $KMnO_4$ 标准溶液趁热返滴定剩余的 $H_2C_2O_4 \cdot 2H_2O$ 或 $Na_2C_2O_4$。根据 $H_2C_2O_4 \cdot 2H_2O$ 或 $Na_2C_2O_4$ 的加入量与剩余量之差,可以求出软锰矿中 MnO_2 的含量。此法也可用于测定其他一些氧化性物质如 PbO_2 等的含量。

(4) 某些有机化合物含量的测定 $KMnO_4$ 氧化某些有机化合物的反应,在碱性溶液中比在酸性溶液中速率更快,故常在碱性介质中采用高锰酸钾法测定有机化合物的含量。以甲醇的测定为例,将一定量且过量的 $KMnO_4$ 标准溶液加入待测的 CH_3OH 碱性试液中,反应为

$$6MnO_4^-+CH_3OH+8OH^- \rightleftharpoons CO_3^{2-}+6MnO_4^{2-}+6H_2O$$

待反应完全后,将溶液酸化,MnO_4^{2-} 歧化为 MnO_4^- 和 MnO_2。再加入一定量且过量的 $FeSO_4$ 标准溶液,将所有的高价锰都还原为 Mn^{2+},最后以 $KMnO_4$ 标准溶液滴定剩余的 Fe^{2+}。根据所加入的 $KMnO_4$ 的量和 $FeSO_4$ 的量,以及有关化学方程式中各反应物之间的化学计量关系,可求得试液中甲醇的含量。用此法还可测定甘油、甲酸、甲醛、酒石酸、柠檬酸、苯酚、水杨酸和葡萄糖等其他有机化合物的含量。

6-7-2 重铬酸钾法

1. 概述

$K_2Cr_2O_7$ 是一种常用的氧化剂,在酸性溶液中被还原为 Cr^{3+},其半反应和标准电极电位为

$$Cr_2O_7^{2-}+14H^++6e^- \rightleftharpoons 2Cr^{3+}+7H_2O \quad E^\ominus=1.33\ V$$

与高锰酸钾法相比,重铬酸钾法有如下特点。

(1) $K_2Cr_2O_7$ 固体试剂易提纯且很稳定,故纯的 $K_2Cr_2O_7$ 固体试剂可以作为基准物质直接配制标准溶液,而不需要进行标定。

(2) $K_2Cr_2O_7$ 标准溶液非常稳定,可以长期保存和使用而不需要重新标定。

(3) 在 $1\ mol \cdot L^{-1}$ HCl 溶液中,$K_2Cr_2O_7$ 的 $E^{\ominus'}=1.00\ V$,而 Cl_2/Cl^- 的 $E^{\ominus'}=1.33\ V$,故在通常情况下 $K_2Cr_2O_7$ 不与 Cl^- 反应。因此可在 HCl 溶液中用 $K_2Cr_2O_7$ 滴定 Fe^{2+}。

(4) 虽然 $Cr_2O_7^{2-}$ 本身显橙色,但一方面此颜色不鲜明,指示的灵敏度差,另一方面其还原产物 Cr^{3+} 常呈绿色,对橙色有掩盖作用,所以不能采用自身指示剂的方法来指示滴定终点,而需外加指示剂。通常采用二苯胺磺酸钠作为重铬酸钾法的指示剂。

重铬酸钾法最重要的应用是测定铁的含量。另外,通过 $Cr_2O_7^{2-}$ 与 Fe^{2+} 的反应,还可以测定其

他氧化性或还原性物质的含量。例如,土壤中有机质的测定,可先用一定量且过量的 $K_2Cr_2O_7$ 将有机质氧化,然后再以 Fe^{2+} 标准溶液返滴定剩余的 $K_2Cr_2O_7$。

2. 应用示例

(1) 铁矿石中全铁量的测定 重铬酸钾法是铁矿石中全铁量测定的标准方法。经典的重铬酸钾法一般采用浓盐酸加热溶解铁矿石试样,再趁热用 $SnCl_2$ 溶液将 Fe(Ⅲ)全部还原为 Fe(Ⅱ)。再加入 $HgCl_2$ 以除去溶液中过量的 $SnCl_2$:

$$SnCl_2+2HgCl_2 \longrightarrow SnCl_4+Hg_2Cl_2\downarrow \text{(白色丝状)}$$

然后在 $H_2SO_4-H_3PO_4$ 介质中,以二苯胺磺酸钠为指示剂,以 $K_2Cr_2O_7$ 标准溶液滴定 Fe(Ⅱ)。但是,此种方法需消耗大量的汞,造成环境污染。为了保护环境和减少污染,目前多采用无汞重铬酸钾法测定铁的总含量。无汞法有很多种,其中以 $SnCl_2-TiCl_3-K_2Cr_2O_7$ 法较为常用,已成为标准方法。

铁矿石试样用浓盐酸加热溶解后,采用 $SnCl_2-TiCl_3$ 联合还原的方法将 Fe(Ⅲ)全部还原为 Fe(Ⅱ),即先用 $SnCl_2$ 将大量的 Fe(Ⅲ)还原为 Fe(Ⅱ),再以钨酸钠或中性红为指示剂,用 $TiCl_3$ 还原剩余的 Fe(Ⅲ),当蓝色的 W(Ⅴ)(俗称钨蓝)出现,或中性红的蓝色变为无色时,停止滴加 $TiCl_3$,表明 Fe(Ⅲ)已被全部还原为 Fe(Ⅱ)。再用稀 $K_2Cr_2O_7$ 返滴定以除去过量的 $TiCl_3$,即滴加稀 $K_2Cr_2O_7$ 至钨酸钠的蓝色刚好褪去,或中性红变为蓝色时,表明过量的 $TiCl_3$ 已除去。其后的滴定步骤与有汞法相同。

重铬酸钾法中加入 H_3PO_4 的目的,一是生成络合物 $Fe(HPO_4)^+$,可降低 Fe^{3+}/Fe^{2+} 电对的电极电位,使二苯胺磺酸钠的变色点电极电位落入滴定的突跃范围之内,从而减小终点误差;二是生成的无色 $Fe(HPO_4)^+$ 消除了 $FeCl_3$ 溶液的黄色,有利于滴定终点颜色的观察。

(2) 化学需氧量的测定 化学需氧量,又称化学耗氧量,简称 COD(chemical oxygen demand),是度量水体受污染程度的重要指标之一,也是水质分析的一项重要内容。它是指一定体积的水体中能被强氧化剂氧化的还原性物质的量,表示为氧化这些还原性物质所需消耗的 O_2 的量(以 $mg\cdot L^{-1}$ 计)。由于废水中的还原性物质大部分是有机化合物,因此常将 COD 作为水质是否受到有机化合物污染的依据。COD 的测定通常采用高锰酸钾法和重铬酸钾法两种方法。高锰酸钾法适合于地表水、饮用水和生活污水等污染不十分严重的水体中 COD 的测定,而重铬酸钾法适合于工业废水中 COD 的测定。用重铬酸钾法测定 COD 的具体操作是,在强酸介质的水样中,以 Ag_2SO_4 为催化剂,加入一定量且过量的 $K_2Cr_2O_7$ 溶液,回流加热。待反应完全后,以邻二氮菲-Fe(Ⅱ)为指示剂,用 Fe^{2+} 标准溶液返滴定过量的 $K_2Cr_2O_7$,根据所消耗的 $K_2Cr_2O_7$ 的量换算求得 COD 值。

6-7-3 碘量法

1. 概述

碘量法是以 I_2 的氧化性和 I^- 的还原性为基础的氧化还原滴定法,它们所依据的是同一半反应,即

$$I_3^- + 2e^- \rightleftharpoons 3I^- \quad E^\ominus = 0.545\ V$$

可见,I_2 是一种较弱的氧化剂,只能滴定较强的还原剂;而 I^- 是一种中等强度的还原剂,可以间接滴定多种氧化剂。据此,碘量法分为直接碘量法和间接碘量法,可分别用于还原性物质和氧化性

物质的测定。I_3^-/I^- 电对的可逆性好，副反应少，其电极电位在很大的 pH 范围内（pH<9）不受酸度和其他络合剂的影响。碘量法采用淀粉作指示剂，灵敏度很高。基于这些优点，碘量法是一种应用十分广泛的氧化还原滴定方法。

碘量法的主要误差来源是 I_2 易挥发，以及 I^- 易被空气中的 O_2 所氧化。

为防止 I_2 挥发，应采取以下措施。

① 加入过量的 KI 使之与 I_2 形成溶解度较大的 I_3^- 络离子。此外过量的 I^- 还可提高淀粉指示剂的灵敏度。

② 避免加热，使反应在室温下进行。另外温度升高也会使淀粉指示剂的灵敏度降低。

③ 析出 I_2 的反应最好在带塞的碘瓶中进行，滴定时勿剧烈摇动。

为防止 I^- 被空气中的 O_2 所氧化，应采取以下措施。

① 避光。应将反应置于暗处进行，滴定时亦应避免阳光直射，I_3^- 溶液应保存在棕色瓶中。因为光照能催化 I^- 的氧化。

② 酸度增高亦能加速 O_2 对 I^- 的氧化，如反应需在较高的酸度下进行，则在滴定前应稀释溶液以降低酸度。

③ 在间接碘量法中，当析出 I_2 的反应完成后，应立即用 $Na_2S_2O_3$ 标准溶液滴定，滴定速度也应适当加快。

2. 直接碘量法

直接碘量法是用 I_2 作为滴定剂的方法，又称为碘滴定法。由于 I_2 是一种较弱的氧化剂，所以直接碘量法可用于滴定较强的还原剂，如 S^{2-}，SO_3^{2-}，$S_2O_3^{2-}$，Sn（Ⅱ）和维生素 C 等。

直接碘量法应该在弱酸性或中性条件下进行，而不能在碱性条件下进行，因为碱性条件（pH>9）下 I_2 会发生歧化反应，即

$$3I_2+6OH^- = IO_3^-+5I^-+3H_2O$$

直接碘量法也不宜在强酸性条件下进行，因为此时 I^- 易被溶液中溶解的 O_2 所氧化，反应式为

$$4I^-+O_2+4H^+ = 2I_2+2H_2O$$

同时在强酸条件下淀粉指示剂也容易发生水解和分解。

由于能被 I_2 氧化的物质不多，直接碘量法的应用较为有限。

3. 间接碘量法

在间接碘量法中，I^- 是还原剂，但却不适合作为滴定剂直接滴定氧化性物质，这主要是由于有关的化学反应速率较慢，同时也缺少合适的指示剂。间接碘量法是将待测的氧化性物质与过量的 I^- 发生反应，生成与该氧化性物质计量相当的 I_2，再用 $Na_2S_2O_3$ 标准溶液滴定所析出的 I_2，从而间接求出该氧化性物质的含量。滴定反应为

$$2S_2O_3^{2-}+I_2 = 2I^-+S_4O_6^{2-}$$

故间接碘量法又称滴定碘法。间接碘量法的滴定反应一般应在中性或弱酸性条件下进行。因为在碱性条件下 I_2 会歧化，同时部分 $S_2O_3^{2-}$ 将会被 I_2 氧化为 SO_4^{2-}，影响反应的定量关系。而在强酸条件下 $S_2O_3^{2-}$ 易分解，即

$$S_2O_3^{2-}+2H^+ = S\downarrow+H_2SO_3$$

但由于 $Na_2S_2O_3$ 与 I_2 的反应速率较此反应更快，因此只要滴加 $Na_2S_2O_3$ 的速度不是太快，避免

$Na_2S_2O_3$局部过浓，即使在较强的酸度下，仍可得到满意的结果。

应注意的是，虽然在直接碘量法中淀粉指示剂可以在滴定开始时就加入，但在间接碘量法中淀粉指示剂只能在临近滴定终点，即 I_2 的黄色已经接近褪去时加入。因为当溶液中有较多 I_2 存在时，I_2 会与淀粉指示剂络合，而 I_2-淀粉络合物的解离速率较慢，使得 I_2 不易与 $Na_2S_2O_3$ 立即作用，导致终点拖后。

由于 I^-是一种中等强度的还原剂，所以间接碘量法可用于测定相当多的氧化性物质，如 ClO_3^-，ClO^-，$Cr_2O_7^{2-}$，CrO_4^{2-}，IO_3^-，BrO_3^-，MnO_4^-，MnO_2，NO_3^-，Cu^{2+}和 H_2O_2 等，还可以用于许多有机化合物的测定。这里不用 $Na_2S_2O_3$ 直接滴定这些氧化性物质，主要是因为这些物质的氧化能力较强，将有部分 $S_2O_3^{2-}$ 被氧化为 SO_4^{2-}，反应无法按照上述确定的反应式进行。这里，作为滴定剂的 $Na_2S_2O_3$ 在常用的还原剂中相对比较稳定，而它与 I_2 的反应又能够严格按照上述反应式进行，因而间接碘量法的应用范围相当广泛。

市售 $Na_2S_2O_3 \cdot 5H_2O$ 试剂通常含有少量杂质，且易风化不稳定，不能作为基准物质，故 $Na_2S_2O_3$标准溶液只能用标定法配制。$Na_2S_2O_3$ 溶液也不十分稳定，其分解的原因如下。

① 细菌的作用。水中存在的细菌会消耗 $Na_2S_2O_3$ 中的硫，使 $Na_2S_2O_3$ 转变为 Na_2SO_3。

② CO_2 的作用。水中溶解的 CO_2 所引起的溶液酸度的变化可导致 $Na_2S_2O_3$ 分解，反应式为

$$S_2O_3^{2-}+CO_2+H_2O \xlongequal{\quad} S\downarrow+HSO_3^-+HCO_3^-$$

③ 水中溶解的氧可以氧化 $Na_2S_2O_3$，产生不具还原性的 SO_4^{2-}，并且有 S 析出。

$$2S_2O_3^{2-}+O_2 \xlongequal{\quad} 2S\downarrow+2SO_4^{2-}$$

④ $Na_2S_2O_3$ 见光易分解。

因此在配制 $Na_2S_2O_3$ 溶液时，需要用新煮沸并冷却的去离子水，以除去水中的 CO_2 和 O_2，并杀死细菌，加入少量 Na_2CO_3 使溶液呈弱碱性，以抑制细菌的生长，并保存在棕色瓶中。

常用 $K_2Cr_2O_7$作为基准物质，采用间接碘量法标定 $Na_2S_2O_3$ 溶液。在酸性溶液中 $Cr_2O_7^{2-}$与过量的 I^-作用，生成与 $K_2Cr_2O_7$计量相当的 I_2，反应式为

$$Cr_2O_7^{2-}+6I^-+14H^+ \xlongequal{\quad} 2Cr^{3+}+3I_2+7H_2O$$

稀释后用 $Na_2S_2O_3$ 溶液滴定析出的 I_2，采用淀粉指示剂，以溶液的深蓝色褪去为滴定终点。

4. 应用示例

（1）直接碘量法测硫　对于溶液中的 S^{2-}或 H_2S 的测定，可调节溶液至弱酸性，以淀粉为指示剂，用 I_2 标准溶液直接滴定 H_2S，从而求得试液中 S^{2-}或 H_2S 的含量。

$$I_2+H_2S \xlongequal{\quad} S+2I^-+2H^+$$

该滴定不能在碱性溶液中进行，否则 I_2 将发生歧化反应，且有部分 S^{2-}会被氧化为 SO_4^{2-}。

对于钢铁中硫的测定，可将钢铁试样置于密封的管式炉中高温熔融，并通入空气，使试样中的硫全部氧化为 SO_2。再用水吸收导出的 SO_2，生成 H_2SO_3 溶液，即

$$SO_2+H_2O \xlongequal{\quad} H_2SO_3$$

采用淀粉指示剂，用 I_2 标准溶液滴定 H_2SO_3，从而求得钢铁试样中硫的含量。

$$I_2+H_2SO_3+H_2O \xlongequal{\quad} 2I^-+SO_4^{2-}+4H^+$$

（2）直接碘量法测维生素 C　维生素 C 的还原性很强，较易被溶液和空气中的氧气氧化，在碱性介质中这种氧化作用更强，因此滴定应在酸性介质中进行。在稀醋酸溶液中，维生素 C 结

构中的二烯醇基被 I_2 氧化为二酮基，反应方程式如下：

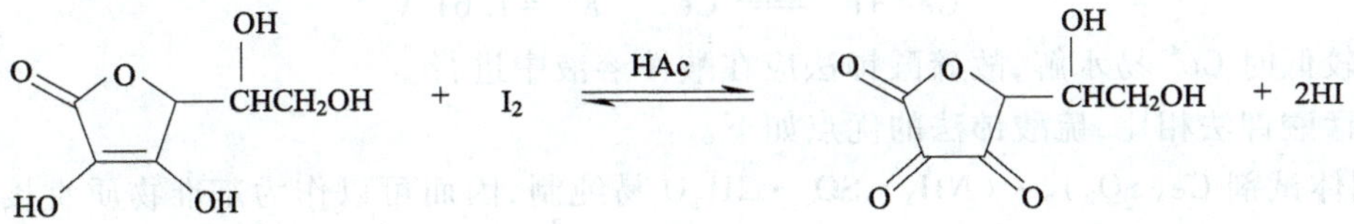

(3) 间接碘量法测铜　该方法是基于 Cu^{2+} 与过量 KI 的反应，生成与 Cu^{2+} 计量相当的 I_2，反应式为

$$2Cu^{2+}+5I^- \longrightarrow 2CuI\downarrow(白)+I_3^-$$

再用 $Na_2S_2O_3$ 标准溶液滴定生成的 I_2，采用淀粉指示剂，以溶液的深蓝色刚褪去为滴定终点。这里 I^- 既是还原剂，又是沉淀剂，还是络合剂。由于 CuI 沉淀表面会吸附 I_2，使这部分 I_2 无法被 $Na_2S_2O_3$ 滴定，因而造成结果偏低。为此可在临近滴定终点时加入 KSCN 或 NH_4SCN，使 CuI 转化为溶解度更小的 CuSCN，反应式为

$$CuI+SCN^- \longrightarrow CuSCN\downarrow+I^-$$

而 CuSCN 沉淀几乎不吸附 I_2，因而消除了由于 I_2 被吸附所造成的误差。

用碘量法测铜时，最好用纯铜来标定 $Na_2S_2O_3$ 溶液，以消除方法上的系统误差。此法也适用于测定铜合金、炉渣、电镀液等试样中的铜。当试样中含有少量 Fe^{3+} 时，需要加入 NH_4HF_2 掩蔽剂，使 Fe^{3+} 转化为 FeF_6^{3-}，消除干扰，同时 NH_4HF_2 在此也起缓冲作用，可以控制溶液的 pH 在 3.0~4.0。

(4) 间接碘量法测钡　Ba^{2+} 在水溶液中一般不表现出氧化还原性质，但可利用它在一定条件下与 CrO_4^{2-} 生成 $BaCrO_4$ 沉淀的性质，用间接碘量法间接测定其含量。

在 HAc/NaAc 缓冲溶液中，用过量 K_2CrO_4 将 Ba^{2+} 沉淀为 $BaCrO_4$。沉淀经过滤、洗涤后，用稀 HCl 溶解，并使 CrO_4^{2-} 转化为 $Cr_2O_7^{2-}$，反应式为

$$BaCrO_4 \longrightarrow Ba^{2+}+CrO_4^{2-}$$

$$2CrO_4^{2-}+2H^+ \longrightarrow Cr_2O_7^{2-}+H_2O$$

再加入过量的 KI，使全部 $Cr_2O_7^{2-}$ 被还原，并生成与之计量相当的 I_2，即

$$Cr_2O_7^{2-}+6I^-+14H^+ \longrightarrow 3I_2+2Cr^{3+}+7H_2O$$

采用淀粉指示剂，以 $Na_2S_2O_3$ 标准溶液滴定生成的 I_2。根据相关反应式中所表达的各物质的计量关系，可以求出 Ba^{2+} 的含量。Pb^{2+} 亦可用类似方法加以测定。

可见，利用碘量法可以间接测定许多本身不具有氧化还原性，但能与氧化剂或还原剂发生定量反应的物质的含量。又如，咖啡因($C_8H_{10}N_4O_2$)可与一定量且过量的 I_2 在酸性溶液中生成沉淀，再用 $Na_2S_2O_3$ 标准溶液滴定剩余的 I_2。反应方程式为

$$C_8H_{10}N_4O_2+2I_2+I^-+H^+ \longrightarrow C_8H_{10}N_4O_2\cdot HI\cdot I_4\downarrow$$

$$2S_2O_3^{2-}+I_2 \longrightarrow 2I^-+S_4O_6^{2-}$$

根据滴定结果可以求得生成沉淀所消耗的 I_2 的量，由此可计算出咖啡因的含量。

6-7-4 其他氧化还原滴定法

1. 硫酸铈法(铈量法)

硫酸铈法是一种用 Ce(Ⅳ)标准溶液作为滴定剂的滴定方法。$Ce(SO_4)_2$ 是一种强氧化剂，

其氧化还原半反应和标准电极电位为

$$Ce^{4+}+e^- \rightleftharpoons Ce^{3+} \quad E^{\ominus}=1.61\ V$$

由于酸度较低时 Ce^{4+} 易水解，故硫酸铈法应在酸性溶液中进行。

与高锰酸钾法相比，硫酸铈法的优点如下。

① 固体试剂 $Ce(SO_4)_2 \cdot (NH_4)_2SO_4 \cdot 2H_2O$ 易纯制，因而可以作为基准物质直接配制标准溶液。

② $Ce(SO_4)_2$ 标准溶液很稳定，长时间放置后浓度不变，不需重新标定。

③ 可在 HCl 介质中用 Ce^{4+} 滴定 Fe^{2+}。虽然 Ce^{4+} 也能氧化 Cl^-，但反应速率较慢，且滴定时 Ce^{4+} 首先与 Fe^{2+} 反应，达到化学计量点后才可能慢慢与 Cl^- 反应，故 Cl^- 的存在不影响滴定。

④ Ce^{4+} 还原为 Ce^{3+} 是单电子转移，反应简单，不生成中间产物，副反应少。

由于具有上述诸多优点，所以硫酸铈法比高锰酸钾法具有更广泛的应用价值。可以用该方法直接测定一些金属的低价化合物、过氧化氢，以及一些有机还原性物质，如甘油、丙二酸等。一些氧化剂或者一些用硫酸铈标准溶液直接滴定时反应速率较慢的还原剂，则可利用返滴定法进行测定。但铈盐的价格较贵，使硫酸铈法的应用受到了限制。

硫酸铈法一般采用邻二氮菲-Fe(Ⅱ)为指示剂，滴定终点时溶液由红色突变为浅蓝色。

2. 溴酸钾法

$KBrO_3$ 是一种强氧化剂，其在酸性溶液中的氧化还原半反应和标准电极电位为

$$BrO_3^-+6H^++6e^- \rightleftharpoons Br^-+3H_2O \quad E^{\ominus}=1.44\ V$$

固体试剂 $KBrO_3$ 易纯制，可以作为基准物质直接配制标准溶液。$KBrO_3$ 溶液的浓度也可用间接碘量法进行标定。即在酸性 $KBrO_3$ 溶液中加入过量的 KI，生成与 $KBrO_3$ 计量相当的 I_2，反应式为

$$BrO_3^-+6I^-+6H^+ = 3I_2+Br^-+3H_2O$$

采用淀粉指示剂，以 $Na_2S_2O_3$ 标准溶液滴定生成的 I_2。

在酸性溶液中，可以用 $KBrO_3$ 标准溶液直接滴定一些还原性物质，如 As(Ⅲ)，Sb(Ⅲ)，Sn(Ⅱ)等。

溴酸钾法主要用于测定有机化合物含量。Br_2 可以与许多有机化合物定量发生取代反应或加成反应。但 Br_2 的水溶液很不稳定，因此不适合做标准溶液。为此可在 $KBrO_3$ 标准溶液中加入过量的 KBr，组成 $KBrO_3$-KBr 标准溶液。$KBrO_3$-KBr 溶液十分稳定，只有在酸化时才发生反应，生成与 $KBrO_3$ 计量相当的 Br_2，反应式为

$$BrO_3^-+5Br^-+6H^+ = 3Br_2+3H_2O$$

可见，此时的 $KBrO_3$ 标准溶液就相当于 Br_2 标准溶液。

以苯酚的测定为例。在含苯酚的试液中加入一定量且过量的 $KBrO_3$-KBr 标准溶液，酸化后生成 Br_2，其中一部分与苯酚反应，反应式为

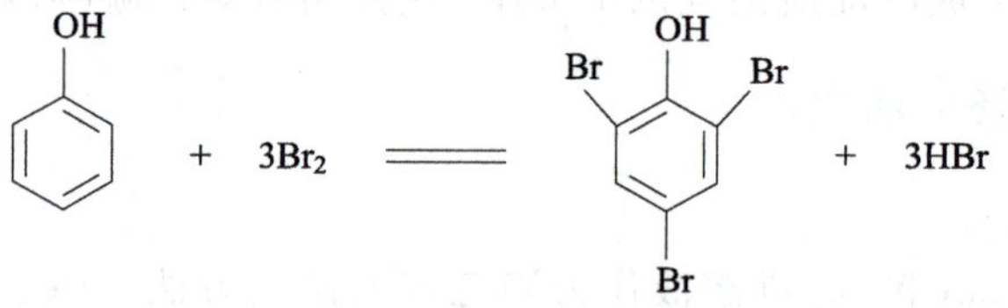

反应完成后，加入过量的 I^-，使之与剩余的 Br_2 作用，生成与其等量的 I_2，反应式为

$$Br_2+2I^- \longrightarrow I_2+2Br^-$$

再用 $Na_2S_2O_3$ 标准溶液滴定析出的 I_2，可以间接求得试液中苯酚的含量。

思考题

6-1　什么是条件电极电位？它与标准电极电位有什么关系？

6-2　是否所有反应完全程度很高的氧化还原反应都能用于滴定分析？为什么？

6-3　已知 1,10-邻二氮菲与 Fe^{3+} 和 Fe^{2+} 均能形成络合物，在 1 $mol\cdot L^{-1}$ H_2SO_4 介质中，加入邻二氮菲后，Fe^{3+}/Fe^{2+} 的条件电极电位为 1.06 V。请问 Fe^{3+} 和 Fe^{2+} 与邻二氮菲形成的络合物中，哪一种更稳定？

6-4　氧化还原指示剂的变色原理和选择原则与酸碱指示剂有何异同？

6-5　试比较酸碱滴定、络合滴定和氧化还原滴定的滴定曲线，试说明它们的共性和特点。

6-6　碘量法的主要误差来源有哪些？应采取何种措施减小误差？

习　题

6-1　计算在 0.5 $mol\cdot L^{-1}$ HCl 介质中，当 Cr(Ⅵ)的浓度为 0.20 $mol\cdot L^{-1}$，Cr(Ⅲ)的浓度为 0.010 $mol\cdot L^{-1}$ 时 $Cr_2O_7^{2-}/Cr^{3+}$ 电对的电极电位。

6-2　根据 Cu^{2+}/Cu^+ 的标准电极电位 $E^{\ominus}_{Cu^{2+}/Cu^+}$ 和 CuI 的 K_{sp}，计算 Cu^{2+}/CuI 电对的标准电极电位 $E^{\ominus}_{Cu^{2+}/CuI}$ 以及 $[I^-]=0.10$ $mol\cdot L^{-1}$ 时的条件电极电位 $E^{\ominus'}_{Cu^{2+}/CuI}$。若在此条件下 Cu(Ⅱ)的浓度为 0.010 $mol\cdot L^{-1}$，体系的电极电位为多少？

6-3　已知 $E^{\ominus}_{Pb^{2+}/Pb}=-0.13$ V，PbI_2 的 $pK_{sp}=8.19$，求半反应 $PbI_2(s)+2e^- \longrightarrow Pb+2I^-$ 的标准电极电位 $E^{\ominus}_{PbI_2/Pb}$ 以及 $[I^-]=0.10$ $mol\cdot L^{-1}$ 时的条件电极电位 $E^{\ominus'}_{PbI_2/Pb}$。

6-4　计算 pH=10.0，$[NH_4^+]+[NH_3]=0.10$ $mol\cdot L^{-1}$ 时，Zn(Ⅱ)/Zn 电对的条件电极电位。若 $c_{Zn(Ⅱ)}=2.0\times10^{-3}$ $mol\cdot L^{-1}$，体系的电极电位是多少？

6-5　分别计算 $[H^+]=2.0$ $mol\cdot L^{-1}$ 和 pH=1.00 时 MnO_4^-/Mn^{2+} 电对的条件电极电位。

6-6　已知在 1 $mol\cdot L^{-1}$ HCl 介质中，Fe(Ⅲ)/Fe(Ⅱ)电对的 $E^{\ominus'}=0.70$ V，Sn(Ⅳ)/Sn(Ⅱ)电对的 $E^{\ominus'}=0.14$ V，求在此条件下反应 $2Fe^{3+}+Sn^{2+} \longrightarrow Sn^{4+}+2Fe^{2+}$ 的条件平衡常数。

6-7　在 1 $mol\cdot L^{-1}$ H_2SO_4 介质中，将等体积的 0.60 $mol\cdot L^{-1}$ Fe^{2+} 溶液与 0.20 $mol\cdot L^{-1}$ Ce^{4+} 溶液相混合，反应达到平衡后，Ce^{4+} 的浓度为多少？

6-8　在 1 $mol\cdot L^{-1}$ $HClO_4$ 介质中，用 0.020 0 $mol\cdot L^{-1}$ $KMnO_4$ 滴定 0.100 $mol\cdot L^{-1}$ Fe^{2+}，试计算滴定分数 ϕ 分别为 0.50，1.00 和 2.00 时体系的电极电位。已知在此条件下，MnO_4^-/Mn^{2+} 电对的 $E^{\ominus'}=1.45$ V，Fe^{3+}/Fe^{2+} 电对的 $E^{\ominus'}=0.73$ V。

6-9　在 0.10 $mol\cdot L^{-1}$ HCl 介质中，用 0.200 0 $mol\cdot L^{-1}$ 的 Fe^{3+} 滴定 0.100 0 $mol\cdot L^{-1}$ 的 Sn^{2+}，试计算在化学计量点时体系的电极电位及其突跃范围。在此滴定中选用什么指示剂？滴定终点与化学计量点是否一致？已知在此条件下，Fe^{3+}/Fe^{2+} 电对的 $E^{\ominus'}=0.73$ V，Sn^{4+}/Sn^{2+} 电对的 $E^{\ominus'}=0.07$ V。

6-10　分别计算在 1 $mol\cdot L^{-1}$ HCl 和 1 $mol\cdot L^{-1}$ HCl-0.5 $mol\cdot L^{-1}$ H_3PO_4 溶液中，用 0.100 0 $mol\cdot L^{-1}$ $K_2Cr_2O_7$ 滴定 20.00 mL 0.600 0 $mol\cdot L^{-1}$ Fe^{2+} 时化学计量点的电极电位。如果在两种情况下都选用二苯胺磺酸钠作指示剂，哪种情况下引起的滴定终点误差较小？已知在两种条件下，$Cr_2O_7^{2-}/Cr^{3+}$ 的 $E^{\ominus'}=1.00$ V，指示剂 In 的 $E^{\ominus'}=0.85$ V。Fe^{3+}/Fe^{2+} 电对在 1 $mol\cdot L^{-1}$ HCl 中的 $E^{\ominus'}=0.70$ V，而在 1 $mol\cdot L^{-1}$ HCl-0.5 $mol\cdot L^{-1}$ H_3PO_4

中的 $E^{\ominus'}=0.51$ V。

6-11 计算分别在 1 $mol \cdot L^{-1}$ H_2SO_4 和 1 $mol \cdot L^{-1}$ H_2SO_4-0.5 $mol \cdot L^{-1}$ H_3PO_4 介质中，用 Ce^{4+}滴定 Fe^{2+}时化学计量点的电极电位。以及在两种情况下都选用二苯胺磺酸钠作指示剂，滴定终点误差各为多少？已知在 1 $mol \cdot L^{-1}$ H_2SO_4 介质中，Fe^{3+}/Fe^{2+}的 $E^{\ominus'}=0.68$ V，1 $mol \cdot L^{-1}$ H_2SO_4-0.5 $mol \cdot L^{-1}$ H_3PO_4 介质中，Fe^{3+}/Fe^{2+}的 $E^{\ominus'}=0.61$ V；两种条件下，Ce^{4+}/Ce^{3+}的 $E^{\ominus'}=1.44$ V，指示剂 In 的 $E^{\ominus'}=0.85$ V。

6-12 准确称取 1.528 g $H_2C_2O_4 \cdot 2H_2O$，溶解后于 250 mL 容量瓶中定容。移取 25.00 mL 于锥形瓶，用 $KMnO_4$标准溶液滴定，用去 22.84 mL。求 $KMnO_4$ 标准溶液的浓度。

6-13 准确称取软锰矿试样 0.283 6 g，加入 0.425 6 g 纯 $H_2C_2O_4 \cdot 2H_2O$ 及稀 H_2SO_4 并加热，使软锰矿试样完全分解并反应完全。过量的草酸用 0.022 34 $mol \cdot L^{-1}$ $KMnO_4$ 标准溶液滴定，用去 35.24 mL。计算软锰矿中 MnO_2 的质量分数。

6-14 用重铬酸钾法测铁矿石试样中的全铁含量。先称取 1.825 g $K_2Cr_2O_7$，溶解后于 250 mL 容量瓶中定容。再称取铁矿石试样 0.524 6 g，经适当处理后，使铁全部溶解并转化为 Fe(Ⅱ)。用此 $K_2Cr_2O_7$标准溶液进行滴定，用去30.56 mL。分别求试样中以 Fe 和 Fe_2O_3 表示的质量分数。

6-15 称取某试样 1.256 g，用重量法测得(Fe_2O_3+Al_2O_3)的总质量为 0.528 4 g。待沉淀溶解后，将 Fe^{3+}全部还原为 Fe^{2+}，再在酸性条件下用 0.030 26 $mol \cdot L^{-1}$ $K_2Cr_2O_7$标准溶液滴定，用去 26.28 mL。计算试样中 FeO 和 Al_2O_3 的质量分数。

6-16 将 0.235 6 g 分析纯 $K_2Cr_2O_7$试剂溶于水，酸化后加入过量 KI，析出的 I_2 需用 36.28 mL $Na_2S_2O_3$ 标准溶液滴定。计算 $Na_2S_2O_3$ 标准溶液的浓度。

6-17 称取某含铬铁矿 0.500 0 g，溶解后将铬氧化至 $Cr_2O_7^{2-}$，加入 0.263 1 $mol \cdot L^{-1}$ Fe^{2+}溶液 50.00 mL，再以 0.048 62 $mol \cdot L^{-1}$ $K_2Cr_2O_7$标准溶液滴定过量的 Fe^{2+}，需要 16.35 mL 到达滴定终点。计算该含铬铁矿中 Cr 的质量分数。

6-18 欲测定油漆中铅丹(Pb_3O_4)的含量，称取试样 0.235 6 g，用酸溶解后，加入 Fe(Ⅱ)使铅全部转变为 Pb(Ⅱ)。再加入 K_2CrO_4 使 Pb(Ⅱ)全部沉淀为 $PbCrO_4$。将沉淀过滤、洗涤，溶于盐酸。加入过量 NaI，然后用 0.120 5 $mol \cdot L^{-1}$的 $Na_2S_2O_3$ 标准溶液滴定生成的 I_2，用去 24.26 mL。试计算试样中 Pb_3O_4 的质量分数。

6-19 称取含苯酚的试样 0.482 7 g，溶解后加入 0.102 8 $mol \cdot L^{-1}$溴酸钾标准溶液($KBrO_3$+过量 KBr) 25.00 mL，并加盐酸酸化。待反应完全后，加入 KI。用 0.102 5 $mol \cdot L^{-1}$ $Na_2S_2O_3$ 标准溶液滴定生成的 I_2，用去 28.85 mL。试计算试样中苯酚的质量分数。

6-20 用某 $KMnO_4$ 标准溶液滴定一定质量的 $H_2C_2O_4 \cdot 2H_2O$，需消耗 25.28 mL。同样质量的 $H_2C_2O_4 \cdot 2H_2O$ 又恰能被 21.26 mL 0.238 4 $mol \cdot L^{-1}$ KOH 标准溶液滴定。求该 $KMnO_4$ 标准溶液的浓度。

6-21 有不纯的 KI 试样 0.350 4 g，在 H_2SO_4 溶液中加入 0.194 0 g(过量)纯 K_2CrO_4与之反应，煮沸赶出生成的 I_2。放冷后又加入过量的 KI，使之与剩余的 K_2CrO_4 作用，析出的 I_2 用 0.102 0 $mol \cdot L^{-1}$ $Na_2S_2O_3$ 标准溶液滴定，用去 10.23 mL，问试样中 KI 的质量分数是多少？

参考答案

第 7 章　沉淀滴定法和沉淀重量法

以沉淀反应为基础的分析方法包括沉淀滴定法和沉淀重量法。其中沉淀滴定法本来属于滴定分析法而不属于重量分析法。但是，由于沉淀滴定法的基础也是沉淀溶解平衡，且内容有限，故在此作为一节安排在同一章里。沉淀重量法是以沉淀溶解平衡为基础，通过称量物质的质量来确定被测组分含量的一种分析方法。又因为本书第 3~6 章都是有关滴定分析的内容，因此按顺序先介绍沉淀滴定法。

7-1　沉淀滴定法

沉淀滴定法是以沉淀反应为基础的滴定分析方法。沉淀反应很多，但并不是所有沉淀反应都能应用于沉淀滴定。能够用作滴定分析的沉淀反应必须符合下列条件。

① 沉淀的溶解度必须足够小，以保证在化学计量点时沉淀反应有足够的完全度；

② 沉淀反应的反应物之间必须有确定的化学计量关系；

③ 沉淀反应的速率必须足够快，可以迅速达到平衡；

④ 有适当的方法指示化学计量点。

由于相当多的沉淀反应都不能完全符合上述条件，因而无法用于滴定分析。真正能够用于沉淀滴定的沉淀反应的数量很少。在实际工作中应用得最广的是以生成银盐沉淀的反应为基础的沉淀滴定法，其滴定反应可以表示为

$$Ag^+ + X^- \rightleftharpoons AgX\downarrow$$

这里 X^- 可以是 Cl^-，Br^-，I^- 或 SCN^- 等阴离子。利用这类沉淀反应的滴定法又称为银量法，本节主要讨论银量法。

银量法通常根据所采用的指示剂来分类，并根据其创立者来命名，即分为莫尔（Mohr）法、福尔哈德（Volhard）法和法扬斯（Fajans）法。

7-1-1　莫尔法

以 K_2CrO_4 为指示剂的银量法称为莫尔法。

1. 原理

莫尔法通常用于以 $AgNO_3$ 标准溶液直接滴定 Cl^-。在滴定 Cl^- 时，首先发生滴定反应：

$$Ag^+ + Cl^- \xlongequal{} AgCl\downarrow（白）$$

到达化学计量点时，Cl^- 已被全部滴定完毕，稍过量的 Ag^+ 就会与溶液中的指示剂 CrO_4^{2-} 生成砖红色 Ag_2CrO_4 沉淀，从而指示终点。

$$2Ag^+ + CrO_4^{2-} \xlongequal{} Ag_2CrO_4\downarrow（砖红）$$

当用 Ag^+滴定含有指示剂 CrO_4^{2-} 的 Cl^-溶液时，根据分步沉淀的原理，首先生成的是 AgCl 沉淀（$K_{sp}=1.8\times10^{-10}$），而不是 Ag_2CrO_4 沉淀（$K_{sp}=1.1\times10^{-12}$）。这可由下面的计算来简单说明。

设被滴定剂中 Cl^-的浓度为 0.10 mol·L^{-1}，CrO_4^{2-} 的浓度为 0.010 mol·L^{-1}，则开始生成 AgCl 所需的 Ag^+浓度为

$$[Ag^+]_{AgCl}=\frac{K_{sp(AgCl)}}{[Cl^-]}=\frac{1.8\times10^{-10}}{0.10}\ \text{mol}\cdot\text{L}^{-1}=1.8\times10^{-9}\ \text{mol}\cdot\text{L}^{-1}$$

而开始生成 Ag_2CrO_4 所需的 Ag^+浓度为

$$[Ag^+]_{Ag_2CrO_4}=\sqrt{\frac{K_{sp(Ag_2CrO_4)}}{[CrO_4^{2-}]}}=\sqrt{\frac{1.1\times10^{-12}}{0.010}}\ \text{mol}\cdot\text{L}^{-1}=1.0\times10^{-5}\ \text{mol}\cdot\text{L}^{-1}$$

可见，即使指示剂 CrO_4^{2-} 的浓度达到 0.010 mol·L^{-1}，仍然是首先产生 AgCl 沉淀。而当 Ag_2CrO_4 开始沉淀时，溶液中剩余的 Cl^-浓度为

$$[Cl^-]=\frac{K_{sp(AgCl)}}{[Ag^+]_{Ag_2CrO_4}}=\frac{1.8\times10^{-10}}{1.0\times10^{-5}}\ \text{mol}\cdot\text{L}^{-1}=1.8\times10^{-5}\ \text{mol}\cdot\text{L}^{-1}$$

即此时 Cl^-已沉淀得相当完全。

2. 滴定条件

（1）指示剂 K_2CrO_4 的用量要合适　K_2CrO_4 的用量太多可能引起滴定终点提前，即 Cl^-还未被完全滴定，Ag^+就开始与 CrO_4^{2-} 起反应并指示终点，而且当 CrO_4^{2-} 浓度较大时其本身的颜色也会影响滴定终点砖红色的观察。K_2CrO_4 的用量太少可能引起滴定终点拖后，即消耗过多的 Ag^+。

例如，以 0.100 0 mol·L^{-1} $AgNO_3$ 溶液滴定同浓度的 NaCl 溶液，化学计量点时：

$$[Ag^+]_{sp}=\sqrt{K_{sp(AgCl)}}=\sqrt{1.8\times10^{-10}}\ \text{mol}\cdot\text{L}^{-1}=1.3\times10^{-5}\ \text{mol}\cdot\text{L}^{-1}$$

若此时 $[CrO_4^{2-}]=5\times10^{-3}$ mol·L^{-1}，则开始形成砖红色 Ag_2CrO_4 沉淀时：

$$[Ag^+]_{ep}=\sqrt{\frac{K_{sp(Ag_2CrO_4)}}{[CrO_4^{2-}]}}=\sqrt{\frac{1.1\times10^{-12}}{5\times10^{-3}}}\ \text{mol}\cdot\text{L}^{-1}=1.5\times10^{-5}\ \text{mol}\cdot\text{L}^{-1}$$

可见滴定终点在化学计量点之后。实际上，为能观察到明显的砖红色，必须有足够量的 Ag_2CrO_4 生成，因而还需多消耗少量 Ag^+，从而造成终点误差增大。但通常这种误差不超过±0.1%，且可通过空白滴定予以校正。实验表明，滴定终点时 CrO_4^{2-} 的浓度约为 5×10^{-3} mol·L^{-1}比较合适。实际滴定时，如果被滴定剂总体积为 50.0~100.0 mL，则可加入浓度为 50 mg·mL^{-1}的 K_2CrO_4 指示剂1.0~2.0 mL，此时 CrO_4^{2-} 的浓度为 2.6×10^{-3}~5.2×10^{-3} mol·L^{-1}。

（2）溶液的酸度应控制在 pH 6.5~10.5　酸度太高时，相当量的 CrO_4^{2-} 将转化为 $Cr_2O_7^{2-}$，反应式为

$$2CrO_4^{2-}+2H^+ \rightleftharpoons Cr_2O_7^{2-}+H_2O$$

这相当于降低了 CrO_4^{2-} 的实际浓度，可导致滴定终点拖后。而酸度太低时，Ag^+将生成 Ag_2O 沉淀，反应式为

$$2Ag^++2OH^- = Ag_2O\downarrow+H_2O$$

如果被滴定的是 NH_4Cl，则适宜的酸度范围应该更窄，为 pH 6.5~7.2。因为当 pH > 7.2 时，NH_4^+

将有相当一部分转化为 NH_3，而 NH_3 可以与 Ag^+ 生成络合物，增大 AgCl 的溶解度。

(3) 滴定时应剧烈摇动溶液　化学计量点前，AgCl 沉淀会吸附一部分溶液中过量的 Cl^-，使溶液中 Cl^- 的表观浓度降低，导致滴定终点提前。故滴定时应剧烈摇动溶液，使被吸附的 Cl^- 及时释放出来。

3. 应用

莫尔法的选择性较差，凡是能与 Ag^+ 生成沉淀的阴离子，如 PO_4^{3-}，CO_3^{2-}，S^{2-} 等，以及能与 CrO_4^{2-} 生成沉淀的阳离子，如 Ba^{2+}，Pb^{2+} 等，均干扰莫尔法测定，因此所有这些干扰离子都必须预先分离除去。这使得莫尔法的应用受到较大限制。另外，莫尔法只适用于以 $AgNO_3$ 的标准溶液直接滴定 Cl^- 和 Br^-，而不适用于对 I^- 和 SCN^- 的滴定。因为 AgI 或 AgSCN 吸附 I^- 或 SCN^- 更为强烈，即使剧烈摇动也无法使之释放出来，造成终点误差较大。莫尔法也不适用于用 Cl^- 的标准溶液去滴定 Ag^+，因为此时 Ag^+ 将先与 CrO_4^{2-} 生成 Ag_2CrO_4 沉淀，而到达化学计量点时 Ag_2CrO_4 沉淀又不能立即转化为 AgCl 沉淀，无法及时指示滴定终点。

7-1-2 福尔哈德法

以铁铵矾 $NH_4Fe(SO_4)_2$ 为指示剂的银量法称为福尔哈德法。

1. 滴定原理

福尔哈德法可分为直接滴定方式和返滴定方式。

(1) 直接滴定方式　在直接滴定方式中，福尔哈德法是在酸性溶液中以 NH_4SCN 为标准溶液直接滴定 Ag^+，滴定反应为

$$SCN^- + Ag^+ \xlongequal{} AgSCN\downarrow \text{（白色）}$$

化学计量点时，Ag^+ 被全部滴定完毕，稍过量的 SCN^- 就将与指示剂 Fe^{3+} 生成红色络合物，从而指示滴定终点

$$SCN^- + Fe^{3+} \xlongequal{} FeSCN^{2+} \text{（红色）}$$

(2) 返滴定方式　在返滴定方式中，福尔哈德法主要用于滴定卤离子和类卤离子。例如，在含有卤离子 X^- 的酸性溶液中，先加入定量且过量的 $AgNO_3$ 标准溶液，使 Ag^+ 与溶液中的 X^- 反应生成卤化银沉淀：

$$Ag^+ + X^- \xlongequal{} AgX\downarrow$$

然后再加入铁铵矾指示剂，以 NH_4SCN 标准溶液返滴定过量的 Ag^+。根据所加入 $AgNO_3$ 的总量和所消耗的 NH_4SCN 的量即可求得 X^- 的含量。其滴定反应、与指示剂的反应和直接滴定方式完全相同。

2. 滴定条件

(1) 应在强酸性条件下进行　应使 $[H^+]$ 在 $0.1\sim1\ mol\cdot L^{-1}$。如果酸度较低，$Fe^{3+}$ 将水解成棕黄色的羟基络合物，使滴定终点颜色变化不明显。如果酸度更低，还可能产生 $Fe(OH)_3$ 沉淀以致无法指示滴定终点。能够在强酸性条件下滴定是福尔哈德法的突出优点。许多银量法的干扰阴离子如 PO_4^{3-}，CO_3^{2-}，CrO_4^{2-} 等在强酸性条件下都主要以其弱酸的型体存在，不会再与 Ag^+ 反应，因而不干扰福尔哈德法的测定，这就使得福尔哈德法的应用范围比较大。

(2) 滴定时应剧烈摇动　在用 SCN^- 滴定 Ag^+ 时，由于生成的 AgSCN 沉淀对溶液中过量的

Ag^+具有较强烈的吸附作用，Ag^+的表观浓度降低，从而造成滴定终点提前。因此在滴定时必须剧烈摇动，使被 AgSCN 吸附的 Ag^+及时释放出来。

（3）当用返滴定方式测定 Cl^-时，由于 AgCl 的溶解度大于 AgSCN 的溶解度，故当返滴定到化学计量点时，稍过量的 SCN^-就会与 AgCl 发生沉淀转化反应：

$$AgCl\downarrow + SCN^- \rightleftharpoons AgSCN\downarrow + Cl^-$$

这就使得本应产生的血红色 $FeSCN^{2+}$不能及时产生，或已与 Fe^{3+}络合的 SCN^-又重新解离出来而发生上述转化反应，使本已出现的 $FeSCN^{2+}$的血红色随着摇动而又消失。这都会导致滴定终点拖后，甚至得不到稳定的滴定终点。为了避免这种情况发生，可以在加入过量 $AgNO_3$ 并形成 AgCl 沉淀之后，加入少量有机溶剂如硝基苯等，使 AgCl 沉淀颗粒的表面覆盖一层硝基苯而使之与外部溶液隔离开。这样在下一步滴定时就可以防止 SCN^-与 AgCl 发生沉淀转化反应，提高滴定的准确度。若用福尔哈德法返滴定 Br^-或 I^-，由于 AgBr 和 AgI 的溶解度均比 AgSCN 的溶解度要小，因此不会发生沉淀转化反应，也就不必加入硝基苯。但是在测定 I^-时必须先加入过量 $AgNO_3$，后加入指示剂铁铵矾。否则 Fe^{3+}将氧化 I^-，影响滴定的准确度，其反应为

$$2Fe^{3+} + 2I^- = 2Fe^{2+} + I_2$$

3. 应用

采用福尔哈德法的直接滴定方式，可以测定 Ag^+。但福尔哈德法真正广泛应用的是其返滴定方式，不但可以测定卤离子和类卤离子，而且可以测定能与银盐产生沉淀的碳酸盐、草酸盐、磷酸盐、砷酸盐、碘酸盐、氰酸盐、硫化物和某些高级脂肪酸等。

7-1-3 法扬斯法

用吸附指示剂指示滴定终点的银量法称为法扬斯法。

1. 原理

吸附指示剂是一类有色的有机化合物，当它被吸附在沉淀微粒表面之后，由于结构发生改变而引起颜色的变化。利用吸附指示剂的这一特点可以用来确定银量法的滴定终点。

例如，以 $AgNO_3$ 标准溶液滴定 Cl^-，可用荧光黄作指示剂。荧光黄指示剂是一种有机弱酸（HFIn），它在水溶液中解离为 FIn^-：

$$HFIn \rightleftharpoons FIn^- + H^+ \quad pK_a = 7.0$$

荧光黄的阴离子 FIn^-在溶液中呈黄绿色。当用 $AgNO_3$ 标准溶液滴定 Cl^-时，应控制溶液 pH 在 7.0~10.5，使荧光黄主要以 FIn^-型体存在。在化学计量点以前，Cl^-过量，AgCl 沉淀吸附 Cl^-而带负电荷，FIn^-由于静电排斥作用而不被吸附到 AgCl 沉淀表面，故溶液始终呈现 FIn^-的黄绿色。但当到达化学计量点以后，稍过量的 Ag^+的加入就可以使 AgCl 沉淀吸附过量的 Ag^+而带正电荷，从而继续吸附溶液中的荧光黄阴离子 FIn^-。吸附态的 FIn^-在 AgCl 表面与 Ag^+形成淡红色化合物荧光黄银，使整个溶液由黄绿色变为淡红色，从而指示滴定终点的到达。如果是用 NaCl 标准溶液滴定 Ag^+，则终点颜色变化正好相反，是由淡红色变为黄绿色。

2. 滴定条件

（1）应尽量使沉淀成为小颗粒沉淀　由于吸附指示剂的颜色变化发生在沉淀微粒的表面，为使指示剂变色更加敏锐，应当尽量使卤化银成为小颗粒沉淀，以保持较大的总表面积，以便吸附更多的指示剂。为此，在滴定溶液中可加入糊精、淀粉等胶体保护剂，以防止卤化银沉淀的

凝聚。

（2）应控制适宜的酸度　吸附指示剂多是有机弱酸，被吸附而变色的则是其共轭碱，即起指示作用的是指示剂的阴离子型体。因此必须控制适宜的酸度，使指示剂在溶液中保持其共轭碱的型体，才能在滴定中真正起指示剂的作用。如荧光黄的 $pK_a=7.0$，故应控制酸度在 pH 7.0~10.5（pH > 10.5 时，Ag^+将沉淀为 Ag_2O），而曙红的 $pK_a=2.0$，则应控制酸度在 pH 2.0~10.5。

（3）指示剂的吸附能力要适当　通常要求指示剂在卤化银上的吸附能力应略小于待测卤离子的吸附能力。如用 $AgNO_3$ 滴定 Cl^-时，可以用荧光黄作指示剂，但却不能用曙红作指示剂。因为曙红的吸附能力比 Cl^-强，在化学计量点之前就可被沉淀所吸附，导致提前变色。但是指示剂的吸附能力也不能太差，否则又会导致滴定终点拖后，而且变色不敏锐。一些吸附指示剂和卤离子的吸附能力的强弱次序是

$$I^- > \text{二甲基二碘荧光黄} > Br^- > \text{曙红} > Cl^- > \text{荧光黄}$$

因此，滴定 Br^-时不能选二甲基二碘荧光黄，因为它的吸附能力强于 Br^-，一般也不选荧光黄，因为它的吸附能力远小于 Br^-，而应选曙红，因为曙红的吸附能力略小于 Br^-。表 7-1 列出了部分吸附指示剂及其应用。

表 7-1　吸附指示剂

吸附指示剂	被测离子	滴定剂	滴定条件
荧光黄	Cl^-	Ag^+	pH 7~10
二氯荧光黄	Cl^-	Ag^+	pH 4~10
曙红	Br^-，I^-，SCN^-	Ag^+	pH 2~10
溴甲酚绿	SCN^-	Ag^+	pH 4~5
二甲基二碘荧光黄	I^-	Ag^+	中性

7-1-4　滴定曲线

1. 滴定曲线方程

以 $AgNO_3$ 标准溶液滴定 NaCl 溶液为例。一旦滴定开始，则存在着平衡：

$$Ag^+ + Cl^- \rightleftharpoons AgCl\downarrow$$

$$[Ag^+][Cl^-]=K_{sp} \tag{7-1}$$

设 $AgNO_3$ 溶液的起始浓度为 c，NaCl 溶液的起始浓度为 c_0，体积为 V_0。当滴定到某一时刻，$AgNO_3$溶液加入的体积为 V，则体系的 MBE 为

$$[NO_3^-]=\frac{cV}{V_0+V} \tag{7-2}$$

$$[Na^+]=\frac{c_0V_0}{V_0+V} \tag{7-3}$$

体系的 CBE 为

$$[Na^+]+[Ag^+]+[H^+]=[Cl^-]+[NO_3^-]+[OH^-]$$

由于滴定过程中溶液始终为中性，有

$$[H^+]=[OH^-]$$

故

$$[Na^+]+[Ag^+]=[Cl^-]+[NO_3^-] \qquad (7-4)$$

将式(7-1),式(7-2)和式(7-3)代入式(7-4):

$$\frac{c_0V_0}{V_0+V}+[Ag^+]=\frac{K_{sp}}{[Ag^+]}+\frac{cV}{V_0+V}$$

整理,得

$$\frac{V}{V_0}=\frac{c_0+[Ag^+]-K_{sp}/[Ag^+]}{c-[Ag^+]+K_{sp}/[Ag^+]}$$

滴定分数为

$$\phi=\frac{cV}{c_0V_0}=\frac{c(c_0+[Ag^+]-K_{sp}/[Ag^+])}{c_0(c-[Ag^+]+K_{sp}/[Ag^+])} \qquad (7-5)$$

展开整理,得

$$(c+c_0\phi)[Ag^+]^2+c_0c(1-\phi)[Ag^+]-K_{sp}(c+c_0\phi)=0 \qquad (7-6)$$

式(7-6)即为该滴定体系的滴定曲线方程。对于每一个 ϕ 值,都可由式(7-6)解得对应的 $[Ag^+]$,取负对数即得 pAg 值。作 pAg-ϕ 图,即为该体系的滴定曲线。例如,以 0.100 0 mol · L^{-1} $AgNO_3$ 标准溶液滴定 20.00 mL 0.100 0 mol · L^{-1} NaCl 溶液,滴定过程中的部分计算结果如表 7-2 所示,用这些数据绘制成的滴定曲线如图 7-1 所示(AgCl 的 $K_{sp}=1.8\times10^{-10}$)。沉淀滴定与强碱强酸滴定的滴定曲线十分相似。

表 7-2 0.100 0 mol · L^{-1} $AgNO_3$ 溶液滴定 20.00 mL 0.100 0 mol · L^{-1} NaCl 溶液的部分计算结果

加入 $AgNO_3$ 溶液体积 V/mL	ϕ	$[Ag^+]/(mol\cdot L^{-1})$	$[Cl^-]/(mol\cdot L^{-1})$	pAg
2.00	0.100	2.2×10^{-9}	8.2×10^{-2}	8.66
10.00	0.500	5.4×10^{-9}	3.3×10^{-2}	8.27
18.00	0.900	3.4×10^{-8}	5.3×10^{-3}	7.47
19.80	0.990	3.6×10^{-7}	5.0×10^{-4}	6.44
19.98	0.999	3.4×10^{-6}	5.3×10^{-5}	5.47 } 突跃范围
20.00	1.000	1.3×10^{-5}	1.3×10^{-5}	4.87
20.02	1.001	5.3×10^{-5}	3.4×10^{-6}	4.27
20.20	1.010	5.0×10^{-4}	3.6×10^{-7}	3.30
22.00	1.100	4.8×10^{-3}	3.8×10^{-8}	2.32
30.00	1.500	2.0×10^{-2}	9.0×10^{-9}	1.70
40.00	2.000	3.3×10^{-2}	5.4×10^{-9}	1.48

2. 近似计算滴定曲线

也可以根据滴定过程中每一阶段的具体情况近似计算 $[Ag^+]$,从而获得滴定曲线。仍以 0.100 0 mol · L^{-1} $AgNO_3$ 标准溶液滴定 20.00 mL 0.100 0 mol · L^{-1} NaCl 溶液为例。AgCl 的 $K_{sp}=1.8\times10^{-10}$。可将整个滴定过程分为三个阶段。

(1) 化学计量点前 滴定前为 NaCl 体系，此时 $AgNO_3$ 溶液所加入的体积 $V=0$，即 $\phi=0$，体系的 $[Ag^+]=0$。而一旦滴定开始，则在化学计量点前为 NaCl+AgCl 体系。由于同离子效应，AgCl 沉淀解离出的 Cl^- 极少，相比于 NaCl 所提供的 Cl^- 可以忽略，故可近似认为该体系相当于 NaCl 体系。只要计算出该体系在某一时刻的 $[Cl^-]$，即可根据 K_{sp} 计算出此时的 $[Ag^+]$ 和 pAg。例如，当所加入 $AgNO_3$ 溶液的体积 $V=10.00$ mL，即 $\phi=0.500$ 时，则

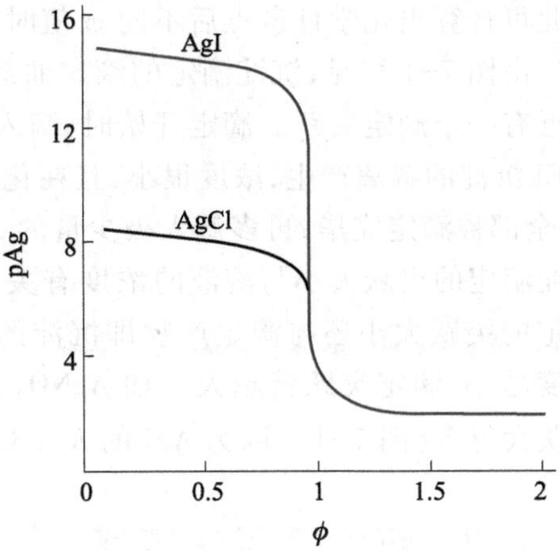

图 7-1 0.100 0 $mol\cdot L^{-1}$ $AgNO_3$ 溶液滴定同浓度 NaCl 溶液或 NaI 溶液的滴定曲线

$$[Cl^-]=\frac{0.100\,0\times(20.00-10.00)}{20.00+10.00}\ mol\cdot L^{-1}=0.033\,33\ mol\cdot L^{-1}$$

$$[Ag^+]=\frac{K_{sp}}{[Cl^-]}=\frac{1.8\times10^{-10}}{0.033\,33}\ mol\cdot L^{-1}=5.4\times10^{-9}\ mol\cdot L^{-1}$$

$$pAg=8.27$$

同理，当 $V=19.80$ mL，即 $\phi=0.990$ 时，则

$$[Cl^-]=\frac{0.100\,0\times(20.00-19.80)}{20.00+19.80}\ mol\cdot L^{-1}=5.0\times10^{-4}\ mol\cdot L^{-1}$$

$$[Ag^+]=\frac{K_{sp}}{[Cl^-]}=\frac{1.8\times10^{-10}}{5.0\times10^{-4}}\ mol\cdot L^{-1}=3.6\times10^{-7}\ mol\cdot L^{-1}$$

$$pAg=6.44$$

如此可计算出化学计量点前不同 ϕ 值时的 pAg。

(2) 化学计量点时 此时为 AgCl 体系，溶液中存在的 Ag^+ 和 Cl^- 可以认为完全是由 AgCl 解离所产生的，且二者浓度必须相等，即

$$[Ag^+]=[Cl^-]=\sqrt{K_{sp}}=1.3\times10^{-5}\ mol\cdot L^{-1}$$

$$pAg=4.87$$

(3) 化学计量点后 此时为 $AgNO_3$+AgCl 体系。由于同离子效应，AgCl 沉淀所解离出的 Ag^+ 极少，相比于 $AgNO_3$ 所提供的 Ag^+ 可以忽略，故可近似认为该体系相当于 $AgNO_3$ 体系。溶液中的 $[Ag^+]$ 主要由过量的 $AgNO_3$ 浓度来决定。只要计算出该体系在某一时刻过量的 $[Ag^+]$，即可得 pAg。例如，当所加 $AgNO_3$ 溶液的体积 $V=20.20$ mL，即 $\phi=1.010$ 时，则

$$[Ag^+]=\frac{0.100\,0\times(20.20-20.00)}{20.00+20.20}\ mol\cdot L^{-1}=5.0\times10^{-4}\ mol\cdot L^{-1}$$

$$pAg=3.30$$

又如，当 $V=40.00$ mL，即 $\phi=2.000$ 时，则

$$[Ag^+]=\frac{0.100\,0\times(40.00-20.00)}{20.00+40.00}\ mol\cdot L^{-1}=0.033\,33\ mol\cdot L^{-1}$$

$$pAg=1.48$$

如此可计算出化学计量点后不同 ϕ 值时的 pAg。近似计算的结果与表 7-2 的结果基本相同。

由图 7-1 可见，沉淀滴定的滴定曲线的形状与其他各类滴定曲线类似，都是在化学计量点附近有一个滴定突跃。滴定开始时，滴入的 Ag^+ 和溶液中的 Cl^- 形成沉淀。此时溶液中的 Ag^+ 由 AgCl 沉淀的解离产生，浓度很小，且在化学计量点以前变化不大。化学计量点时，溶液中剩余的 Cl^- 全部被滴定完毕，再多滴入极少量的 Ag^+ 即可引起 $[Ag^+]$ 发生很大提高，从而形成滴定突跃。沉淀滴定的突跃大小与溶液的浓度有关，滴定剂和被滴定剂浓度越大，滴定突跃就越大。沉淀滴定的突跃大小还与滴定产物即沉淀的 K_{sp} 值的大小有关，沉淀的 K_{sp} 值越小，即滴定产物的溶解度越小，滴定突跃就越大。如 $AgNO_3$ 滴定 NaI 的滴定突跃就要比滴定同浓度的 NaCl 的滴定突跃大得多（图 7-1），因为 AgI 的 $K_{sp}(8.3\times10^{-17})$ 比 AgCl 的 $K_{sp}(1.8\times10^{-10})$ 要小得多。

7-2 沉淀重量法概述

7-2-1 重量分析法

重量分析法是通过称量物质的质量来确定被测组分含量的一种定量分析方法，也是准确度最高的常量组分分析方法之一。重量分析法的历史悠久，在化学，特别是分析化学的发展史上起过极其重要的作用。在重量分析法中，一般都是先使被测组分与试样中其他组分分离开来，然后再进行称量测定。根据分离方法的不同，重量分析法又可进一步分为沉淀重量法、汽化重量法、电解重量法和提取重量法等。

（1）沉淀重量法　沉淀重量法是建立在沉淀分离基础之上的重量分析法，也是最重要、历史最长、应用最广泛的重量分析法。故习惯上也常把沉淀重量法简称为重量法。它与滴定分析法同属于经典的定量化学分析方法，是本章的重点，将在下面进行详细讨论。

（2）汽化重量法（挥发法）　利用加热使试样中待测组分汽化挥发，通过称量试样质量的减少来测得待测组分的含量，称为减重法；若使逸出的挥发性组分被另一试剂所吸收，通过称量该试剂质量的增加来测得待测组分的含量，称为增重法。例如，测定某纯净化合物结晶水的含量，可以在一定温度下加热烘干使结晶水全部汽化逸出。试样所减少的质量，就是所含结晶水的质量。又如，测定某试样中 CO_2 的含量，可以设法使 CO_2 全部逸出，用碱石灰来吸收逸出的 CO_2，然后根据吸收后碱石灰增加的质量来测得 CO_2 的含量。由于试样中可能含有除待测组分之外的其他挥发性物质，所以减重法一般不如增重法可靠。

（3）电解重量法　利用控制电位电解法，使溶液中的待测组分全部在电极上析出，通过称量电极增加的质量即可测得待测组分的含量。例如，测定某试液中 Cu^{2+} 的含量，可以通过电解使试液中的 Cu^{2+} 全部在阴极析出：

阴极反应　$$Cu^{2+}+2e^- \longrightarrow Cu$$

电解前后阴极的质量之差就是试液中 Cu^{2+} 的质量。

（4）提取重量法（萃取法）　利用待测组分与其他组分在互不相溶的两种溶剂中分配比的不同，加入某种与原溶剂不相溶的溶剂（提取剂），使待测组分定量转入提取剂中而与其他组分分离，再除去提取剂，干燥提取物并称量其质量，从而测得待测组分的含量。例如，测定某粮食试样中的脂肪含量，可用乙醚作提取剂，在提取器中通过低温回流将试样中的脂肪全部提取存入乙醚溶剂中,再将所得提取液中的乙醚蒸发干净,称量剩余的干燥物质量,即可测得试样中所含脂肪的质量分数。

7-2-2 沉淀重量法的过程和特点

沉淀重量法的过程大致是:首先在试液中加入某种沉淀剂,利用沉淀反应使待测组分以难溶化合物的形式沉淀下来,此时得到的沉淀物称为沉淀式。再经过滤、洗涤使之与溶液分离,经烘干或灼烧等处理使之转化为具有固定组成的物质,称为沉淀的称量式。通过称量,根据称量式的组成和质量可计算出待测组分的含量。

例如,欲测定试液中 SO_4^{2-} 的含量,可加入过量 $BaCl_2$ 作为沉淀剂,使 SO_4^{2-} 全部沉淀为 $BaSO_4$,这里 $BaSO_4$ 就是沉淀式。过滤灼烧后沉淀仍然是 $BaSO_4$,这也是它的称量式。称量 $BaSO_4$ 的质量,据此可计算出 SO_4^{2-} 的含量。其具体分析步骤可表述为

$$SO_4^{2-}+\underset{\text{沉淀剂}}{BaCl_2}\longrightarrow\underset{\text{沉淀式}}{BaSO_4}\downarrow\xrightarrow[\text{洗涤}]{\text{过滤}}\xrightarrow[\text{灼烧}]{800\ ℃}\underset{\text{称量式}}{BaSO_4}$$

又如,欲测定试液中 Fe^{3+} 的含量,可加入氨水作为沉淀剂,使 Fe^{3+} 全部沉淀为 $Fe(OH)_3$,这里 $Fe(OH)_3$ 就是沉淀式。过滤灼烧后沉淀转化为 Fe_2O_3,这里 Fe_2O_3 就是称量式。通过称量 Fe_2O_3 的质量,就可计算出 Fe^{3+} 的含量。

可见,沉淀的沉淀式和称量式可以相同,也可以不同。

沉淀重量法的优点是准确度高。由于它是直接通过分析天平称量而获得分析结果的,不需要像滴定分析法那样还要与基准物质或标准溶液进行比较,又避免了因容量仪器不准等引入的误差,所以如果沉淀反应能够达到定量完全,并且操作严格正确,使操作过程引起的损失在允许范围之内,沉淀重量法一般都能保证测量相对误差较小。但是,沉淀重量法步骤烦琐,操作费时,且对操作者的要求高。

7-2-3 沉淀重量法对沉淀式和称量式的要求

为了保证分析测定的准确度且便于操作,沉淀重量法对于沉淀式和称量式各有一定的要求,只有满足这些要求的沉淀式和称量式,其相应的沉淀反应才能应用于沉淀重量法。

1. 对沉淀式的要求

(1) 溶解度小 这实际上是要求沉淀反应有足够的完全度,否则待测组分沉淀不完全,测定就会造成负误差。在沉淀重量法中,一般要求待测组分在沉淀过程中的溶解损失量不超过 0.2 mg,即不超过由于称量不确定性所造成的分析天平的称量绝对误差。

(2) 纯净 应尽量避免杂质对沉淀的沾污,否则测定时就会引起正误差。

(3) 应易于转化为称量式。

2. 对称量式的要求

(1) 实际组成应与其化学式完全相符 这是正确进行沉淀重量法计算的依据。

(2) 稳定 主要指称量式不应受到空气中的 CO_2,氧气和水汽等的明显影响,否则无法准确称量。

(3) 摩尔质量应比较大 称量式的摩尔质量越大,待测组分在其中的相对含量越小,越可以减小沉淀重量法由于称量式的损失所造成的相对误差,提高分析的准确度。例如,用沉淀重量法

测定 Al^{3+}，可以用氨水作沉淀剂，得到 $Al(OH)_3$ 沉淀，灼烧后得到称量式 Al_2O_3；也可以用 8-羟基喹啉（C_9H_7NO）作沉淀剂，得到的沉淀式和烘干后的称量式都是 8-羟基喹啉铝（$(C_9H_6NO)_3Al$）。假如在操作过程中两种方法都损失了 1 mg 的称量式，则实际 Al 的损失量，对 Al_2O_3 来说，为

$$1\ \text{mg}\times\frac{2M_{Al}}{M_{Al_2O_3}}=1\ \text{mg}\times\frac{2\times26.98\ \text{g}\cdot\text{mol}^{-1}}{101.96\ \text{g}\cdot\text{mol}^{-1}}=0.53\ \text{mg}$$

对 8-羟基喹啉铝来说，为

$$1\ \text{mg}\times\frac{M_{Al}}{M_{(C_9H_6NO)_3Al}}=1\ \text{mg}\times\frac{26.98\ \text{g}\cdot\text{mol}^{-1}}{459.4\ \text{g}\cdot\text{mol}^{-1}}=0.06\ \text{mg}$$

可见，由于 8-羟基喹啉铝的摩尔质量要大于 Al_2O_3 的摩尔质量，同样 1 mg 称量式的损失，前者所造成的 Al 的损失就比后者要小。

另外，对于相同质量的待测组分，称量式的摩尔质量越大，称量式的质量也越大，则由分析天平的称量不确定性所引起的相对误差就越小。如上例铝的测定，对于同样 0.1 g Al，可获得称量式 0.188 8 g Al_2O_3 或 1.704 0 g $(C_9H_6NO)_3Al$。分析天平的称量不确定性一般为±0.2 mg，所引起的相对误差分别为

对于 Al_2O_3 $$E_{r_1}=\frac{\pm0.000\ 2\ \text{g}}{0.188\ 8\ \text{g}}=\pm0.1\%$$

对于 $(C_9H_6NO)_3Al$ $$E_{r_2}=\frac{\pm0.000\ 2\ \text{g}}{1.704\ 0\ \text{g}}=\pm0.01\%$$

可见，用 8-羟基喹啉作沉淀剂的沉淀重量法测定铝的准确度要更高。

7-2-4 沉淀重量法结果的计算

在沉淀重量法中，可根据沉淀称量式的质量来计算被测组分的含量。由于通常称量式与被测组分的形式不同，故需将称量式的质量换算成被测组分的质量，再计算被测组分的质量分数。

例如，一含镁试样质量为 m_s，溶解后用沉淀重量法进行处理，最后得到称量式 $Mg_2P_2O_7$ 的质量为 m，则 Mg 在试样中的质量分数为

$$w_{Mg}=\frac{m}{m_s}\cdot\frac{2M_{Mg}}{M_{Mg_2P_2O_7}}$$

若定义换算因数为

$$F=\frac{2M_{Mg}}{M_{Mg_2P_2O_7}}$$

则

$$w_{Mg}=\frac{m}{m_s}\cdot F$$

由此例可知，换算因数 F 的一般形式可以表示为

$$F=\frac{\text{被测组分的摩尔质量}}{\text{称量式的摩尔质量}}\cdot K \qquad (7-7)$$

这里 K 是系数，如果 F 表达式中分子和分母的化学式中待测组分的原子个数不相等，则须采用合适的系数 K 使之相等。如上例中 F 表达式的分子中待测组分的化学式 Mg 中有一个 Mg 原子，

而分母中称量式的化学式 $Mg_2P_2O_7$ 中有两个 Mg 原子，故 $K=2$。

推广到一般情况，待测组分 x 在试样中的质量分数可以表示为

$$w_x=\frac{m(\text{称量式质量})}{m_s(\text{试样质量})}\cdot F \qquad (7-8)$$

例 7-1　用沉淀重量法测定铬含量，所得到的称量式为 $BaCrO_4$。若分别以 Cr 和 Cr_2O_3 的质量分数表示测定结果，求它们的换算因数。

解：用 Cr 表示时，换算因数为

$$F=\frac{M_{Cr}}{M_{BaCrO_4}}=\frac{52.00\ g\cdot mol^{-1}}{253.3\ g\cdot mol^{-1}}=0.205\ 3$$

用 Cr_2O_3 表示时，换算因数为

$$F=\frac{M_{Cr_2O_3}}{2M_{BaCrO_4}}=\frac{152.0\ g\cdot mol^{-1}}{2\times253.3\ g\cdot mol^{-1}}=0.300\ 0$$

例 7-2　用沉淀重量法测定某试样中的铁含量。试样质量为 0.266 6 g，得到 0.237 0 g 称量式 Fe_2O_3，求试样中 Fe 和 Fe_3O_4 的质量分数。

解：用 Fe 表示结果时，则

$$F=\frac{2M_{Fe}}{M_{Fe_2O_3}}=\frac{2\times55.85\ g\cdot mol^{-1}}{159.7\ g\cdot mol^{-1}}=0.699\ 4$$

$$w_{Fe}=\frac{0.237\ 0\ g}{0.266\ 6\ g}\times0.699\ 4=62.17\%$$

用 Fe_3O_4 表示结果时，则

$$F=\frac{2M_{Fe_3O_4}}{3M_{Fe_2O_3}}=\frac{2\times231.5\ g\cdot mol^{-1}}{3\times159.7\ g\cdot mol^{-1}}=0.966\ 4$$

$$w_{Fe}=\frac{0.237\ 0\ g}{0.266\ 6\ g}\times0.966\ 4=85.91\%$$

7-3　沉淀溶解平衡与影响溶解度的因素

7-3-1　溶解度和固有溶解度

利用沉淀反应进行重量分析时，沉淀的溶解损失是误差的主要来源之一。因此，必须考虑影响沉淀溶解度的各种因素，以便选择和控制适宜的沉淀条件。

由于本章涉及的主要是微溶化合物，因此这里所说的溶解度都是以物质的量浓度（$mol\cdot L^{-1}$）来表示的，而不是对易溶物所习惯使用的以 g/100 g H_2O 为单位来表示的。

以 1∶1 型微溶化合物 MA 为例。$MA_{(s)}$ 在水中的沉淀溶解平衡反应严格地说应分为两步：

$$MA_{(s)} \rightleftharpoons MA_{(aq)} \qquad S^{\circ}=\frac{a_{MA(aq)}}{a_{MA(s)}} \qquad (7-9)$$

$$MA_{(aq)} \rightleftharpoons M^{+}+A^{-} \qquad K=\frac{a_{M^+}a_{A^-}}{a_{MA(aq)}} \qquad (7-10)$$

$MA_{(aq)}$ 是水溶液中以分子型体存在的 MA 或者是以离子对型体存在的 $M^{+}\cdot A^{-}$。

设前一平衡反应的平衡常数为 S°，并考虑到固体活度 $a_{MA(s)}$ 为 1，而通常溶液中分子的活度

系数 γ_{MA} 可近似为 1,则

$$S^{\circ}=\frac{a_{MA(aq)}}{a_{MA(s)}}=a_{MA(aq)}=\gamma_{MA}[MA]=[MA]$$

可见,分子或离子对形式的 MA 的浓度在温度一定时为一定值 S°,故平衡常数 S° 又称为微溶化合物 MA 的固有溶解度。

而溶解度 S 是指在平衡时所溶解的 $MA_{(s)}$ 的总浓度,而不管所溶解的 $MA_{(s)}$ 以何种型体存在,故溶解度应表示为

$$S=[MA]+[M^{+}]=S^{\circ}+[M^{+}]$$

或

$$S=[MA]+[A^{-}]=S^{\circ}+[A^{-}]$$

即固体 $MA_{(s)}$ 的溶解度 S 应为固有溶解度 S° 与溶液中 M^{+} 或 A^{-} 的浓度之和。

不同固体化合物的固有溶解度是不同的。有的固体化合物的固有溶解度相对较大,如 $HgCl_2$ 在其饱和溶液中主要以 $HgCl_2$ 分子型体存在,只有很少一部分解离为 Hg^{2+} 和 Cl^{-}。但大多数固体化合物的固有溶解度相对很小,如 AgBr 和 AgI 的固有溶解度只占其溶解度的 0.1%~1%,相比之下可以忽略不计。故在下面的讨论中,多忽略固有溶解度对溶解度的影响,即近似认为

$$S=[M^{+}]=[A^{-}] \tag{7-11}$$

7-3-2 活度积和溶度积

根据微溶化合物 MA 在水中的沉淀溶解平衡及其平衡常数表达式[式(7-9)和式(7-10)],可得总的平衡反应及其平衡常数为

$$MA_{(s)} \rightleftharpoons M^{+}+A^{-} \quad S^{\circ}K=a_{M^{+}}a_{A^{-}} \tag{7-12}$$

定义 K_{sp}° 为该微溶化合物的活度积常数,简称活度积,则

$$K_{sp}^{\circ}=S^{\circ}K=a_{M^{+}}a_{A^{-}} \tag{7-13}$$

同其他活度常数一样,K_{sp}° 在温度一定时是常数。一般手册中查到的多是活度积。又定义 K_{sp} 为该微溶化合物的溶度积常数,简称溶度积,则

$$K_{sp}=[M^{+}][A^{-}] \tag{7-14}$$

溶度积与活度积的关系为

$$K_{sp}^{\circ}=a_{M^{+}}a_{A^{-}}=\gamma_{M^{+}}[M^{+}]\cdot\gamma_{A^{-}}[A^{-}]=K_{sp}\gamma_{M^{+}}\gamma_{A^{-}}$$

即

$$K_{sp}=\frac{K_{sp}^{\circ}}{\gamma_{M^{+}}\gamma_{A^{-}}} \tag{7-15}$$

溶度积 K_{sp} 是浓度常数,只有在温度和溶液离子强度都一定时才是常数。当沉淀的溶解度不是很大,溶液中共存离子浓度较低时,离子强度的影响很小。为了简化讨论,除特殊情况外,本书一般均忽略离子强度对沉淀溶解度的影响,近似认为各组分的活度系数均等于 1。此时

$$K_{sp}=K_{sp}^{\circ}$$

对于 1∶1 型沉淀 MA,根据它在水中的溶解度表达式[式(7-11)]和 K_{sp} 表达式[式(7-14)],可知其在纯水中的溶解度为

$$S=[M^{+}]=[A^{-}]=\sqrt{K_{sp}} \tag{7-16}$$

而对于 m∶n 型沉淀 M_mA_n,则由平衡关系:

$$M_mA_{n(s)} \rightleftharpoons mM^{n+} + nA^{m-}$$

其溶度积表达式为

$$K_{sp} = [M^{n+}]^m[A^{m-}]^n \tag{7-17}$$

设该沉淀的溶解度为 S，即在平衡时每升溶液中有 S mol $M_mA_n(s)$ 溶解。此时在每升溶液中必同时产生 mS mol M^{n+} 和 nS mol A^{m-}，即

$$[M^{n+}] = mS \quad 和 \quad [A^{m-}] = nS$$

于是

$$K_{sp} = (mS)^m \cdot (nS)^n = m^m n^n S^{m+n}$$

$$S = \sqrt[(m+n)]{\frac{K_{sp}}{m^m n^n}} \tag{7-18}$$

例如，$Fe(OH)_3$ 是 1∶3 型沉淀，它的溶解度为

$$S = \sqrt[4]{\frac{K_{sp}}{27}}$$

7-3-3 条件溶度积

实际上，在沉淀溶解平衡中，除了主反应外，在溶液中也往往有副反应发生。例如，对于 1∶1 型沉淀 MA，除了 $MA_{(s)}$ 溶解为 M^+ 和 A^- 的这个主反应外，阳离子 M^+ 还可能与溶液中的络合剂 L 形成络合物 ML，ML_2，…，ML_n（为了叙述方便，在副反应中省略离子的电荷符号，下同），还可能与 OH^- 生成各级羟基络合物；阴离子 A^- 还可能与 H^+ 形成 HA，H_2A 等，可表示为

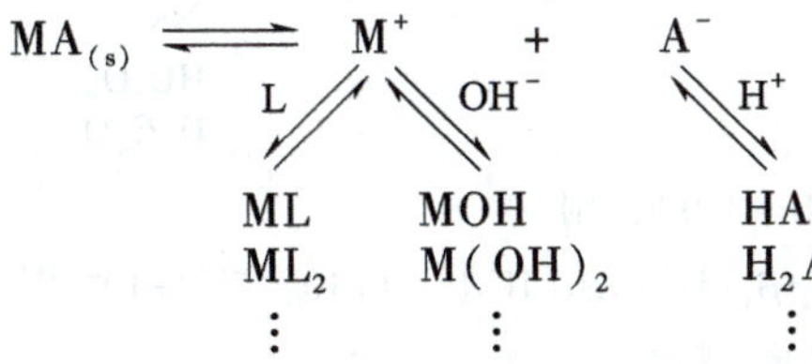

此时，组成沉淀的离子在溶液中以多种型体存在。可以像处理络合平衡的副反应那样，通过副反应系数来使复杂的问题得到简化。定义副反应系数为

$$\alpha_M = \frac{[M']}{[M^+]} = \frac{c_M}{[M^+]}$$

$$\alpha_A = \frac{[A']}{[A^-]} = \frac{c_A}{[A^-]}$$

这里 $[M']$ 和 $[A']$ 实际上分别是 M^+ 和 A^- 在溶液中各种型体的总浓度 c_M 和 c_A。而副反应系数 α_M 和 α_A 的计算与络合平衡中完全相同。

根据 M' 和 A' 的含义，可以把上述复杂的反应方程式简化为

$$MA_{(s)} \rightleftharpoons M' + A'$$

由此定义条件溶度积常数 K'_{sp}，简称条件溶度积，即

$$K'_{sp} = [M'][A'] \tag{7-19}$$

K'_{sp} 与 K_{sp} 的关系为

$$K'_{sp}=K_{sp}\alpha_M\alpha_A \tag{7-20}$$

K'_{sp}只有在温度、离子强度、酸度、络合剂浓度等一定时才是常数，即K'_{sp}随着体系条件的改变而变化，只有在反应条件一定时才是常数。K'_{sp}反映了沉淀溶解平衡中沉淀的实际稳定情况。

定义条件溶度积K'_{sp}后，当有副反应发生时，溶解度S的计算几乎可以完全仿照没有副反应时的公式，只是用K'_{sp}代替原来的K_{sp}。这是因为溶解度实质上是指达到平衡时所溶解的那部分固体沉淀的总浓度，而不管溶解以后阴阳离子究竟以何种型体存在。例如，对于1∶1型沉淀MA，由于

$$S=[M']=c_M \quad 或 \quad S=[A']=c_A$$

$$S=\sqrt{K'_{sp}} \tag{7-21}$$

而对于$m:n$型沉淀M_mA_n，则

$$S=\sqrt[(m+n)]{\frac{K'_{sp}}{m^m n^n}} \tag{7-22}$$

但应注意，对于$m:n$型沉淀M_mA_n，其K'_{sp}与K_{sp}的关系为

$$K'_{sp}=K_{sp}\alpha_M^m\alpha_A^n \tag{7-23}$$

条件溶度积K'_{sp}的引入，可以使在有副反应发生时的溶解度计算更加简便。

例7-3　比较CaC_2O_4在pH = 8.0和2.0时的溶解度。CaC_2O_4的$pK_{sp}=8.64$，$H_2C_2O_4$的$pK_{a_1}=1.25$，$pK_{a_2}=4.27$。

解：

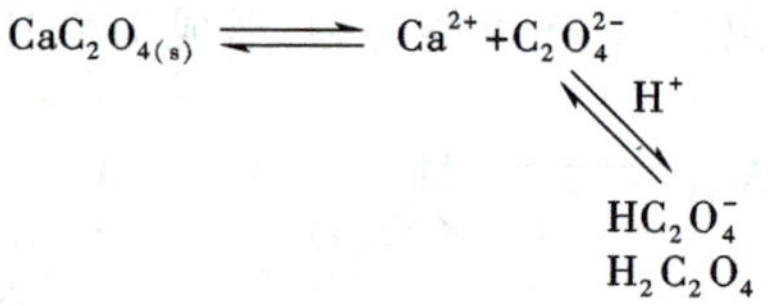

只存在$C_2O_4^{2-}$与H^+的副反应。当pH = 8.0时，则

$$\alpha_{C_2O_4(H)}=1+\beta_1[H^+]+\beta_2[H^+]^2=1+10^{4.27-8.00}+10^{4.27+1.25-16.00}\approx 1$$

即当pH = 8.0时，副反应实际并未发生，于是

$$S=\sqrt{K_{sp}}=10^{-4.32}\text{mol}\cdot\text{L}^{-1}=4.8\times10^{-5}\ \text{mol}\cdot\text{L}^{-1}$$

当pH = 2.0时，则

$$\alpha_{C_2O_4(H)}=1+10^{4.27-2.00}+10^{4.27+1.25-4.00}=10^{2.34}$$

$$K'_{sp}=K_{sp}\alpha_{C_2O_4(H)}=10^{-8.64+2.34}=10^{-6.30}$$

$$S=\sqrt{K'_{sp}}=10^{-3.15}\text{mol}\cdot\text{L}^{-1}=7.1\times10^{-4}\ \text{mol}\cdot\text{L}^{-1}$$

由以上计算可知，在酸性条件下CaC_2O_4的溶解度增加了10倍以上，所以，CaC_2O_4的沉淀反应不应在酸性条件下进行。

7-3-4　影响沉淀溶解度的因素

影响沉淀溶解度的因素很多，如同离子效应、盐效应、络合效应及酸效应等。此外，温度、溶剂以及沉淀颗粒的大小等都对沉淀的溶解度有影响。对此分别讨论如下。

1. 同离子效应

当沉淀溶解达到平衡后，由于溶液中相同离子的存在使沉淀溶解度降低的现象，称为同离子效应。利用同离子效应可以有效地降低沉淀的溶解度。

例如，在用沉淀重量法测定 SO_4^{2-} 时，常以 $BaCl_2$ 为沉淀剂使溶液中的 SO_4^{2-} 以 $BaSO_4$ 形式沉淀下来。如果加入的 Ba^{2+} 与 SO_4^{2-} 的物质的量相等，则溶解度为

$$S=\sqrt{K_{sp}}=\sqrt{10^{-9.97}}\ \mathrm{mol\cdot L^{-1}}=10^{-4.98}\mathrm{mol\cdot L^{-1}}=1.05\times10^{-5}\ \mathrm{mol\cdot L^{-1}}$$

在 400 mL 溶液中所损失的 SO_4^{2-} 的质量为

$$1.05\times10^{-5}\ \mathrm{mol\cdot L^{-1}}\times0.4\ \mathrm{L}\times96\ \mathrm{g\cdot mol^{-1}}=4\times10^{-4}\ \mathrm{g}=0.4\ \mathrm{mg}$$

溶解损失量已超过 0.2 mg，即超过了沉淀重量法对沉淀式损失量的要求。但如果在溶液中加入过量的 $BaCl_2$，使 $[Ba^{2+}]=0.01\ \mathrm{mol\cdot L^{-1}}$，则溶解度为

$$S=[SO_4^{2-}]=\frac{K_{sp}}{[Ba^{2+}]}=10^{-7.97}\ \mathrm{mol\cdot L^{-1}}=1.07\times10^{-8}\ \mathrm{mol\cdot L^{-1}}$$

在 400 mL 溶液中所损失的 SO_4^{2-} 的质量为

$$1.07\times10^{-8}\ \mathrm{mol\cdot L^{-1}}\times0.4\ \mathrm{L}\times96\ \mathrm{g\cdot mol^{-1}}=4\times10^{-7}\ \mathrm{g}=4\times10^{-4}\ \mathrm{mg}$$

损失量远小于 0.2 mg，可以认为 $BaSO_4$ 已经沉淀得十分完全，因而满足了沉淀重量法的要求。

可见，利用同离子效应可以大大降低沉淀的溶解度，这是沉淀重量法中保证沉淀完全的主要措施。所以，在沉淀重量分析中常加入过量的沉淀剂，以利用同离子效应来降低沉淀的溶解度，使沉淀更加完全。但是对此不应片面地绝对化地理解，以为沉淀剂加入的量越多越好，还应同时考虑盐效应、络合效应等其他因素的影响。在沉淀重量法中，沉淀剂通常只应过量 50%～100%。对于那些不易灼烧挥发的沉淀剂，则应过量得更少些，以过量 20%～30%为宜。

2. 盐效应

沉淀的溶解度随着溶液中电解质浓度的增大而增大的现象，称为沉淀溶解平衡中的盐效应。

发生盐效应的原因是溶液中离子强度增大而使活度系数减小，从而使沉淀的溶解度增大。例如，对于 1∶1 型沉淀 MA，活度积 K_{sp}° 与溶度积 K_{sp} 之间的关系为

$$K_{sp}=\frac{K_{sp}^{\circ}}{\gamma_{M^+}\gamma_{A^-}}$$

在温度一定时，K_{sp}° 是常数。而溶度积 K_{sp} 的大小还要受到活度系数 γ_{M^+} 和 γ_{A^-} 的影响。溶液中电解质浓度越大，离子强度就越大，活度系数就越小于 1，因而溶度积 K_{sp} 就越大，从而导致溶解度 S 的增大。

因此在利用同离子效应来降低沉淀的溶解度的同时，也要考虑由于过量沉淀剂的加入使电解质浓度增大而引起的盐效应。例如，用 Na_2SO_4 作为沉淀剂来沉淀试样中的 Pb^{2+} 时，$PbSO_4$ 在不同浓度的 Na_2SO_4 溶液中的溶解度如表 7-3 所示。开始时，随着 Na_2SO_4 浓度的增大，$PbSO_4$ 的溶解度逐渐降低，此时同离子效应占主导地位。但是当 Na_2SO_4 浓度大于 $0.04\ \mathrm{mol\cdot L^{-1}}$ 以后，$PbSO_4$ 的溶解度反而随着 Na_2SO_4 浓度的增大而增大，这是因为此时盐效应占据了主导地位。

表 7-3 $PbSO_4$ 在不同浓度的 Na_2SO_4 溶液中的溶解度

$c_{Na_2SO_4}/(\mathrm{mol\cdot L^{-1}})$	0	0.001	0.01	0.02	0.04	0.10	0.20
$S_{PbSO_4}/(\mathrm{mmol\cdot L^{-1}})$	0.15	0.024	0.016	0.014	0.013	0.016	0.023

3. 络合效应

在沉淀溶解平衡中，如果溶液中存在能与组成沉淀的离子生成可溶性络合物的络合剂，则会

使沉淀的溶解度增大,这种现象称为络合效应。

根据 $m:n$ 型沉淀 M_mA_n 的条件溶度积 K'_{sp} 与溶度积 K_{sp} 之间的关系 $K'_{sp}=K_{sp}\alpha_M^m\alpha_A^n$,如果 M^{n+} 发生了络合副反应,则 $\alpha_M>1$,因此必有 $K'_{sp}>K_{sp}$。而 K'_{sp} 的增大必然导致沉淀溶解度 S 的增大。所以在沉淀重量法中要尽量避免引入金属离子的络合剂。

例如,用 Cl^- 沉淀 Ag^+ 时,反应式为

$$Ag^+ + Cl^- \rightleftharpoons AgCl\downarrow$$

若溶液中有氨水,则由于 NH_3 能与 Ag^+ 络合,生成 $Ag(NH_3)_2^+$ 络离子,可使 AgCl 的溶解度增大。AgCl 在 0.01 $mol\cdot L^{-1}$ 氨水中的溶解度比在纯水中增大近 40 倍。

例 7-4 计算 $BaSO_4$ 在 pH = 10.0 的 0.010 $mol\cdot L^{-1}$ EDTA 溶液中的溶解度。已知 $BaSO_4$ 的 $pK_{sp}=9.97$, $\lg K_{BaY}=7.8$, $\lg\alpha_{Y(H)}=0.5$。

解:

$$\begin{array}{ccc} BaSO_4(s) & \rightleftharpoons & Ba^{2+} + SO_4^{2-} \\ & Y \swarrow\!\!\nearrow & \\ & BaY & \end{array}$$

如忽略 EDTA 与 Ba^{2+} 络合所消耗的 EDTA 的量,则

$$[Y]=\frac{[Y']}{\alpha_{Y(H)}}=\frac{c_Y}{\alpha_{Y(H)}}=\frac{0.010}{10^{0.5}}\ mol\cdot L^{-1}=10^{-2.5}\ mol\cdot L^{-1}$$

$$\alpha_{Ba(Y)}=1+[Y]K_{BaY}=1+10^{-2.5+7.8}=10^{5.3}$$

$$K'_{sp}=K_{sp}\alpha_{Ba}=10^{-9.97+5.3}=10^{-4.67}$$

$$S=\sqrt{K'_{sp}}=\sqrt{10^{-4.67}}\ mol\cdot L^{-1}=10^{-2.33}\ mol\cdot L^{-1}=4.7\times10^{-3}\ mol\cdot L^{-1}$$

实际上由于 $BaSO_4$ 的溶解度较大,与 Ba^{2+} 络合消耗的 EDTA 的量不可忽略,即

$$[Y']=c_Y-[BaY]=0.010-S$$

这里本应有 $S=[Ba^{2+}]+[BaY]$,但相比于 $[BaY]$,$[Ba^{2+}]$ 很小可忽略。

$$[Y]=\frac{0.010-S}{\alpha_{Y(H)}}$$

$$\alpha_{Ba(Y)}=1+[Y]K_{BaY}=1+(0.010-S)\frac{K_{BaY}}{\alpha_{Y(H)}}$$

$$=1+(0.010-S)\times10^{7.3}\approx10^{5.3}-10^{7.3}S$$

$$K'_{sp}=K_{sp}\alpha_{Ba}=10^{-4.67}-10^{-2.67}S=S^2$$

整理得

$$S^2+10^{-2.67}S-10^{-4.67}=0$$

解方程,得

$$S=3.7\times10^{-3}\ mol\cdot L^{-1}$$

有些沉淀剂本身也是络合剂,此时除了考虑同离子效应外也要考虑络合效应。例如,AgCl 沉淀在不同浓度 NaCl 溶液中的溶解度见表 7-4。当 NaCl 浓度较小时,AgCl 溶解度随着 NaCl 浓度的增加而迅速减小,此时同离子效应占主导地位。但当 NaCl 浓度大到一定程度以后,过量的 Cl^- 与 AgCl 沉淀可生成可溶性络合物 $AgCl_2^-$,$AgCl_3^{2-}$ 等,络合效应突出起来,使 AgCl 的溶解度又随着 NaCl 浓度的增加而增大。在这种情况下,究竟加入多少沉淀剂可以达到最佳的沉淀效果就需要综合考虑同离子效应与络合效应这两个因素。

表 7-4　AgCl 沉淀在不同浓度 NaCl 溶液中的溶解度

$c_{NaCl}/(mol \cdot L^{-1})$	0	3.9×10^{-3}	9.2×10^{-3}	3.6×10^{-2}
$S_{AgCl}/(mmol \cdot L^{-1})$	0.013	7.2×10^{-4}	9.1×10^{-4}	1.9×10^{-3}
$c_{NaCl}/(mol \cdot L^{-1})$	8.8×10^{-2}	0.35	0.5	
$S_{AgCl}/(mmol \cdot L^{-1})$	3.6×10^{-3}	1.7×10^{-2}	2.8×10^{-2}	

4. 酸效应

由于发生了质子化反应而使沉淀溶解度增大的现象称为沉淀溶解平衡中的酸效应。许多沉淀的阴离子本身就是弱碱，它们从沉淀中溶解下来以后必然有与 H^+ 结合发生质子化反应的倾向。溶液的酸度越大，质子化的程度就越高，沉淀的溶解度就越大。因此，在沉淀重量法中，应充分考虑酸效应的影响。

例 7-5　计算在 pH = 2.00 和纯水中 CaF_2 的溶解度。已知 CaF_2 的 $pK_{sp}=10.47$，HF 的 $pK_a=3.17$。

解：

$$CaF_{2(s)} \rightleftharpoons Ca^{2+} + 2F^-$$
$$F^- \underset{}{\overset{H^+}{\rightleftharpoons}} HF$$

pH = 2.00 时，则

$$\alpha_{F(H)} = 1+\beta_1[H^+] = 1+10^{3.17-2.00} \approx 10^{1.17}$$

$$K'_{sp} = K_{sp}\alpha_F^2 = 10^{-10.47+2\times1.17} = 10^{-8.13}$$

$$S=\sqrt[3]{\frac{K'_{sp}}{4}}=\sqrt[3]{\frac{10^{-8.13}}{4}}\ mol\cdot L^{-1} = 1.23\times10^{-3}\ mol\cdot L^{-1}$$

在纯水中，酸效应实际并未发生，于是

$$S=\sqrt[3]{\frac{K_{sp}}{4}}=\sqrt[3]{\frac{10^{-10.47}}{4}}\ mol\cdot L^{-1} = 2.0\times10^{-4}\ mol\cdot L^{-1}$$

pH = 2.00 时，由于酸效应的发生，CaF_2 沉淀的溶解度比在纯水中明显增大。

5. 其他影响因素

（1）温度　沉淀的溶解一般是吸热过程，所以绝大多数沉淀的溶解度随温度的升高而增大。但是温度对不同沉淀的溶解度的影响并不相同，有的比较明显，有的并不明显，如图 7-2 所示。

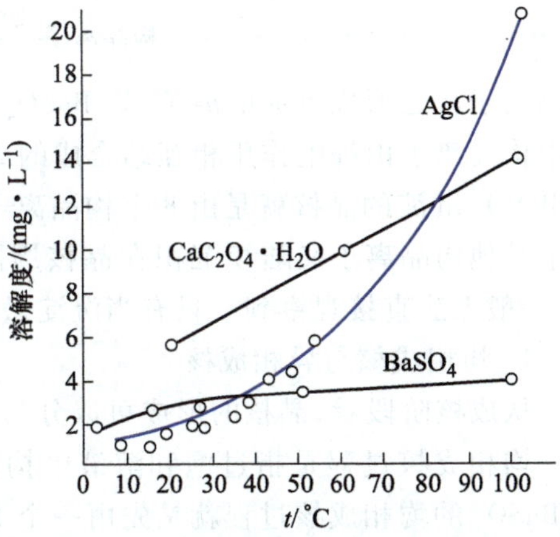

图 7-2　温度对几种沉淀溶解度的影响

（2）溶剂　多数无机物的沉淀为离子型晶体，它们在有机溶剂中的溶解度要比在水中小。在沉淀重量法中，可采用向水中加入乙醇、丙酮等有机溶剂的方法来降低沉淀的溶解度。例如，$PbSO_4$ 在纯水中的溶解度为 $1.5\times10^{-4}\ mol\cdot L^{-1}$，而在含 10% 乙醇的水溶液中的溶解度则为 $5.6\times10^{-5}\ mol\cdot L^{-1}$。

（3）沉淀颗粒的大小　同种沉淀，小颗粒沉淀比大颗粒沉淀的溶解度要大。这是因为在相同质量的情况下，小颗粒沉淀的总表面积要比大颗粒沉淀的总表面积大。而沉淀溶解平衡从微观上看是在沉淀与溶液相互接触的界面上发生的，沉淀的总表面积越大，与溶液接触的机会就越多，沉淀溶解的量也就越多。例如 $BaSO_4$ 沉淀，颗粒半径为 0.05 μm 时，溶解度为 6.7×10^{-4} mol · L^{-1}，而当颗粒半径为 0.01 μm 时，溶解度增大为 9.3×10^{-4} mol · L^{-1}。因此在沉淀重量法中，应尽可能地获得大颗粒沉淀。这不仅因为大颗粒沉淀的溶解度较小因而沉淀得比较完全，而且因为大颗粒沉淀易于洗涤和过滤，同时总表面积较小因而较少沾污。

7-4 沉淀的形成

7-4-1 沉淀的类型

根据沉淀颗粒的大小可粗略地将沉淀分为 3 种类型：晶形沉淀、凝乳状沉淀和无定形沉淀。

晶形沉淀的颗粒最大，其直径在 0.1～1 μm。在晶形沉淀内部，离子按晶体结构有规则地排列，因而结构紧密，整个沉淀所占体积较小，如 $BaSO_4$，$MgNH_4PO_4$ 等就属于晶形沉淀。

无定形沉淀的颗粒最小，其直径大约在 0.02 μm 以下。在无定形沉淀的内部，离子排列杂乱无序，并且包含大量水分子，因而结构疏松，整个沉淀所占体积较大。如 $Fe(OH)_3$，$Al(OH)_3$ 等就属于无定形沉淀，因此也常表示为 $Fe_2O_3\cdot nH_2O$ 和 $Al_2O_3\cdot nH_2O$。

凝乳状沉淀的颗粒大小介于晶形沉淀与无定形沉淀之间，其直径在 0.02～0.1 μm，因此它的性质也介于二者之间，如 AgCl 就属于凝乳状沉淀。

形成的沉淀究竟属于哪种类型，主要取决于构成沉淀的物质本身的性质，这是内因。但是沉淀形成的条件以及沉淀以后的处理情况对所形成沉淀的类型也有一定影响，这是外因。有必要从内因和外因这两个方面了解沉淀的一般形成过程以及不同的条件对所形成沉淀类型的影响。

7-4-2 沉淀的形成过程

沉淀形成的微观过程是极其复杂的，影响沉淀形成的因素也是多方面的而不是单一的。一般认为，沉淀的形成可以大致分为 3 个阶段：晶核形成（成核）、晶核成长和沉淀微粒的堆积，可示意为

$$\text{构晶离子}\xrightarrow{\text{成核}}\text{晶核}\xrightarrow{\text{成长}}\text{沉淀微粒}\xrightarrow{\text{堆积}}\text{沉淀}$$

构晶离子就是形成沉淀的离子，如 $BaSO_4$ 沉淀的构晶离子就是 Ba^{2+} 和 SO_4^{2-}。晶核是指过饱和溶液中构晶离子由静电作用相互结合成的离子群。由于晶核所含构晶离子的数目极少，体积极小。如 $BaSO_4$ 沉淀的晶核就是由 8 个构晶离子组成的，其中 4 个 Ba^{2+}，4 个 SO_4^{2-}。晶核形成以后，溶液中其他构晶离子又陆续沉积在晶核周围，使晶核逐渐长大，成为沉淀微粒。沉淀微粒仍然很小，一般无法直接观察到。只有当沉淀微粒进一步堆积起来，才形成了可以观察到的沉淀。

1. 均相成核与异相成核

从成核阶段看，晶核的形成可以分为均相成核过程和异相成核过程。

均相成核过程是指过饱和溶液中构晶离子由于静电引力而缔合，自发地形成晶核的过程。如 $BaSO_4$ 的均相成核过程就是先由一个 Ba^{2+} 和一个 SO_4^{2-} 形成离子对 $Ba^{2+}SO_4^{2-}$，再结合一个 Ba^{2+} 形成三离子体 $Ba^{2+}SO_4^{2-}Ba^{2+}$，然后又结合一个 SO_4^{2-} 形成四离子体 $(Ba^{2+}SO_4^{2-})_2$，……，如此逐个结

合下去直到最后形成了八离子体的晶核($Ba^{2+}SO_4^{2-}$)$_4$。

异相成核过程是在过饱和溶液中,构晶离子在外来固体微粒的诱导下,聚合在固体微粒周围形成晶核的过程。如 $BaSO_4$ 的异相成核过程,就是在一个固体微粒周围聚合起 4 个 Ba^{2+} 和 4 个 SO_4^{2-},仍是由 8 个构晶离子组成一个晶核。在溶液中不可避免地存在着大量看不见的固体微粒。例如,用一般方法洗涤过的烧杯中,每毫升溶液中就有约 2 000 个不溶性杂质微粒。这些固体微粒在沉淀形成时常起到晶种的作用,晶种能够诱导构晶离子首先在它周围聚合成为晶核。所以,异相成核一般比均相成核更加容易。

2. 相对过饱和度与临界值

20 世纪初韦曼(Weimarn)以 $BaSO_4$ 沉淀为对象研究了影响沉淀颗粒大小的因素。他根据实验结果提出了一个经验公式——韦曼公式:

$$v=K\frac{c_Q-S}{S}$$

式中,v 表示沉淀形成的初始速率;c_Q 为刚开始发生沉淀时构晶离子的总浓度,是瞬时浓度;S 为该沉淀的溶解度,是平衡浓度;K 为系数,与实验的温度、离子强度等条件有关。因此(c_Q-S)表示溶液最初的过饱和度,而(c_Q-S)/S 则表示最初的相对过饱和度。韦曼公式的物理意义是,沉淀生成的初始速率与溶液的相对过饱和度成正比。

按照韦曼公式,当相对过饱和度较小时,沉淀生成的初始速率较慢,因此只有较少量的晶核生成,溶液中其余的构晶离子只能在这些有限的晶核上沉积长大,故能够得到较大颗粒的沉淀。反之,当相对过饱和度较大时,沉淀生成的初始速率较快,因此就有较多的晶核生成。由于溶液中其余构晶离子可以分散在较多的晶核上沉积长大,故只能得到较小颗粒的沉淀。

$BaSO_4$ 沉淀的实验结果证实了韦曼公式的正确性。从表 7-5 可见,相对过饱和度越小,$BaSO_4$ 颗粒就越大。

表 7-5 相对过饱和度对 $BaSO_4$ 颗粒的影响

相对过饱和度[(c_Q-S)/S]	沉淀颗粒的形状
175 000	胶状沉淀
25 000	凝乳状沉淀
125	细结晶状沉淀
25	大颗粒晶形沉淀

可以从不同成核过程的角度来解释这一实验结果。虽然在沉淀过程中实际上同时存在着均相成核与异相成核这两种成核过程,但一般总是先发生异相成核而后发生均相成核。所以,当相对过饱和度较小时,由于沉淀生成的初始速率较慢,必然是以异相成核为主。因为溶液中固体微粒的数目是有限的,所以形成的晶核总数也就较少而且基本恒定。但是当相对过饱和度较大时,由于沉淀生成的初始速率较快,而此时异相成核的晶核数目有限,无法满足成核的需要,大量的构晶离子必然要自发形成新的晶核。这时均相成核作用突出起来,使得总晶核数目大幅度增加。可见,相对过饱和度较小因而沉淀生成的初始速率较慢,是与异相成核为主相关联的,因而又与总晶核数较少,沉淀颗粒较大联系在一起。而相对过饱和度较大因而沉淀生成的初始速率较快,

是与均相成核为主相关联的，因而又是与总晶核数较多，沉淀颗粒较小联系在一起。

但是，并不是对于任何沉淀只要控制相对过饱和度较小就都能得到大颗粒的沉淀。进一步的研究表明，各种沉淀都有一个由异相成核为主转变为均相成核为主的转折点。通常把这个转折点时构晶离子的浓度定义为 $c_{Q,c}$，则转折点时的相对过饱和度称为临界值，表示为 $(c_{Q,c}-S)/S$。由于一般总有 $c_{Q,c} \gg S$，故临界值又往往直接表示为 $c_{Q,c}/S$。如果能够控制相对过饱和度在临界值以下，即 $c_Q/S<c_{Q,c}/S$，沉淀就以异相成核为主，从而能够得到较大颗粒的沉淀。如果相对过饱和度超过了临界值，即 $c_Q/S>c_{Q,c}/S$，沉淀就以均相成核为主，导致大量小颗粒沉淀的产生。

图 7-3 表明了 $BaSO_4$ 沉淀的晶核数目（N）与溶液中构晶离子初始浓度（c_Q）的关系。从图中可见，如果将溶液中构晶离子初始浓度控制在 $1\times10^{-2}\ mol \cdot L^{-1}$ 以下，由于溶液中含有一定量的固体微粒，此时以异相成核为主，晶核的总数基本不变。但如果构晶离子初始浓度增大到 $1\times10^{-2}\ mol \cdot L^{-1}$ 以上，则晶核数目猛增，显然这是均相成核占主导地位所造成的。可见，$1\times10^{-2}\ mol \cdot L^{-1}$ 就是 $BaSO_4$ 沉淀由异相成核为主到均相成核为主的转折点，于是可以求得 $BaSO_4$ 的临界值为

$$\frac{c_{Q,c}}{S}=\frac{1\times10^{-2}\mathrm{mol}\cdot \mathrm{L}^{-1}}{1\times10^{-5}\mathrm{mol}\cdot \mathrm{L}^{-1}}=1\times10^{3}$$

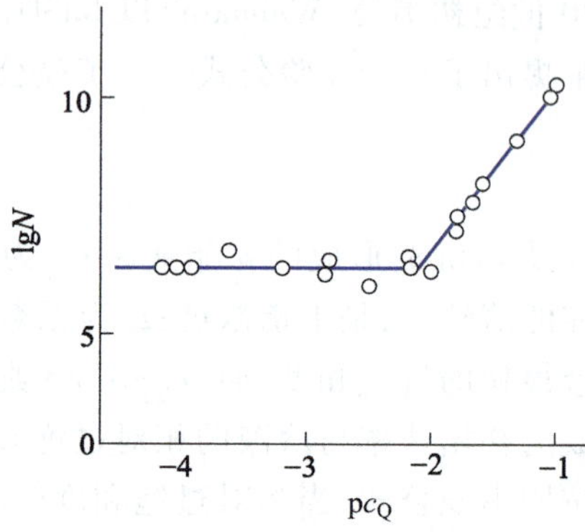

图 7-3 $BaSO_4$ 沉淀的晶核数目（N）与溶液中构晶离子初始浓度 c_Q（$mol \cdot L^{-1}$）的关系

（N 为每毫升溶液中的晶核数目）

不同沉淀其临界值也不同，这是由组成沉淀的物质本身的性质所决定的。表 7-6 列出了几种微溶化合物的临界值。一种沉淀的临界值越大，就越容易控制相对过饱和度在临界值以内，从而越容易得到大颗粒沉淀。所以，根据临界值的大小，可以初步判断沉淀在通常情况下的类型。例如，$BaSO_4$ 和 AgCl 的 K_{sp} 值很接近，前者的 $pK_{sp}=9.97$，后者的 $pK_{sp}=9.75$，二者又都是 1∶1 型沉淀，故溶解度相近，在相同条件下它们的相对过饱和度也很接近。但由于它们的临界值相差很大，前者为 1 000，后者仅为 5.5，因此在一般情况下，$BaSO_4$ 较容易生成大颗粒的晶形沉淀，而 AgCl 则很难控制它的相对过饱和度在临界值以内，只能生成颗粒比较小的凝乳状沉淀。

表 7-6 几种微溶化合物的临界值（$c_{Q,c}/S$）

微溶化合物	临界值（$c_{Q,c}/S$）
$BaSO_4$	1 000
$CaC_2O_4 \cdot H_2O$	31
AgCl	5.5
$SrSO_4$	39
$PbSO_4$	28
$PbCO_3$	106
$SrCO_3$	30
CaF_2	21

总之，从成核过程来看，沉淀颗粒的大小主要是由相对过饱和度与临界值这两个因素决定的。其中临界值是内因，无法人为改变，而相对过饱和度则是外因，可以人为控制。只有那些临界值较大的沉淀才有可能生成颗粒较大的晶形沉淀。

3. 定向和聚集

除了从成核过程来探讨影响沉淀颗粒大小的因素以外，晶核成长和沉淀微粒的堆积阶段对沉淀颗粒的大小也可能产生重要影响。一般认为，晶核成长和沉淀微粒的堆积存在两种性质不同的方式或过程。一方面，构晶离子具有按照一定规则整齐排列在晶核表面从而形成更大晶粒的倾向，称为定向过程。另一方面，构晶离子及沉淀微粒又具有杂乱聚合成为更大聚集体的倾向，称为聚集过程。一般来说，在成长和堆积过程中这两种倾向是同时存在的。如果定向速率大于聚集速率，即以定向过程为主，则有利于形成结构整齐紧凑的大颗粒晶形沉淀。如果聚集速率大于定向速率，即以聚集过程为主，则有利于形成结构杂乱疏松的小颗粒无定形沉淀。至于某种沉淀究竟哪一过程或倾向占主导地位，则要受到构成沉淀的物质性质的影响，如价态、极性等。对此不作详细讨论。

7-5 影响沉淀纯度的因素

在沉淀重量法中，要求沉淀式纯净。但是当沉淀从溶液中析出时，总要或多或少地夹杂着溶液中的其他成分，使沉淀沾污。因此有必要探讨在沉淀形成过程中沉淀被杂质污染的原因，从而提出减少污染的方法，获得较为纯净的沉淀。造成沉淀沾污的原因主要是共沉淀与后沉淀，下面分别加以讨论。

7-5-1 共沉淀

在进行沉淀时，随着沉淀从溶液中析出，溶液中某些可溶性杂质也会夹杂在沉淀中一起被沉淀下来，这种现象称为共沉淀。共沉淀主要分为以下几种类型。

1. 表面吸附共沉淀

由表面吸附引起的共沉淀是最普遍最主要的共沉淀现象。例如，用过量的 $BaCl_2$ 来沉淀 Na_2SO_4溶液中的 SO_4^{2-}，本来只应生成 $BaSO_4$ 沉淀，而可溶性的 $BaCl_2$ 是不应沉淀的。但是由于发生了表面吸附共沉淀，会有少量 $BaCl_2$ 也随着 $BaSO_4$ 沉淀的生成而一起沉淀下来，从而造成了沾污。现以此为例来说明产生表面吸附共沉淀的原因。

作为一个整体，沉淀本身是电中性的。因此从宏观上看，整个沉淀处于静电平衡状态。但是从微观上看，处于沉淀内部的构晶离子和处于沉淀表面的构晶离子所受到的静电引力的情况却并不相同，即在沉淀表面存在着剩余力场。从图 7-4 可见，处在 $BaSO_4$ 沉淀内部的构晶离子，无论是 Ba^{2+} 还是 SO_4^{2-}，它们的上下左右前后分别被 6 个带相反电荷的构晶离子所包围，各个方向所受到的静电引力是均衡的。但是处在沉淀表面的构晶离子则至少有一面未与带相反电荷的构晶离子相邻，而是暴露在溶液中，因此所受静电引力并不均衡。处于表面上的 Ba^{2+} 有吸引溶液中阴离子的倾向，而表面的 SO_4^{2-} 则有吸引溶液中阳离子的倾向，从而造成表面吸附。可见，处于沉淀表面的构晶离子所受的静电引力不均衡是造成表面吸附的根本原因。但是，表面吸附力并不完全就是简单的静电引力，吸附过程同时又是一个化学过程。因此，表面吸附又具有一定的选择

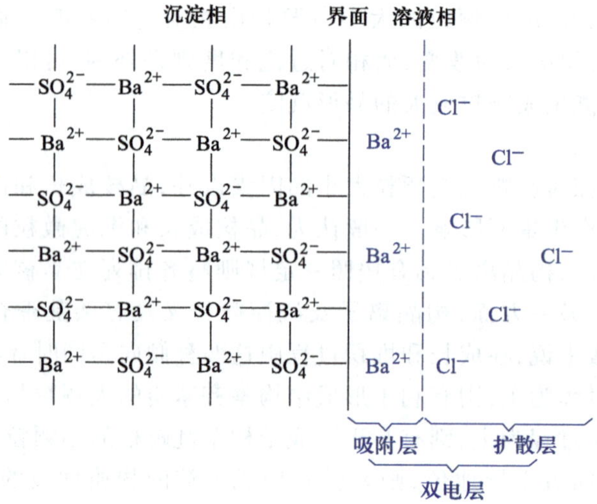

图 7-4　$BaSO_4$ 沉淀表面吸附 $BaCl_2$ 的示意图

性。当用过量的 $BaCl_2$ 去沉淀 Na_2SO_4 溶液中的 SO_4^{2-} 时，$BaSO_4$ 沉淀生成后，溶液中还存在着大量的 Ba^{2+}，Na^+和 Cl^-。但 $BaSO_4$ 沉淀总是优先吸附过量存在的构晶离子 Ba^{2+}，而很少吸附 Na^+和 Cl^-，从而使 $BaSO_4$ 表面形成一个 Ba^{2+}层，称为吸附层。吸附层的 Ba^{2+}使沉淀表面带正电荷，为了保持电中性，吸附层必然又要继续吸引溶液中带负电荷的 Cl^-。这种被进一步吸附的、与吸附层电荷相反的离子称为抗衡离子。由抗衡离子 Cl^-组成的那一薄层称为扩散层。吸附层与扩散层电荷相反电荷量相等，共同组成了双电层。其中的吸附层由于与沉淀表面结合得很紧密，很接近一个单离子层，而扩散层则由于离沉淀表面较远而又接近溶液，所以厚度远大于吸附层，抗衡离子的排列也比较松散。在沉淀过程中，由于整个 $BaCl_2$ 双电层是紧紧吸附在 $BaSO_4$ 沉淀表面的，可以随着 $BaSO_4$ 一同沉淀下来，因而造成了表面吸附共沉淀。

沉淀对杂质的表面吸附具有如下一些特性。

（1）选择性　吸附层的选择性表现为，将优先吸附溶液中过量的构晶离子。而扩散层的选择性表现为，总是那些与吸附层离子生成溶解度较小的化合物的离子优先被吸附。

例如，用过量 Ba^{2+}沉淀 SO_4^{2-} 时，$BaSO_4$ 沉淀首先吸附过量的构晶离子 Ba^{2+}，从而使吸附层带正电荷，必然要进一步吸附带负电荷的阴离子作为抗衡离子。如果此时溶液中有 Cl^-，Br^-和 NO_3^- 等多种阴离子，由于 $Ba(NO_3)_2$ 的溶解度比 $BaBr_2$ 和 $BaCl_2$ 的溶解度都要小，所以吸附层优先吸附 NO_3^- 作为抗衡离子，结果造成 $Ba(NO_3)_2$ 与 $BaSO_4$ 发生共沉淀。

又如用过量 SO_4^{2-} 沉淀 Ba^{2+}时，$BaSO_4$ 沉淀首先吸附过量的构晶离子 SO_4^{2-}，从而使吸附层带负电荷，必然要进一步吸附带正电荷的阳离子作为抗衡离子。如果此时溶液中有 Na^+，K^+和 Ca^{2+} 等多种阳离子，由于 $CaSO_4$ 的溶解度比 K_2SO_4 和 Na_2SO_4 的溶解度都要小，所以吸附层优先吸附 Ca^{2+}作为抗衡离子，结果造成 $CaSO_4$ 与 $BaSO_4$ 发生共沉淀。

（2）取代性　扩散层的抗衡离子有一定程度的不稳定性，当溶液中其他同种电荷的离子的浓度很大时，它有可能被这种离子所取代。在沉淀重量法中，常利用这一性质，用洗涤的方法除去吸附的抗衡离子。例如，$BaSO_4$ 沉淀吸附了杂质 Na_2SO_4，吸附层是 SO_4^{2-}，扩散层是 Na^+。可以

在过滤后用稀 H_2SO_4 反复洗涤该沉淀。由于此时溶液中 H^+ 浓度很大，而 Na^+ 浓度极小，使动态平衡

$$Na_2SO_{4(吸附)}+2H^+ \rightleftharpoons H_2SO_{4(吸附)}+2Na^+$$

向右移动，扩散层的 Na^+ 可以被 H^+ 所取代。于是原来被吸附的 Na_2SO_4 就转化为 H_2SO_4，而被吸附的 H_2SO_4 可以在下一步高温灼烧时分解挥发，从而得到纯净的 $BaSO_4$ 沉淀。

(3) 温度的影响　吸附过程也是一个化学平衡过程，吸附的逆反应是解吸或脱附。如 Na_2SO_4 在 $BaSO_4$ 表面的吸附就可以表示为

$$2Na^+ +SO_4^{2-} \rightleftharpoons Na_2SO_{4(吸附)}$$

与其他化学反应相同，吸附与解吸过程也总是伴随着能量的转移。吸附是放热过程，解吸是吸热过程，所以提高溶液的温度有利于杂质从沉淀表面解吸。在沉淀重量法中常采用加热的方法来减少表面吸附共沉淀的影响。

(4) 沉淀颗粒大小的影响　由于表面吸附共沉淀只发生在沉淀表面，所以当沉淀的质量一定时，其总表面积越大，吸附的杂质就越多。而小颗粒沉淀比大颗粒沉淀的总表面积要大，所以小颗粒沉淀吸附杂质的量也就更多。在沉淀重量法中，应尽量创造条件使晶形沉淀的颗粒增大，以减小总表面积，从而减少表面吸附造成的沾污。

2. 混晶共沉淀

在沉淀过程中，杂质离子占据沉淀中某些晶格位置而进入沉淀内部的现象叫作混晶共沉淀。混晶共沉淀有比较高的选择性，只有那些与构晶离子半径相近和具有相同的电荷，且构成晶体的结构与沉淀晶体类似的离子才可能发生混晶共沉淀。

例如，在沉淀 $BaSO_4$ 时若溶液中有微量的 Pb^{2+} 存在，由于 Pb^{2+} 的浓度极小本来不会以 $PbSO_4$ 形式沉淀下来。但由于 Pb^{2+} 与 Ba^{2+} 的半径相近，二者都带有相同的电荷，$PbSO_4$ 与 $BaSO_4$ 的晶体结构又很相似，所以很容易发生 $PbSO_4$ 与 $BaSO_4$ 的混晶共沉淀。即在 $BaSO_4$ 晶体内部，某些本来是 Ba^{2+} 的位置被 Pb^{2+} 所占据。

由于混晶共沉淀发生在沉淀的晶格内，不像表面吸附共沉淀只发生在沉淀的表面，所以要想通过洗涤来除去杂质几乎是不可能的，也不能采取重结晶的方法，而只能在进行沉淀以前就设法将这类杂质分离出去。

3. 吸留和包夹共沉淀

由于沉淀生长过快，所吸附的杂质离子还来不及离开沉淀表面就被随后生成的沉淀所覆盖而留在沉淀内部的现象叫作吸留。吸留从本质上说也是一种吸附，所以吸留与吸附的选择性规律相同。如用过量的 Ba^{2+} 沉淀 SO_4^{2-} 时，若同时存在 Cl^-，Na^+，NO_3^-，则 $Ba(NO_3)_2$ 的吸留量要大大超过 $BaCl_2$ 的吸留量。

由于沉淀生长过快，母液直接被随后生成的沉淀所覆盖而留在沉淀内部的现象叫作包夹。母液就是沉淀生成以后的溶液，包括溶液中的各种离子、分子以及溶剂水。包夹与吸留的区别在于包夹无选择性而吸留有选择性。

吸留和包夹与表面吸附的最显著区别是，吸留和包夹都发生在沉淀内部，而表面吸附只发生在沉淀表面。所以吸留和包夹的杂质不能用洗涤的方法除去，而只能通过重结晶或陈化的方法去除。

共沉淀现象对采用沉淀重量法进行分析测定是不利因素，它不利于提高沉淀的纯度，但却可

以利用共沉淀现象来分离和富集溶液中的微量组分,对此将在第 9 章的 9-2-2 节中进行讨论。

7-5-2 后沉淀

在沉淀过程中,溶液中某些本来是可溶性的杂质在沉淀放置一段时间以后,也在沉淀表面发生沉积的现象叫作后沉淀。后沉淀与共沉淀的主要区别在于后沉淀不是与原沉淀同时发生的,而是在原沉淀放置一段时间以后才发生的,而且随着放置时间的增长,后沉淀的量也越来越多。

后沉淀与表面吸附共沉淀往往有密切的关系。例如,在稀酸条件下用 H_2S 沉淀 Cu^{2+} 和 Zn^{2+} 混合溶液中的 Cu^{2+}。当 CuS 析出时,由于 ZnS 在酸性条件下的溶解度较大,所以并不沉淀出来。但 CuS 沉淀表面要吸附构晶离子 S^{2-},并进一步吸附抗衡离子 Zn^{2+},这使得在 CuS 表面 S^{2-} 和 Zn^{2+} 的局部浓度增大,以致它们的离子积超过了溶度积,从而生成了 ZnS 沉淀。由于 S^{2-} 和 Zn^{2+} 可以不断地在沉淀表面吸附富集,又不断地生成 ZnS 沉淀,所以放置时间越长,ZnS 的沉淀量就越多。所以,为了避免后沉淀造成的沾污,对某些沉淀应该在沉淀形成以后及时过滤,使沉淀与母液分离,而避免长时间放置导致的后沉淀。

7-6 沉淀条件的选择

在沉淀重量法中,要求沉淀完全、纯净,易于过滤和洗涤,并减少沉淀的溶解损失。为此,应当采用适当的沉淀条件,这是获得准确可靠的分析结果的保证。从原则上讲,选择合适的沉淀条件一方面要保证沉淀完全,即期望沉淀的组分一定要尽量完全地沉淀下来,并尽量减少在洗涤过滤等过程中造成的损失;另一方面又要尽量避免杂质组分混入沉淀而造成污染。只有尽可能做到这两方面,才能获得正确的分析结果。

对于究竟形成何种类型的沉淀,沉淀条件只是外因,真正起决定作用的则是内因,是构成沉淀的物质本身所具有的性质。通常很难通过控制沉淀条件来从根本上改变沉淀本身的性质,很难将无定形沉淀转变为晶形沉淀。因此,在沉淀重量法中,在考虑完全和纯净这两条共同的原则的同时,还要考虑不同类型沉淀各自的特点,以便在不同沉淀类型的基础上针对它们不同的特点采用不同的沉淀条件。

7-6-1 晶形沉淀的沉淀条件

对于 $BaSO_4$,$MgNH_4PO_4$ 等晶形沉淀来说,控制沉淀条件的核心问题是设法获得大颗粒的沉淀。大颗粒沉淀有如下特点:大颗粒沉淀溶解度低,因而沉淀完全;大颗粒沉淀在相同质量下的总表面积较小,由表面吸附造成污染的机会少;在操作上大颗粒沉淀容易洗涤过滤,且不易穿透滤纸而造成损失。这些都表明了获得大颗粒沉淀的优点和必要性。而对于晶形沉淀,由于它的临界值较大,所以有可能获得大颗粒的沉淀。为此,必须控制好以下条件。

1. 沉淀应在适当稀的溶液中进行

在用过量沉淀剂进行沉淀以便利用同离子效应降低沉淀溶解度的前提下,沉淀剂的浓度应适当减小,使 c_Q 值尽量小,以降低相对过饱和度 $(c_Q-S)/S$,减弱均相成核的趋势,使沉淀保持异相成核为主,以得到大颗粒晶形沉淀。

2. 缓慢加入沉淀剂并迅速搅拌

应在不断快速搅拌下逐滴缓慢加入沉淀剂，防止溶液局部过浓。如果局部过浓，就会导致局部相对过饱和度过大，从而产生大量晶核。而一旦大量晶核产生，就会影响全局的沉淀颗粒的大小，很难获得大颗粒的沉淀。

3. 热沉淀冷过滤

沉淀应在热溶液中进行，因为一般沉淀在热溶液中的溶解度将增大，使得相对过饱和度$(c_Q-S)/S$降低，有利于获得大颗粒沉淀。同时温度升高还可减少杂质的吸附。但溶解度增大不利于沉淀完全，所以在沉淀完毕已经获得大颗粒沉淀的情况下，还必须将溶液冷却到室温后再过滤。

4. 陈化

陈化就是当沉淀完全析出以后，让初生的沉淀与母液一起放置一段时间的过程。陈化的主要作用是使初生的沉淀中那些小颗粒沉淀转化为大颗粒沉淀。

在刚生成的沉淀中，必然同时存在大颗粒和小颗粒沉淀。而小颗粒沉淀比大颗粒沉淀的溶解度要大。假设在某一时刻溶液对于大颗粒沉淀是饱和的，则它对于小颗粒沉淀必定是不饱和的。在不饱和溶液中沉淀无法稳定存在，于是小颗粒沉淀将逐渐溶解，一直到溶液对于小颗粒沉淀成为饱和的。而此时溶液对于大颗粒沉淀又成为过饱和的。过饱和溶液也是不稳定的，于是溶液中的构晶离子又要在大颗粒沉淀上继续沉积，直到溶液对于大颗粒沉淀成为饱和的。而这时溶液对于小颗粒沉淀又将成为不饱和的，小颗粒沉淀又将继续溶解。如此反复进行，经过一段时间的陈化，小颗粒沉淀将完全溶解，大颗粒沉淀则逐渐长大，最后得到比较均一的更大颗粒的沉淀。

在陈化过程中，随着小颗粒沉淀的溶解，原来与其共沉淀的杂质将重新进入溶液，因而提高了沉淀的纯度。通过陈化，还可以使不完整的晶粒转化为完整的晶粒，使亚稳态的沉淀转化为稳态的沉淀。但是，当有后沉淀存在时，陈化对提高沉淀的纯度是不利的。

在室温下，沉淀一般需要静置陈化几小时甚至十几小时才能达到预期效果。但加热和搅拌可以加快沉淀和溶解的速率以及离子在溶液中的运动速率，从而大大缩短陈化时间，通常只需1~2 h即可。

7-6-2 无定形沉淀的沉淀条件

对于$Fe_2O_3 \cdot nH_2O$和$Al_2O_3 \cdot nH_2O$等无定形沉淀，由于其临界值极小，很难通过控制相对过饱和度来获得大颗粒沉淀，但它们的溶解度一般都很小。因此对于无定形沉淀，控制沉淀条件的核心问题是防止胶溶损失。

胶溶就是在沉淀过程中有一部分构晶离子没有形成沉淀微粒，而是形成了较小的胶体粒子，因而仍然留在溶液中，或者是已经形成的沉淀，有一部分又分散成为颗粒更小的胶体粒子，而重新进入溶液中。无定形沉淀的颗粒很小，本来就很接近胶体粒子，且结构疏松，含水量大，所以很容易胶溶。而一旦发生胶溶，过滤时胶体粒子就将穿透滤纸而造成沉淀的损失。故对于无定形沉淀，应设法破坏胶体的生成，避免胶溶，加速沉淀的凝聚。为此，必须控制好以下几个条件。

1. 沉淀应在较浓的溶液中进行

对于无定形沉淀，由于已经无法避免形成小颗粒沉淀，所以没有必要采用较稀的沉淀剂溶液以控制相对过饱和度。而在较浓的沉淀剂溶液中，一方面可以获得含水量少、结构紧密的沉淀，易于过滤和洗涤，另一方面沉淀微粒也容易凝聚，不易胶溶。但是浓溶液也使杂质浓度相应提高，增大了污染的可能性。因此在沉淀完毕后应加热水稀释，并充分搅拌，使被吸附的杂质尽量转移到溶液中去。

2. 沉淀应在热溶液中进行并趁热过滤，不陈化

在热溶液中离子的水化程度减小，有利于得到含水量少结构紧密的沉淀，还可以促进沉淀微粒的凝聚，防止胶溶。热溶液可以减少杂质在沉淀表面的吸附，有利于提高沉淀的纯度。而一般无定形沉淀的溶解度都很小，即使在热溶液中也会沉淀完全。由于陈化会使无定形沉淀堆积聚集得更紧密，使已被包藏在沉淀内部的杂质很难洗去，而无定形沉淀又不存在使小颗粒转化为大颗粒的问题，故不应陈化，沉淀完毕应立即趁热过滤。

3. 加入电解质

同种胶体粒子带有同种电荷，它们互相排斥，不易聚沉，这是造成胶体溶液具有相对稳定性的主要原因。电解质的加入可以补偿胶体粒子的电荷，使之成为不带电荷的中性粒子，从而有利于胶体的聚沉，故在沉淀过程中加入电解质可以有效地防止沉淀的胶溶。为避免电解质的共沉淀所带来的污染，一般都是采用易挥发的铵盐或稀酸作为电解质，以便能在下一步灼烧时除去。

7-6-3 均匀沉淀法

均匀沉淀法是通过化学反应逐步地、有控制地产生沉淀剂，从而使沉淀能够缓慢均匀地形成，避免局部过浓，有利于获得颗粒较大、结构紧密的沉淀。如前所述，在进行一般的晶形沉淀的过程中，尽管沉淀剂是在不断搅拌下缓慢加入的，但是局部过浓的现象仍然难以完全避免。均匀沉淀法则从根本上克服了这个缺点。因为均匀沉淀法中加入溶液中的并不直接就是构晶离子，而是通过在溶液中的化学反应使构晶离子有控制地、均匀地产生出来，从而使沉淀缓慢均匀地形成。这样就避免了构晶离子的局部过浓现象，从而容易获得大颗粒的结构紧密的沉淀，也更易于过滤和洗涤。

例如，在以 CaC_2O_4 形式沉淀 Ca^{2+}时，如果不是向溶液中直接加入构晶离子 $C_2O_4^{2-}$，而是加入 $H_2C_2O_4$，则由于酸效应，并不能立刻析出 CaC_2O_4 沉淀。此时向溶液中加入尿素，并逐渐加热，当溶液加热到 90 ℃左右时，尿素开始水解，其反应式为

$$CO(NH_2)_2+H_2O \longrightarrow CO_2\uparrow+2NH_3$$

水解产生的 NH_3 使溶液的酸度逐渐降低，$C_2O_4^{2-}$ 的浓度逐渐增大，然后均匀而缓慢地析出 CaC_2O_4 沉淀。均匀沉淀法避免了 $C_2O_4^{2-}$ 局部过浓，保证了成核过程以异相成核为主，因此产生的 CaC_2O_4 的颗粒比较粗大。

还可以利用某些氧化还原反应、酯类和其他有机化合物的水解反应、络合物的分解反应等进行均匀沉淀。某些均匀沉淀法的应用示例见表 7-7。

均匀沉淀法的不足之处是操作费时，不能有效地避免混晶共沉淀和后沉淀。另外，由于均匀沉淀法需要长时间加热，容易在容器壁上沉积一层致密的沉淀，难以取下。

表 7-7　均匀沉淀法应用示例

沉淀剂	加入试剂	反　应	被测组分
OH^-	尿素	$CO(NH_2)_2+H_2O \xlongequal{} CO_2\uparrow+2NH_3$(加热)	Al^{3+},Fe^{3+},Th^{4+}等
OH^-	六亚甲基四胺	$(CH_2)_6N_4+6H_2O \xlongequal{} 6HCHO+4NH_3$(加热)	Th^{4+}
PO_4^{3-}	磷酸三甲酯	$(CH_3)_3PO_4+3H_2O \xlongequal{} 3CH_3OH+H_3PO_4$(加热)	Zr^{4+},Hf^{4+},Mg^{2+}等
$C_2O_4^{2-}$	草酸二甲酯	$(CH_3)_2C_2O_4+2H_2O \xlongequal{} 2CH_3OH+H_2C_2O_4$(加热)	Ca^{2+},Th^{4+}等
SO_4^{2-}	硫酸二甲酯	$(CH_3)_2SO_4+2H_2O \xlongequal{} 2CH_3OH+SO_4^{2-}+2H^+$(加热)	Ba^{2+},Sr^{2+},Pb^{2+}等
S^{2-}	硫代乙酰胺	$CH_3CSNH_2+H_2O \xlongequal{} CH_3CONH_2+H_2S$(加热)	各种可形成硫化物的金属离子

7-7　有机沉淀剂的应用

常用的无机沉淀剂,如 OH^-,S^{2-}和 SO_4^{2-} 等,虽然在金属离子的沉淀重量法中得到了应用,但也表现出明显的缺点,如选择性较差、生成沉淀的溶解度较大、易吸附杂质等。而有机沉淀剂在很大程度上克服了无机沉淀剂的缺点,因此在用沉淀重量法测定金属离子方面得到了越来越广泛的应用。有机沉淀剂具有一些独特的优点。

(1) 选择性较高　这是有机沉淀剂最突出的优点。有些有机沉淀剂只与极少数几种甚至一种金属离子生成溶解度很小的沉淀,避免了其他离子的干扰,也不必事先进行掩蔽和分离等复杂操作。

(2) 沉淀的溶解度小　有利于被测金属离子沉淀完全。

(3) 沉淀的极性小　对杂质的吸附能力较弱,易于获得纯净的沉淀。

(4) 沉淀的组成恒定　烘干后即得到称量式,简化了操作。

(5) 沉淀称量式的摩尔质量一般都较大,减少了称量时的相对误差。

有机沉淀剂按其与金属离子的作用原理,主要分为两大类。一类是可以形成难溶螯合物沉淀的有机沉淀剂,另一类是可以形成难溶离子缔合物沉淀的有机沉淀剂。

能够与金属离子形成难溶螯合物的沉淀剂一般都具有两种官能团:一种是含有可被置换的H^+的酸性官能团,如—COOH,—OH,—SH,—SO_3H 等,这些官能团的 H^+可被金属离子所置换;另一种是含有孤对电子的碱性基团,如—NH_2,—NH^-, $\rangle$C═O 等,这些官能团可以与金属离子通过配位键结合。两种官能团共同作用,通常可使有机沉淀剂与金属离子形成具有五元环或六元环结构的难溶螯合物。例如,8-羟基喹啉在醋酸溶液中能与 Al^{3+}生成螯合物沉淀:

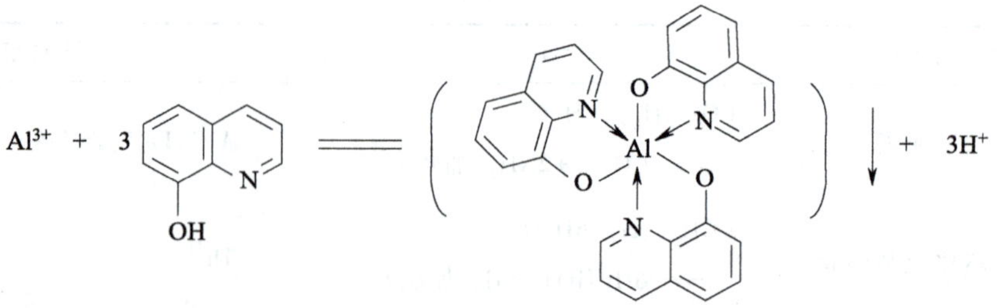

8-羟基喹啉铝沉淀组成恒定，溶解度小，可烘干后直接称量。

能与金属离子形成难溶离子缔合物的有机沉淀剂，在水溶液中通常会解离为大体积的阳离子或阴离子，这些大体积离子能与带相反电荷的金属离子或其络离子相结合，形成溶解度很小的离子缔合物沉淀。例如，四苯硼酸钠在水中解离为四苯硼酸根阴离子和 Na^+，而四苯硼酸根阴离子可以和 K^+形成离子缔合物沉淀，其反应式为

$$B(C_6H_5)_4^- + K^+ = KB(C_6H_5)_4\downarrow$$

四苯硼酸钾沉淀溶解度很小，沉淀组成恒定，可烘干后直接称量。所以，四苯硼酸钠是很好的用沉淀重量法测定 K^+的沉淀剂。

思　考　题

7-1　说明在下面的情况中，分析结果是偏高还是偏低，还是对结果的准确度没有影响？为什么？

(1) 在 pH 4.0 时，以莫尔法测 Cl^-；

(2) 采用福尔哈德法测 Cl^-或 Br^-时未加硝基苯；

(3) 用法扬斯法测 Cl^-，选曙红为指示剂；

(4) 用莫尔法测定 NaCl 和 Na_2SO_4 混合溶液中的 NaCl。

7-2　为使沉淀完全，必须加入过量沉淀剂，但沉淀剂不能过量太多，为什么？

7-3　沉淀重量法中对沉淀的沉淀式和称量式各有什么要求？

7-4　解释下列现象。

(1) $BaSO_4$ 可用水洗涤，而 AgCl 则要用稀 HNO_3 洗涤；

(2) $BaSO_4$ 沉淀应陈化，而 $Fe_2O_3\cdot nH_2O$ 沉淀不应陈化；

(3) ZnS 在 HgS 沉淀表面上后沉淀，而不在 $BaSO_4$ 沉淀表面上后沉淀。

7-5　用过量 $BaCl_2$ 沉淀 SO_4^{2-} 时，溶液中还含有 NO_3^-，Mg^{2+}，Na^+等杂质，其中何种离子可能被共沉淀，为什么？共沉淀使测定结果偏高还是偏低？

习　题

7-1　称取基准物质 NaCl 0.208 5 g，溶解后加入 40.00 mL $AgNO_3$ 标准溶液，过量的 Ag^+需用 10.20 mL NH_4SCN标准溶液滴定至终点。已知 20.00 mL $AgNO_3$ 标准溶液与 21.20 mL NH_4SCN 标准溶液刚好作用完全。求 $AgNO_3$ 和 NH_4SCN 溶液的浓度。

7-2　称取可溶性氯化物试样 0.245 6 g，溶解后加入 0.123 4 mol·L^{-1} $AgNO_3$ 溶液 30.00 mL。过量的 Ag^+用 0.128 5 mol·L^{-1} NH_4SCN 标准溶液滴定，用去 6.82 mL，求试样中氯的质量分数。

7-3　称取含有 NaCl 和 NaBr 的试样 0.623 5 g，用沉淀重量法测定，得到二者的银盐沉淀 0.453 7 g。另取试样 0.602 8 g，用银量法测定，消耗 0.112 8 mol · L^{-1} $AgNO_3$ 溶液 25.85 mL。求试样中 NaCl 和 NaBr 的质量分数。

7-4　称取纯钾盐 KIO_x 0.559 4 g，经还原为碘化物后用 0.102 6 mol · L^{-1} $AgNO_3$ 溶液滴定，用去 25.48 mL。求该盐的分子式。

7-5　计算下列各组分的换算因数。

待测组分	称量式
$MgSO_4 \cdot 7H_2O$	$Mg_2P_2O_7$
P_2O_5	$Mg_2P_2O_7$
Cr_2O_3	$PbCrO_4$
$Ca_3(PO_4)_2$	$(NH_4)_3PO_4 \cdot 12MoO_3$
Fe_3O_4	Fe_2O_3

7-6　称取试样 0.517 2 g，用沉淀重量法测定其中的草酸三氢钾（$KHC_2O_4 \cdot H_2C_2O_4 \cdot 2H_2O$）的含量。用 Ca^{2+} 为沉淀剂，沉淀经处理和灼烧后形成 CaO，质量为 0.226 5 g。计算试样中 $KHC_2O_4 \cdot H_2C_2O_4 \cdot 2H_2O$ 的质量分数。

7-7　用硫酸钡沉淀重量法测定纯度约为 90% 的 $BaCl_2 \cdot 2H_2O$ 试剂中钡的含量。若希望得到称量式 $BaSO_4$ 约 0.5 g，应称试样多少克？若按过量 50% 计算，应加入 2 mol · L^{-1} 的 H_2SO_4 溶液多少毫升？

7-8　称取磷肥试样 0.492 8 g，经沉淀重量法处理得到称量式 $Mg_2P_2O_7$ 0.201 8 g，求试样中 P 的质量分数。

7-9　纯的 CaO 和 BaO 的混合物 2.125 g，用沉淀重量法转化为混合硫酸盐后质量为 4.243 g。求原混合物中 CaO 和 BaO 的质量分数。

7-10　计算下列化合物的条件溶度积和溶解度。

（1）CaF_2 在 pH 2.00 的溶液中；

（2）AgBr 在 2.0 mol · L^{-1} 氨水中；

（3）$BaSO_4$ 在 pH 8.00，EDTA 浓度为 0.010 mol · L^{-1} 的溶液中；

（4）BiI_3 在 0.010 mol · L^{-1} KI 溶液中（络合物 BiI_6^{3-} 的 $\lg\beta_4 \sim \lg\beta_6$ 为：15.0，16.8，18.8，BiI_3 的 $pK_{sp} = 18.1$）。

7-11　计算 AgCl 在 0.2 mol · L^{-1} NH_3-0.1 mol · L^{-1} NH_4Cl 缓冲溶液中的溶解度（忽略 Ag^+ 与 Cl^- 络合的影响）。

7-12　分别计算 CuS 在 pH 7.00 和 pH 4.00 的溶液中的溶解度。

7-13　计算 $BaSO_4$ 在 0.010 mol · L^{-1} $BaCl_2$-0.010 mol · L^{-1} HCl 的溶液中的溶解度。

7-14　$CaSO_4$ 饱和溶液中存在平衡：

$$CaSO_{4(s)} \rightleftharpoons Ca^{2+} \cdot SO_4^{2-} \rightleftharpoons Ca^{2+} + SO_4^{2-}$$

已知

$$K = \frac{[Ca^{2+} \cdot SO_4^{2-}]}{[Ca^{2+}][SO_4^{2-}]} = 2.0 \times 10^2$$

$$K_{sp} = 2.4 \times 10^{-5}$$

计算 $CaSO_4$ 的固有溶解度 S° 和在饱和 $CaSO_4$ 溶液中离子对型体 $Ca^{2+} \cdot SO_4^{2-}$ 所占的百分数。

参考答案

第8章　分光光度法

通过物质的颜色及其变化来认识或测量物质、指导生产实践具有悠久的历史,"炉火纯青"应该是最早的应用光谱学的例证了。目视比色法、光电比色法等在分析化学领域具有重要的历史地位,目前在一些特殊情况下仍然发挥着重要作用。然而,随着科学技术水平的发展以及人们对测量精度要求的提升,简单的比色法逐步发展为各种更高级的分光光度法。

分光光度法(spectrophotometry)又称吸光光度法(absorption photometry),是通过测量被测物质在特定波长处或一定波长范围内对光的吸收程度而对该物质进行定性和定量分析的方法。物质对光的吸收是有选择性的,即选择性吸收。选择性吸收所涉及光的波长以及吸收程度的差异与物质的组成、结构,以及浓度、温度、溶剂特性等因素密切相关,这是分光光度法的基础。

根据物质吸收电磁波谱中波长的范围不同,可以将吸收波谱分为紫外区、可见区、红外区等。测量物质对光的吸收特性需要一种光学电子学仪器——分光光度计,又称光谱仪(spectrometer),这是一种将成分复杂的电磁辐射分解为光谱线的科学仪器。在化学领域,根据分析波段的不同,分光光度计可分为紫外分光光度计、可见光分光光度计(或比色计)、红外分光光度计等。分光光度法属于近代的仪器分析方法,在科学研究以及许多其他领域具有广泛的用途。然而,按照教学传统与习惯,通常把吸收可见光的分光光度法作为化学分析方法教学内容的一部分。

由于原理的不同,分光光度法具有一些不同于化学分析方法的特点。

① 灵敏度高。适用于测定微量组分($1\%\sim10^{-3}\%$),这是一般化学分析方法所不能做到的。

② 价格便宜。相对于多数仪器分析方法,分光光度法的仪器设备比较简单,分析成本不是太高,操作简便快速。

③ 应用广泛。可以测定相当多的无机离子和有机化合物,以及生物大分子,还可以应用于溶液化学平衡的理论研究,如测定某些弱酸(碱)的解离常数、络合物的组成、超分子复合物的缔合常数、酶-底物结合常数等。

④ 准确度适中。一般分光光度法测定的相对误差为$\pm(2\%\sim5\%)$。虽然这比一般化学分析法的相对误差要大,但由于分光光度法多是用来测定微量组分的,故由此引起的绝对误差并不大,通常均能满足对微量组分分析的要求。

8-1　物质对光的选择性吸收

8-1-1　光的基本性质

光是一种电磁波,按照波长或频率大小依次排列就是电磁波谱。人们常将电磁波谱按照波长的长短或频率的大小分成不同的区域，如表 8-1 所示。可见光只是电磁波谱中比较窄的一个区域，不同颜色的可见光对应一定的波长范围，见图 8-1。

表 8-1　电磁波谱区域

波谱区域名称	波长范围	频率范围/MHz
γ射线	0.005～0.17 nm	$6\times10^{14}\sim2\times10^{12}$
X 射线	0.1～10 nm	$3\times10^{14}\sim3\times10^{10}$
远紫外	10～200 nm	$3\times10^{10}\sim1.5\times10^{9}$
近紫外	200～400 nm	$1.5\times10^{9}\sim7.5\times10^{8}$
可见光	400～750 nm	$7.5\times10^{9}\sim4.0\times10^{8}$
近红外	0.75～2.5 μm	$4.0\times10^{8}\sim1.2\times10^{8}$
中红外	2.5～50 μm	$1.2\times10^{8}\sim6.0\times10^{6}$
远红外	50～1 000 μm	$6.0\times10^{6}\sim1\times10^{5}$
太赫兹波	0.03～3 mm	$1\times10^{7}\sim1\times10^{5}$
微波	1～1 000 mm	$1\times10^{5}\sim1\times10^{2}$
射频	1～1 000 m	$1\times10^{2}\sim1\times10^{-1}$

光是一种基本粒子，会呈现许多需要用量子光学描述的量子行为，如非定域性、量子纠缠、波粒二象性等。光的波动性主要表现为在特定条件下能产生衍射和干涉等现象。光的粒子性主要表现为光电效应现象、单光子计数、康普顿散射等，这些效应表明光是由大量以光速运动的粒子流组成的。这种粒子流中的粒子就称为光子。光子的能量表示为

$$E=h\nu=hc/\lambda \tag{8-1}$$

式中，E 为光子的能量；ν 为频率；c 为光速；λ 为波长；h 为普朗克常数。式(8-1)表明光的波长越短，其能量越大，而光的波长越长，能量就越小，如可见光中的紫光比红光的能量大。

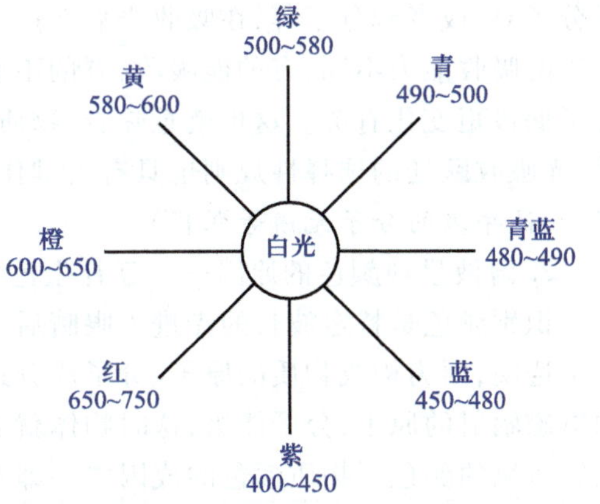

图 8-1　光的互补光颜色示意图(波长单位：nm)

8-1-2　物质对光的选择性吸收

1. 物质吸收光的本质

如图 8-2 所示，构成物质的原子、分子具有一系列不连续的特征量子化能级(也叫作能态)，如其中的电子能级就分为能量较低的基态能级和能量较高的激发态能级。对于分子而言，在同一电子能级中还伴随着一系列与分子所处电子能态相对应的振动能级，而在同一振动能级中又可能伴随着若干转动能级。在外部磁场和电场环境条件下，这些能级还可能会发生移动或者分裂，从而构成非常复杂的能谱。在一般情况下，物质中的原子、分子都处于能量最低的能级状态

（基态），只有在吸收了一定能量之后才有可能产生能级跃迁，即由基态或能量较低的能级进入能量较高的能级。

当光照射到某种物质后，物质中特定的原子或分子就有可能吸收光子的能量而发生能级跃迁，这种现象就叫作光的吸收。所谓吸收，就是一种能量转换过程。简单地说就是作为能量体的光子或者部分光子消失，其能量可能转变成了电子的能量，使得电子跃迁到能量更高的激发态，或者使得分子的振动能级甚至转动能级发生跃迁。但是在某些特定的情况下，吸收的光子可能会被释放出来，同一个光子还可能被重复吸收和释放，甚至反复多次。但是，并不是任何一种波长的光照射到物质上都能够被该物质所吸收。按照量子化学理论，物质分子对光的吸收必须满足以下两个条件。

（1）能量匹配 通常只有当照射光的能量与物质分子的某一能级差相近或者相等时，才有可能发生能级跃迁，与此能量相应的波长的光也才能被吸收。或者说，能被吸收的光的波长必须满足：

$$\Delta E = hc/\lambda \tag{8-2}$$

式中，$\Delta E = E_f - E_i$，表示能级跃迁终态 f 和始态 i 之间的能量差。由于不同物质的分子其组成与结构不同，它们所具有的特征能级不同，能级差也不同，所以不同物质会吸收不同波长的光。

（2）吸收跃迁的选择性规则（光选律） 分子吸收光的前后，必须引起偶极矩的变化。具有永久偶极的基态分子，在吸收光后偶极矩进一步增大。对于基态偶极矩为零的分子，如同核双原子分子 O_2 或者苯分子等，在吸收光后会产生一个激发态偶极矩。不同物质或不同化学结构单元对光的吸收能力不同，有的能吸收，有的不能吸收，有的吸收强，有的吸收弱，这些都与吸光前后分子偶极矩变化有关。这也就意味着，物质对光的吸收，除了要与式（8-2）所示的能级差匹配之外，光吸收跃迁的选择性规则也具有关键作用（这将在其他课程中介绍，如仪器分析的原子光谱部分，高年级的分子光谱等课程）。

2. 溶液呈现颜色的原因——互补生色

识别颜色是特定波长的光进入眼睛后，人体所感受到的一种生理现象。大部分的物质看上去不透明，因为构成物质的原子、分子成分过于复杂时，大多数情况下存在选择性吸收可见波段的电磁辐射的原子、分子能级，这时物体就表现为不透明。而有些物质是透明的，有些物质呈现五彩斑斓的颜色。物质颜色的成因之一即互补生色。在可见光中，通常所说的白光，如日光，并不是只具有单一波长的单色光，而是由许多不同波长的光组成的复合光。由这些不同颜色的光按照一定比例混合才得到白光。事实上，只要把两种特定颜色的光按一定比例混合，就可以得到白光。如绿光和紫光、黄光和蓝光混合，都可以得到白光。按照一定比例混合后能够得到白光的那两种颜色的光就称为互补光，互补光各自所呈现的颜色就称为互补色。各种不同波长可见光的互补光见图 8-1。

当一束白光按照一定方向照射某一溶液时，如果该溶液不吸收任何波长的可见光，则组成白光的各色光将全部透过溶液，透射光依然两两互补组成白光，此时溶液为无色透明。如果溶液选择性地吸收了某一颜色的可见光，则只有其余颜色的光透过溶液。透射光中除了仍然由两两互补的那些可见光组成的白光以外，还有失去配对的被吸收光的互补光，于是溶液呈现出该互补光的颜色。例如，当白光通过硫酸铜水溶液时，溶液中水合态或配位态 Cu^{2+} 选择性地吸收了黄色光，使透射光中的蓝色光失去了其互补光，于是硫酸铜溶液呈现出蓝色。同样，高锰酸钾溶液选择性地吸收了可见光谱中以绿色为主的青-绿-黄色光，而呈现紫红色。

此外，通常所讲"无色透明"的含义是相对于可见光而言的，透明物质并不意味着物质分子对光没有吸收或者选择性吸收。例如，溶剂苯、二氯甲烷、丙酮都是可以吸收紫外光的，其中苯具有三个吸收带，二氯甲烷最大吸收在 245 nm 处，丙酮的最大吸收在 330 nm 处。所以，这些溶剂对于特定波长的紫外光并不是"透明"的。此外，由于水和玻璃这样的物质对可见光吸收很弱（几乎不存在与可见光波段相匹配的电子能级），所以看上去也是透明的。

3. 分子光谱的一般特点

如果分子吸收了紫外光和可见光，将主要引起电子能级吸收跃迁。但是，电子能级吸收跃迁不限于紫外区、可见区，许多情况下原子、分子的电子能级跃迁可以延伸到近红外区、红外区，波长接近 2 500~3 000 nm。比较而言，一般原子能级是量子化的电子能级（尽管许多特殊情况下产生能级分裂），产生跃迁的谱线清晰、不重叠，表现为线状光谱（半高宽为 10^{-3} ~ 10^{-5} nm 量级，甚至在纯物理学领域线宽更窄）。对于分子而言，在电子能级变化时，不可避免地也伴随着分子振动能级和转动能级的变化。分子电子能级、振动能级，甚至转动能级叠加在一起，就形成了连续排列的局部能级，看起来就像一条宽的谱带。所以，分子的电子吸收光谱并不是像原子光谱那样的线状光谱，而是较复杂的带状光谱（通常半高宽在几纳米到几十纳米水平），如图 8-2 所示。除了能级复杂外，由于不同于相对刚性的原子，分子能级容易受到溶剂化效应或固态基体环境的影响，使得光谱中的振动精细结构难以区分，分子光谱进一步复杂化，这也是分子光谱呈现宽带状的原因之一。如果在低密度气相介质中，或者在超低温（如 4 K 温度）条件下，分子光谱中的振动精细结构清晰可辨，甚至能够显示特征的转动光谱，所以也可以呈现准线性光谱。

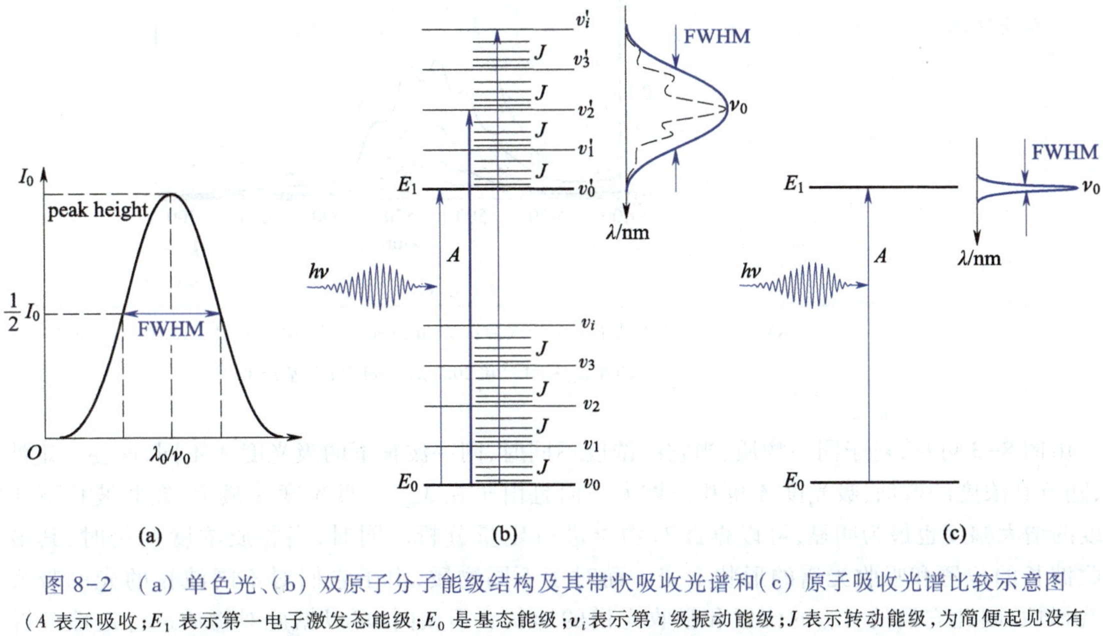

图 8-2 （a）单色光、（b）双原子分子能级结构及其带状吸收光谱和（c）原子吸收光谱比较示意图

（A 表示吸收；E_1 表示第一电子激发态能级；E_0 是基态能级；v_i 表示第 i 级振动能级；J 表示转动能级，为简便起见没有标注 J-阶级次序；λ_0/ν_0 表示中心波长或中心频率；FWHM 表示半高宽 $\Delta\nu$（也称为最高谱带的半高宽，full wide of half maximum），即光谱带最大强度的一半处所对应的两个频率之差；I_0 表示最大光强度）

4. 吸收光谱——以高锰酸钾溶液为例

根据图 8-1 可以大致估计有色物质溶液的互补光颜色(波长),但对于科学研究和化学测量而言,这是远远不够的。为了更精细地研究溶液或其他体系,如气相中待测物质原子、离子(溶剂化离子)、分子(溶剂化分子)等对光的选择性吸收,通常需记录该溶液的吸收光谱,以精确确定所吸收光的频率或频率范围,对什么光吸收强度大,对什么光吸收强度小或不吸收,所吸收光的频率是如何受到介质环境影响的等。

吸收光谱(absorption spectrum)也称吸收曲线,是溶液对不同波长光的吸收程度的形象化表示,数学上可以表示为一种函数形式:

$$y=f(x) \tag{8-3}$$

式中,y 代表对光的吸收程度,可以用吸光度 A(参见后面的定义)、摩尔吸光系数 ε 或其对数 $\lg\varepsilon$、振子强度等表示;x 是光的波长或波数等。在分析化学中,吸收程度用吸光度 A 直观表示,即 A 越大,表明溶液对某波长的光吸收越强。例如,图 8-3 是不同浓度的 $KMnO_4$ 水溶液在可见区的吸收光谱。图中横坐标表示波长的变化,纵坐标表示光通过特定浓度和厚度的 $KMnO_4$ 水溶液的吸光度大小。可见,MnO_4^- 对波长为 525 nm 附近的绿色光吸收程度最大,而对与绿色光互补的 400 nm 附近的紫色光吸收程度很小,因此 $KMnO_4$ 水溶液呈紫红色。吸收光谱中吸光度最大处的波长称为最大吸收波长,以 λ_{max} 表示,如 $KMnO_4$ 的 $\lambda_{max}=525$ nm。

参考文献

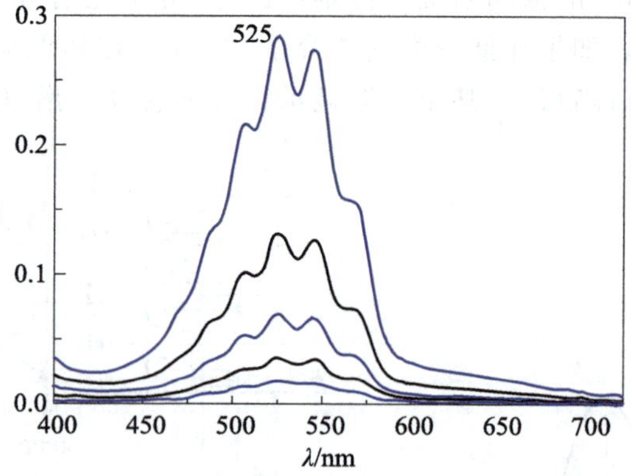

图 8-3　不同浓度的 $KMnO_4$ 水溶液可见区吸收光谱[1]

($KMnO_4$ 溶液浓度从下向上依次为:1.25 $\mu g\cdot mL^{-1}$,2.50 $\mu g\cdot mL^{-1}$,5.00 $\mu g\cdot mL^{-1}$,10.0 $\mu g\cdot mL^{-1}$和 20.0 $\mu g\cdot mL^{-1}$;光程 $l=1$ cm)

由图 8-3 可见,对于同一物质,当它的浓度不同时,同一波长下的吸光度 A 不同,即在一定波长下,随着其浓度的增加,吸光度 A 也相应增大。而且由于在 λ_{max} 处吸光度 A 最大,在此波长下 A 随浓度的增大幅度也最为明显,可以据此对物质进行定量分析。同时,当物质浓度变化时,其最大吸收波长的位置和吸收光谱的形状不变。而对于不同物质,由于它们对不同波长的光的吸收具有选择性,因此它们的 λ_{max} 的位置和吸收光谱的形状互不相同,可以据此对物质进行定性分析。

吸收光谱的形状、最大吸收波长位置或峰值频率、半高宽、振动精细结构、光谱峰值强度或振动精细结构各峰的相对强度和峰间距等包含着丰富的信息,在物质的定性分析、定量分析或者结构解析等方面都具有重要作用。

分光光度法用于定量分析的依据是物质对光的吸收定律——朗伯-比尔定律。

8-2 朗伯-比尔定律

8-2-1 朗伯-比尔定律的推导

朗伯(Lambert)和比尔(Beer)分别于1760年和1852年阐明了光的吸收程度与光透过介质的厚度及溶液稀释分数之间的指数关系,前者称为朗伯定律,后者称为比尔定律,二者结合称为朗伯-比尔定律,也称光的吸收定律[1]。本质上,物质如何吸收辐射光子从而产生吸收光谱,可以用严格的量子力学解释清楚。但是,光的吸收定律确立之前,量子力学还没有诞生。所以,朗伯-比尔定律是一个宏观物质系统受到大量辐射照射时得到的经验规律,是宏观世界表现的大量现象中寻常的一种。

下面采用数学方法对此定律进行理论推导。当一束平行单色光垂直照射某均匀溶液时,假设液层厚度为 l,入射光束的横截面为 S,溶液中吸光物质的浓度为 c,入射光强度为 I_0,若一部分光被溶液所吸收,吸收光的强度为 I_a,剩余部分透过溶液,透射光强度减弱为 I(图8-4),则应有:

$$I_0 = I_a + I \tag{8-4}$$

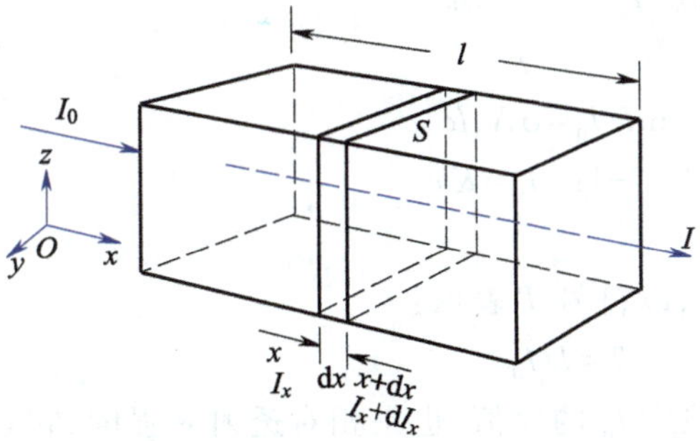

参考文献

图8-4 单色光通过溶液示意图

设想将图8-4所示的液层在垂直于入射光的方向分成厚度极薄的无限多个小薄层,每层的厚度均为无限小量 dx。假设,其中的某一薄层中所含吸光物质的粒子数为 dN,每一个吸光粒子对光的吸收可以看作对光子的捕获,每个粒子都具有捕获光子的面积(photon capture area),命名为分子吸收截面(molecular absorption cross section),或者有效光捕获截面(effective capture cross section,σ)。则当入射光通过这一薄层时,照射到该薄层的入射光强度为 I_x,通过薄层后光的强度减弱了 dI_x,所以 dI_x 是小薄层中光被吸收程度的度量。

由于整个溶液是均匀的,浓度为 c,薄层的体积可以表达为 dV=Sdx。因此,薄层中所含吸光粒子数 dN 可以表达为

$$\begin{aligned} \mathrm{d}N &= N_A c\,\mathrm{d}V \\ &= N_A cS\,\mathrm{d}x \end{aligned} \tag{8-5}$$

式中,N_A 为阿伏伽德罗常数(Avogadro's number)。

薄层中总的吸收截面积 dS,即总的有效光捕获截面积,是薄层内所有吸光粒子吸收截面积

的总和，即

$$dS=\sigma dN \tag{8-6}$$

对于特定的吸光粒子，其有效光捕获截面 σ 是常数。

在此条件下，光子捕获的概率（或吸收概率）P 为光的总捕获面积 dS 与总截面积 S 之比，即

$$\begin{aligned}P&=dS/S\\&=\sigma dN/S\\&=\sigma N_A cS dx/S\\&=\sigma N_A c dx\end{aligned} \tag{8-7}$$

薄层中吸光粒子对光子的俘获是随机发生的，光通过薄层后其强度的变化率 $-dI_x/I_x$，或称相对捕获光强，在统计学上等于捕获的概率 P，于是得到

$$-dI_x/I_x=dS/S \tag{8-8}$$

由于 dI_x 是光强的减弱，故前加负号。结合式（8-7）和式（8-8）可得

$$-dI_x/I_x=\sigma N_A c dx \tag{8-9}$$

现考虑当入射光通过长度为 l、面积为 S 的整个液层时光强随传播距离的变化（图 8-4），可对微分方程式（8-9）进行积分。边界条件为当 $x=0$ 时，光强为 I_0，当 $x=l$ 时，光强为 I：

$$-\int_{I_0}^{I}\frac{dI_x}{I_x}=\sigma N_A c\int_0^l dx \tag{8-10}$$

由式（8-10）可得

$$-\ln I/I_0=\sigma N_A lc$$

$$\text{或}\quad -\lg I/I_0=Klc \tag{8-11}$$

这里 $K=0.434\sigma N_A$，为常数。

将式（8-11）中的 I/I_0 定义为透射比，以符号 T 表示：

$$T=I/I_0 \tag{8-12}$$

透射比 T 为透射光强度 I 与入射光强度 I_0 的比值，也是相对透射光强度，它是溶液透射程度的度量，其有意义的取值范围为 0～1。定义透射比的负对数为吸光度 A：

$$A=-\lg T=Klc \tag{8-13}$$

这就是朗伯-比尔定律的数学表达式，其物理意义是：当一束平行单色光垂直通过某均匀溶液时，溶液的吸光度 A 与吸光物质的浓度 c 及液层厚度 l 成正比。

吸光度 A 是溶液吸光程度的度量，其有意义的取值范围为 ∞～0。当 $T=0$ 时，$A\to\infty$，这表明入射光已全部被溶液所吸收，以至于透射光强度 $I=0$，此时吸收程度最大。当 $T=1$ 时，$A=0$，此时 $I=I_0$，即入射光全部透射过溶液，而根本未被吸收，表明吸收程度最小。显然，在有意义的取值范围内，T 越大，即透光程度越大，则 A 越小，即吸收程度越小。

朗伯-比尔定律是分光光度法进行定量测定的依据。由于该定律的推导过程并没有引入光辐射波长范围的限制条件，因此原则上在电磁波谱的全波长范围发生光吸收的情况下，均可应用其进行定量分析。

8-2-2　光度法的灵敏度

在朗伯-比尔定律 $A=Klc$ 中，系数 K 是常数，其相对大小也表明用分光光度法进行测定的灵

敏度。但当浓度采用不同单位时，K 值的表示方式或含义也不相同。

1. 吸光系数

当液层厚度 l 以 cm，吸光物质的浓度以 $g \cdot L^{-1}$ 为单位，即以质量浓度 ρ 来表示时，系数 K 就以 a 表示，称为吸光系数。此时朗伯-比尔定律表示为

$$A = al\rho \tag{8-14}$$

这里吸光系数 a 的单位为 $L \cdot (g \cdot cm)^{-1}$。

2. 摩尔吸光系数

当液层厚度 l 以 cm，吸光物质浓度 c 以 $mol \cdot L^{-1}$ 为单位时，系数 K 就以 ε 表示，称为摩尔吸光系数(molar absorptivity)。此时朗伯-比尔定律表示为

$$A = \varepsilon lc \tag{8-15}$$

摩尔吸光系数的量纲是 $L \cdot (mol \cdot cm)^{-1}$。

ε 的物理意义是，当吸光物质的浓度为 $1\ mol \cdot L^{-1}$，液层厚度 l 为 1 cm 时，该物质的溶液对特定波长光的吸光度。由于 σ 是波长的函数，因此 ε 也随吸光波长的变化而变化。影响 ε 的因素包括吸光物质组成、分子结构、入射光波长、温度、溶剂极性等，在此不再进行深入讨论。对于同一吸光物质，在溶剂、温度和波长一定时，ε 是常数。

就实验方面而言，由于分光光度法只适合于测定微量组分，像 $1\ mol \cdot L^{-1}$ 这样高浓度溶液的吸光度很难用分光光度法直接测得，因此通常都是通过先测定稀溶液的吸光度 A，再采用间接计算的方法以求得摩尔吸光系数 ε 的。

例 8-1 有机试剂二硫腙可与 Cd^{2+} 形成稳定的红色络合物，可利用该体系用分光光度法测定溶液中的微量 Cd^{2+}。已知 Cd^{2+} 质量浓度为 $140\ \mu g \cdot L^{-1}$，比色皿厚度（即液层厚度）为 2 cm，在 520 nm 处测得透射比为 0.603，求吸光度 A 及摩尔吸光系数 ε（Cd 的摩尔质量为 $112.4\ g \cdot mol^{-1}$）。

解：

$$A = -\lg T = -\lg 0.603 = 0.220$$

$$c = \frac{140 \times 10^{-6}\ g \cdot L^{-1}}{112.4\ g \cdot mol^{-1}} = 1.25 \times 10^{-6}\ mol \cdot L^{-1}$$

$$\varepsilon = \frac{A}{lc} = \frac{0.220}{2\ cm \times 1.25 \times 10^{-6}\ mol \cdot L^{-1}} = 8.8 \times 10^{4}\ L \cdot (mol \cdot cm)^{-1}$$

以上讨论表明，同一吸光物质在不同波长处的 ε 值是不同的。在这些不同的 ε 之中，最大吸收波长 λ_{max} 处的摩尔吸光系数 ε_{max} 是一个重要的特征常数。它反映了该吸光物质吸光能力可能达到的最大程度，反映了用分光光度法测定该物质可能达到的最大灵敏度。

分析化学手册中列有常见的吸光物质在水溶液或其他溶剂中的 λ_{max} 和 ε_{max} 值。对不同吸光物质来说，ε_{max} 越大表明物质对光的吸收能力越强，用分光光度法测定该物质的灵敏度也越高。例如，络合物邻二氮菲-Fe(Ⅱ)的 $\varepsilon_{510\ nm} = 1.1 \times 10^{4}\ L \cdot (mol \cdot cm)^{-1}$，而 $KMnO_4$ 溶液的 $\varepsilon_{525\ nm} = 2.2 \times 10^{3}\ L \cdot (mol \cdot cm)^{-1}$，显然前者的吸光能力较强。一般认为，如果 $\varepsilon_{max} \geq 10^{4}\ L \cdot (mol \cdot cm)^{-1}$，则用分光光度法测定具有较高的灵敏度。表 8-2 列出了室温下水溶液中部分络合物的 ε_{max} 和 S_{max}，图 8-5 给出了表中显色剂的分子结构式。

3. 桑德尔(Sandell)灵敏度

光度分析的灵敏度还可以用桑德尔灵敏度 S 来表示。当分光光度计的检测极限为 $A = 0.001$ 时，在某波长处单位截面积光程内所能检出的吸光物质的最低含量称为桑德尔灵敏度，单

位为 $\mu g \cdot cm^{-2}$。

表 8-2 室温下水溶液中部分络合物的 ε_{max} 和 S_{max}

显色剂	被测离子	λ_{max}/nm	ε_{max}/(L·mol^{-1}·cm^{-1})	S_{max}/(μg·cm^{-2})	介质
偶氮胂Ⅲ	Th(Ⅳ)	665	1.2×10^5	0.001 9	6 mol·L^{-1} HCl
(铀试剂Ⅲ)	U(Ⅵ)	670	1.2×10^5	0.002 0	6 mol·L^{-1} HCl
	U(Ⅵ)	656	6.0×10^4	0.004 0	6 mol·L^{-1} HNO_3
二硫腙	Cd^{2+}	518	8.0×10^4	0.001 3	$CHCl_3$
	Cu^{2+}	550	4.5×10^4	0.001 4	CCl_4
	Hg^{2+}	490	7.0×10^4	0.002 9	$CHCl_3$
	Pb^{2+}	520	6.6×10^4	0.003 1	$CHCl_3$
邻二氮菲	Fe^{2+}	510	1.1×10^4	0.005 0	pH 2~9 水溶液

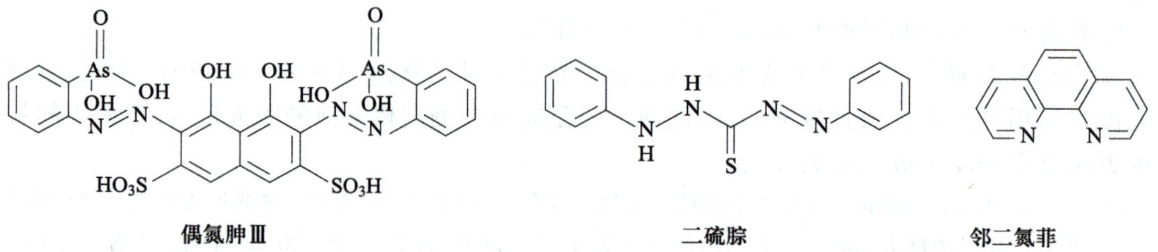

图 8-5 表中显色剂的分子结构式

检测极限就是光度计所能检出的最小吸光度。各种光度计由于性能质量不同,检测极限也有所不同,但一般都在 $A=0.001$ 左右。为了定义统一的桑德尔灵敏度,假定光度计的检测极限为 $A=0.001$。因此,当 $A=0.001$ 时某吸光物质的浓度就是光度计在此波长下可能检测到的该物质的最低浓度 c_{min}。例如,某物质在某波长下的 $\varepsilon=1\times10^4$ L·(mol·cm)$^{-1}$,若 $l=1$ cm,当 $A=0.001$ 时,其最低浓度 $c_{min}=1\times10^{-7}$ mol·L^{-1}。

但 c_{min} 并不是表示体系灵敏度的特征值,不能用它来表示分光光度法在此波长下测定该物质的灵敏度,这里还必须考虑液层厚度的影响。如对同一吸光物质溶液,若采用 $l=5$ cm 的比色皿,则同样的检测极限 $A=0.001$ 时,该物质的 $c_{min}=2\times10^{-8}$ mol·L^{-1}。可见当 l 不同时,同一物质的 c_{min} 也将不同。但是 l 与 c_{min} 的乘积却总是一个定值,如此例 $c_{min}l=1\times10^{-7}$ mol·(10^3 cm^2)$^{-1}$。而只要该物质的浓度与液层厚度的乘积 cl 小于这个定值,A 就必定小于 0.001,因而无法检出。即真正能反映吸光物质在此波长下检测灵敏度的特征值是乘积 $c_{min}l$。在此基础上定义桑德尔灵敏度 S,这里浓度的单位采用 $\mu g \cdot cm^{-3}$,即用质量浓度 ρ 表示,则

$$S=\rho_{min}l$$

l 的单位为 cm,故 S 的单位为 $\mu g \cdot cm^{-2}$,这也就是"单位截面积光程内所能检出的吸光物质的最低含量"的含义。可见,桑德尔灵敏度实质上反映了考虑液层厚度的影响以后,光度计在某波长下可能检出的某吸光物质的最低浓度。

某吸光物质的桑德尔灵敏度 S 在温度与波长一定时是常数。对于同一吸光物质，不同波长下的 S 值也不同，而其中最重要最有代表意义的是最大吸收波长 λ_{max} 下的桑德尔灵敏度 S_{max}，它同样反映了用分光光度法测定某物质所能达到的最大灵敏度。由于实际测定一般都是在 λ_{max} 下进行的，故后面所讨论的 ε 或 S，如无特别说明，都是指 λ_{max} 下的 ε 或 S。

对同一吸光物质而言，由于其吸光能力是客观存在的，因此同为反映其吸光能力或灵敏度大小的 ε 与 S 必定有着确定的计量关系。设当 $A=0.001$ 时，某物质在液层厚度 l(cm)下的最低浓度为 c_{min}($\mathrm{mol\cdot L^{-1}}$)，根据朗伯-比尔定律，则

$$c_{min}l=\frac{0.001}{\varepsilon}$$

而以 $\mu\mathrm{g\cdot cm^{-3}}$ 为单位的最低质量浓度为

$$\rho_{min}=c_{min}M\times10^3\quad(\mu\mathrm{g\cdot cm^{-3}})$$

这里 M 是吸光物质或待测物质的摩尔质量。于是

$$S=\rho_{min}l=c_{min}lM\times10^3=\frac{0.001}{\varepsilon}\cdot M\times10^3$$

即

$$S=M/\varepsilon\quad(\mu\mathrm{g\cdot cm^{-2}})\tag{8-16}$$

可见，同一吸光物质的 ε 与 S 成反比关系，ε 越大则 S 越小。值得注意的是，用式(8-16)计算 S，仅用 M 与 ε 的数值相除即可，无须量纲换算。表 8-2 也列出了一些有色络合物的 S_{max}。

例 8-2 已知二硫腙分光光度法测 Cd^{2+} 时 $\varepsilon_{520\ nm}=8.8\times10^4\ \mathrm{L\cdot(mol\cdot cm)^{-1}}$，求桑德尔灵敏度 S。

解： Cd 的摩尔质量为 $112.4\ \mathrm{g\cdot mol^{-1}}$。

$$S_{520\ nm}=\frac{M_{Cd}}{\varepsilon_{520\ nm}}=\frac{112.4}{8.8\times10^4}\ \mu\mathrm{g\cdot cm^{-2}}=1.3\times10^{-3}\ \mu\mathrm{g\cdot cm^{-2}}$$

8-2-3 标准曲线法

朗伯-比尔定律是用分光光度法进行定量分析的理论基础，而标准曲线法就是在此基础上建立起来的一种具体的定量测定的方法。标准曲线法又称工作曲线法，它的实验操作方法是，首先根据待测溶液的大概浓度，配制一系列浓度不等的标准溶液，使其浓度范围覆盖待测溶液的浓度。然后分别测得这些标准溶液在最大吸收波长 λ_{max} 处的吸光度，并作吸光度 A 对浓度 c 的关系图，如图 8-6 所示。在理想情况下，根据朗伯-比尔定律，各实验点都应在一条通过原点的直线上。但由于实验误差的存在，实际上各实验点只是大体上在一条直线上，而且直线可能并不通过原点。根据各实验点所作的拟合直线应使各实验点均匀分布在直线两侧，使该直线对各实验点而言最具代表性。这样的拟合直线就称为该体系的标准曲线或工作曲线。此时再测得待测溶液的吸光度 A_x，在标准曲线上就可以查到与之相对应的 c_x。

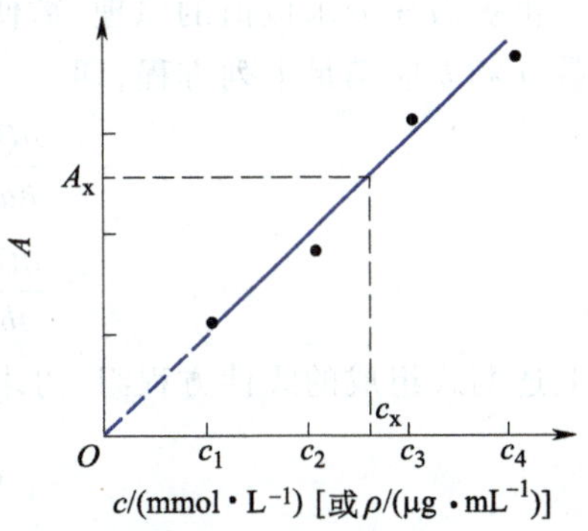

图 8-6 标准曲线

由于液层厚度 l 是定值，故根据标准曲线法的斜率 $\varepsilon_{max}l$ 可求得在实验条件下的表观摩尔吸光系数 ε_{max}。标

准曲线法的实质是先用标准溶液求得 ε_{max} 值，再根据 A_x 求得 c_x。由于这样求得的 ε_{max} 是由多个标准溶液测定而得到的平均值，而且覆盖了较宽的浓度范围，因而更加可靠。

标准曲线法是光度分析中一种重要的具体定量测定方法，也是仪器分析中普遍采用的一种重要的定量测定方法。它不同于化学分析方法中的具体定量测定方法，这是由分光光度法或仪器分析法的特点所决定的。

8-2-4 一元线性回归

由于测量误差不能完全避免，标准曲线法的各个实验点通常比较分散，并不严格在同一条直线上。如何通过这些实验点确定标准曲线，目前较好的方法是对实验数据进行回归分析。研究变量之间相关关系的数理统计方法称为回归分析，当自变量 x 只有一个且自变量 x 与函数 y 的关系满足下述数学模型时，属于一元线性回归：

$$y=a+bx \tag{8-17}$$

若用 (x_i,y_i) $(i=1,2,\cdots,n)$ 表示 n 对标准溶液的实验数据，假设它们的分布大致符合上述线性方程，则一元线性回归的目的是，通过这些实验数据获得唯一合适的参数 a 和 b。一元线性回归的原理是最小二乘法，或称最小差方和法。这里差方和的定义式为

$$Q=\sum_{i=1}^{n}(y_i-\hat{y}_i)^2 \tag{8-18}$$

此处 y_i 是相对于自变量 x_i（如浓度 c_i）所测得的实验响应值（如吸光度 A_i），$\hat{y}_i$ 是根据上述线性方程计算得到的相对于 x_i 的响应值，即

$$\hat{y}_i=a+bx_i$$

故

$$Q=\sum_{i=1}^{n}(y_i-a-bx_i)^2 \tag{8-19}$$

此式中每一对实验值 (x_i,y_i) 对于一个确定的体系来说都是定值，因此参数 a 和 b 取不同的值时就会得到不同的拟合直线或不同的差方和 Q 值。一元线性回归法认为，只有使 Q 值为最小的那一对 a 和 b 值才是最适合的参数值，其所对应的那条直线才是所要拟合的直线。或者说，在所有直线中，差方和最小的那条直线就是回归直线，即这条直线的斜率 b 和截距 a 应使差方和 Q 达到最小。此即为最小差方和法或最小二乘法的含义。

根据微积分求极值的原理，欲使 Q 值达到最小，则 Q 分别对 a 和 b 的偏导数应为 0。所求的参数 a 和 b 应满足下列方程，即

$$\frac{\partial Q}{\partial a}=-2\sum_{i=1}^{n}(y_i-a-bx_i)=0$$

$$\frac{\partial Q}{\partial b}=-2\sum_{i=1}^{n}x_i(y_i-a-bx_i)=0$$

解上述两式组成的线性方程组，可求得

$$a=\frac{1}{n}(\sum y_i-b\sum x_i)=\bar{y}-b\bar{x} \tag{8-20}$$

$$b=\frac{\sum(x_i-\bar{x})(y_i-\bar{y})}{\sum(x_i-\bar{x})^2} \tag{8-21}$$

式中，$\bar{x}$ 和 $\bar{y}$ 分别为 x_i 和 $y_i(i=1,2,\cdots,n)$ 的平均值。这里 a 为直线的截距，b 为直线的斜率，它们的值确定之后，所对应的回归方程及回归直线就确定了。

可以用相关系数 r 来定量衡量线性回归的效果。相关系数的定义式为

$$r=b\sqrt{\frac{\sum(x_i-\bar{x})^2}{\sum(y_i-\bar{y})^2}}=\frac{\sum(x_i-\bar{x})(y_i-\bar{y})}{\sqrt{\sum(x_i-\bar{x})^2\sum(y_i-\bar{y})^2}} \tag{8-22}$$

相关系数有意义的取值范围是 $0\leqslant|r|\leqslant1$，$|r|$ 越大，越接近 1，y 与 x 的线性相关关系就越好；反之，$|r|$ 越小，越接近 0，y 与 x 的线性相关关系就越差。作为极端的情况，当 $|r|=1$ 时，所有测量点都落在回归直线上；当 $r=0$ 时，y 与 x 之间完全不存在线性关系。通常认为只有 $|r|$ 在 0.9 以上时，y 与 x 的线性相关关系才比较好。

在上述拟合方法中，一般都假定 x（通常是分析物的浓度 c）是可以精确测量的，而所有的随机误差都来源于 y（如吸光度 A）的测量。应注意，标准曲线只在一定的浓度范围内是线性的，因此不能任意延长；标准曲线的横、纵坐标的标度应能大体反映测量的精度，不能随意扩大或缩小。

现在许多计算或绘图软件都包括有一元线性回归法的计算机程序，只要输入实验数据 $(x_i,y_i)(i=1,2,\cdots,n)$，程序很快就可以通过计算给出截距 a，斜率 b，以及相关系数 r，十分方便。

例 8-3 用亚甲基蓝-二氯乙烷萃取光度法测溶液中的硼，得到下列数据：

标准溶液编号	1	2	3	4	5	6	未知样
硼质量浓度/($\mu g\cdot mL^{-1}$)	0.500	1.00	2.00	3.00	4.00	5.00	ρ_x
吸光度 A	0.062	0.123	0.196	0.314	0.382	0.502	0.356

试求标准曲线的回归方程并计算未知样中硼的质量浓度。

解： 设硼的质量浓度为 x，吸光度值为 y。按式(8-20)和式(8-21)计算回归方程的参数 a 和 b，按式(8-22)计算相关系数 r，这里 $n=6$。结果如下：

$$a=0.0174, b=0.0951, r=0.997$$

故线性回归方程为

$$y=0.0174+0.0951x$$

将未知样的吸光度值 0.356 代入上述方程，可得未知样中硼的质量浓度 $\rho_x=3.56\ \mu g\cdot mL^{-1}$。相关系数 $r=0.997$，表明该标准曲线具有良好的线性关系。

8-2-5 对朗伯-比尔定律的偏离

根据朗伯-比尔定律，吸光度 A 与吸光物质的浓度 c 成正比，因此用标准溶液所作的标准曲线应该是一条通过原点的直线。只有得到这样一条直线，才能求得待测物质的准确浓度。但是在实际工作中，却常常出现标准曲线偏离直线而弯曲的情况，有时向浓度轴弯曲（负偏离），有时向吸光度轴弯曲（正偏离），见示意图 8-7。显然这种弯曲不是由随机误差造成的，而必然存在着某种系统误差。这种弯曲现象又称为对朗伯-比尔

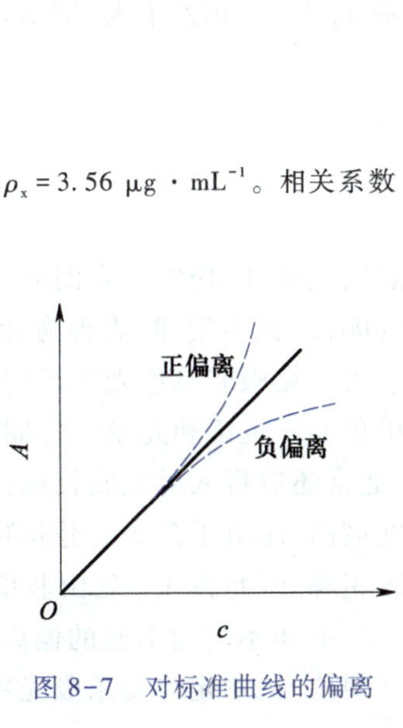

图 8-7 对标准曲线的偏离

定律的偏离,其原因是仪器或溶液的实际条件与朗伯-比尔定律所要求的前提条件不一致。

对朗伯-比尔定律的偏离一般分为以下几类。

1. 非单色光引起的偏离

朗伯-比尔定律的重要前提是入射光必须是单色光。但实际上,即使是很先进的光度计,采用很好的单色器,一般也得不到只有单一波长的谱线,而只能得到一条有一定波长范围的谱带。如果光度计的单色器较好,例如棱镜或光栅,则所得到的谱带较窄,一般仅有几个纳米宽。如此得到的入射光近似单色光,所得到的标准曲线也近似符合朗伯-比尔定律。而如果光度计的单色器较差,如是滤光片,则所得到的谱带较宽,约有几十纳米宽,于是所得到的标准曲线就可能偏离朗伯-比尔定律。

假设入射光是由两个波长 λ_1 和 λ_2 的光所组成,其入射光强度分别为 I_{0_1} 和 I_{0_2}。当该入射光通过一个浓度为 $c(\mathrm{mol\cdot L^{-1}})$,厚度为 $l(\mathrm{cm})$ 的溶液后,透射光强度分别为 I_1 和 I_2,溶液对这两个波长的吸光度分别为 A_1 和 A_2。由于波长 λ_1 和 λ_2 的光均为单色光,故它们均符合朗伯-比尔定律,即

$$A_1=\varepsilon_1 lc=-\lg\frac{I_1}{I_{0_1}}$$

$$A_2=\varepsilon_2 lc=-\lg\frac{I_2}{I_{0_2}}$$

故

$$I_1=I_{0_1}10^{-\varepsilon_1 lc}$$

$$I_2=I_{0_2}10^{-\varepsilon_2 lc}$$

但实际上并不能分别测得 A_1 和 A_2,而只能测得总吸光度 $A_{总}$,即

$$A_{总}=-\lg\frac{I_{总}}{I_{0总}}=-\lg\frac{I_1+I_2}{I_{0_1}+I_{0_2}}=-\lg\frac{I_{0_1}10^{-\varepsilon_1 lc}+I_{0_2}10^{-\varepsilon_2 lc}}{I_{0_1}+I_{0_2}}$$

如果 λ_1 和 λ_2 相差不大,即 $\Delta\lambda=|\lambda_1-\lambda_2|$很小,可以近似认为

$$\varepsilon_1=\varepsilon_2=\varepsilon$$

于是

$$A_{总}=-\lg\frac{10^{-\varepsilon lc}(I_{0_1}+I_{0_2})}{I_{0_1}+I_{0_2}}=\varepsilon lc$$

即总吸光度 $A_{总}$ 仍然符合朗伯-比尔定律。但如果 $\Delta\lambda$ 较大,则 $\varepsilon_1\neq\varepsilon_2$,显然总吸光度 $A_{总}$ 不可能符合朗伯-比尔定律,表现为标准曲线偏离直线。

为了克服非单色光引起的偏离,应尽量设法得到比较窄的入射光谱带,这就需要使用比较好的单色器。棱镜和光栅单色器的出射谱带宽度仅几个纳米,对于一般光度分析是足够窄的。此外,通常还应将入射光波长选择在被测物的最大吸收波长处。这不仅是因为在 λ_{max} 处测定的灵敏度最高,还由于在 λ_{max} 附近的一个小范围内吸收曲线较为平坦,在 λ_{max} 附近各波长的光的 ε 值大体相等,因此在 λ_{max} 处由非单色光引起的偏离要比在其他波长处小得多。

2. 介质不均匀引起的偏离

朗伯-比尔定律要求吸光物质的溶液是均匀的、非散射的。如果溶液不均匀,如产生胶体或

发生混浊，当入射光通过该溶液时，就会有一部分光因散射而损失，使透射比减小，引起吸光度值偏高。而一旦产生胶体，往往是吸光物质的浓度越大，所产生的胶体的浓度也越大，散射也越严重，吸光度偏高得越多，从而使标准曲线偏离直线向吸光度轴弯曲，产生正偏离。故在分光光度法中应尽量避免溶液产生胶体或混浊。

在许多情况下，测量体系可能比较复杂，如胶体、浑浊的悬浮液或固态薄膜体系等，在这些情况下，除了物质的选择性吸收之外（真实吸光度 A），散射光、反射光或漫反射光等可能减弱或增强"吸收"强度，所谓的"吸收"是不真实的。这种情况下，可以把所测的吸光度看作表观吸光度，即消光度（extinction），所获得的光谱为消光光谱（extinction spectrum）。消光光谱表示的是消光度与波长之间的关系。若在一定条件下，消光度与待测物质的浓度仍呈线性关系，则用消光系数（extinction coefficient）代替吸光系数进行定量分析。

3. 化学反应引起的偏离

在朗伯-比尔定律中，浓度 c 指的是吸光粒子或吸光型体的浓度，而实际上标准曲线法中所配制的标准溶液的浓度一般都是吸光物质的分析浓度或总浓度。如果吸光粒子既不在稀释时解离又不在浓缩时聚合，也不发生任何其他的化学反应，则吸光粒子的浓度就是吸光物质的分析浓度，按照分析浓度作出的标准曲线就是符合朗伯-比尔定律的直线。但是如果吸光物质在稀释或浓缩时会解离或聚合，或者发生其他化学反应，则按照其分析浓度所作的标准曲线就会偏离直线。

例如，可用分光光度法在 $Cr_2O_7^{2-}$ 的最大吸收波长 350 nm 处测定 $K_2Cr_2O_7$ 的浓度。但若将某分析浓度为 c 的 $K_2Cr_2O_7$ 溶液用水逐级稀释，得到了分析浓度分别为 $\frac{1}{2}c$，$\frac{1}{3}c$ 和 $\frac{1}{4}c$ 的 $K_2Cr_2O_7$ 标准溶液。测定这些标准溶液的吸光度，并对各分析浓度作标准曲线，结果发现标准曲线偏离直线。这是因为 $Cr_2O_7^{2-}$ 在溶液中有平衡反应：

$$\begin{array}{lccc} & Cr_2O_7^{2-}+H_2O & \rightleftharpoons & 2CrO_4^{2-}+2H^+ \\ \lambda_{max} & 350\ \text{nm} & & 375\ \text{nm} \end{array}$$

当标准溶液稀释时，平衡向右移动，故溶液中实际存在的 $Cr_2O_7^{2-}$ 型体的浓度要低于其分析浓度。而且稀释倍数越大，$Cr_2O_7^{2-}$ 的实际浓度比分析浓度的降低就越显著，因而造成了标准曲线弯曲。为了克服这种偏离，应控制溶液的酸度为强酸性，抑制上述平衡向右移动，使 Cr(Ⅵ) 总以 $Cr_2O_7^{2-}$ 的型体存在，标准曲线的直线关系得到遵从。

8-3 分光光度法的仪器

历史上最早利用溶液颜色的深浅来进行定量分析的方法叫目视比色法，它是直接通过眼睛观察和比较溶液颜色的深浅从而确定物质含量的方法。具体操作是，首先配制一系列浓度不同的有色物质的标准溶液，分别置于大小质料都相同的玻璃比色管中。这一系列溶液就构成了颜色深浅不同的标准色阶。然后将待测溶液置于同样的比色管中，将它的颜色深浅与标准色阶进行比较。如果它与标准色阶中某一标准溶液的深浅相近，则可推断待测溶液的浓度也与该标准溶液的浓度相近；如果它的颜色深浅处于标准色阶中某两个标准溶液之间，则可推断其浓度也在这两个浓度之间。目视比色法的优点是不需要光学电子学仪器，操作极为简便；而且是在复合光白光下进行分析，不需要单色光，这对某些不符合朗伯-比尔定律的有色物质的测定十分有利。它的缺点主要是准确度较差，往往带有主观误差，因此只适用于对准确度要求不高的半定量分析。

近代发展起来的光电比色法和分光光度法都是以光的吸收定律——朗伯-比尔定律为理论基础的仪器分析方法。虽然它们都源于目视比色法，但实质上已经与比较颜色深浅没有直接关系了。它们不像目视比色法那样是从对物质的感性认识出发，而是建立在对溶液颜色及其深浅的本质的理解之上。

光电比色法与分光光度法都属于近代的仪器分析方法，它们之间的主要区别在于获得单色光的手段不同，即仪器中所采用的单色器不同。光电比色法是用滤光片为单色器，所获得的入射光谱带较宽，约有几十纳米，单色光的纯度不高。分光光度法则是用棱镜或光栅为单色器，所获得的入射光谱带较窄，只有几个纳米，单色光的纯度较高。

光电比色法和分光光度法都是借助仪器来进行测量，通过标准曲线法来进行定量测定，不仅消除了主观误差，测定的灵敏度和准确度也比目视比色法有极大提高。特别是分光光度法，由于可以获得较纯的单色光，在灵敏度和可靠性方面又明显优于光电比色法，现已得到广泛应用。故本书着重对分光光度法的仪器分光光度计进行介绍。

8-3-1 分光光度计的一般结构和分类

分光光度计是一种测量试样的电磁辐射透射量与波长之间函数关系的仪器，其构造框图如图 8-8 所示。各种分光光度计尽管其构造各不相同，但其基本组成部分相同。其中光源是用来提供可覆盖广泛波长的复合光的。复合光经过单色器转变为单色光。待测的吸光物质溶液放在吸收池中，当强度为 I_0 的单色光通过时，一部分光被吸收，透射光光强为 I，并照射到接收器上。接收器实际上就是光电转换器，它能把接收到的光信号转换成电流信号，再由电流检测器检测。检测器通过指示光电流的大小反映出透射光强度的大小。从图 8-8 可以看到，光度计所能直接测量的量并不是吸光度 A，而是与透射光强度 I 成正比的电流强度 i。下面对分光光度计的主要部件作简要介绍。

1. 光源

可见光分光光度计的光源一般是钨灯或碘钨灯。钨灯发出的复合光波长为 400~1 000 nm，覆盖了整个可见区。为了保持光源发光强度的稳定，要求电源电压十分稳定，因此光度计都安装有稳压器。

2. 单色器

单色器是将光源发出的复合光分解为单色光的装置，由入射光狭缝、准直镜、色散元件、聚焦透镜或凹面反射镜、出射光狭缝组成，其核心部件是色散元件。常见的色散元件有棱镜和光栅。

此外，滤光片可以看作一种简单的单色器。它是一种特殊的有色玻璃片，能够吸收大部分波长的可见光，而只允许一部分波长范围很窄的光透过，就如同一个光的过滤器。例如，红色滤光片就只允许红色光透过，而绿色滤光片就只允许绿色光透过，等等。滤光片的单色性不理想，谱带宽度约几十纳米。使用时需要根据待测溶液的颜色来选择不同颜色的滤光片。例如，当待测溶液为红色时，因红色的互补色是绿色，故必须选择绿色滤光片。因为绿色滤光片只允许绿色光透过，恰是红色溶液吸收程度最大的光。同理，如果要测定绿色溶液，则应采用红色滤光片。总

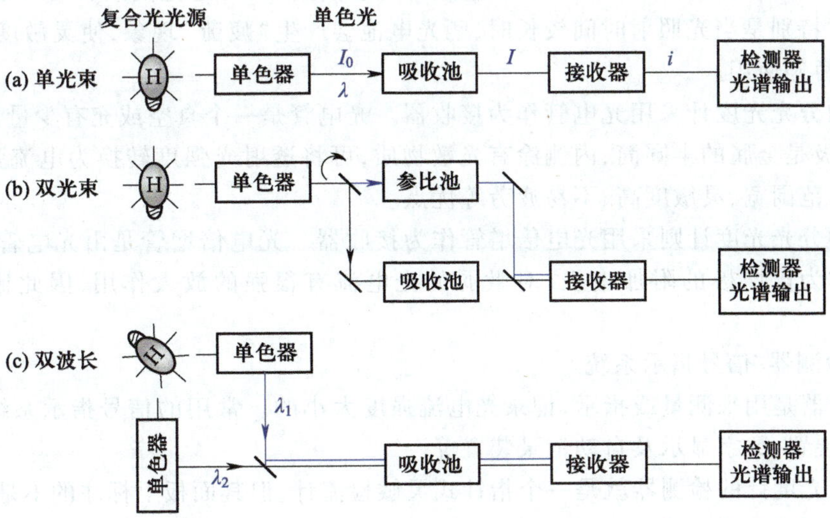

图 8-8 (a) 单光束、(b) 双光束和(c) 双波长紫外-可见分光光度计构造框图

之,所选择的滤光片的颜色应该是待测溶液颜色的互补色。

棱镜可以根据光的折射原理将复合光色散为不同波长的单色光,然后再使所需波长的光通过一个很窄的狭缝照射到吸收池上。由于狭缝的宽度很窄,可使穿过狭缝的光谱带在几个纳米尺度,故得到的单色光比较纯。棱镜对材质的纯度和可透过光的波长范围要求比较高。常用于制作棱镜的材料包括光学玻璃、石英玻璃、碱金属卤化物晶体等。棱镜的主要缺点是色散率随波长而变化,波长越长,折射率越小,得到的光谱呈非均匀排列。

光栅是根据光的衍射和干涉原理将复合光色散为不同波长的单色光的色散元件。其主要优点是,光栅在整个光学光谱区具有良好的几乎相同的色散能力,即光栅色散的波长范围比棱镜宽,且色散更均匀。光栅的分辨率也比棱镜好,得到的单色光更纯,宽度仅有几个纳米。

3. 吸收池

吸收池又称比色皿,是用来盛放待测溶液或参比溶液的,通常为长方体容器。其中平行相对的两个侧面由光学玻璃或其他特殊材料制成,性质稳定,耐腐蚀,光学透明,本身对可见光吸收极小且均匀恒定,而另两个侧面由毛玻璃制成。使用时比色皿光学玻璃的两个侧面作为光学窗正对着入射光束,以使光束垂直入射到溶液上。根据比色皿两侧光学玻璃内壁间的距离,亦即液层厚度 l,可将比色皿分为 0.1 cm,0.5 cm,1 cm,2 cm,3 cm 等不同规格。操作时只能用手接触比色皿毛玻璃的两个侧面,而不能接触光学窗的两个侧面,以保持光学窗的洁净。

4. 接收器/光电转换器

接收器是利用半导体光敏材料的光电效应将所接收到的光强度转换为电流强度的装置,故又称光电转换器,目的是检测单色光通过溶液被吸收后透射光的强度。只有通过接收器,才能将透射光转换成与其强度成正比的电流,也才有可能通过监测电流的大小来获得透射光强度 I 的信息。

简易的可见光分光光度计或光电比色计用硒光电池作为接收器。硒光电池的核心部分是具有光电效应的半导体硒。当可见光照射到硒光电池的硒片上时,就会有电子从半导体硒的表面逸出，从而产生与入射光强度成正比的光电流。硒光电池仅对一定范围波长的可见光有响应，且灵敏度不高。特别是当光照射时间较长时，硒光电池会产生“疲劳”现象，使灵敏度降低，无法正常工作，必须暂停使用。

较精密的分光光度计采用光电管作为接收器。光电管是一个真空或充有少量惰性气体的二极管，其中阴极是金属的半圆筒，内侧涂有光敏物质，可将透射光强度转换为电流强度。光电管具有响应波长范围宽、灵敏度高、不易疲劳等优点。

更精密的分光光度计则采用光电倍增管作为接收器。光电倍增管是由光电管改进而成的，管中有多个称为倍增极的附加电极，对微弱的光电流有很强的放大作用，因此比光电管更为灵敏。

5. 电流检测器/信号指示系统

电流检测器是用来测量或指示、记录光电流强度大小的。常用的信号指示系统有直流检流计、电位调零装置、数字显示及自动记录装置等。

简易分光光度计的检测器就是一个指针式灵敏检流计，但其面板上标注的不是电流强度，而是透射比 T 和吸光度 A，如图 8-9 所示。这样就可以直接从检流计的面板上读取透射比 T 或吸光度 A 值。面板上的刻度，对于透射比 T 是均匀的，因为电流强度与透射光强度成正比；而对于吸光度 A 则是不均匀的，因为 A 与 T 呈负对数关系。这种信号指示系统简单、直观，对于理解透射比和吸光度的关系非常清晰。

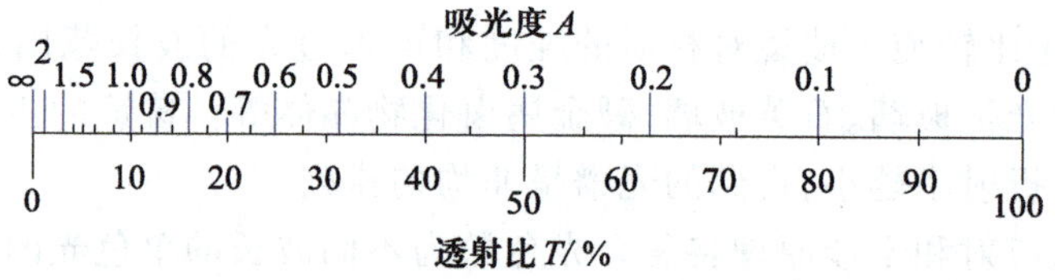

图 8-9 简易分光光度计的检流计面板

较精密的分光光度计用数字电压表作为电流检测器，并可以从数字显示器上直接读取透射比或吸光度值，因而更加准确和方便。现在大多分光光度计配有微处理机或计算机，一方面可以对仪器进行操作控制，另一方面可以进行数据处理。智能化(AI)、网络化、远程控制的分光光度计对于在线、实时监测具有重要的作用，给人以更方便的体验。

8-3-2 分光光度计的类型

根据吸收波长的范围，分光光度计可以分为可见分光光度计、紫外-可见分光光度计、紫外-可见-近红外分光光度计和红外分光光度计等。紫外-可见-近红外分光光度计可以将电子吸收光谱的测量范围扩展至红外区，可测量波长范围为 185~3 300 nm。而通常所说的红外分光光度计或红外光谱仪实际上主要是测量分子振动光谱，或以振动光谱为基础的半定量分析仪器。

如图 8-8 所示，根据光束数和输出波长数，分光光度计可以分为单光束、双光束和双波长分光光度计。单光束分光光度计结构简单，价格低廉，特别适用于固定波长的定量分析。但其缺点是参比溶液和试样溶液需要频繁更换，不能进行背景自动校正和光谱的自动扫描。

双光束分光光度计的工作原理是，经单色器分光后的一束平行光再经过以一定频率旋转的反射镜分解为强度相等的两束光，一束通过参比池，另一束通过吸收池，分光光度计能自动比较两束光的强度，此比值即为试样的透射比。进而经对数变换将透射比转换成吸光度并作为波长的函数记录下来。其主要的优点是，可以消除光源强度波动对测量的影响，并可以进行背景自动校正和自动扫描并记录吸收光谱。

双波长分光光度计的工作原理大致如下。由同一光源发出的光被分成两束，分别经过两个单色器，得到两束不同波长（λ_1 和 λ_2）的单色光。利用切光器使两束光以一定的频率交替照射同一吸收池，然后经过检测器和电子控制系统，最后由显示器显示出两个波长处的吸光度差值 ΔA（$\Delta A=A_{\lambda 1}-A_{\lambda 2}$）。其主要优点：可以用于多组分混合物复杂试样、混浊试样（如生物组织液）的分析。在背景干扰或共存组分吸收干扰比较明显的情况下，往往能提高检测方法的灵敏度和选择性。利用双波长分光光度计，能获得导数光谱。通过光学系统转换，使双波长分光光度计能很方便地转化为单波长工作方式。如果能够在 λ_1 和 λ_2 处分别记录吸光度随时间变化的曲线，还能进行化学反应动力学研究。

此外，还有多通道分光光度计，在此不予赘述。

8-3-3　吸光度的测量原理

从分光光度计的工作原理可以看到，分光光度计实际能够测得的只是与透射光强度 I 成正比的电流强度 i，而并不是吸光度 A。要想获得吸光度 A，还必须通过以下三个操作步骤。

1. 调检测器零点

如果将分光光度计的入射光路完全挡住，照射到接收器上的光强度为零，则产生的光电流应该为零，即电流检测器的指针应指在零点。但由于接收器中可能存在微弱的残余电流（又称暗电流），以及检测器本身的机械原因等，实际上检测器指针并不一定就指在零点。因此在测量时首先要将入射光路完全挡住，然后调节检测器上的调零旋钮，使指针正好指在零点，这个零点称为检测器零点。

在检测器零点，电流强度 $i=0$，它反映了透射光强度 $I=0$，或透射比 $T=0$，这也意味着吸光度 $A\to\infty$。可见，检测器零点在检流计面板上（图 8-9）表现为 $T=0$ 或 $A=\infty$ 的那个端点。

2. 通过参比溶液调吸光度零点

当入射光通过吸光物质溶液时，从理论上讲，入射光强度 I_0 只应由两部分组成，即

$$I_0=I_a+I$$

式中，I_a 是吸收光强度，I 是透射光强度。则透射比为

$$T=\frac{I}{I_0}=\frac{I}{I_a+I}$$

但实际上，总还有一小部分入射光被比色皿所反射或吸收，或被溶剂（如水或丙酮等）所散射或吸收等，造成入射光的损失。假设这部分损失的光强度为 I_r，则

$$I_0=I_a+I+I_r$$

此时如果仍按公式 $T=I/I_0$ 来测量透射比，则

$$T=\frac{I}{I_a+I+I_r}$$

此时将造成由 I_r 引起的 T 的测量误差。为了消除此误差，定义假想的入射光强度为 I_0'，使

$$I_0' = I_0 - I_r = I_a + I$$

而按照假想入射光强度 I_0' 测量得到的透射比才真正符合透射比的本意，即

$$T = \frac{I}{I_0'} = \frac{I}{I_a + I}$$

在实验中是通过参比溶液来获得 I_0' 的。参比溶液是除了没有吸光物质以外，其余成分都与试样溶液完全相同的溶液，实际上就是空白溶液。通常可用去离子水作参比溶液。当把盛有参比溶液的比色皿置于分光光度计的光路时，由于参比溶液不含吸光物质，$I_a = 0$，故

$$I_0 = I_{参} + I_r$$

由于使用的是同样的比色皿和去离子水，故这里的 I_r 与试样溶液的 I_r 完全相同。此时透射光强度为

$$I_{参} = I_0 - I_r = I_0'$$

即参比溶液的透射光强度 $I_{参}$ 就是假想入射光强度 I_0'。此时，透射比为

$$T_{参} = I_{参} / I_0' = 1 = 100\%$$

或

$$A_{参} = -\lg T_{参} = 0$$

检测器指针应该指在检流计面板上(图 8-9)的另一端点，即 $T = 100\%$ 或 $A = 0$ 的端点，称为吸光度零点。但实际上由于 I_r 值会随波长等因素而发生变化，所以指针往往并不一定指在吸光度零点。这就需要人为调节分光光度计的光量调节旋钮，以使指针正好指示在吸光度零点。

3. 待测溶液吸光度的测定

调好检测器零点和吸光度零点以后，就等于确定了检测器 T 标尺的两个端点，即 $T = 0$ 的最小点和 $T = 100\%$ 的最大点。然后再把待测吸光物质溶液置于光路中。此时由于入射光中总有一部分要透射过溶液，故透射光强度 $I > 0$；又由于待测溶液对入射光总有一定吸收，故 $I < I_0'$。所以待测溶液的透射比 T_x 必处于 0 与 100%之间，即

$$0 < T_x < 100\%$$

由于电流强度与透射光强度 I 成正比，当 I_0' 一定时又与透射比 T 成正比，所以只要将 T 标尺在 0~100% 均匀等分，则此时检测器的指针所指示的位置，或显示器所显示的就是溶液的透射比 T_x。

根据透射比 T_x，可以换算出待测溶液的吸光度 A_x。为了使用方便，以灵敏检流计为检测器的分光光度计都在其检测器面板上同时标注出与各个 T 值相对应的 A 值，故可直接从标尺上读取吸光度 A 值。由于透射比 T 与电流强度 i 成正比，故 T 标尺的刻度是均匀的；但由于 A 与 T 的关系不是正比关系而是负对数关系，故 A 标尺的刻度是不均匀的(图 8-9)。

通过以上三个步骤，主要是通过调节两个零点，就可以测得待测溶液的吸光度。应注意的是，两个零点不但含义不同，调节方法不同，而且所受的影响因素也不同。检测器零点不随波长和参比溶液的改变而改变，因为无论这些因素如何改变，当把光路挡住时，对于接收器来说都同样是漆黑一片，并没有区别。但吸光度零点却要随波长和参比溶液的改变而改变。因为不但同样的比色皿和参比溶液对不同波长的光的反射、散射和吸收的程度是不同的，而且不同参比溶液对同一波长的光的散射和吸收的程度也不一样。故当这些因素改变时，所损失的那部分光强度 I_r 也要随之改变，导致假想入射光强度 I_0' 的改变。而要保持 I_0' 不变，就必须重新进行调节。所以每当波长或参比溶液改变时，都要重新调节吸光度零点。

8-3-4 仪器的测量误差

同任何其他仪器一样，光度计测量的精确程度也是有限度的。这是因为总存在着一些难以控制的偶然因素，如电子元件性能的不稳定、杂散光的干扰等，造成了测量中某种程度的不确定性。正是由于这种不确定性，限制了仪器的测量精度，造成了仪器的测量误差。习惯上把造成仪器测量误差的偶然因素统称为噪声。仪器的测量误差属于随机误差。

以普通分光光度计为例，由噪声引起的测量不确定性直接表现为检测器光电流读数的不确定性；而光电流又与透射比成正比，因此这种不确定性又表现为 T 标尺上透射比读数的不确定性。一般这种 T 读数的不确定性最大不超过±0.01，这个由噪声引起的最大不确定性 ΔT 的大小是固定的，与 T 本身的大小无关，即 $\Delta T=\pm 0.01$。

但是光度分析的目的是通过吸光度 A 测得浓度 c，由这个固定的 ΔT 所引起的浓度 c 的测量相对误差是多少呢？首先考察吸光度 A 的测量误差与浓度 c 的测量误差之间的关系。若在测量吸光度 A 时产生了一个微小的绝对误差 $\mathrm{d}A$，则测量 A 的相对误差 $E_{\mathrm{r}}=\dfrac{\mathrm{d}A}{A}$。根据朗伯-比尔定律：

$$A=\varepsilon lc$$

当 l 为定值时，两边微分，得

$$\mathrm{d}A=\varepsilon l\mathrm{d}c$$

这里 $\mathrm{d}c$ 就是测量浓度 c 的微小的绝对误差。两式相除得

$$\frac{\mathrm{d}A}{A}=\frac{\mathrm{d}c}{c}$$

可见，由于 c 与 A 成正比，则测量的绝对误差 $\mathrm{d}c$ 与 $\mathrm{d}A$ 成正比，而它们测量的相对误差完全相等。

按照同样的方法考察 A 与 T 的测量误差之间的关系。由于

$$A=-\lg T=-0.434\ln T$$

微分得

$$\mathrm{d}A=-0.434\frac{\mathrm{d}T}{T}$$

两式相除得

$$\frac{\mathrm{d}A}{A}=\frac{\mathrm{d}T}{T\ln T}$$

可见，由于 A 与 T 不是正比关系而是负对数关系，它们的测量相对误差并不相等。

于是，由噪声引起的浓度 c 的测量相对误差为

$$E_{\mathrm{r}}=\frac{\mathrm{d}c}{c}=\frac{\mathrm{d}A}{A}=\frac{\mathrm{d}T}{T\ln T}$$

由于 T 的测量绝对误差或不确定性是固定的，即 $\mathrm{d}T=\Delta T=\pm 0.01$，故

$$E_{\mathrm{r}}=\frac{\Delta T}{T\ln T}=\pm\frac{0.01}{T\ln T} \qquad (8-23)$$

可见，浓度 c 的测量相对误差的大小与透射比 T 本身的大小有着复杂的关系。由式(8-23)可计算不同 T 时的相对误差的绝对值 $|E_{\mathrm{r}}|$，根据计算结果作 $|E_{\mathrm{r}}|-T$ 关系图，如图 8-10 所示。

由图可见，当 T 很小或很大时，相对误差的绝对值 $|E_r|$ 都很大，只有当 T 在 0.15～0.65 时，或 A 在 0.2～0.8 时，$|E_r|$ 才较小，在4%以下。在实际测定时，只有使待测溶液的透射比 T 处在 0.15～0.65，或使吸光度 A 处在 0.2～0.8，才能保证测量的相对误差较小。

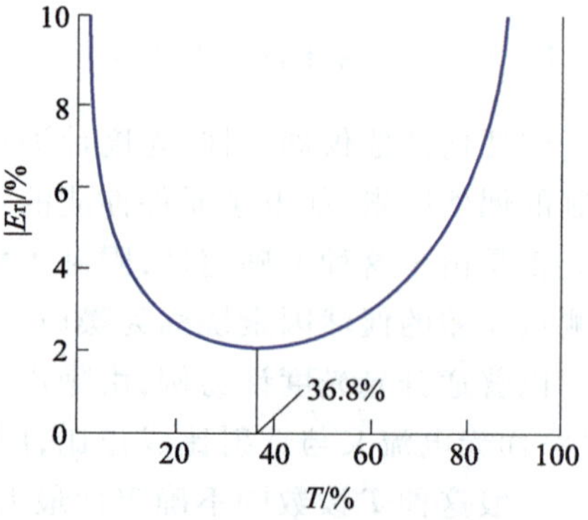

图 8-10　$|E_r|$-T 关系图

当 T 为多少时测量的相对误差 $|E_r|$ 才最小呢？求 $|E_r|$ 的最小值，相当于求 $|T\ln T|$ 的最大值，即求使 $\frac{d|T\ln T|}{dT}=0$ 的 T 值。

$$\frac{d|T\ln T|}{dT}=\ln T+1=0$$

故

$$\ln T=-1$$

使 $|E_r|$ 为最小的透射比

$$T_{min}=e^{-1}=0.368=36.8\%$$

相应的吸光度

$$A_{min}=-\lg T_{min}=0.434$$

此时

$$|E_r|_{min}=\left|\frac{0.01}{T_{min}\ln T_{min}}\right|=\frac{0.01}{0.368}=0.027$$

仅仅由分光光度计的噪声造成的测量误差最少也有近 3%，这表明分光光度法的准确度与化学分析法相比确实较大。

8-3-5　测量条件的选择

测量条件的选择是指从仪器角度出发，选择合适的测量条件，以尽量满足测量对准确度和可靠性的要求。

1. 选择合适的波长

在分光光度法中一般应该选择最大吸收波长 λ_{max} 为测定波长，因为在 λ_{max} 下测定不但灵敏度较高，而且能够减少由非单色光引起的对朗伯-比尔定律的偏离。但是如果在 λ_{max} 处有其他吸光物质干扰，就应考虑选择其他能避免干扰的入射光波长。例如，用丁二酮肟分光光度法测定钢中镍的含量，络合物丁二酮肟镍的 λ_{max} 为 470 nm（图 8-11），但试样中的铁用酒石酸钾钠掩蔽后，在 470 nm 处也有一定吸收，干扰了对镍的测定。为了避免铁的干扰，可以选择在波长 520 nm 处测定。在 520 nm处虽然测量镍的灵敏度有所降低，但酒石酸铁此时的吸光度极小，可以忽略，因此不干扰镍的测定。

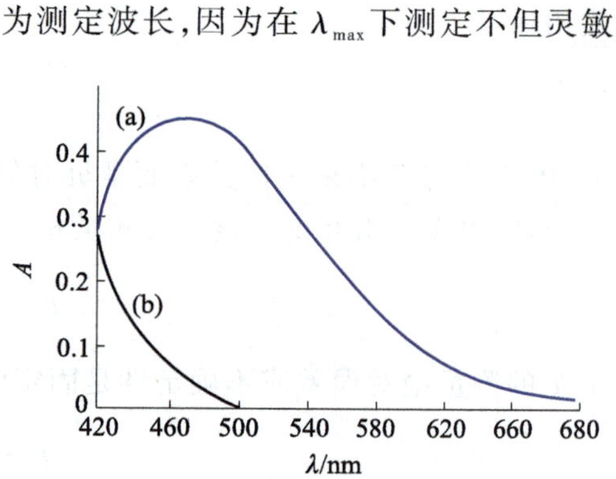

（a）丁二酮肟镍；（b）酒石酸铁

图 8-11　吸收曲线

2. 控制吸光度在合适范围内

在测量中应尽量使待测溶液的吸光度 A 处于 0.2~0.8 这个合适范围内，以控制其测量误差较小。为此可采取控制试液浓度或比色皿厚度等措施。

例如，某试液原来是由取待测液 1 mL 稀释 10 倍配成的，其吸光度为 1.2，超出了合适范围。此时可通过少取待测液，如只取 0.5 mL，稀释到同样体积，即稀释 20 倍后再测，则吸光度约为 0.6，落入合适范围内。同理，如果 A 太小，则可以适当多取待测液。又如某试液用 1 cm 比色皿测量时的吸光度为 0.1，小于合适的读数范围。此时可换用 3 cm 比色皿测定，使吸光度增加到 0.3，落入合适范围之内。

3. 选择合适的参比溶液

参比溶液不仅可以消除由比色皿和去离子水造成的光损失所带来的误差，而且能够大大提高分光光度法测定的抗干扰能力，并扩大其应用范围。

利用可见光分光光度法测定本来是无色或浅色的无机阳离子时，首先要进行显色反应，通常都是加入过量显色剂与待测离子络合，使之全部转变为显色物质。此外，为了测定的需要，在试样中往往还要加入掩蔽剂、缓冲剂等其他组分，这些其他组分可统称为试剂。因此，当显色反应完成以后，试液中除了待测离子几乎全部转变为显色物质外，还有试剂和多余的显色剂。

在理想情况下，除了显色物质有色外，试剂和显色剂本身都应无色，此时就可以用去离子水作为参比溶液，但实际情况往往比较复杂。例如，虽然试剂无色，但显色剂本身却有颜色，此时若仍用去离子水作参比，过量的显色剂就要吸收一部分光，造成对显色物质的干扰。假如显色物质的吸光度为 A，过量显色剂的吸光度为 A_r，则实际测得的溶液吸光度为

$$A_{测} = A + A_r$$

为了消除 A_r 的干扰，此时可用相同浓度的显色剂作为参比溶液。因为参比溶液中没有显色物质，$A=0$，故 $A_{参} = A_r$，于是可将 A_r 从 $A_{测}$ 中扣除，得到显色物质的吸光度 A。在实际操作中只需将参比溶液的吸光度 $A_{参}$ 人为地调节为零，则此时测得的待测溶液吸光度直接就等于显色物质的吸光度 A，从而消除了 A_r 的干扰。

由于待测离子已经消耗了一部分显色剂，因此严格地说参比溶液中显色剂的浓度与待测试液中多余显色剂的浓度并不完全相等。但实际上由于分光光度法测定的多是微量组分，待测离子的浓度较低，而作为络合剂的显色剂总要大大过量，故二者浓度上的差别往往极小而可忽略。

同理，如果显色剂无色而试剂有色，则应以试剂溶液为参比溶液。而如果试剂和显色剂都有色，则应以不加待测离子的试剂和显色剂的混合溶液为参比溶液。总之，选择参比溶液的目的就是突出显色物质对光的吸收，而排除其他一切光的损失或吸收所造成的干扰。分光光度法测得的吸光度实质上是待测溶液与参比溶液的吸光度的差值。

8-4 显色反应和显色剂

8-4-1 显色反应

将待测无色或浅色的无机离子转变为有色离子或其有色络合物的反应叫作显色反应。显色

反应一般分两类。

1. 氧化还原反应

例如,用分光光度法测定钢样中微量锰的含量,试样溶解后使锰全部以溶剂化 Mn^{2+}形式存在,其接近无色,很难直接用分光光度法进行测定。可以用 Ag^{+}作为催化剂,用过硫酸铵将 Mn^{2+}氧化为紫红色的 MnO_4^-,其反应式为

$$2Mn^{2+}+5S_2O_8^{2-}+8H_2O \xlongequal{} 2MnO_4^-+10SO_4^{2-}+16H^+$$

MnO_4^- 在 525 nm 处有一灵敏的吸收峰,可以很方便地用分光光度法进行测定。

2. 络合反应

无机阳离子的显色反应绝大多数都属于络合反应。如邻二氮菲(phen)与 Fe(Ⅱ)的反应式为

$$Fe^{2+}+3phen \xlongequal{} Fe(phen)_3^{2+}(红)$$

这里以 $Fe(phen)_3^{2+}$ 表示邻二氮菲-亚铁络合物。通过这个络合反应,使本来颜色很浅的 Fe^{2+}转变为红色的 $Fe(phen)_3^{2+}$,它在 510 nm 处有一灵敏吸收峰,而显色剂 phen 本身无色。邻二氮菲分光光度法测铁已经成为测铁的经典方法。

近年来在分光光度法中发展较快的一类络合显色反应是形成三元络合物的显色反应。在分光光度分析中,这类三元络合物与二元络合物比较,具有更高的灵敏度和选择性。例如,在 pH 0.6~2.0 的酸性溶液中可以形成 1∶1∶1 的三元络合物 Ti^{4+}-H_2O_2-二甲酚橙,可用于微量钛的测定。又如,在 pH 6.0 的邻二氮菲-亚铁溶液中加入甲基橙,阳离子 $Fe(phen)_3^{2+}$ 与甲基橙阴离子可以靠静电引力形成三元离子缔合络合物,萃取后用分光光度法测铁,灵敏度要高于邻二氮菲-亚铁分光光度法。此外,还有金属离子-络合剂-表面活性剂类型的三元络合物体系。

8-4-2 显色剂

能使无机离子发生络合显色反应的试剂称为显色剂。无机显色剂与金属离子生成的络合物或化合物的稳定性、灵敏度和选择性一般都不高,因此应用不多。比较常见的有用硫氰酸盐与铁、钼或钨等离子络合显色,用钼酸铵与硅、磷或钒等离子形成有色化合物等。

绝大多数络合显色剂都是有机络合剂。由于有机显色剂与无机离子能生成稳定络合物或螯合物,具有较高的灵敏度和选择性,使得分光光度法在无机分析中得到广泛的应用。有机显色剂分子中一般都含有生色团和助色团。生色团是某些含不饱和键的基团,尤其是共轭双键体系或稠环芳香烃体系,如偶氮基(—N═N—)、对醌基(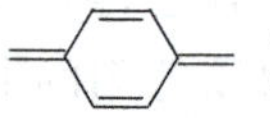)以及羰基(>C═O)等。这些基团中的 π 电子被激发时所需能量较小,波长 200 nm 以上的光就可以满足,故往往可以吸收可见光而表现出颜色。助色团是某些含孤对电子的基团,如氨基($—NH_2$)、羟基(—OH)和卤代基(—Cl,—Br)等。这些基团与生色团上的不饱和键相互作用,可以影响生色团对光的吸收,使颜色加深。简单地说,某些有机化合物及其络合物之所以显现出颜色,就在于它们具有特殊的结构。而它们的结构中含有生色团和助色团则是它们有色的基本原因。表 8-3 列出了部分常见显色剂及其应用实例,同时,图 8-12 给出了所涉及的部分显色剂的分子结构。

表 8-3 部分常见显色剂及其应用实例

显色剂	待测离子	络合物组成	颜色	λ_{max}/nm	显色 pH
铬变酸-2R	Mg^{2+}	1 : 1	红色	570	10.5~11.0
铬天青 S	Al^{3+}	1 : 2	紫红色	545	4.7~6.0
丁二酮肟	Ni^{2+}	1 : 2	红色	470	10.0~12.0
二硫腙	Pb^{2+}	1 : 2	紫红色	520	8.0~10.0
邻二氮菲	Fe^{2+}	1 : 3	红色	510	2.0~9.0

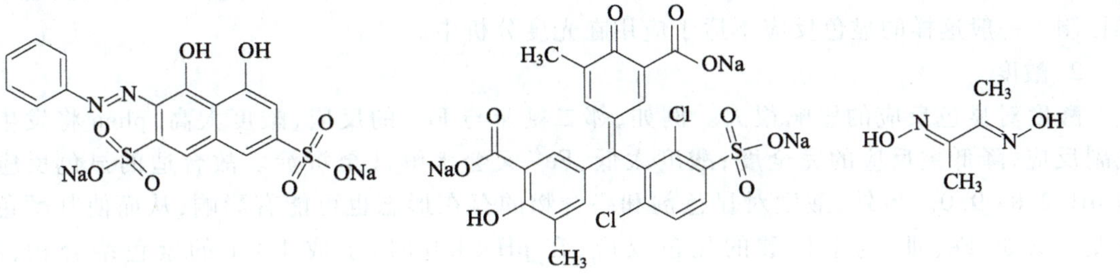

铬变酸-2R　　铬天青S　　丁二酮肟

图 8-12 部分显色剂的分子结构

由于许多显色剂本身就是有色的，因此它们与无机离子所形成的络合物的颜色必须与其本身的颜色有较大差别，才能应用于分光光度分析。如果显色剂与其络合物具有几乎相同的最大吸收波长，则由于显色剂往往是过量的，即使采用显色剂为参比，测定的灵敏度也将大大降低，准确度也无法得到保证。通常用反衬度来表示显色剂 R 与络合物 MR_n（均忽略电荷）之间的颜色差别。反衬度

$$\Delta\lambda = \left| \lambda_{max}^{MR_n} - \lambda_{max}^{R} \right| \tag{8-24}$$

一般只有反衬度 $\Delta\lambda \geq 60$ nm 的体系才能用于光度分析。如果采用微分光度法，$\Delta\lambda$ 可以更小。

8-4-3 显色反应条件的选择

显色反应的进行是有条件的，只有控制适宜的反应条件才能使显色反应按预期方式进行，才能达到利用分光光度法对无机离子进行测定的目的，因此显色反应条件的选择是十分重要的。适宜的反应条件主要通过实验来确定。

1. 显色剂浓度

为了保证显色反应进行完全，使待测离子 M 全部转化为有色络合物 MR_n，需加入过量的显色剂 R。但显色剂浓度究竟过量多少，要通过实验确定。可能出现三种情况，如图 8-13 所示。比较常见的是(a)曲线，开始吸光度 A 随显色剂浓度 c_R 的增加而增加，当 c_R 达到一定数值后，A 趋于平坦，表明此时 M 已全部转化为 MR_n。可以在平台区域选择一个合适的 c_R 作为测定时 R 的适宜浓度。曲线(b)与(a)不同的是，当平台区域出现之后，从某一点开始，A 又随着 c_R 的增加而下降。例如，用硫氰酸盐法测定钼时，通常测定的是橙红色的 $Mo(SCN)_5$。但若 SCN^- 的浓度过高，则因生成浅红色的 $Mo(SCN)_6^-$ 致使吸光度降低。此时必须注意控制 c_R 在平台区域。如果

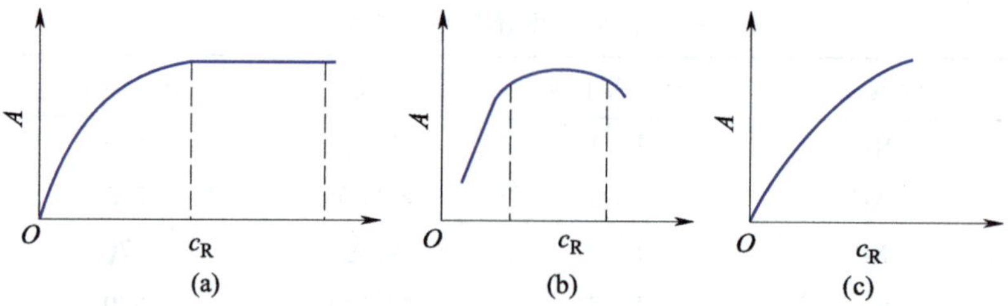

图 8-13 显色剂浓度 c_R 对吸光度 A 的影响

出现了曲线(c)的情况,即 A 总是随着 c_R 的增大而增加,不出现 A 较稳定的区域,则测定条件很难控制。一般这样的显色反应不适于应用在光度分析中。

2. 酸度

酸度对显色反应的影响很大。例如,邻二氮菲与 Fe^{2+} 的反应,酸度太高,phen 将发生质子化副反应,降低主反应的完全度;酸度太低,Fe^{2+} 又会水解甚至沉淀。故合适的显色反应酸度是 pH 2.0~9.0。另外,酸度对显色剂和络合物的存在形态也可能有影响,从而使其颜色发生改变。又如,Fe(Ⅲ)与水杨酸的显色反应,在 pH<4.0 时,生成 1∶1 的紫色络合物;在 pH 4.0~9.0 时,生成 1∶2 的红色络合物;在 pH>9.0 时则生成 1∶3 的黄色络合物。所以,必须通过实验确定适宜的酸度范围。具体做法是,固定其他条件不变,配制一系列 pH 不同的显色反应溶液,分别测定它们的吸光度 A。在 A-pH 曲线中,A 最大而又恒定的 pH 范围即是显色反应适宜的酸度范围。

3. 时间

通过实验考察时间对显色反应的影响,既可以了解显色反应速率的快慢,又可以了解显色络合物的稳定性。对于慢反应,应等待反应达到平衡后再进行测定,而对于不稳定的显色络合物,则应在吸光度下降之前及时测定。通常,对那些反应速率很快,显色络合物又很稳定的体系,测定时间的选择余地很大。

4. 温度

多数显色反应的反应速率很快,室温下即可进行。只有少数显色反应速率较慢,需加热以促使其迅速完成。但温度太高可能使某些显色剂分解。

8-4-4 共存离子干扰的消除

在分光光度法中共存离子的干扰是一个经常会遇到的问题。例如,共存离子本身有色,或者它与显色剂生成有色络合物,即在测量条件下有吸收,就会干扰待测离子的测定,造成正误差。通常可以采取以下一些措施来消除干扰。

1. 控制酸度

控制酸度是消除干扰的重要方法。它主要是根据不同金属离子与显色剂所形成的络合物稳定性的差异,利用显色剂的酸效应来抑制干扰离子显色反应的完全程度,从而消除干扰。例如,当用二硫腙分光光度法测 Hg^{2+} 时,共存的 Cd^{2+},Pb^{2+} 等离子也能与二硫腙生成有色络合物,因而干扰 Hg^{2+} 的测定。为此,可以控制在强酸条件下测定。此时 Cd^{2+},Pb^{2+} 等离子的二硫腙络合物由于酸效应,其条件稳定常数 K' 值较小而不能稳定存在,因而无法显色,而二硫腙-Hg(Ⅱ)络合物的 K' 值仍相当大因而十分稳定。

2. 掩蔽

例如，用分光光度法在 $\lambda_{max}=525$ nm 测 $KMnO_4$，共存的 Fe^{3+} 也有一定吸收因而产生干扰。可以加入 H_3PO_4 使 Fe^{3+} 生成无色络合物 $Fe(HPO_4)^+$，从而消除其干扰，这属于络合掩蔽。又如，用罗丹明萃取分光光度法测 Ga^{3+}，在其最大吸收波长下，共存的 Fe^{3+} 也有一定吸收而产生干扰。可以加入 $TiCl_3$ 将 Fe^{3+} 还原为 Fe^{2+}，由于 Fe^{2+} 在罗丹明-Ga(Ⅲ)络合物的 λ_{max} 处没有吸收，故干扰被消除，这属于氧化还原掩蔽。

3. 选择合适的测定波长

例如，在 $\lambda_{max}=525$ nm 处测定 $KMnO_4$ 时，共存的 $K_2Cr_2O_7$ 也有吸收因而产生干扰，为此可改在次大吸收波长 545 nm 处测定 $KMnO_4$。此时虽然测定 $KMnO_4$ 的灵敏度有所降低，但由于 $K_2Cr_2O_7$ 在此波长处无吸收，它的干扰被消除。

4. 选择合适的参比溶液

例如，在用铬天青 S 分光光度法测定 Al^{3+} 时，共存的 Co^{2+}，Ni^{2+} 等有色离子在测定波长下也有吸收因而发生干扰。此时可在一份待测试液中加入适量 NH_4F，以此作为参比溶液。Al^{3+} 可以与 F^- 形成稳定的无色络合物，无法再与铬天青 S 发生络合反应而显色，而此时 Co^{2+}，Ni^{2+} 等有色离子仍然在溶液中。所以当以此溶液作为参比溶液时，就既可以消除显色剂本身有色所造成的干扰，也可以消除 Co^{2+}，Ni^{2+} 等有色离子所造成的干扰。

8-5 光度法的应用

8-5-1 多组分的分析

应用分光光度法可以测定同一试样中的两个甚至更多的组分。以两组分的混合物分析为例。如果两组分的吸收峰互不干扰，如图 8-14(a)，则可以分别在 $\lambda_{max}^{Ⅰ}$ 和 $\lambda_{max}^{Ⅱ}$ 处测定Ⅰ和Ⅱ两组分，这本质上与单组分测定没有区别。而如果两组分的吸收峰互相干扰，如图 8-14(b)，则可以利用吸光度的加和性，用解联立方程的方法求得各组分的浓度。吸光度的加和性是指如果溶液中各组分之间的相互作用可以忽略，则某波长处溶液的总吸光度是其各组分单独存在时的吸光度之和，即

$$A_{总}=A_1+A_2+\cdots+A_n$$

以图 8-14(b)中的两组分测定为例。首先用单一组分Ⅰ的标准溶液在 $\lambda_{max}^{Ⅰ}$ 和 $\lambda_{max}^{Ⅱ}$ 处测得其摩尔吸光系数 $\varepsilon_{\lambda_1}^{Ⅰ}$ 和 $\varepsilon_{\lambda_2}^{Ⅰ}$，用单一组分Ⅱ的标准溶液在 $\lambda_{max}^{Ⅰ}$ 和 $\lambda_{max}^{Ⅱ}$ 处测得其摩尔吸光系数 $\varepsilon_{\lambda_1}^{Ⅱ}$ 和 $\varepsilon_{\lambda_2}^{Ⅱ}$。然后分别在 $\lambda_{max}^{Ⅰ}$ 和 $\lambda_{max}^{Ⅱ}$ 处测得待测混合溶液的总吸光度 A_{λ_1} 和 A_{λ_2}。根据吸光度的加和性，则

$$A_{\lambda_1}=A_{\lambda_1}^{Ⅰ}+A_{\lambda_1}^{Ⅱ}=\varepsilon_{\lambda_1}^{Ⅰ}lc_{Ⅰ}+\varepsilon_{\lambda_1}^{Ⅱ}lc_{Ⅱ}$$

$$A_{\lambda_2}=A_{\lambda_2}^{Ⅰ}+A_{\lambda_2}^{Ⅱ}=\varepsilon_{\lambda_2}^{Ⅰ}lc_{Ⅰ}+\varepsilon_{\lambda_2}^{Ⅱ}lc_{Ⅱ}$$

解此方程组就可以得到组分Ⅰ的浓度 $c_{Ⅰ}$ 和组分Ⅱ的浓度 $c_{Ⅱ}$。按照同样的原理可以测定混合物中多组分的含量。

8-5-2 示差分光光度法

普通分光光度法只适用于微量组分的分析，而不适用于常量组分的分析。这主要是因为该

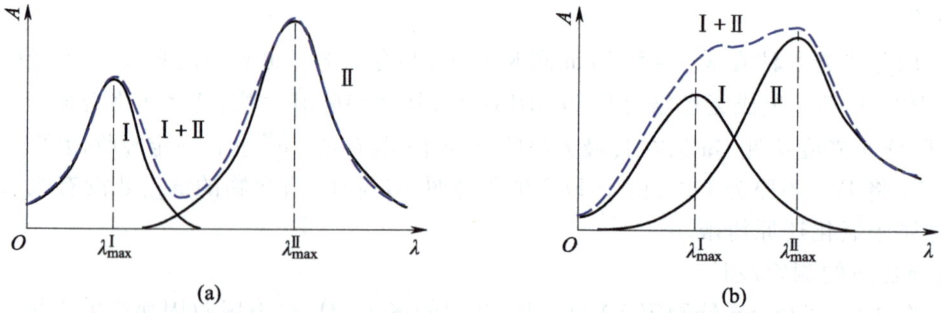

图 8-14 (a) 两组分(Ⅰ和Ⅱ,实线)以及(b) 混合溶液(Ⅰ+Ⅱ,虚线)的吸收光谱示意图

方法测量误差较大。即使能将 A 控制在合适的吸光度范围 0.2~0.8,测量相对误差也仍有约 ±4%。这样大的相对误差如果说对微量组分测定还是可以接受的话,对常量组分测定就是不能允许的,因为此时不仅测量相对误差较大,而且测量绝对误差也较大。但是示差分光光度法可以应用于常量组分的测定,因为它的测量相对误差可以降低到±0.5%以内,从而使测量准确度大大提高。

示差分光光度法与普通分光光度法的主要区别在于所采用的参比溶液不同。示差分光光度法是以浓度比待测溶液浓度稍低的标准溶液作为参比溶液。假设待测溶液浓度为 c_x,参比溶液浓度为 c_s,则 $c_s<c_x$。根据朗伯-比尔定律,在普通分光光度法中,有

$$A_x=\varepsilon lc_x=-\lg T_x=-\lg\frac{I_x}{I_0}$$

$$A_s=\varepsilon lc_s=-\lg T_s=-\lg\frac{I_s}{I_0}$$

但是在示差分光光度法中,是以 c_s溶液为参比,即以 c_s溶液的透射光强度 I_s作为假想的入射光强度 I_0'来调节吸光度零点的,即

$$I_s=I_0'$$

而当把待测溶液推入光路后,其透射比

$$T_{差}=\frac{I_x}{I_0'}=\frac{I_x}{I_s}=\frac{I_x}{I_0}\cdot\frac{I_0}{I_s}=\frac{T_x}{T_s}$$

所测得的吸光度

$$A_{差}=-\lg T_{差}=-\lg\frac{T_x}{T_s}=(-\lg T_x)-(-\lg T_s)=A_x-A_s=\Delta A$$

可见,在示差分光光度法中,实际测得的吸光度 $A_{差}$ 就相当于在普通分光光度法中待测溶液与参比溶液的吸光度之差 ΔA。“示差”一词即源于此。将普通分光光度法的朗伯-比尔定律关系代入,则

$$\Delta A=A_x-A_s=\varepsilon l(c_x-c_s)=\varepsilon l\Delta c$$

其中

$$\Delta c=c_x-c_s$$

可见,在示差分光光度法中,朗伯-比尔定律可以表示为 $\Delta A=\varepsilon l\Delta c$。而据此测得的浓度并不是 c_x,而是浓度差 Δc。但由于 c_s是已知的标准溶液的浓度,由 $c_x=c_s+\Delta c$ 可间接推算出待测溶液的

浓度 c_x。这就是示差分光光度法测定的原理。

在普通分光光度法中，c_x溶液由于浓度较高，其吸光度 A_x相当大，通常都会大大超过合适的吸光度范围 0.2~0.8，因而引起较大的测量误差。而在示差分光光度法中，由于是以浓度稍低的 c_s为参比，测得的吸光度 ΔA 将比 A_x大大降低，因而可以被控制在合适的吸光度范围之内，从而减小了测量误差。

但应该指出的是，在示差分光光度法中，由仪器噪声引起的测量误差依然存在，因此即使控制吸光度 ΔA 在合适范围 0.2~0.8 内，测量相对误差也仍将达到约±4%。但与普通分光光度法不同的是，在示差分光光度法中这个近±4%的测量相对误差是相对于 Δc 而言的，而不是相对于 c_x而言的。如果是相对于 c_x而言，则测量相对误差为

$$E_r = \frac{\pm 4\% \times \Delta c}{c_x}$$

由于 c_x仅仅稍大于 c_s，故 c_x总是远大于 Δc。假设 c_x为 Δc 的 10 倍，则测量相对误差就等于±0.4%。这就使得示差分光光度法的准确度大大提高，可适用于常量组分的分析。

从仪器构造上讲，示差分光光度法需要一个发射强度较大的光源，才能将高浓度的参比溶液调节到吸光度零点。因此必须采用专门设计的示差分光光度计，这使该方法的应用受到一定限制。

8-5-3 络合物组成的测定

应用分光光度法测定络合物的组成有多种方法，这里仅介绍较常用的摩尔比法。设金属离子 M 与络合剂 R 发生显色反应（均略去电荷），其反应式为

$$M + nR \rightleftharpoons MR_n$$

可配制一系列 M 的浓度 c_M相等，而 R 的浓度 c_R各不相同，即摩尔比 n_R/n_M各不相同的溶液。在 MR_n的最大吸收波长处测定这一系列溶液的吸光度 A，并对 n_R/n_M作图，如图 8-15 所示。分别作曲线上升部分和平台部分两条直线的延长线，二者交点的横坐标值即为测得的络合比 x。摩尔比法的测定原理是，当摩尔比 n_R/n_M小于 x 时，溶液中的 M 只有一部分转变为 MR_n，因此当 R 浓度增大时，MR_n的量也逐渐增多，使吸光度 A 逐渐增大，表现为一条随 n_R/n_M增大而增大的直线。而当摩尔比 n_R/n_M大于 x 时，溶液中的 M 已全部转变为 MR_n，MR_n的量不会随 R 浓度的增加而再增加，因此吸光度 A 保持不变，表现为一条水平的直线。显然，从上升直线到水平直线的转折点所对应的摩尔比就是络合物 MR_n的络合比。在实际测定中，两条直线之间往往并无明显的转折点，而是表现为一段弧线。这是络合物 MR_n的解离所造成的，故采用两条直线延长线的交点作为转折点。显然，所生成的有色络合物越稳定，转折点的位置就越容易判断，络合比就越易于测得。另外，在可能形成的各级络合物中，如果 $MR, MR_2, \cdots, MR_{n-1}$等中间络合物也很稳定且有色，则摩尔比法不适用。只有最后一级络合物 MR_n很稳定且有色，其络合比才适于用摩尔比法进行测定。

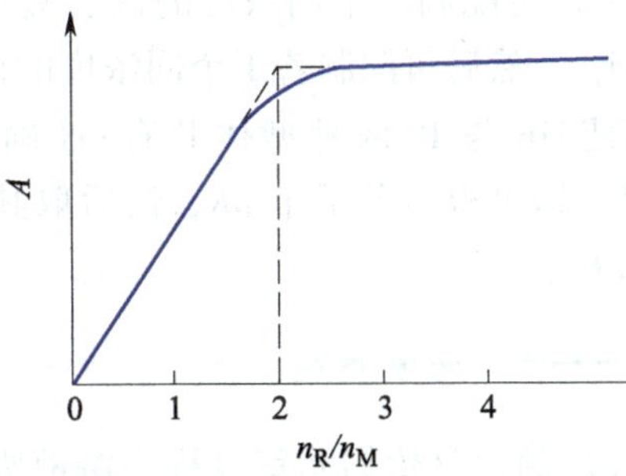

图 8-15 摩尔比法测络合比

8-5-4 酸碱解离常数的测定

分析化学中所使用的指示剂或显色剂大多也是有机弱酸或弱碱，故通常可用分光光度法测定它们的解离常数 K_a 或 K_b。由于分光光度法的灵敏度高，故特别适合于测定那些溶解度较小的有色弱酸或弱碱的解离常数。

设在某波长下，弱酸 HB 及其共轭碱 B^- 均有吸收，则根据吸光度的加和性，有

$$A=\varepsilon_{HB}l[HB]+\varepsilon_{B^-}l[B^-]=\varepsilon_{HB}lc\cdot\frac{[H^+]}{[H^+]+K_a}+\varepsilon_{B^-}lc\cdot\frac{K_a}{[H^+]+K_a}$$

式中，ε_{HB} 和 ε_{B^-} 分别是 HB 和 B^- 的摩尔吸光系数，c 是弱酸的总浓度。

设 $A_{HB}=\varepsilon_{HB}lc$，$A_{B^-}=\varepsilon_{B^-}lc$，则

$$A=\frac{A_{HB}[H^+]+A_{B^-}K_a}{[H^+]+K_a}$$

整理后有

$$K_a=[H^+]\cdot\frac{A-A_{HB}}{A_{B^-}-A}$$

或

$$pK_a=pH+\lg\frac{A_{B^-}-A}{A-A_{HB}} \qquad (8-25)$$

式(8-25)即为用分光光度法测定一元弱酸解离常数的基本公式。式中，A_{HB} 和 A_{B^-} 分别为弱酸完全以 HB 和 B^- 型体存在时溶液的吸光度。

具体测定时，先配制一个该弱酸溶液，使其 $pH \ll pK_a$，此时弱酸几乎全部以 HB 型体存在，可测得 A_{HB}；再配制一个同浓度的该弱酸溶液，使其 $pH \gg pK_a$，此时弱酸几乎全部以 B^- 型体存在，可测得 A_{B^-}。然后再配制若干个同浓度的该弱酸溶液，使其具有不同的 pH，且 pH 分布在上述两者之间，以使 HB 与 B^- 两种型体共存；准确测得这些溶液各自的 pH 和相对应的吸光度 A，代入式(8-25)，即可求得若干个 pK_a，最后取其平均值。也可以按照式(8-25)，用线性拟合法或作图法求出 pK_a。

8-5-5 光度滴定

光度滴定是依据滴定过程中溶液吸光度的突变来确定滴定终点的滴定分析方法。它不但适用于滴定无色透明的溶液，而且适用于滴定有色或混浊的溶液，特别是可以用于滴定微量组分。由于光度滴定是采用光度计来记录滴定过程中的吸光度变化，所以其对滴定终点的判断比用指示剂法更加灵敏。与一般化学滴定法不同的是，光度滴定法需要记录整个滴定曲线，包括化学计量点以后的滴定曲线，然后才可以根据吸光度 A 变化的拐点，由直线外推法来确定滴定终点。因此，平衡常数较小的滴定反应也可以用光度滴定法进行滴定。

例如，可以采用光度滴定法以 EDTA 连续滴定 Bi(Ⅲ)和 Cu(Ⅱ)的混合物。在 745 nm 处，只有 Cu(Ⅱ)-EDTA 螯合物有强烈的吸收，而溶液中其他组分几乎没有吸收。在此波长下的光度滴定曲线如图 8-16 所示。当将 EDTA 滴加到 Bi(Ⅲ)和 Cu(Ⅱ)的混合试样溶液中时，由于 Bi(Ⅲ)-EDTA 比 Cu(Ⅱ)-EDTA 更稳定，首先形成 Bi(Ⅲ)-EDTA 螯合物。由于 Bi(Ⅲ)-EDTA 在

此波长下无吸收，在滴定Bi(Ⅲ)的过程中吸光度 A 保持不变。当Bi(Ⅲ)被滴定完毕后，Cu(Ⅱ)-EDTA螯合物开始形成，由于Cu(Ⅱ)-EDTA在此波长下是强吸收组分，且在滴定过程中Cu(Ⅱ)-EDTA的浓度不断增大，故吸光度 A 也随滴定进程而不断增加。而当溶液中的Cu(Ⅱ)全部被滴定完毕后，吸光度 A 不再继续增加，而趋于水平。在整个滴定曲线中，出现了两个明显的拐点，前一个拐点是滴定Bi(Ⅲ)的滴定终点，而后一个拐点则是滴定Cu(Ⅱ)的滴定终点。

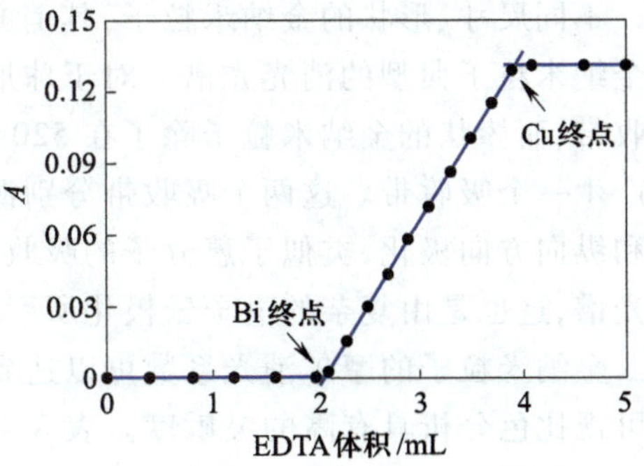

图 8-16 光度滴定法的滴定曲线

[0.100 mol·L^{-1} EDTA 滴定 100 mL Bi(Ⅲ)和Cu(Ⅱ)混合溶液；Bi(Ⅲ)和Cu(Ⅱ)的浓度均为 1.00×10^{-3} mol·L^{-1}；溶液pH = 2.0；测定波长为 745 nm]

8-5-6 金属纳米粒子溶胶的吸光原理及应用

纳米材料在分析化学中具有广泛的应用，是目前重要的研究领域之一。吸收光谱法是研究这些纳米材料的基本性质及其应用的重要方法。例如，金纳米粒子分散在水介质中称为金溶胶，其具有良好的吸光性质，故基于其吸光性质变化的可视比色分析具有非常高的灵敏度。然而，金溶胶的吸光光谱与分子吸收光谱产生的原理是有区别的。

如图 8-17 所示，金纳米粒子可以看作由带正电荷的原子核和带负电荷的自由电子组成。当电磁辐射波作用于粒径远小于其辐射波长的球形金属纳米粒子时，原子核和电子云反向移动，使得电子密度在局部区域内分布不均匀，出现偶极。当电子云远离原子核时，由自由电子和原子核之间的库仑引力产生的恢复力使得自由电子向相反方向移动，形成了由电磁辐射波操纵的电子云的纵向振荡。电磁辐射频率与自由电子的集体振荡频率相当时则产生共振吸收。这种情况仅发生在金属纳米粒子表面的局部区域，叫作局域表面等离子体共振(localized surface plasmon resonance, LSPR)[1]。

金纳米粒子尺寸远大于分子水平，由其形成的溶胶不可避免地会产生散射。因此，采用吸收光谱仪所测量的光谱，实际上包含了共振“吸收”和散射信号的消光光谱，如图 8-17(b)所示。

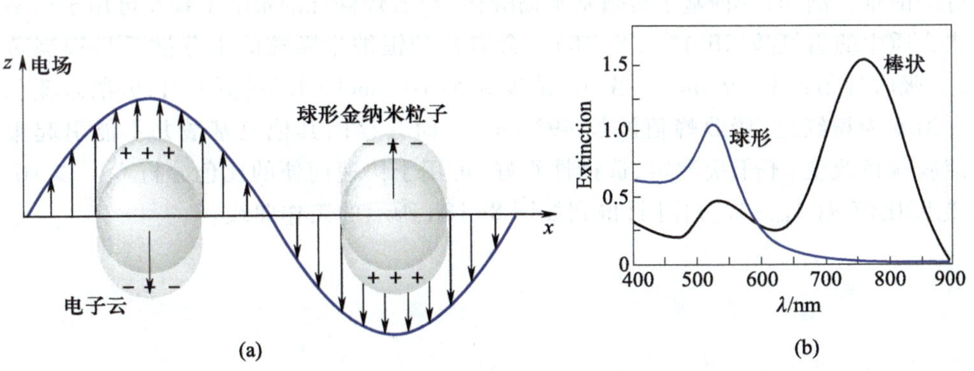

参考文献

图 8-17 (a) 球形金纳米粒子局域表面等离子体共振(LSPR)吸收示意图[2] 和(b) 两种金纳米粒子的消光光谱[3]

不同尺寸、形状的金纳米粒子,其消光光谱的峰值位置是不同的。图 8-17(b)是球形和棒状金纳米粒子典型的消光光谱。对于球形金纳米粒子只在可见区的 520 nm 处产生一个明显的吸收带,而棒状的金纳米粒子除了在 520 nm 处的吸收带之外,还在大于 600 nm 的更长的波长区域产生一个吸收带。这两个吸收带分别源于棒状金纳米粒子的电子云沿着短轴和长轴,或者横向和纵向方向极化,类似于蒽分子的吸收带。形状和结构更复杂的金纳米粒子,呈现更复杂的吸收光谱,这也是由复杂的电子云极化所引起的。

金纳米粒子的摩尔消光系数可以达到 $10^7 \sim 10^{11}$ L·(mol·cm)$^{-1}$以上,因此基于金纳米粒子的可视比色分析具有高的灵敏度。表 8-4 总结了金纳米粒子的形状和 LSPR 吸收带位置以及摩尔消光系数值。

表 8-4　金纳米粒子的形状和 LSPR 吸收带位置以及摩尔消光系数值(室温水介质)[1,2]

金纳米粒子形状	尺寸/nm	LSPR 峰位置/nm	摩尔消光系数/[L·(mol·cm)$^{-1}$]
球形	5~100	515~650	$10^7 \sim 10^{11}$
棒状(圆柱或棱柱)	20~微米级	600~1 800 纵向极化	10^9 纵向 $10^8 \sim 10^9$
片形、菱形、盘状	边长 40~1 000/ 厚度 5~50	700~1 300 面内极化	
壳形	10~400	520~900	
盒、笼、框架、空心结构	边长 20~200	400~1 200	
多面体	20~270	560~1 000	
星状	45~300	550~800	

虽然微观上胶态纳米粒子悬浮体系不像小分子或离子那样表现为真溶液,但胶态纳米粒子具有特殊的光学性质,在较宽的浓度范围内对光的吸收具有良好的线性响应,可以作为特殊的显色剂使用。所以,胶态纳米粒子(如金纳米粒子或各种量子点)在分析化学或生物分析化学中拥有非常好的前景。例如,一种基于对磺基水杨酸杯[4]芳烃修饰的银纳米颗粒可用于检测水介质中的组氨酸(His)(图 8-18)。含有这种银纳米颗粒的水分散系呈现亮黄色(吸收峰值波长 394 nm),当 His 浓度为 5×10^{-6} mol·L^{-1}或更大时,分散系颜色逐渐变为粉红色(吸收峰值波长 493 nm)。而共存的其他氨基酸并不能引起银溶胶颜色改变,不干扰测定,选择性很好,可用于快速简便的比色分析[1]。以 His 的对数浓度对吸光度比值 $R(A_{493}/A_{394})$ 作图,得到如图 8-18b 所示的工作曲线。

参考文献

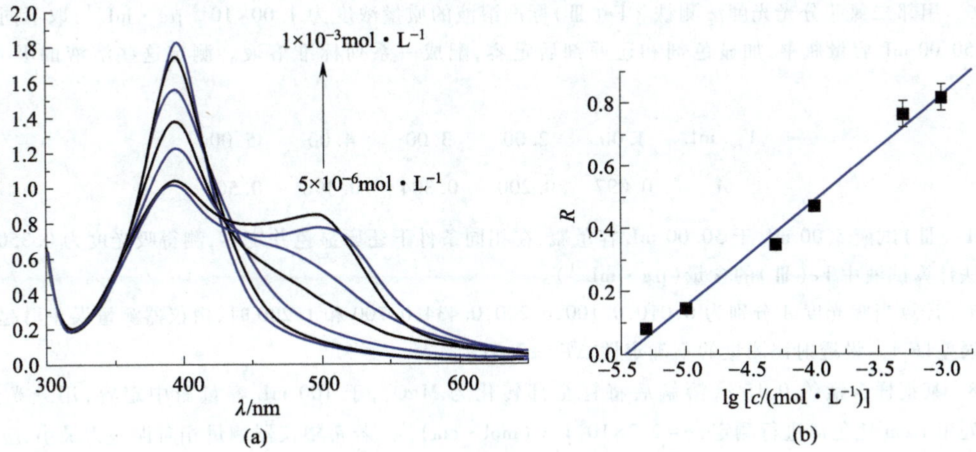

图 8-18　银纳米溶胶检测组氨酸

思　考　题

8-1　比较并解释下列各组名词或概念：

物质对光的选择性吸收和朗伯-比尔定律；标准曲线和最小二乘法；摩尔吸光系数和桑德尔灵敏度；吸光度和透射比；检测器零点和吸光度零点；显色反应和显色剂；溶液的颜色和互补色；试样溶液和参比溶液。

8-2　回答问题：哪些因素影响物质的摩尔吸光系数？哪些因素导致物质吸收偏离朗伯-比尔定律？如何利用分光光度法确定络合物的组成？

8-3　在分光光度法中选择入射光波长的原则是什么？

8-4　在设计分光光度法测定条件时，通常考虑吸光度控制在什么范围？为什么？

8-5　分光光度计由哪些主要部件组成？各部件的作用如何？

8-6　为什么说示差分光光度法能提高测定的准确度？

8-7　检索文献，试举例说明胶态金纳米粒子作为显色剂在分光光度法中的应用。

8-8　光度滴定与通常的化学滴定分析相比有什么优点？

习　　题

8-1　将下列透射比值换算为吸光度值：

(1) 5.0%；(2) 10.0%；(3) 50.0%；(4) 75.0%；(5) 90.0%；(6) 99.0%。

8-2　将下列吸光度值换算为透射比值：

(1) 0.010；(2) 0.050；(3) 0.400；(4) 1.000；(5) 1.700；(6) 2.000。

8-3　某试液用 2 cm 比色皿测量时 $T=60.0\%$，若改用 1 cm 或 5 cm 比色皿，它们各自的 T 和 A 为多少？

8-4　质量浓度为 0.510 $\mu g \cdot mL^{-1}$ 的 Cu^{2+} 溶液，用双环己酮草酰二腙分光光度法于波长 600 nm 处用 2 cm 比色皿进行测定，$T=50.5\%$，求吸光系数 a、摩尔吸光系数 ε 和桑德尔灵敏度 S。

8-5　称取钢样 0.523 g，溶解后将其中的锰氧化为 MnO_4^-，并于 100 mL 容量瓶中定容。于 525 nm 处用 2 cm 比色皿测得 $T=24\%$。已知 $\varepsilon=2.2\times10^3$ L · (mol · cm)$^{-1}$，求在此波长下测 Mn 的 a 和 S，并计算钢样中锰的质量分数。

8-6　用邻二氮菲分光光度法测铁。Fe(Ⅲ)标准溶液的质量浓度为 1.00×10^{-3} $\mu g\cdot mL^{-1}$，取不同体积的该溶液于 50.00 mL 容量瓶中，加显色剂和还原剂后定容，配成一系列标准溶液。测定这些溶液的吸光度，数据如下：

V_{Fe}/mL	1.00	2.00	3.00	4.00	5.00
A	0.097	0.200	0.304	0.398	0.505

再取含 Fe(Ⅲ)试液 5.00 mL 于 50.00 mL 容量瓶，在相同条件下还原显色并定容，测得吸光度为 0.350。试用标准曲线法计算试液中 Fe(Ⅲ)的含量($\mu g\cdot mL^{-1}$)。

8-7　计算当吸光度 A 分别为 0.010，0.100，0.200，0.434，0.700 和 1.200 时，由仪器测量误差引起的浓度测量相对误差 $|E_r|$。设透射比测量的不确定性 $\Delta T=\pm0.01$。

8-8　某钢样含锰约 0.15%，溶解后将锰全部转化为 MnO_4^-，于 100 mL 容量瓶中定容，用分光光度法于 525 nm处用 1 cm 比色皿进行测定，$\varepsilon=2.2\times10^3\ L\cdot(mol\cdot cm)^{-1}$。若希望仪器测量相对误差为最小，应称取试样多少克？

8-9　用分光光度法测定含有两种吸光物质 x 与 y 的溶液中 x 与 y 的浓度。有关测定结果如下：

溶液	$c/(mol\cdot L^{-1})$	l/cm	$A(\lambda_1)$	$A(\lambda_2)$
x	5.00×10^{-4}	1	0.053	0.430
y	1.00×10^{-4}	1	0.950	0.050
x+y	未知	1	0.640	0.370

求混合液中 x 与 y 的浓度。

8-10　用普通分光光度法测定 0.001 00 $mol\cdot L^{-1}$ 锌标准溶液和另一含锌试液，吸光度分别为 0.700 和 1.000，二者透射比相差多少？若用示差分光光度法测定，以 0.001 00 $mol\cdot L^{-1}$ 的标准溶液为参比溶液，试液的吸光度为多少？此时二者透射比相差多少？示差分光光度法的透射比之差比普通分光光度法的大多少倍？

参考答案

第 9 章　常用的化学分离方法

9–1　概述

定量分析的任务是准确测定试样中有关组分的含量。但在实际工作中，在分析较复杂试样时，其他组分的存在往往会影响待测组分定量测定的准确度。为了消除干扰，可以采用掩蔽或控制分析条件等较简便的方法。但在很多情况下，掩蔽法并不能消除所有干扰，这就要将干扰组分与待测组分分离，然后再对待测组分进行测定。因此，选择适当的分离方法来消除干扰往往是定量分析中必不可少的步骤，是在实际分析工作中经常要遇到的课题，也是分析化学所要研究的一项十分重要的内容。

对于试样中的微量或痕量组分，由于它们的含量较低，如果所采用的测定方法的灵敏度不够高就无法进行准确测定。在这种情况下，往往需要对待测组分进行富集，即在将待测组分与干扰组分加以分离的同时，设法增大待测组分的浓度以便于测定。由于富集与分离有许多共同之处，在分离的同时也往往进行必要的富集，所以通常将富集与分离放在一起讨论。

分离效果的好坏通常可用回收率来衡量。回收率表示被分离组分在分离后回收的完全程度。对被分离的待测组分 A 来说，回收率为

$$R_A=\frac{\text{分离后测得的 A 的量}}{\text{试样中原来所含 A 的总量}}\times 100\% \tag{9-1}$$

回收率越高，表明分离效果越好，因此理想的回收率应该是 100%。但是在实际分离时总会造成被分离组分的某些损失。通常，对于相对含量较大的常量组分的分离，回收率应在 99%以上；而对于相对含量较低的微量组分，回收率能够达到 95%甚至 90%就可以满足要求。

分析化学中常用的分离方法，有沉淀分离法、溶剂萃取分离法、离子交换分离法和液相色谱分离法等。这些分离方法虽然各不相同，但有一个共同的特点，即本质上都是使待分离的组分分别处于不同的两相中。由于不同的相与相之间往往都有明显的界面，较容易用物理的方法将两相分离，故待分离的组分将随着两相的分离而被分离。以分离两组分为例，沉淀分离法是将两组分分别处于液相和固相，溶剂萃取分离法是将两组分分别处于水相和有机相，离子交换分离法本质上是将两组分分别处于水（或者缓冲溶液）相和离子交换固定相，液相色谱分离法本质上是将两组分分别处于流动相和固定相。本章将分别讨论化学分析中常用的几种分离方法。

9-2 沉淀分离法

9-2-1 常量组分的沉淀分离

沉淀分离法是利用沉淀反应选择性地沉淀某些组分，使其与溶液中其他组分进行分离的方法。它是在试液中加入适当的沉淀剂，控制反应条件，使待测组分沉淀出来，或者将干扰组分沉淀除去，从而达到分离的目的。在无机离子的定性化学分析中，沉淀分离法是主要的分离手段。而在定量分析中，因为任何沉淀在一定条件下的溶解度总是一定的，故沉淀分离法一般适用于常量组分的分离，而较少用于微量组分的沉淀分离。与沉淀重量法类似，如果沉淀分离法是将待测组分沉淀下来，则应该既让待测组分沉淀完全，又要求沉淀不被干扰组分所污染。

沉淀分离法的基本原理是沉淀溶解平衡，在第 7 章中已作过讨论，这里只简单介绍几种常用的常量组分的沉淀分离法。

1. 采用无机沉淀剂的沉淀分离法

在沉淀分离法中经常采用的无机沉淀剂种类很多，形成的沉淀主要有氢氧化物、硫化物、卤化物、硫酸盐以及碳酸盐等。除少数如 $BaSO_4$ 等沉淀容易获得较大颗粒的晶形沉淀外，大多数沉淀都是无定形或凝乳状沉淀。它们颗粒小，总表面积大，结构疏松，共沉淀严重，且选择性差，因此分离效果不理想。由于硫酸盐沉淀分离法在第 7 章已有讨论，本节不再重复。此处只以形成氢氧化物和硫化物沉淀的分离方法为例，对此类方法作简要介绍。

（1）氢氧化物沉淀分离　氢氧化物沉淀分离法是定量分析中经常采用的一种沉淀分离方法，大多数金属离子都能生成氢氧化物沉淀。由于各种金属离子形成氢氧化物沉淀的条件不同，沉淀的溶解度也不同，故可以通过控制溶液的 pH 来选择性地沉淀分离某些金属离子。常用的沉淀剂包括 NaOH、氨水、有机碱等。氢氧化物沉淀分离法的主要缺点是选择性较差，且因为生成的多为无定形沉淀，共沉淀现象较为严重。如果采用“小体积沉淀法”，即在尽量小的溶液体积中，在较浓的 NaOH 溶液中进行沉淀，则可以改善沉淀的选择性，使沉淀吸附其他杂质的机会减少，分离效率提高。

（2）硫化物沉淀分离　硫化物沉淀分离的沉淀剂主要有 H_2S、硫代乙酰胺等。H_2S 是二元酸，它在水溶液中有下列平衡：

$$H_2S \rightleftharpoons H^+ + HS^-$$

$$HS^- \rightleftharpoons H^+ + S^{2-}$$

因此可以通过控制溶液的酸度来控制 S^{2-} 浓度。各种金属离子硫化物沉淀的溶解度相差悬殊。在沉淀分离法中，可以利用不同金属离子硫化物沉淀溶解度的差别，通过控制溶液的 pH，进而控制 S^{2-} 的浓度，达到选择性地沉淀分离不同金属离子的目的。这也是采用经典的硫化氢系统分析法进行常见阳离子的定性分析的基础。

硫化物沉淀分离法也可应用于定量分析。但由于硫化物沉淀大多数是无定形沉淀，共沉淀现象较严重，同时还易发生后沉淀现象，因此分离的选择性不高。如果改用硫代乙酰胺代替硫化氢为沉淀剂，可以改善沉淀性能和分离效果，减少 H_2S 气体的挥发造成的污染。有关的反应方程式如下：

在酸性条件下为

$$CH_3CSNH_2+H^++2H_2O \xlongequal{} CH_3COOH+NH_4^++H_2S$$

在碱性条件下为

$$CH_3CSNH_2+3OH^- \xlongequal{} CH_3COO^-+NH_3+S^{2-}+H_2O$$

硫代乙酰胺在溶液中加热后可水解，缓慢均匀地产生 H_2S 或 S^{2-}，再与金属离子发生沉淀。此时沉淀的条件较易控制，沉淀的选择性和分离效果有所提高。

2. 采用有机沉淀剂的沉淀分离法

相比于无机沉淀剂，利用有机沉淀剂进行沉淀分离，具有生成的沉淀选择性高、溶解度小、吸附杂质少等特点，因此分离效果好。所以，有机沉淀剂以其突出的优点在沉淀分离法中得到越来越广泛的应用。有机沉淀剂与金属离子形成的沉淀类型主要有螯合物沉淀、离子缔合物沉淀、草酸盐沉淀和三元络合物沉淀等。其中螯合物沉淀和离子缔合物沉淀已在第 7 章中介绍过，这里只简要介绍其他几种经常用于常量组分沉淀分离的有机沉淀剂。

（1）草酸盐沉淀分离　Ca^{2+}，Sr^{2+}，Ba^{2+}，Th^{4+}以及稀土金属离子等，可与 $C_2O_4^{2-}$ 生成难溶的草酸盐沉淀，而 Fe^{3+}，Al^{3+}，Zr^{4+}等则可与 $C_2O_4^{2-}$ 生成可溶的络合物，因此利用草酸钠为沉淀剂可以达到分离上述两类金属离子的目的。还可以利用草酸是二元弱酸的性质和不同金属离子的草酸盐沉淀具有不同的溶解度，通过控制酸度来对不同的金属离子进行选择性分离。例如，在 $pH<1.0$ 的 HCl 介质中，可采用草酸钠为沉淀剂，从含稀土元素的矿物提取液中分离出 Th^{4+}和稀土金属离子。

（2）有机试剂-金属络合物沉淀分离　如采用铜试剂（二乙基二硫代氨基甲酸钠）可以沉淀 Cu^{2+}，Cd^{2+}，Hg^{2+}，Co^{2+}，Ni^{2+}，Pb^{2+}，Zn^{2+}等重金属离子，而与稀土、碱土金属离子等分离。

（3）三元络合物沉淀分离　待测金属离子可与不同的有机配体形成三元络合物沉淀，从而与其他组分分离。

9-2-2　微量组分的共沉淀分离和富集

利用共沉淀现象来进行分离和富集的方法称为共沉淀分离法。在沉淀重量法中，由于共沉淀现象的发生，使得沉淀混有杂质，引起误差。因此共沉淀现象是消极因素，要设法加以减少和消除。但在共沉淀分离法中，却可以利用共沉淀现象对试样中的微量与痕量组分进行分离和富集。

例如，测定水中的微量铅时，由于 Pb^{2+}浓度太低，无法直接进行测定，也无法用沉淀剂将其完全沉淀出来。若在试液中加入适量的 Ca^{2+}，再加入沉淀剂 Na_2CO_3 生成 $CaCO_3$ 沉淀，则微量的 Pb^{2+}也将以 $PbCO_3$ 形式与 $CaCO_3$ 共沉淀下来。分离后将沉淀溶于少量酸中，可使 Pb^{2+}浓度大为提高，从而可以进行测定，同时也消除了水中其他离子的干扰。这里所生成的 $CaCO_3$ 沉淀称为载体。

在共沉淀分离法中，一方面要求待分离和富集的微量组分的回收率高，另一方面也要求共沉淀剂本身不干扰该组分的测定。利用共沉淀进行分离和富集，主要分为以下 3 种情况。

1. 利用表面吸附共沉淀进行分离

在利用表面吸附共沉淀进行分离时，多采用颗粒较小的无定形沉淀或凝乳状沉淀作为载体，如氢氧化物或硫化物沉淀等。因为小颗粒载体的总表面积较大，有利于吸附待分离的微量组分。

例如，可利用 $Fe(OH)_3$ 沉淀为载体吸附富集含铀工业废水中痕量的 UO_2^{2+}。分离时，先在试液中加入 $FeCl_3$，再加过量氨水使产生 $Fe(OH)_3$ 沉淀。由于此时沉淀的吸附层为 OH^- 而带负电荷，试液中的 UO_2^{2+} 可作为抗衡离子而被 $Fe(OH)_3$ 沉淀所吸附，并以 $UO_2(OH)_2$ 的形式随着 $Fe(OH)_3$ 一起沉淀下来。此外，以 $Fe(OH)_3$ 为载体还可以共沉淀微量的 Al^{3+}，Sn^{4+}，Bi^{3+}，Ga^{3+}，In^{3+}，Tl^{3+}，Be^{2+} 和 W(Ⅵ)、V(Ⅴ)等离子。又如，用草酸很难将微量的稀土金属离子沉淀完全，可预先加入 Ca^{2+}，再用草酸作沉淀剂，利用生成的草酸钙作载体，就可将稀土金属离子的草酸盐利用表面吸附作用而共沉淀下来。在表面吸附共沉淀操作中应根据分离的具体要求选择适宜的载体及沉淀条件，才能获得满意的分离富集效果。

2. 利用混晶共沉淀进行分离

如果溶液中待分离的微量组分 N 离子与沉淀载体 ML 中的 M 离子（均略去电荷）的半径相近，且 NL 与 ML 的晶体结构相同或相似，则 NL 可以与 ML 发生混晶共沉淀而被 ML 载带下来。例如，Pb^{2+} 与 Sr^{2+} 的半径接近，$PbSO_4$ 和 $SrSO_4$ 的晶体结构又很类似。当要分离富集试液中的微量 Pb^{2+} 时，可以先加入较大量的 Sr^{2+}，再加入过量的 Na_2SO_4 溶液，使 $PbSO_4$ 与 $SrSO_4$ 发生混晶共沉淀而被载带下来。同理，可用 $BaSO_4$ 作为载体共沉淀 Ra^{2+} 或 Pb^{2+}，用 $MgNH_4PO_4$ 作为载体共沉淀 AsO_4^{3-}，等等。混晶共沉淀的最大优点是选择性高，因而分离效果好。

3. 利用有机共沉淀剂进行分离

与无机共沉淀剂相比，有机共沉淀剂具有较高的选择性，所形成的沉淀溶解度小，沉淀比较完全，而且得到的沉淀较纯净。此外有机共沉淀剂易于在灼烧中分解挥发而被除去，有利于下一步的测定，因而得到了更广泛的应用和发展。有机共沉淀剂大致可分为 3 种类型。

（1）胶体共沉淀　例如，可以用辛可宁沉淀作为载体分离富集试液中微量的 H_2WO_4。H_2WO_4 在 HNO_3 介质中以带负电荷的胶体粒子存在，不易凝聚。辛可宁是一种生物碱，含有氨基，在酸性溶液中，氨基质子化后形成带正电荷的辛可宁胶体粒子。当加入惰性电解质后，辛可宁胶体发生凝聚并沉淀，此时 H_2WO_4 胶体粒子也随之共沉淀下来。常用的载体还有单宁、动物胶等，可以用来共沉淀含有钨、铌、钽和硅等元素的含氧酸。如在 20%～25% 的 HCl 介质中，用单宁水解法可使 Nb(Ⅴ)和 Ta(Ⅴ)共沉淀，而与 Ba^{2+}，Mn^{2+}，Al^{3+} 等离子分离。

（2）离子缔合物共沉淀　可以用在酸性溶液中以阳离子形式存在的甲基紫、孔雀绿、品红和亚甲基蓝等有机化合物（R^+）与 Cl^-，Br^-，I^- 和 SCN^- 等阴离子形成的离子缔合物沉淀作为载体，而将金属络阴离子与 R^+ 形成的离子缔合物共沉淀下来。可以被共沉淀的金属离子有 Zn^{2+}，Cd^{2+}，Hg^{2+}，Bi^{3+}，Au(Ⅲ)，Sb(Ⅲ)等。例如，欲分离富集试液中微量的 Zn^{2+}，可加入甲基紫（MV）和 NH_4SCN。在酸性条件下，MV 质子化后形成带正电荷的 MVH^+，可与阴离子 SCN^- 形成离子缔合物沉淀（$MVH^+ \cdot SCN^-$）。该沉淀作为载体，可将 $Zn(SCN)_4^{2-}$ 与 MVH^+ 形成的离子缔合物 $[Zn(SCN)_4^{2-} \cdot (MVH^+)_2]$ 载带下来。

（3）惰性载体共沉淀　例如，欲分离富集试液中微量的 Ni^{2+}。当加入丁二酮肟时，因所生成的丁二酮肟镍螯合物的浓度很小，并不形成沉淀。此时可以加入丁二酮肟二烷酯的乙醇溶液，由于丁二酮肟二烷酯在水中的溶解度很小，会立即沉淀出来，而丁二酮肟镍螯合物则将与之共沉淀而被载带下来。这里丁二酮肟二烷酯只起载体的作用，并未与 Ni^{2+} 及其螯合物发生任何化学反应，故被称为惰性载体。常用的惰性载体还有酚酞和 α-萘酚等。这里惰性载体的作用类似于溶剂萃取过程中的有机溶剂，即先将亲水的无机离子转化为疏水的螯合物，再根据“相似相溶”的原理使其被疏水的载体载带下来。故惰性载体的应用也可以理解为是利用“固体萃取剂”进行共沉淀，其优点是分离选择性好，杂质沾污少。

9-3 溶剂萃取分离法

分析化学中常用的溶剂萃取分离法是一种简单、快速、应用范围广泛的分离方法。溶剂萃取分离法是基于各种物质对不同极性溶剂的亲疏性不同而进行分离的方法。例如，当某物质同时接触两种互不相溶的溶剂时，如果一种是水，另一种是有机溶剂，对两种溶剂亲疏性不同的物质就会在水相和有机相之间进行分配。一般将物质易溶于水而难溶于非极性有机溶剂的性质称为亲水性，反之则称为疏水性。通过溶剂萃取分离法将与水不相溶的有机溶剂同水溶液试液一起振荡，使两相充分接触，亲水性物质就会进入水相，而疏水性物质进入有机相。当把有机相与水相分开时，亲水性物质和疏水性物质也就被分离开。通常把物质从水相进入有机相的过程称为萃取，而把物质从有机相进入水相的过程称为反萃取。

溶剂萃取分离法的优点是分离效果好，通过反复多次萃取，可以达到很高的回收率。溶剂萃取分离法的操作简便易行，易于自动化，且适用范围广。它不仅适用于常量组分的分离，也适用于微量组分的分离和富集；不仅适用于实验室少量试样的分离，而且适用于工业生产中大量物质的分离和纯化。如果被萃取的组分是有色化合物，则可以取有机相直接进行分光光度法测定，称为萃取光度法。萃取光度法具有较好的选择性和较高的灵敏度，适用于分离和测定试液中的微量组分。但是，溶剂萃取分离法所采用的有机溶剂往往都是易燃、易挥发和有一定毒性的物质，这对操作者和实验室的安全是不利的，且大多数萃取溶剂价格较贵，因此该方法在应用上受到限制。

9-3-1 溶剂萃取分离的基本原理

1. 萃取过程的本质

本书所讨论的萃取过程是将无机离子从水相转移到有机相的过程。为了使无机离子的萃取能够得以实现，有必要了解萃取的本质和物质对水的亲疏性的规律。首先，凡离子都具有亲水性，这是因为水是一种极性很强的溶剂，带电荷的离子很容易与极性水分子结合成水合离子而分散在水中。其次，根据“相似相溶”规则，极性化合物易溶于作为极性溶剂的水中，具有亲水性；而非极性化合物则易溶于非极性的有机溶剂中，具有疏水性。另外，物质含亲水基团越多，其亲水性越强；物质含疏水基团越多，疏水基团越大，其疏水性越强。这里亲水基团和疏水基团主要是指对水有一定亲疏性的有机化合物的官能团。一般认为，羟基、羧基、氨基和磺酸基等为亲水基团，而芳香基、烷基和卤代烷基等为疏水基团。

由于无机离子都是亲水性的，欲将它们从水相中萃取到有机相中，必须设法将其亲水性转变为疏水性，如设法中和离子所带电荷，并尽可能使之与含有较多疏水基团的有机化合物进行络合等。可见，萃取过程的本质，是将物质由亲水性转化为疏水性的过程。

例如，在弱酸性条件下用二硫腙(H_2Dz)的 CCl_4 溶液萃取 Zn^{2+}，就是先使 Zn^{2+} 与二硫腙在水相中发生络合反应，其反应式为

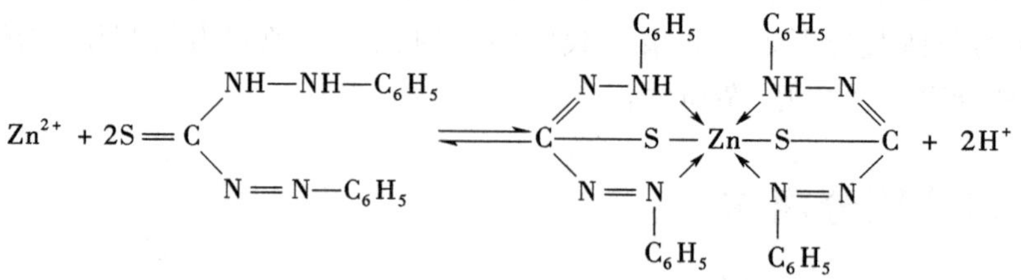

这就使原来带有正电荷的 Zn^{2+} 转变为不带电荷的 $Zn(HDz)_2$ 螯合物，而且引入了 4 个疏水性基团苯基，使其亲水性大大减弱，疏水性增强。再加入 CCl_4 后，螯合物很容易被从水相萃取到有机相。所以，由亲水性向疏水性的转变是萃取分离无机离子的关键。

2. 分配平衡

设水相中有某物质 A，当此水相与有机相充分接触后，由于 A 在两相中都有一定的溶解度，必然要在这两相中重新进行分配。经过一段时间后，如果 A 在两相中的浓度都不再随着时间而改变，则它在两相中的分配达到了动态平衡，即

$$A_{水} \rightleftharpoons A_{有}$$

(1) 分配系数　当达到分配平衡时，若物质 A 在两相中存在的型体相同，其平衡浓度之比定义为分配系数，即

$$K_D=\frac{[A]_{有}}{[A]_{水}} \tag{9-2}$$

K_D 在温度和两相的离子强度一定时是常数。

(2) 分配比　在许多情况下，A 在两相中并不仅以单一的型体存在，而是以多种型体存在，即 A 在两相中还可能分别发生一系列解离或聚合等副反应。例如，用 CCl_4 萃取 OsO_4 时，Os(Ⅷ)在水相中有 OsO_4，OsO_5^{2-} 和 $HOsO_5^-$ 三种存在型体，在 CCl_4 有机相中有 OsO_4 和 $(OsO_4)_4$ 两种存在型体。在这种情况下，分配系数 $K_D=[OsO_4]_{有}/[OsO_4]_{水}$ 只能反映 OsO_4 一种型体在两相中的分配情况，而无法反映所有 Os(Ⅷ)型体在两相中分配的情况。为此，定义 A 在两相中的总浓度之比为分配比 D，即

$$D=\frac{c_A^{有}}{c_A^{水}} \tag{9-3}$$

式中，$c_A^{有}$ 和 $c_A^{水}$ 分别为 A 在有机相和水相中的总浓度。可见，分配比 D 能够更加正确地反映在萃取过程中某物质在两相中分配的实际情况。对于上述 OsO_4 萃取体系，有

$$D=\frac{[OsO_4]_{有}+4[(OsO_4)_4]_{有}}{[OsO_4]_{水}+[HOsO_5^-]_{水}+[OsO_5^{2-}]_{水}}$$

这里 D 的表达式虽然较复杂，但实际上比 K_D 更容易测量。只要将萃取 Os(Ⅷ)的有机相和水相分开，分别用实验测得 Os(Ⅷ)在两相中的总浓度，就可求得 D 值。因而采用分配比 D 更具有实际应用价值。

应注意的是，分配比 D 实际上是一个条件常数，它随实验条件（如溶液的 pH、萃取剂的浓度等）的不同而改变。只有在实验条件一定时分配比才是定值。

(3) 萃取率　若某物质 A 从水相中被萃取到有机相中，当达到分配平衡后，其萃取率 E 的定义为

$$E=\frac{\text{A 在有机相中的总量}}{\text{A 在两相中的总量}} \tag{9-4}$$

萃取率是衡量萃取效果的一个重要指标，常以萃取百分数表示，它实际上就是萃取分离的回收率。若 A 在两相中的总浓度分别为 $c_{有}$ 和 $c_{水}$，两相的体积分别为 $V_{有}$ 和 $V_{水}$，则有

$$E=\frac{c_{有}V_{有}}{c_{有}V_{有}+c_{水}V_{水}}$$

分子分母同除以 $c_{水}V_{有}$，得

$$E=\frac{c_{有}/c_{水}}{c_{有}/c_{水}+V_{水}/V_{有}}=\frac{D}{D+V_{水}/V_{有}} \tag{9-5}$$

可见，萃取率 E 的大小与分配比 D 以及两相体积比 $V_{水}/V_{有}$ 有关。当两相体积比一定时，分配比 D 越大，萃取率 E 就越大。例如，当 $V_{水}/V_{有}=1$，即等体积萃取时，E 与 D 的关系为

$$D=1,\quad E=50\%$$

$$D=10,\quad E=91\%$$

$$D=100,\quad E=99\%$$

而当分配比 D 一定时，体积比 $V_{水}/V_{有}$ 越小，萃取率 E 就越大。

由于在一定条件下某物质的分配比是常数，因此在实际工作中，当分配比不高时，通常采用连续萃取即增加萃取次数的方法来提高萃取率。

设在体积为 $V_{水}$ 的水溶液中含有待分离物质 A，其质量为 m_0。若用体积为 $V_{有}$ 的有机溶剂萃取一次，水相中剩余的 A 的质量为 m_1，萃取到有机相的 A 的质量为 (m_0-m_1)，则

$$D=\frac{c_{有}}{c_{水}}=\frac{(m_0-m_1)/V_{有}}{m_1/V_{水}}$$

于是，水相中剩余的 A 的质量为

$$m_1=m_0\left(\frac{V_{水}}{DV_{有}+V_{水}}\right)$$

如再用体积为 $V_{有}$ 的新鲜有机溶剂对水相中的 A 萃取一次，水相中剩余的 A 的质量减小为 m_2，则

$$m_2=m_1\left(\frac{V_{水}}{DV_{有}+V_{水}}\right)=m_0\left(\frac{V_{水}}{DV_{有}+V_{水}}\right)^2$$

如果每次都用体积为 $V_{有}$ 的新鲜有机溶剂对水相中的 A 进行萃取，共萃取了 n 次，水相中剩余的 A 的质量减小为 m_n，则

$$m_n=m_0\left(\frac{V_{水}}{DV_{有}+V_{水}}\right)^n \tag{9-6}$$

例 9-1　有 100 mL 含 I_2 10 mg 的水溶液，用 90 mL CCl_4 分别按照下列情况进行萃取：(1) 全量一次萃取；(2) 每次用 30 mL 分 3 次萃取。求萃取率各为多少？已知 $D=85$。

解：(1) 全量一次萃取时，水相中剩余的 I_2 的质量为

$$m_1=10\ \text{mg}\times\frac{100\ \text{mL}}{85\times 90\ \text{mL}+100\ \text{mL}}=0.13\ \text{mg}$$

$$E=\frac{m_0-m_1}{m_0}=\frac{10\ \text{mg}-0.13\ \text{mg}}{10\ \text{mg}}=98.7\%$$

(2) 每次用 30 mL 分 3 次萃取时，第 3 次萃取后，水相中剩余的 I_2 的质量为

$$m_3=10\ \text{mg}\times\left(\frac{100\ \text{mL}}{85\times30\ \text{mL}+100\ \text{mL}}\right)^3=5.4\times10^{-4}\ \text{mg}$$

$$E=\frac{m_0-m_3}{m_0}=\frac{10\ \text{mg}-5.4\times10^{-4}\ \text{mg}}{10\ \text{mg}}=99.995\%$$

显然，用同样总体积的有机溶剂进行萃取，少量多次比全量一次的萃取率更高，分离效果更好。在实际工作中常用少量多次的方法来提高萃取率。但是增加萃取次数必然增加萃取操作的工作量，也会加大分离过程中的损失，因此过多地增加萃取次数也是不恰当的。

根据多次连续萃取的计算式式(9-6)，可以预测在一定条件下要达到某一萃取率所需的萃取次数。

例 9-2　含有 OsO_4 的 50.0 mL 水溶液，欲用 $CHCl_3$ 进行萃取，要求萃取率达到 99.8%以上。若每次所用 $CHCl_3$ 的体积为 10.0 mL，则至少需萃取多少次？已知在此条件下的分配比 $D=19.1$。

解： 萃取率为 99.8%，则残留在水相中的 OsO_4 的百分数为 0.2%，即

$$\frac{m_n}{m_0}=\left(\frac{V_{水}}{DV_{有}+V_{水}}\right)^n=0.002$$

即

$$\left(\frac{50.0}{19.1\times10.0+50.0}\right)^n=0.207^n=0.002$$

或

$$n\lg0.207=\lg0.002$$

$$n=\frac{\lg0.002}{\lg0.207}=3.95\approx4$$

即至少需要萃取 4 次才能达到所期望的 99.8%的萃取率。

3. 分离系数

在进行萃取分离时，不仅要知道对某种物质的萃取程度，即萃取率的大小，而且还要了解当溶液中含有两种以上组分时，通过萃取后它们之间的分离情况如何。为此用分离系数来表示两组分的分离效果。分离系数一般用 A，B 两种物质在萃取中的分配比的比值表示，即

$$\beta_{A/B}=\frac{D_A}{D_B} \tag{9-7}$$

分离系数反映了两组分在萃取中被分离的程度，也是衡量萃取效果的一个重要参数。当 D_A 和 D_B 相差较大时，分离系数 β 或者远大于 1，或者远小于 1，表明 A 与 B 可以被萃取分离。D_A 和 D_B 相差得越大，二者被分离的效果就越好。当 D_A 和 D_B 比较接近时，分离系数 β 接近 1，表明 A 与 B 两组分不能或很难通过萃取分离。

9-3-2　重要萃取体系

1. 金属螯合物萃取体系

螯合物萃取体系是最重要最常用的萃取体系，广泛应用于金属阳离子的萃取。根据萃取分

离的本质,所采用的螯合剂应能与待萃取的金属离子形成不带电荷的中性螯合物,并应带有较多的疏水基团,这才有利于螯合物被有机溶剂所萃取。例如,前述二硫腙的 CCl_4 溶液萃取 Zn^{2+},就属于螯合物萃取体系。除此之外,二硫腙还可以与 Ag^+,Au^{3+},Bi^{3+},Cd^{2+},Hg^{2+},Cu^{2+} 等金属离子螯合,所生成的螯合物难溶于水,可用 CCl_4 萃取。又如,铜铁试剂与 Fe^{3+} 所形成的螯合物也属于此种类型。

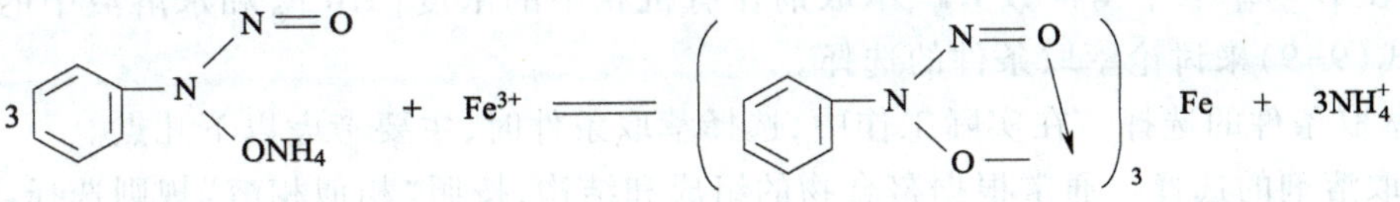

萃取中常用的螯合剂还有 8-羟基喹啉、乙酰丙酮和丁二酮肟等。

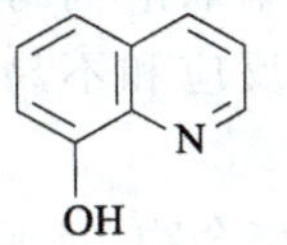

8-羟基喹啉

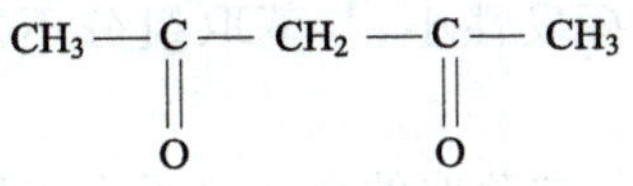

乙酰丙酮

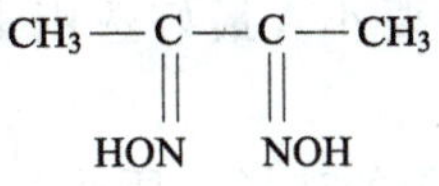

丁二酮肟

(1) 金属螯合物的萃取平衡　金属螯合物萃取体系的化学反应涉及萃取剂的分配和解离、螯合物的形成和分配等多个平衡。若以 M^{n+} 代表金属离子,HR 代表质子化的螯合剂(螯合剂多为有机弱酸),MR_n 代表螯合物,则金属螯合物萃取体系的各个平衡可以表示为

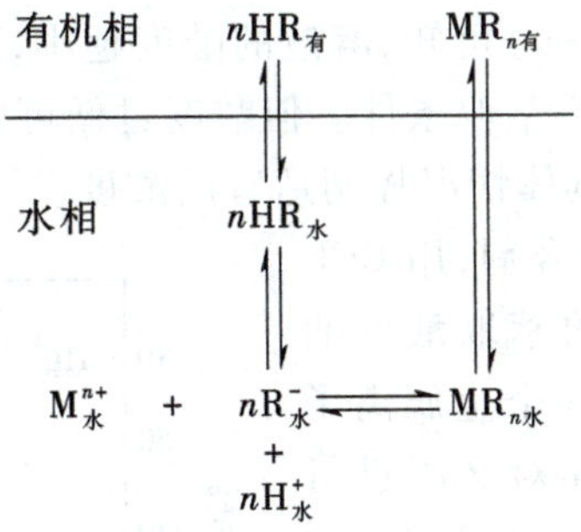

如果以 $HR_{有}$ 和 $M^{n+}_{水}$ 作为起始反应物,以 $MR_{n有}$ 和 $H^+_{水}$ 作为最终产物,则总的萃取平衡可以表示为

$$M^{n+}_{水}+nHR_{有} \rightleftharpoons MR_{n有}+nH^+_{水}$$

萃取平衡常数为

$$K_{萃}=\frac{[MR_n]_{有}[H^+]^n_{水}}{[M^{n+}]_{水}[HR]^n_{有}}$$

它与各个分步平衡的平衡常数的关系是

$$K_{萃}=\frac{K_{D(MR_n)}\beta_n K_a^n}{K^n_{D(HR)}} \tag{9-8}$$

式中,β_n 是络合物的总形成常数;K_a 是螯合剂 HR 在水相中的酸解离常数;$K_{D(HR)}$ 和 $K_{D(MR_n)}$ 分别是 HR 和 MR_n 在两相中的分配系数。

一般 MR_n 在水相中的浓度很小，相对于 $[M^{n+}]$ 可以忽略，即

$$[M^{n+}]_{水}+[MR_n]_{水}\approx[M^{n+}]_{水}$$

于是

$$D=\frac{[MR_n]_{有}}{[M^{n+}]_{水}}=K_{萃}\frac{[HR]_{有}^n}{[H^+]_{水}^n} \tag{9-9}$$

可见，分配比 D 与萃取平衡常数 $K_{萃}$、萃取剂在有机相中的浓度 $[HR]_{有}$ 和水溶液中的 pH 有关，主要根据式(9-9)来讨论萃取条件的选择。

(2) 萃取条件的选择　在实际工作中，选择萃取条件时，主要考虑以下几点。

① 萃取溶剂的选择。通常根据螯合物的组成和结构，按照“相似相溶”规则选择合适的有机溶剂作为萃取溶剂。例如，含烷烃的螯合物可用卤代烷烃如 CCl_4 或 $CHCl_3$ 等作为萃取溶剂，含芳香基的螯合物可用芳香烃如苯或甲苯作为萃取溶剂。为便于分层，萃取溶剂与水的密度差别要大，黏度要小。最好选用毒性小，挥发性小，与萃取组分不发生副反应和不易燃烧的萃取溶剂。

② 螯合剂的选择。所选螯合剂应与被萃取的金属离子生成稳定的螯合物，且所形成的螯合物的疏水性较强。由式(9-7)和式(9-8)可见，β_n 和 $K_{D(MR_n)}$ 值越大，$K_{萃}$ 就越大，分配比 D 也越大，则萃取效果也越好。但并不是任何螯合剂都可以用作萃取剂。例如，EDTA 和邻二氮菲都能与许多金属离子形成稳定的螯合物，是很好的螯合剂。但由于它们与金属离子多生成带电荷的络离子，具有亲水性，故很难用有机溶剂萃取。在萃取分离中它们常作为掩蔽剂，用于提高萃取方法的选择性。

③ 溶液酸度的控制。由式(9-9)可知，溶液的酸度越小，被萃取物质的分配比就越大，越有利于萃取，故一般应选用高 pH 作为萃取条件。但酸度过低可能引起有些金属离子的水解，反而对萃取不利。因此应根据不同的具体情况控制适宜的酸度。

例如，图 9-1 是用二硫腙作螯合剂，用 CCl_4 作萃取溶剂，萃取几种金属离子的萃取酸度曲线。可以看出，用该体系萃取时，各个金属离子都有它们各自适宜的 pH 范围。如对 Zn^{2+} 进行萃取时，适宜的 pH 范围是 6.5~10。溶液的 pH 太低，难以生成稳定的 $Zn(HDz)_2$ 螯合物；pH 太高，则形成 $Zn(OH)_2$ 或 ZnO_2^{2-}，都将降低萃取率。

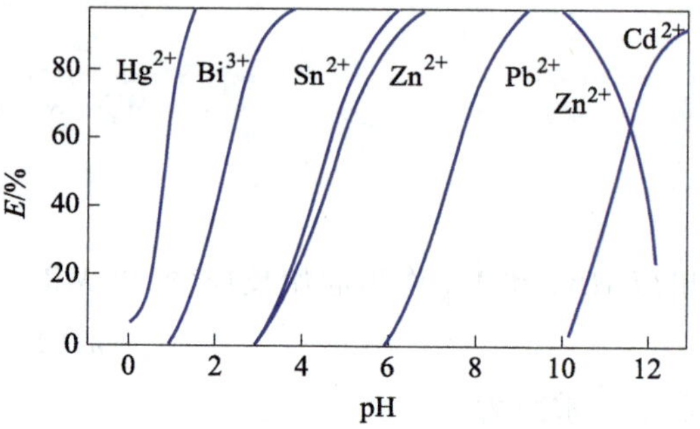

图 9-1　二硫腙-CCl_4 萃取几种金属离子的萃取酸度曲线

④ 干扰离子的消除。可以通过控制酸度进行选择性萃取，将待测组分与干扰组分分离。例如，用二硫腙-CCl_4 法萃取分离 Cd^{2+}，可控制 pH=10。此时只有 Cd^{2+} 留在水相中，图 9-1 中其他金属离子均被萃取到有机相中。同理，用该体系测定工业废水中的 Hg^{2+} 时，若控制 pH 为 1.0，则其他离子基本不被萃取，仍保留在水相中，而 Hg^{2+} 则被完全萃取到有机相中(图 9-1)。

也可通过加入掩蔽剂，来提高萃取分离的选择性。例如，用二硫腙-CCl_4 萃取法测定铅合金中的银。将试样分解后，在适宜的酸度条件下加入二硫腙和 EDTA，再加入 CCl_4 溶剂。由于 Ag^+

与二硫腙能形成稳定的且不带电荷的络合物，因而能被 CCl_4 萃取。而 Pb^{2+} 及其他金属离子因与 EDTA 生成更稳定的络合物，而且带有电荷，因而不能被 CCl_4 所萃取，从而留在水相中。这里 EDTA 就是掩蔽剂。

2. 离子缔合物萃取体系

阳离子和阴离子通过静电引力相结合而形成的化合物称为离子缔合物。通常离子的体积越大，电荷密度越小，越容易形成不带电荷的、疏水性的离子缔合物而被有机溶剂所萃取。例如，Fe^{2+} 与邻二氮菲的螯合物带正电荷，能与 ClO_4^- 形成疏水性的离子缔合物，可被 $CHCl_3$ 萃取：

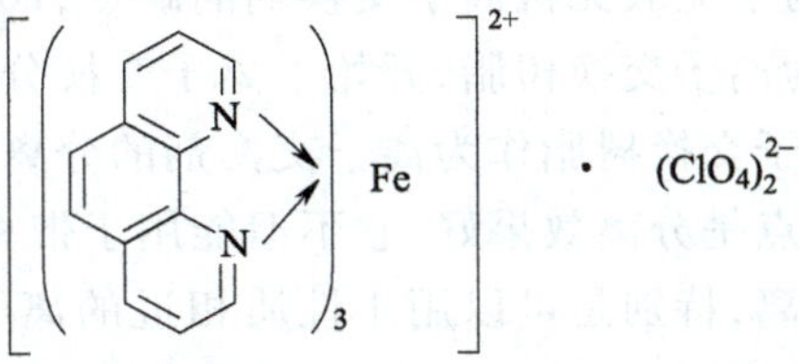

又如，Sb(Ⅴ)在 HCl 溶液中可形成 $SbCl_6^-$ 络阴离子，大体积的有机化合物结晶紫阳离子可与之缔合，形成疏水性的离子缔合物，从而被甲苯萃取：

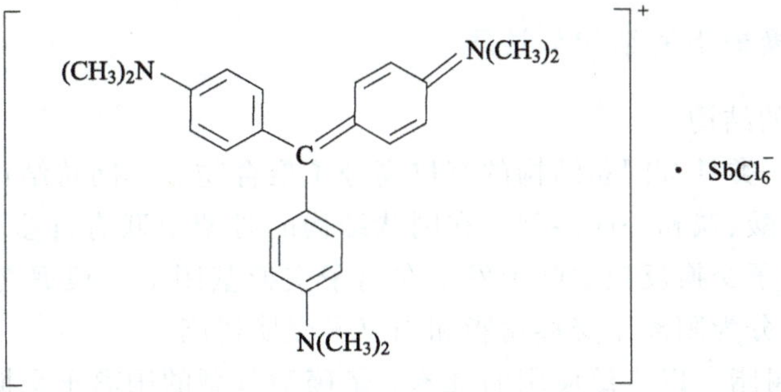

再如，在盐酸介质中，Fe^{3+} 与 Cl^- 可形成络阴离子 $FeCl_4^-$，乙醚与 H^+ 可结合成锌离子 $(C_2H_5)_2OH^+$，二者可结合成为锌盐离子缔合物 $(C_2H_5)_2OH^+ \cdot FeCl_4^-$。此中性锌盐离子络合物可被乙醚所萃取。故这里乙醚既是萃取剂又是萃取溶剂。锌离子的形成需在较高的酸度下实现，常用不含氧的强酸如盐酸等来调节酸度。含氧的有机溶剂如醚类、醇类、酮类和酯类等，它们的氧原子具有孤对电子，因而都能够与 H^+ 结合而形成锌离子。锌盐萃取体系的特点是萃取能力较强，但选择性较差，通常用于大量基体物质的分离。

3. 无机共价化合物萃取体系

某些稳定的无机共价化合物，如 Cl_2，Br_2，I_2，OsO_4 和 SnI_4 等，它们在水中以分子形式存在，不带电荷，没有极性或极性很小，因而在水中的溶解度较小，而易溶于某些非极性有机溶剂中。可以利用 CCl_4，$CHCl_3$ 或苯等有机溶剂将它们从水中萃取出来。

9-4 离子交换分离法

利用离子交换剂与水溶液中的离子发生的交换反应使离子得到分离的方法称为离子交换分离法。目前，这种分离方法不仅广泛应用于无机离子的分离，还可应用于有机化合物和生化物质等的分离。离子交换分离法最早的历史可以追溯到20世纪初,那时工业上就已开始使用天然的无机离子交换剂沸石来软化硬水。沸石的化学成分为铝硅酸盐(如 $Na_2Al_2Si_4O_{12}\cdot nH_2O$),当与水接触时,沸石上的 Na^+ 便与水中的 Ca^{2+}, Mg^{2+} 发生交换反应,使 Ca^{2+}, Mg^{2+} 被交换到沸石上,其反应式为

$$Na_2Z+Ca^{2+} \rightleftharpoons CaZ+2Na^+$$

$$Na_2Z+Mg^{2+} \rightleftharpoons MgZ+2Na^+$$

这里Z代表沸石的骨架。但这类无机离子交换剂的交换能力低,化学稳定性和机械强度差,再生困难,应用受到很大限制。为了克服无机离子交换剂的缺点,20世纪40年代以来合成出了多种类型的有机离子交换剂,称为离子交换树脂,开始了离子交换分离的新阶段。现在所说的离子交换分离法一般都是指采用离子交换树脂作为离子交换剂的分离方法。

离子交换分离法的突出优点是分离效果好,它不但能用于带相反电荷的离子间的分离,也可用于带同种电荷的离子间的分离,特别是可以用于性质相近的离子间的分离,如碱金属离子、稀土金属离子和某些同位素等,还可用于微痕量组分的富集和高纯物质的制备,高纯水和高纯试剂的制备等。该方法所用设备比较简单,操作比较容易,不仅适用于实验室内小规模的分离,而且适用于工业上的大规模分离。

9-4-1 离子交换树脂的结构和性质

1. 离子交换树脂的结构

离子交换树脂是一类具有网状结构的有机高分子聚合物。其网状结构的骨架部分化学性质十分稳定,通常不溶于酸、碱和一般溶剂。在网状结构的骨架上联有许多可交换基团,交换基团中有可解离的离子,离子交换反应实际上发生在离子交换基团上。根据交换基团可解离的离子不同,离子交换树脂可分为阳离子交换树脂和阴离子交换树脂。

(1) 阳离子交换树脂　以广泛应用的聚苯乙烯磺酸基型的阳离子交换树脂为例。这种树脂是用苯乙烯和二乙烯苯聚合,并经硫酸磺化后制得的。首先,苯乙烯和二乙烯苯发生聚合反应,分子与分子之间互相联结形成链状结构,而链与链之间又由二乙烯苯横向联结形成网状结构。然后,通过磺化反应在网状结构的骨架上联结交换基团磺酸基—SO_3H。整个反应可简略地用图9-2的反应方程式来表示。交换基团中的阴离子 SO_3^- 联结在聚合物骨架上,不能进入溶液相,而交换基团中的阳离子 H^+ 则可以解离,因而可以与溶液中的阳离子如 K^+ 发生交换反应,其反应式为

$$R—SO_3^-H^++K^+ \rightleftharpoons R—SO_3^-K^++H^+$$

这里R代表树脂相。由于磺酸基在水中表现出解离度很大的强酸性,这样的树脂属于强酸性阳离子交换树脂,其网状结构示意图见图9-3。如果交换基团是羧基或酚羟基,则属于弱酸性阳离子交换树脂。其中强酸性阳离子交换树脂的应用较广,在酸性、中性和碱性溶液中都能使用。弱酸性阳离子交换树脂对 H^+ 的亲和力较强,故不宜在酸性条件下使用,一般在碱性条件下使用。但这类树脂中交换上去的阳离子容易用酸洗脱,选择性较高,常用于分离不同强度的有机碱。阳离子交换树脂的交换基团中可解离的离子如果是 H^+,则又被称为氢型阳离子交换树脂。交换后的阳离子树脂经适当浓度的强酸溶液处理后,可以再生。

(2) 阴离子交换树脂　阴离子交换树脂的基本结构与阳离子交换树脂类似,其骨架也是网

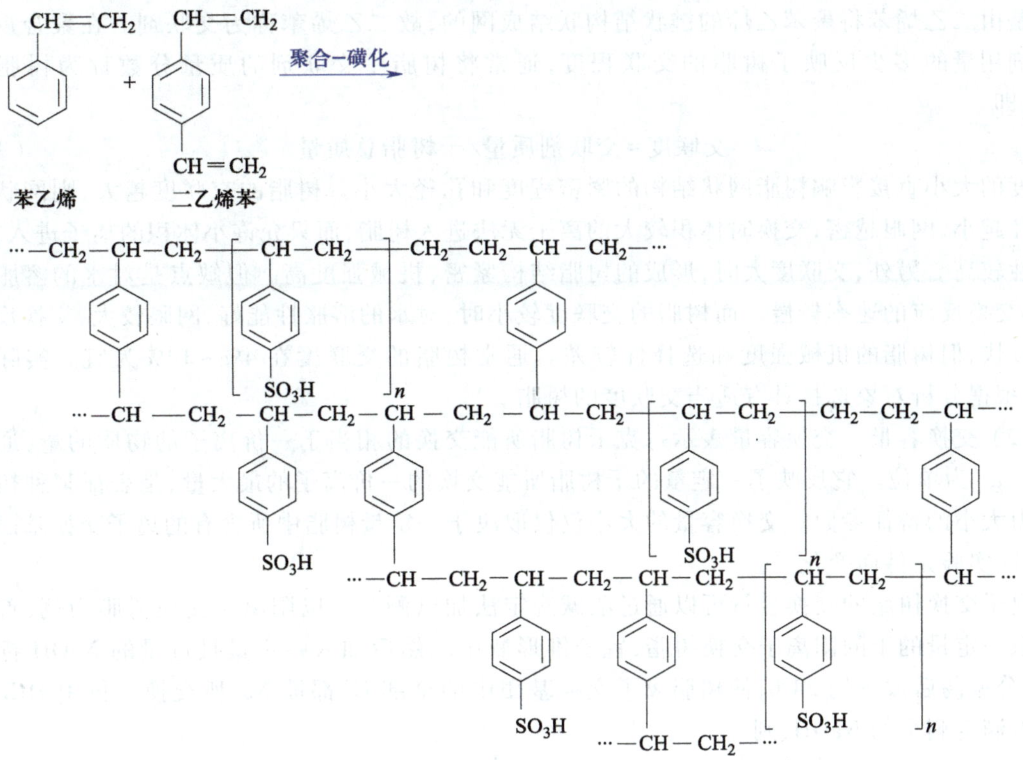

图 9-2　聚苯乙烯磺酸基型阳离子交换树脂的反应方程式

状结构,只是在其骨架上联结的交换基团是碱性基团。若交换基团为季铵盐,如$—N(CH_3)_3^+X^-$,则该树脂属于强碱性阴离子交换树脂。这里阴离子X^-可以是OH^-、Cl^-或NO_3^-等,它们可以解离,因而可以与溶液中的阴离子发生交换反应。若树脂的交换基团为伯氨基($—NH_2$)、仲氨基(如$—NHCH_3$)或叔氨基[如$—N(CH_3)_2$],则树脂属于弱碱性阴离子交换树脂。弱碱性阴离子交换树脂在水中首先发生水化反应,如

$$R—NH_2+H_2O \rightleftharpoons R—NH_3^+OH^-$$

交换基团中的OH^-可以解离,因而可以与溶液中的阴离子如Cl^-发生交换反应,其反应式为

$$R—NH_3^+OH^-+Cl^- \rightleftharpoons R—NH_3^+Cl^-+OH^-$$

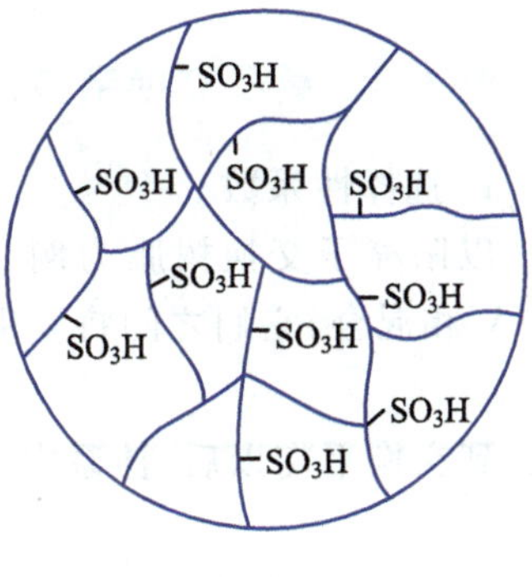

图 9-3　树脂的网状结构示意图

阴离子交换树脂的交换基团中可解离的离子如果是OH^-,则被称为氢氧型阴离子交换树脂。阴离子交换树脂中以强碱性树脂的应用较广,在酸性、中性和碱性溶液中都能使用。弱碱性树脂对OH^-的亲和力大,不宜在碱性溶液中使用。交换后的阴离子树脂经适当浓度的强碱溶液处理后,可以再生。

2. 离子交换树脂的性质

(1) 交联度　离子交换树脂的交联程度可以用交联度来表示。在合成离子交换树脂的过程中,将链状聚合物分子相互联结而形成立体网状结构的过程称为交联。如聚苯乙烯磺酸基型树

脂就是由二乙烯苯将聚苯乙烯的链状结构联结成网的，故二乙烯苯称为交联剂。在聚合反应中交联剂用量的多少反映了树脂的交联程度，通常将树脂中交联剂的质量分数称为树脂的交联度，即

$$交联度=交联剂质量/干树脂总质量 \tag{9-10}$$

交联度的大小直接影响树脂网状结构的紧密程度和孔径大小。树脂的交联度越大，则网状结构的孔径越小，网眼越密，交换时体积较大的离子无法进入树脂，而只允许小体积的离子进入，因而选择性较高。另外，交联度大时，形成的树脂结构紧密，机械强度高。但缺点是对水的溶胀性能较差，交换反应的速率较慢。而树脂的交联度较小时，对水的溶胀性能好，网眼较大，交换反应的速率较快，但树脂的机械强度和选择性较差。通常树脂的交联度在 4%～14% 为宜。实际工作中，应根据分析对象选择具有适当交联度的树脂。

（2）交换容量　交换容量表示每克干树脂所能交换的相当于一价离子的物质的量，通常以 $mmol \cdot g^{-1}$ 为单位。它反映了一定量的干树脂所能交换的一价离子的最大量，是表征某种树脂交换能力大小的特征参数。交换容量的大小仅仅取决于一定量树脂中所含有的离子交换基团的数目，不随实验条件而变化。

离子交换树脂的交换容量可以通过酸碱滴定法加以测定。以阳离子交换树脂为例，首先准确称取一定量的干的阳离子交换树脂，置于锥形瓶中。然后加入一定量且过量的 NaOH 标准溶液，充分振荡后放置约 24 h，使树脂离子交换基团中的全部 H^+ 都被 Na^+ 所交换。再用 HCl 标准溶液返滴定剩余的 NaOH，则

$$交换容量=\frac{c_{NaOH}V_{NaOH}-c_{HCl}V_{HCl}}{干树脂质量} \tag{9-11}$$

树脂的交换容量一般为 1～10 $mmol \cdot g^{-1}$。

9-4-2 离子交换亲和力

1. 选择性系数

以阳离子交换树脂为例。将含金属阳离子 B^+ 的溶液与含金属阳离子 A^+ 的离子交换树脂 $R—A^+$ 相混合，它们之间将发生交换反应，其反应式为

$$R—A^+ + B^+ \rightleftharpoons R—B^+ + A^+$$

当达到交换平衡以后，体系中各种浓度的关系遵守质量作用定律，故离子交换平衡常数为

$$K_{B/A}=\frac{[B^+]_R[A^+]}{[A^+]_R[B^+]} \tag{9-12}$$

式中，$[A^+]_R$ 和 $[B^+]_R$ 分别表示在树脂相中 A^+ 和 B^+ 的质量摩尔浓度，以 $mmol \cdot g^{-1}$ 为单位。$K_{B/A}$ 又称离子交换树脂对于 B^+ 和 A^+ 的选择性系数，它在溶液的温度、离子强度以及树脂的种类和填充情况等条件一定时是常数。选择性系数 $K_{B/A}$ 的大小反映了树脂对 A^+ 和 B^+ 的相对亲和力的大小。当 $K_{B/A}>1$ 时，表示树脂对 B^+ 的亲和力大于对 A^+ 的亲和力；当 $K_{B/A}<1$ 时，表示树脂对 B^+ 的亲和力小于对 A^+ 的亲和力。

定义 A^+ 和 B^+ 的分配比分别为

$$D_A=[A^+]_R/[A^+] \quad D_B=[B^+]_R/[B^+] \tag{9-13}$$

离子交换的分配比表示在一定条件下，达到交换平衡时某种离子在树脂相和水溶液相中浓度的

比值。由式(9-12)和式(9-13)可得

$$K_{B/A}=D_B/D_A \tag{9-14}$$

例 9-3 将 2.0 g 氢型阳离子交换树脂放入 100 mL 0.100 mol·L^{-1} HCl 和 0.0010 mol·L^{-1} Ca^{2+}的混合溶液中,一起振荡达到平衡。试计算(1) D_{Ca};(2) 留在溶液中的 Ca 的分数。已知 $K_{Ca/H}=3.2$,树脂的交换容量为 5.0 mmol·g^{-1}。

解:(1) 交换反应为

$$2R—H^+ + Ca^{2+} \rightleftharpoons R_2—Ca^{2+} + 2H^+$$

$$D_{Ca}=\frac{[Ca^{2+}]_R}{[Ca^{2+}]}=K_{Ca/H}\frac{[H^+]_R^2}{[H^+]^2}$$

由于树脂对 Ca^{2+}的亲和力大于对 H^+的亲和力,Ca^{2+}几乎全部进入树脂相,则

$$[H^+]_R=\frac{5.0\ \text{mmol}\cdot g^{-1}\times 2.0\ g-0.0010\ \text{mol}\cdot L^{-1}\times 100\ \text{mL}\times 2}{2.0\ g}=4.9\ \text{mmol}\cdot g^{-1}$$

$$[H^+]=0.100\ \text{mol}\cdot L^{-1}+0.0010\ \text{mol}\cdot L^{-1}\times 2=0.102\ \text{mol}\cdot L^{-1}$$

$$D_{Ca}=3.2\times\frac{(4.9)^2}{(0.102)^2}=7.4\times 10^3$$

(2)

$$\frac{100\ \text{mL 溶液中 } Ca^{2+}\text{ 的量}}{2.0\ g\text{ 树脂中 } Ca^{2+}\text{ 的量}}=\frac{[Ca^{2+}]\times 100\ \text{mL}}{[Ca^{2+}]_R\times 2.0\ g}=\frac{100}{D_{Ca}\times 2.0}=\frac{100}{7.4\times 10^3\times 2.0}=\frac{1}{148}$$

故留在溶液中的 Ca^{2+}的分数为

$$1/(148+1)=1/149=0.67\%$$

通常是用一种离子作为基准,测定其他离子对该离子的选择性系数,从而便于比较各离子的离子交换亲和力。在这种情况下,选择性系数越大的离子越容易进入树脂相,其离子交换亲和力越大;而选择性系数差别越大的两种离子,越容易在离子交换过程中被分离。不同树脂对阳离子或阴离子的选择性系数可在分析化学手册中查到。

2. 影响离子交换树脂亲和力的因素

离子交换树脂对某离子的亲和力反映了树脂对该离子的交换能力。实验表明,离子交换树脂对不同离子的亲和力的大小与离子所带电荷及它的水化离子半径有关。一般来说,离子的价态越高,即所带电荷越多,树脂对它的亲和力越大。对于同价态的离子,离子的水化半径越小(对阳离子而言,原子序数越大),在交换过程中引起的树脂内部的膨胀越小,也就越有利于进入树脂相。因此,亲和力顺序为

$$Ba^{2+}>Sr^{2+}>Ca^{2+}>Mg^{2+}>Be^{2+}$$

$$Cs^+>Rb^+>K^+>Na^+>Li^+$$

$$ClO_4^->I^->Br^->CN^->NO_3^->Cl^->OH^->F^-$$

此外,树脂本身的交联度也是影响树脂的选择性的重要因素。树脂的交联度越大,对树脂选择性的影响就越大,即离子间亲和力的差别就越大;反之,交联度较小时,离子间选择性系数的差别也较小。这是交联网络形成的筛网作用造成的。

正是由于离子交换树脂对于不同离子的亲和力大小不同,在进行离子交换时,树脂对于不同的离子就有不同的选择性。当溶液中带相同电荷的各离子的浓度大致相同时,总是亲和力大的离子先被交换到树脂相上;而在洗脱时,被后交换到树脂相上的亲和力较小的离子又总是先被洗脱而进入水溶液相。这样在反复的交换和洗脱过程中才能使不同的离子互相分离。

9-4-3 离子交换色谱法

离子交换色谱法是结合离子交换和液相色谱两种技术来进行溶液中离子分离的一种方法。它不仅适用于复杂无机离子混合物的分离,如待分离的离子同为阳离子或同为阴离子,还可以用于离子型有机化合物的分离。随着化学键合固定相、细粒度新型离子交换剂的发明,离子交换色谱法已可在高速、高效下进行离子分离。特别是自 1975 年问世的以离子交换为主要分离方式,以抑制型和非抑制型电导检测器作为主要检测器的离子色谱法的发展,提高了离子交换色谱法的分离效率,使离子交换色谱法在无机离子、氨基酸,以及药物与生物分子的分离和分析中获得了广泛的应用。

以用强酸性阳离子交换树脂分离 K^+和 Na^+的混合溶液为例,来说明离子交换树脂分离带相同电荷无机离子混合物的原理。将阳离子交换树脂填充到一个圆柱形的玻璃柱中,称为离子交换柱。当该溶液从上方流入交换柱时,水溶液相中的 K^+和 Na^+都要和树脂上的交换基团中的 H^+发生交换反应,从而进入树脂相。此交换过程可以表示为

$$R—H^+ + K^+ \rightleftharpoons R—K^+ + H^+$$

$$R—H^+ + Na^+ \rightleftharpoons R—Na^+ + H^+$$

由于树脂对 K^+的亲和力大于对 Na^+的亲和力,K^+首先被交换到树脂上,然后 Na^+才被交换上去。故在交换柱中,K^+层在上,Na^+层在下。但由于树脂对两离子的亲和力差别非常微小,故 K^+层与 Na^+层基本上重叠在一起,很难分辨[图 9-4(a)]。

此时向交换柱上方加入稀 HCl 溶液,使得树脂相上的 K^+和 Na^+又与溶液中的 H^+发生交换反应,重新进入溶液。这一过程称为洗脱,是交换过程的逆过程,可表示为

$$R—K^+ + H^+ \rightleftharpoons R—H^+ + K^+$$

$$R—Na^+ + H^+ \rightleftharpoons R—H^+ + Na^+$$

这里稀 HCl 溶液又称为洗脱液。

随着洗脱液一起向下流动的 K^+和 Na^+在经过交换柱中未被交换过的树脂时,又会被再次交换到树脂相上,而当新的洗脱液流过时它们又会再次被洗脱而进入水溶液相。因此,随着洗脱液稀 HCl 溶液不断从柱上方加入,K^+和 Na^+将在树脂相和水溶液相之间不断地、反复地进行交换和洗脱这两个方向相反的过程。经过一段时间以后,从宏观上看,它们就会被洗脱液从交换柱的上方带到下方,而 K^+层与 Na^+层也开始显示出差别[图 9-4(b)]。

在洗脱过程中,由于树脂对 K^+的亲和力大于对 Na^+的亲和力,所以 K^+比 Na^+更容易从水溶液相被交换到树脂相,而更难从树脂相被洗脱进入水溶液相。因此从宏观上看,K^+向下移动的速度比 Na^+更慢。在经过较长的洗脱时间以后,本来混在一起的两种离子就会在离子交换柱上分为明显的两层,其中 K^+层在柱中的位置要比 Na^+层的位置更高[图 9-4(c)]。在洗脱过程中,若每收集 10 mL 流出液就分析一次 Na^+和 K^+的浓度,可得到如图 9-5 所示的洗脱曲线。显然,最先流出离子交换柱的是 Na^+溶液,之后才是 K^+溶液。通常是根据已知的各离子的洗脱曲线,分别在不同时间用不同容器接取流出液,或者利用检测器测量洗脱曲线(色谱图)的峰高或峰面积,从而达到分离及检测不同离子的目的。

离子交换色谱法的实质是使待分离的离子之间本来很微小的离子交换亲和力的差别在反复的交换洗脱过程中得到放大,从而在宏观上造成它们在离子交换柱中迁移速率上的差别,使它们

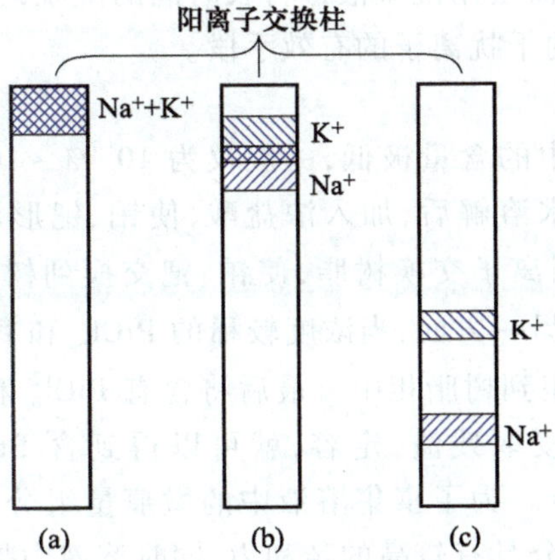

图 9-4 离子交换色谱法分离 K^+ 和 Na^+ 的示意图

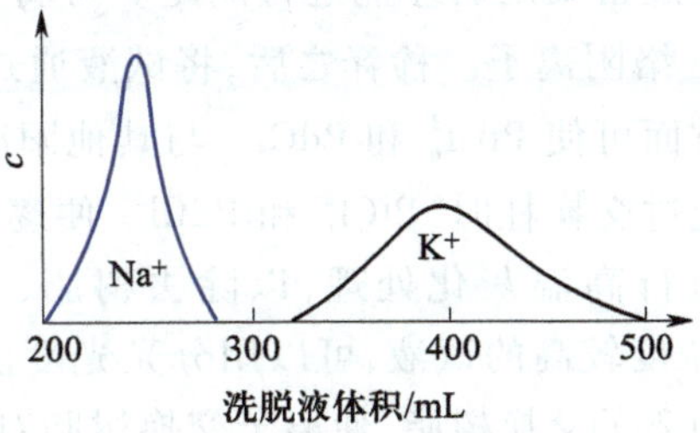

图 9-5 Na^+, K^+ 的洗脱曲线

得到分离。故离子交换色谱法常用来分离性质相似而用通常方法难以分离的离子,如 K^+ 和 Na^+,各种稀土金属离子等。

9-4-4 离子交换分离法的应用

1. 纯水的制备

自来水中常含有一些杂质,主要是无机离子,如 K^+, Na^+, Ca^{2+}, Mg^{2+}, Cl^- 和 NO_3^- 等。为了除去这些离子以制备纯水,常采用离子交换分离法,这样制得的纯水又叫去离子水。其具体做法是,先将强酸性阳离子交换树脂处理成氢型,将强碱性阴离子交换树脂处理成氢氧型。再让待纯化的水通过阳离子交换树脂柱,简称阳柱,以交换除去水中的各种阳离子;然后再通过阴离子交换树脂柱,简称阴柱,以交换除去水中的各种阴离子。从阳柱上交换下来的 H^+ 和从阴柱上交换下来的 OH^- 结合生成 H_2O。实际制备纯水时往往用多个阳柱和阴柱交错排列,当待纯化的水依次通过许多阳柱和阴柱而从出口流出时,就成为总离子含量极低的纯水。

但是当树脂使用过一段时间后,树脂上的交换基团就会逐渐被水中交换上来的阳、阴离子所饱和,最终将完全丧失交换能力。此时就需要用强酸和强碱来分别洗脱阳柱和阴柱上的这些阳、阴离子,使树脂恢复交换能力,此过程称为再生。

目前,在工业和科学研究中普遍使用离子交换分离法来净化水。

2. 干扰离子的分离

阳离子交换树脂只能交换阳离子,阴离子交换树脂只能交换阴离子。因此对带有不同电荷的干扰离子,用离子交换分离法进行分离除去十分方便。例如,用 $BaSO_4$ 沉淀重量法测定黄铁矿中硫的含量时,经处理后的试液中除了有 SO_4^{2-} 外,还有大量 Fe^{3+} 和 Ca^{2+} 等离子,它们可与 $BaSO_4$ 发生共沉淀因而干扰 SO_4^{2-} 的测定。为此可先将试液通过氢型阳离子交换树脂以除去干扰阳离子,再对流出液中的 SO_4^{2-} 进行沉淀重量法测定,可以大大提高测定的准确度。又如用分光光度法测定钢铁中的微量 Al^{3+} 和 Mg^{2+} 时,试液中大量的 Fe^{3+} 会干扰测定。可先用 $9\ mol \cdot L^{-1}$ HCl 溶液处理试液,使 Fe^{3+} 转化为络阴离子 $FeCl_4^-$,而 Al^{3+} 和 Mg^{2+} 则仍以阳离子型体存在。再将试液通过强碱性阴离子交换树脂，使 $FeCl_4^-$ 被交换到树脂相中，而 Al^{3+} 和 Mg^{2+} 则留在水溶液相中流出，从而达到了消除干扰的目的。这种分离方法不需要用洗脱液进行长时间的洗脱，分离速度快，效果好，故离子交换分离法是分离带有不同电荷的干扰离子的有效手段。

3. 微痕量组分的富集

以测定矿石中的铂、钯为例。由于铂、钯在矿石中的含量极低，一般仅为 $10^{-7}\%\sim10^{-5}\%$，因此必须经过富集之后才能进行测定。可将试样用王水溶解后，加入浓盐酸，使铂、钯形成 $PtCl_6^{2-}$ 和 $PdCl_4^{2-}$ 络阴离子。稀释之后，将试液通过强碱性阴离子交换树脂，使铂、钯交换到树脂相上。这样一方面可使 $PtCl_6^{2-}$ 和 $PdCl_4^{2-}$ 与其他阳离子分离，另一方面，当浓度较稀的 $PtCl_6^{2-}$ 和 $PdCl_4^{2-}$ 试液不断流过交换柱时，$PtCl_6^{2-}$ 和 $PdCl_4^{2-}$ 便逐渐交换富集到树脂相中。最后将含有 $PtCl_6^{2-}$ 和 $PdCl_4^{2-}$ 的树脂进行高温灰化处理，以除去树脂，再用王水浸取残渣，定容，就可以得到含 Pt(Ⅳ)和 Pd(Ⅱ)浓度较高的试液，可以用分光光度法进行测定。为了富集溶液中的微痕量组分，必须选择合适的离子交换树脂，使离子交换树脂对被富集组分具有较高的亲和力，同时溶液中带相同电荷的离子的浓度不能太大，这样才能达到定量回收和有效分离的目的。

9-5 液相色谱分离法

液相色谱分离法又称层析法或色层法，是一种有效的分离方法。自 20 世纪初提出后，由于其分离效果好，操作简便，分离速度快等特点，已成为化学、医学、工业、农业、环境等学科领域中重要的分离分析技术。色谱分离法是利用待分离组分在不相混溶的两相中分配的差异而进行分离的方法。其中一相为固定相，另一相为流动相。当流动相对固定相作相对移动时，待分离组分在两相之间反复进行分配，使它们之间微小的分配差异得到放大，造成其迁移速率的差异，从而得到分离。根据流动相的聚集态可以将色谱分离法分为以气体为流动相的气相色谱分离法和以液体为流动相的液相色谱分离法。根据操作形式以及固定相固定方式的不同，液相色谱分离法又可以分为柱色谱法和平面色谱法，这里只介绍属于经典液相色谱分离法的平面色谱法。平面色谱法又称平板色谱法，是在固定相组成的平面内进行的色谱法。平面色谱法又可分为纸色谱法和薄层色谱法。其特点是仪器设备简单，价格低，分析速度快，能同时分析多个组分。平面色谱法广泛应用于有机化工产品的纯度控制和杂质检查，天然药物研究中的有效成分分离等领域。

9-5-1 纸色谱法

纸色谱法又称纸层析法，是以滤纸为载体的液相色谱分离法。适用于纸色谱法的滤纸其组成中的纤维素通常吸收 20%～25% 的水分，而其中有大约 6% 的水分子通过氢键与纤维素上的羟基相结合，在分离过程中不随有机溶剂的流动而移动，形成纸色谱中的固定相。纸色谱法以有机溶剂为流动相，又称为展开剂。操作时用毛细管将待分离的试样点在长条滤纸的一端，待晾干后将滤纸吊放在一个密闭的盛有流动相有机溶剂的容器内，使滤纸被有机溶剂的蒸气所饱和。把点有试样的滤纸一端浸入有机溶剂中（图 9-6）。由于滤纸的毛细作用，有机溶剂将不断沿滤纸向上移动。通过试样点后，待分离的各组分将随着展开剂的上移而在固定相的水相和流动相的有机相之间不断地进行分配和再分配，相当于反复进行萃取和反萃取。由于各组分理化性质的差异，它们在固定相和流动相中的分配比不同，分配比大的组分较易进入有机相而较难进入水相，故随流动相上升的速度较快;分配比小的组分较易进入水相而较难进入有机相,故随流动相上升的速度较慢。当经过一定时间,溶剂前沿到达滤纸上端时,试样中的不同组分就会在滤纸上得到分离。再根据组分的性质喷洒适宜的显色剂使这些组分显色,就会在滤纸上显现出若干个分开的色斑(图 9-6)。可对分离后的组分进行定性鉴定,即在相同的纸色谱条件下将纯组分斑点的位置与试样组分斑点的位置进行比较,从而判断试样的组成。若要对分离后的组分进行定量测定,可将色斑分别剪下,用适当的溶剂将组分溶出,或灰化后用适当的溶剂溶解,再用适宜的方法进行测定。也可直接用可见或紫外分光光度计测量色斑的吸光度,并与标准试样同样处理的结果进行比较。如果试样组分吸收紫外线后有荧光发射,则可采用荧光光度计测量其荧光强度以进行定量分析。

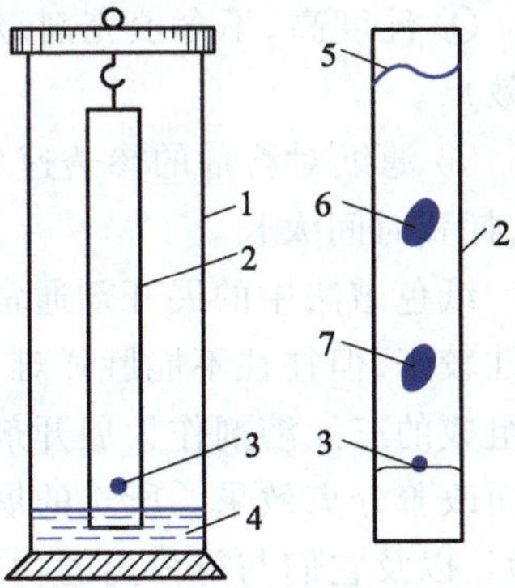

1—层析筒;2—滤纸;
3—试样原点;4—有机溶剂;
5—溶剂前沿;6,7—组分斑点

图 9-6 纸色谱法

从分离机理看,纸色谱法属于液-液分配色谱法。其分离的依据是,各组分在固定相的水相和流动相的有机溶剂之间的分配能力不同,导致它们在两相间的分配比有微小差别。当展开剂通过斑点时,试样中的各组分随着展开剂向上移动,各组分在固定相与流动相之间本来很微小的分配比差别在不断的分配过程中得到放大,从而在宏观上造成它们在滤纸上迁移速率的差别,从而得到分离。

在纸色谱法中,各组分在滤纸上移动的位置常用比移值 R_f 来表示,如图 9-7 所示。

$$R_f=\frac{\text{原点至组分斑点中心的距离}}{\text{原点至溶剂前沿的距离}}=\frac{a}{b} \qquad (9-15)$$

比移值 R_f 最大等于 1,此时组分随展开剂一起同速上升,完全不溶于固定相的水相。比移值 R_f 最小等于 0,此时组分始终停留在原点,不随展开剂上升,完全不溶于流动相的有机溶剂。通常情况下组分的 R_f 值在 0 和 1 之间,表明它既有一定的亲水性,又有一定的疏水性。在所用滤纸和展开剂等条件都一定的情况下,不同的组分都有其特定的 R_f 值,因此 R_f 值也是组分定性分析的依据。可以根据不同组分比移值的差别来判断它们彼此分离的可能性。一般只有当两组分的 R_f 值相差 0.02 以上时,才有可能用纸色谱法进行分离。R_f 值的大小除了与组分本身的性质有关以外,还与所用滤纸的性质、展开剂的性质和温度有关。

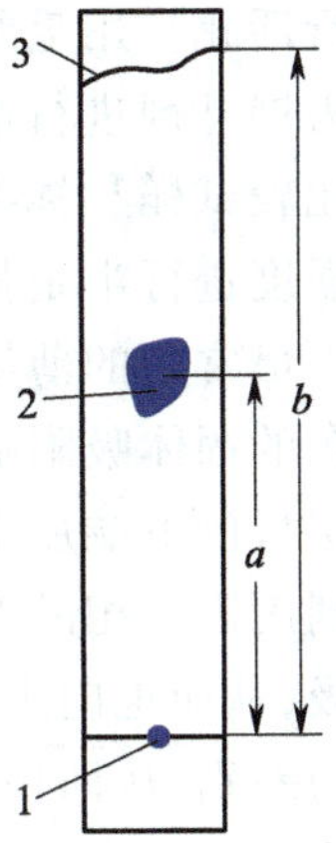

1—原点;2—组分斑点;
3—溶剂前沿

图 9-7 比移值的计算示意图

在纸色谱法中,分离是在作为载体的滤纸上进行的,因此滤纸的选择很重要,是影响分离效果的重要因素之一。用于纸色谱法分离的滤纸必须具备下述条件。

① 质地和厚薄必须均匀,边沿整齐,平整无折痕,无污渍。

② 纸纤维疏松度适当。过于疏松易使斑点扩散,过于紧密则流速太慢。

③ 有一定的强度,不易断裂。当纸条被溶剂浸润后仍有一定硬度,不应有机械折痕和损伤,以免减弱毛细作用而影响分离。

④ 纯度高,不含填充剂,灰分在0.01%以下。否则金属离子杂质会与某些组分结合,影响分离效果。

⑤ 滤纸对溶剂的渗透速率应适当。渗透速率太快,可引起斑点拖尾,影响分离效果;速率太慢,耗费时间太长。

纸色谱法中的展开剂通常为有机溶剂。用单一有机溶剂为展开剂时,溶剂组分简单,分离重现性较好,但往往不能胜任难分离组分的分离。对于难分离的化合物,经常要用有机溶剂、酸和水组成的三元溶剂作为展开剂。通过改变混合展开剂中各溶剂的比例,可以调节展开剂的极性,从而改善分离效果。所选的展开剂应使待分离组分在两相间能迅速达到分配平衡,混合展开剂之间,以及它们与待分离的物质之间都不应发生化学反应。

纸色谱法所需试样的量极少,通常只需几十微升,故十分灵敏。且该方法设备简单,操作简便易行,分离效果好。

9-5-2 薄层色谱法

薄层色谱法是在纸色谱法的基础上发展起来的平面色谱分离技术。与纸色谱法相比,薄层色谱法具有分析速度快、分离效果好、灵敏度高、可以采用多种方法显色等特点,因此,薄层色谱法在染料、制药、环境、生化工程、药物分析等方面有着广泛的应用。例如,多环芳烃是强烈的致癌物质,为严重的环境污染物。可以用薄层色谱法检测饮用水和工业用水中的多环芳烃。首先取一定量的水样,用环己烷等有机溶剂进行提取和富集。选用硅胶为吸附剂涂布于玻璃板上并进行活化。用毛细管将已浓缩的试样与标准试样分别点在同一块薄层板上,用乙腈-二氯乙烷-水为展开剂进行展开。薄层板上的试样展开并干燥后立即在紫外灯下检视斑点发出的荧光,通过比较试样与标准试样斑点的位置进行定性鉴定(如是否含有苯并芘等),也可由荧光斑点的相对强度进行半定量分析。

最常用的薄层色谱是液-固吸附薄层色谱。吸附薄层色谱的固定相是在玻璃板或塑料板上涂布的固体吸附剂,如硅胶、氧化铝等,其分离操作类似于纸色谱。干燥后的薄层板经活化后,在薄层板的下端用毛细管点上试样,在密闭的层析缸中用有机溶剂作为流动相从下到上进行展开,即利用固定相的毛细作用使流动相不断上移,同时带动试样中的组分在两相间不断进行吸附和解吸,从而也向上迁移。由于吸附剂对不同组分的吸附力的差异,造成各组分在薄层上迁移速率上的差别,从而使组分得到分离。再根据组分的性质喷洒适宜的显色剂使这些组分显色,就会在薄层板上显现出分开的色斑。同样,可以用比移值 R_f来定量表征组分在薄层上的分离情况。若要对分离后的组分进行定量测定,可将色斑分别刮下,用适当的溶剂将组分溶出,再用适宜的方法进行测定。亦可使用薄层色谱扫描仪直接测定。从形式和操作上看,薄层色谱法与纸色谱法很相似,都属于平面色谱分离技术。但从分离的机理看,薄层色谱法属于吸附色谱法。薄层色谱法所需试样量极少,一般仅几十微升。其斑点扩散比纸色谱法小,因而检测灵敏度比纸色谱法高10~100倍。由于固定相的种类多,选择性大,薄层色谱法能分离许多纸色谱法无法分离的组分,且比纸色谱法分析速度快,分离效率高,具有独特的优越性。但是,由于薄层涂布不易均匀,且制取的薄板质量也很难一致,因此即使是同一物质,同种薄层和同一展开剂,在不同的薄层板上得到的 R_f值也很难完全一致。所以薄层色谱法的 R_f值的重现性比纸色谱法差。因此在进行薄层色谱分离时,通常需将标准试样与试样在同一薄层板上同时展开,以取得定性分析的更可靠依据。

吸附薄层色谱法以吸附剂为固定相。但为达到某些分离的目的,薄层色谱法也可利用其他分离机理,如分配和离子交换等。这主要取决于所采用的固定相的性质。例如,若薄层以纤维素为载体,以吸附在纤维素上的水为固定相,则此时的薄层色谱属于分配色谱;若薄层以离子交换剂为固定相,则属于离子交换色谱。所以薄层色谱法分离的原理随所用固定相不同而异。

传统的薄层色谱法的分离效果有限,对于成分复杂的混合物试样的分析还有困难,而近年来发展起来的高效薄层色谱法很好地弥补了这一缺陷。高效薄层色谱法是在经典薄层色谱法基础上发展起来的一种更为精细、灵敏的薄层分离技术。根据色谱理论,提高固定相效能的一个重要途径是减小固定相的颗粒直径。经典的薄层色谱法所采用的吸附剂平均颗粒直径约为50~100 μm,而在高效薄层色谱法中,吸附剂平均颗粒直径仅约为5 μm,这就大大提高了分离效能和检测灵敏度。再加上逐步完善的薄层色谱装置和技术,配以高质量的薄层色谱扫描仪,使高效薄层色谱定量分析结果的准确度和重现性大大提高。

思　考　题

9-1　沉淀分离法与共沉淀分离法有什么共同点和不同点?

9-2　如何判断物质的亲水性与疏水性?

9-3　分配系数和分配比有何差别和联系?

9-4　离子交换色谱法与纸色谱法、薄层色谱法有何异同?

习　题

9-1　某水溶液含溶质 A 10.0 mg,经适当处理后用等体积的有机溶剂进行萃取,$D=99$。若(1) 用全量的有机溶剂一次萃取;(2) 每次用一半量的有机溶剂分两次萃取,问萃取率 E 分别为多少?(3) 若在二次萃取后合并有机相,再用等体积的水洗一次,A 会损失多少?

9-2　用某有机溶剂将 100 mL 某溶质的水溶液萃取两次,每次用 20 mL,萃取率为 90.0%,计算该萃取体系的分配比。

9-3　弱酸 HB 在水中的 $K_a=4.0\times10^{-5}$,在水相与某有机相中的分配系数 $K_D=42.0$,若将 HB 从 50.0 mL 的水溶液中萃取到 10.0 mL 有机溶剂中,试计算 pH = 1.0 和 pH = 5.0 时的萃取率(假设 HB 在有机相中仅以 HB 一种型体存在)。

9-4　将一种螯合剂 HL 溶解在有机溶剂中,按下面反应从水溶液中萃取金属离子 M^{2+}:

$$M^{2+}(水)+2HL(有) \Longrightarrow ML_2(有)+2H^+(水)$$

反应平衡常数 $K=0.010$。取 10 mL 水溶液,加 10 mL 含 HL 0.010 mol · L^{-1}的有机溶剂萃取 M^{2+},设水相中的 HL 和有机相中的 M^{2+}可以忽略不计,且 M^{2+}的浓度较小,HL 在有机相中的浓度基本不变。试计算:(1) 当水溶液的 pH = 3.0 时的萃取率等于多少?(2) 如果要求 M^{2+}的萃取率为 99.9%,水溶液的 pH 应调至多大?

9-5　用纸色谱法分离混合物中的物质 A 和 B,已知两者的比移值分别为 0.46 和 0.68,欲使分离后两组分斑点中心相距 3.0 cm,问滤纸条至少应长多少厘米?

9-6　将 100 mL 水样通过强酸性阳离子交换树脂,流出液用 0.104 2 mol · L^{-1} NaOH 溶液滴定,用去 41.25 mL,若水样中总金属离子含量以钙离子含量表示,每升水样中含钙多少毫克?

9-7　将 0.256 7 g NaCl 和 KBr 的混合物溶于水后通过强酸性阳离子交换树脂。经充分交换后,流出液需用 0.102 3 $mol \cdot L^{-1}$的 NaOH 溶液 34.56 mL 滴定至终点。求混合物中 NaCl 和 KBr 的质量分数。

9-8 称取 1.0 g 氢型阳离子交换树脂，加入 100 mL 含有 1.0×10^{-4} $mol \cdot L^{-1}$ $AgNO_3$ 的 0.010 $mol \cdot L^{-1}$ HNO_3 溶液，使交换达到平衡。计算 Ag^+的分配系数和 Ag^+被交换到树脂上的百分数各为多少？已知 $K_{Ag/H} = 6.7$，树脂的交换容量为 5.0 $mmol \cdot g^{-1}$。

9-9 化合物 A 在薄层板上的斑点中心距试样原点 7.6 cm，溶剂前沿距试样原点 16.2 cm。试计算：(1) 化合物 A 的 R_f值；(2) 在相同的薄层板上，色谱条件相同时，当溶剂前沿距试样原点的距离为 14.3 cm 时，化合物 A 的斑点中心应距试样原点多远？

参考答案

第 10 章 复杂无机试样的分析

一般物质定量分析的全过程包括取样、缩分、分析试液的制备、干扰组分的分离、测定和分析结果的计算等。其中分离处理、各种常用测定方法以及结果计算等，都在前面有关章节中进行了讨论。关于取样和缩分的问题，各有关分析测定标准都有明确规定，而且通常不由分析人员来完成。所以，本章只介绍无机分析试液的制备和复杂无机试样的全分析。

10-1 分析试液的制备

在实际分析工作中，除干法分析外，一般都需将试样分解，将待测组分定量地转入溶液中，成为可测定的形态，这一处理称为分析试液的制备。

绝大多数情况下，无机试样都是固体。因此，分析试液的制备应该根据试样的性质、测定的项目和方法，以及共存的干扰元素的种类等，而采取不同的方法。不论采用何种方法处理，都要求试样溶解或分解完全，尽量使被测组分全部转入试液，不在此过程中造成损失；要求不从外部混进待测组分，并尽可能避免引进干扰物质；同时要求试样处理过程应尽可能与杂质的分离结合起来，以便简化分析程序。例如，测定矿石中的 Cr 时，可用 Na_2O_2 熔融试样，然后以水浸取，此时 Ni，Mn，Fe 等都形成氢氧化物沉淀，而 Cr 被氧化并形成 CrO_4^{2-} 进入溶液，酸化后即可直接用 Fe(Ⅱ) 标准溶液进行滴定。

制备试液时，通常采用的是溶解法和熔融法。

10-1-1 溶解法制备试液

1. 水溶

对可溶性无机盐，可以直接用水溶解，制备成试液供分析测定使用。

2. 酸溶

(1) HCl 除 Ag，Pb，Tl 等少数金属外，多数金属的氯化物易溶于水。标准电极电位顺序在氢以前的金属（除 Pb 外）或其合金都能溶于 HCl 溶液。此外，碱性氧化物和弱酸盐也可溶于 HCl 溶液。由于 Cl^- 具有还原性和络合作用，HCl 溶液也可用于溶解软锰矿（主要成分 MnO_2）和赤铁矿（主要成分 Fe_2O_3）。

$$MnO_2+4Cl^-+4H^+ \xlongequal{} MnCl_2+2H_2O+Cl_2\uparrow$$

$$Fe_2O_3+8Cl^-+6H^+ \xlongequal{} 2FeCl_4^-+3H_2O$$

(2) HNO_3 几乎所有金属的硝酸盐都能溶于水。HNO_3 是具有氧化性的酸，其浓度越大氧化性越强。NO_3^- 没有络合能力，所以 HNO_3 的溶解作用主要是酸的作用和氧化作用。当加热浓 HNO_3 时，其溶解作用既强又快。除 Au 和铂族金属外，其余金属及其合金几乎都能溶于 HNO_3。

Al,Cr,Fe 等金属因溶解时形成氧化膜而钝化,使溶解受到阻碍。由于 Sn 可形成难溶的 $SnO_2 \cdot xH_2O$（锡酸）,Sb 可形成难溶的 $Sb_2O_5 \cdot xH_2O$（锑酸）,W 可形成难溶的 H_2WO_4(钨酸),故均不宜用 HNO_3 溶解。

HNO_3 能溶解一些硫化物,如可用来溶解黄铜矿(主要成分 CuS)。但溶解后可产生难溶的单质硫,因此对 CuS 等硫化物常以 HNO_3-HCl 混酸进行溶解。

HNO_3 溶解试样后,试液中含有 NO_3^- 及其他含氮的氧化物,它们有时会破坏有机试剂,故常在溶解试样后,将其煮沸除去。

(3) H_2SO_4　除 Pb,Ca,Sr,Ba 外,其他金属的硫酸盐均溶于水。H_2SO_4 可溶解 Fe,Co,Ni,Zn 等金属及其合金,以及一些碱性氧化物和弱酸盐。

浓 H_2SO_4 具有强烈的吸水性和氧化性,特别是在高温下这种作用更强,因而可以对有机化合物进行分解处理(消化),使之转化为简单的无机盐。

H_2SO_4 也可溶解某些矿物,如独居石(含 Ce,La,Th 的磷酸盐)以及含 Sb,U,Ti 等的矿物。

H_2SO_4 是高沸点(bp 338 ℃)酸,因而当试液加入硫酸后,加热分解至冒白烟(SO_3 气体)时,可作为赶净低沸点酸(HCl,HNO_3,HF)及 H_2O 等的标志。

(4) H_3PO_4　仅 Ca,Mg,Fe,Al 等金属的磷酸盐是难溶于水的。H_3PO_4 是中强酸,也是一种较强的络合剂,能与许多金属离子形成稳定而可溶的络合物。所以 H_3PO_4 对许多金属及其合金有较好的溶解作用。例如,在钢铁分析中常用 H_3PO_4 来分解某些合金钢(含高碳、高铬、高钨)。

H_3PO_4 能溶解约 90%以上种类的矿物,如铬铁矿(主要成分 $FeCr_2O_4$)、铌铁矿(主要成分 $(Fe,Mn)Nb_2O_6$)、钛铁矿(主要成分 $FeTiO_3$)等,常用来处理难溶矿物样品。

H_3PO_4 溶样的缺点是加热温度不宜过高,时间不能过长。一旦冒白烟,就应停止加热,否则将析出难溶性的焦磷酸盐,而且对玻璃器皿腐蚀严重。溶解试样后,如冷却过久再用水稀释,会析出凝胶。

(5) $HClO_4$　除 K,Rb,Cs 的高氯酸盐外,其他金属的高氯酸盐均溶于水。$HClO_4$ 是非常强的酸,但在水溶液中,由于溶剂的拉平效应,在酸强度上表现不出与其他强酸的差别。在高温下 $HClO_4$(bp 203 ℃)是强氧化剂和脱水剂。所以用 $HClO_4$ 溶解试样时可将 Cr 氧化为 $Cr_2O_7^{2-}$,V 氧化为 VO_3^-,W 氧化为 WO_4^{2-},S 氧化为 SO_4^{2-},并可将试样中的有机化合物分解。但 $HClO_4$ 与有机化合物作用强烈,如试样中有机化合物含量较高时,易发生爆炸。

$HClO_4$ 有时可代替 H_2SO_4 赶走其他低沸点酸。这是因为用 H_2SO_4 处理后的残渣常常难溶解于水,而 $HClO_4$ 则无此弊端。但 $HClO_4$ 的价格较 H_2SO_4 贵,故不常用。

(6) HF　F^- 对一些高价态的金属离子有很强的络合作用。HF 与大多数金属均能发生反应,反应后金属表面生成一层难溶的金属氟化物,阻碍了金属与 HF 的进一步作用。因此,HF 常与 HCl,HNO_3 或 H_2SO_4 等混合使用。

HF 主要用于溶解硅酸盐,使 Si 变成挥发性的 SiF_4 以便于除去,这样既富集了待测组分又达到了溶样的目的。

$$SiO_2 + 4HF \xlongequal{\quad} SiF_4 \uparrow + 2H_2O$$

矿石用 HF 分解后,Fe(Ⅲ),Al(Ⅲ),Ti(Ⅳ),Zr(Ⅳ),W(Ⅵ),Nb(Ⅴ),Ta(Ⅴ),U(Ⅵ)等以氟的络合物形式进入溶液,而 Cu(Ⅱ),Mg(Ⅱ),Th(Ⅳ),U(Ⅳ)和稀土金属则形成氟化物白色沉淀析出,可以同时起到一定的分离作用。

HF能腐蚀玻璃，故采用HF溶解试样时，宜在Pt或聚四氟乙烯的器皿中进行。但在使用聚四氟乙烯器皿时，温度不能超过250 ℃，否则聚四氟乙烯会分解，并产生有毒的含氟气体。HF对皮肤有很强的腐蚀性，溶样操作时应戴橡胶手套。

(7) 混合酸及其他与酸的混合溶液　由于各种酸都有其特点，为了取长补短达到更好溶解试样的目的，时常使用混合酸。例如，使用王水可以溶解含Pt或Cr等金属的试样，并可避免单独使用HNO_3时所产生的金属氧化膜。

$$3Pt+4HNO_3+18HCl = 3H_2PtCl_6+4NO\uparrow+8H_2O$$

$$2Cr+2HNO_3 = Cr_2O_3+2NO\uparrow+H_2O$$

$$Cr_2O_3+6HCl = 2CrCl_3+3H_2O$$

此外，也可使用王水将硫化物中的S(Ⅱ)氧化为SO_4^{2-}。

又如，$HCl-H_2O_2$，$HCl-Br_2$，HNO_3-KClO_3，HNO_3-Br_2，$H_2SO_4-HClO_4$，$H_3PO_4-SnCl_2$，$H_3PO_4-HClO_4$，$H_3PO_4-KMnO_4$以及$HF-H_2SO_4-HNO_3-HClO_4$等混合物，也均可有针对性地用来溶解特定的试样。

3. 碱溶

(1) NaOH　20%～30%（质量分数）的NaOH溶液可溶解Al，Zn及其合金。

$$2Al+2NaOH+2H_2O = 2NaAlO_2+3H_2\uparrow$$

此时溶样应在银或聚四氟乙烯器皿内进行。溶样处理后，试样中Fe，Mn，Cu，Ni和Mg成为金属残渣析出；Al，Sn，Pb，Zn和部分Si形成含氧酸根（多羟基络离子）进入溶液。然后可将金属残渣滤出后，用HCl或H_2SO_4将溶液酸化，并用酸将金属残渣溶解。在测定Al合金中的Si时，以NaOH溶样最适宜，此时Si以SiO_3^{2-}的形式进入溶液，可避免酸溶时有SiH_4逸出影响测定结果。

NaOH也可以溶解一些矿物，如白砷矿（主要成分As_2O_3）。

$$As_2O_3+2NaOH = 2NaAsO_2+H_2O$$

(2) NH_3　含W，Mo等的矿物试样经过焙烧转化为氧化物后，可用氨水进行溶解。例如，辉钼矿（主要成分MoS_2）是含Mo的重要矿石。可将其精砂在550～650 ℃下焙烧成MoO_3，然后用氨水溶解。

$$2MoS_2+7O_2 = 2MoO_3+4SO_2\uparrow$$

$$MoO_3+2NH_3+H_2O = (NH_4)_2MoO_4$$

4. 加压溶解

在密闭的容器中，用酸或混合酸溶解试样时，由于蒸气压增大，酸的沸点升高，可以加热至较高的温度，从而提高溶解效率，使在常压下难溶的试样得以很好地溶解。例如，刚玉（主要成分Al_2O_3）、绿宝石（主要成分Al_2BeO_4）、钛铁矿（主要成分$FeTiO_3$）、铬铁矿（主要成分$FeCr_2O_4$）、钽铌铁矿[主要成分$FeMn(Nb\cdot Ta)O_6$]、电光石[主要成分$(H\cdot Na\cdot K)_3Al_3(B\cdot OH\cdot F)_2Si_4O_{19}$]等，均可用加压溶解法制备试液。

加压溶样时，需在特制的高压釜或高压锅中进行。

10-1-2　熔融法制备试液

许多难溶解的试样采用各种酸、碱溶液不能完全溶解，此时，可使用适当的熔剂进行熔融处理，方能达到熔解的目的。

熔融分解法是利用酸性或碱性熔剂与试样在高温下进行复分解反应的方法，因此也称为干法分解试样法。在熔融分解时反应物的浓度和温度都比湿法溶解时高得多，因此分解能力也强得多。但熔融分解时，要加入大量的熔剂（为试样的6~12倍），于是引入了由大量熔剂本身产生的各种离子或熔剂中的杂质。在高温熔融过程中，所使用的坩埚也往往会被腐蚀，也会使试液受到污染。因此，除非特别需要，一般不采用这种方法制备试液。

1. 酸性熔剂

常用的酸性熔剂是 $K_2S_2O_7$（焦硫酸钾），它可在温度较高时分解产生 SO_3，能对矿石有分解作用。当 $K_2S_2O_7$ 与中性或碱性氧化物混合熔融时，在 300 ℃左右即发生复分解反应。例如，金红石（主要成分 TiO_2）与 $K_2S_2O_7$ 的熔融反应为

$$TiO_2+2K_2S_2O_7 = Ti(SO_4)_2+2K_2SO_4 (>300\ ℃)$$

$K_2S_2O_7$ 还可应用于对 Al_2O_3，Cr_2O_3，Fe_3O_4，ZrO_2 和钛铁矿、铬矿以及中性或碱性（$n_{CaO}/n_{SiO_2} \geq 1$）耐火材料（如铝砂、高铝砖、镁砂和镁砖等）的熔融分解。

在使用 $K_2S_2O_7$ 熔融时，温度不宜过高，时间不宜过长，以免 SO_3 过多过早地损失掉，或使硫酸盐分解为难溶的氧化物。熔融后，将熔块冷却，加入少量 H_2SO_4，防止某些易水解的元素（如 Ti，Zr）产生沉淀。亦可加入酒石酸或草酸等络合剂防止水解。最后以水浸溶。

可用 $KHSO_4$ 代替 $K_2S_2O_7$ 作为酸性熔剂。在熔融灼烧时，$KHSO_4$ 可脱水转化为 $K_2S_2O_7$。

$$2KHSO_4 = K_2S_2O_7+H_2O$$

2. 碱性熔剂

（1）Na_2CO_3 和 K_2CO_3　Na_2CO_3 和 K_2CO_3 的熔点分别为 860 ℃和 890 ℃，其 1：1（质量比，下同）的混合物熔点为 700 ℃。通常是以 Na_2CO_3-K_2CO_3（1：1）的混合熔剂来分解矿石，如熔解钠长石（主要成分 $NaAlSi_3O_8$）或重晶石（主要成分 $BaSO_4$）。Na_2CO_3 和 K_2CO_3 的熔解反应是相似的。

$$NaAlSi_3O_8+3Na_2CO_3 = NaAlO_2+3Na_2SiO_3+3CO_2\uparrow$$

$$BaSO_4+Na_2CO_3 = BaCO_3+Na_2SO_4$$

为将含 S，As，Cr 的矿物在熔融时分别氧化为 SO_4^{2-}，AsO_4^{3-} 和 CrO_4^{2-}，可在 Na_2CO_3 熔剂中加入 $KClO_3$ 或 KNO_3。

Na_2CO_3-S 也是一种熔解含 As，Sb，Sn 矿石的良好熔剂，如可用于熔解锡石（主要成分 SnO_2）。

$$2SnO_2+2Na_2CO_3+9S = 2Na_2SnS_3+3SO_2\uparrow+2CO_2\uparrow$$

用 Na_2CO_3 作熔剂熔解时，宜在铂坩埚中进行，但含硫的混合熔剂对铂有一定腐蚀性。

（2）Na_2O_2　Na_2O_2 是具有强氧化性和强腐蚀性的碱性熔剂，能分解许多难溶物，如铬铁矿、硅铁矿、绿柱石[主要成分 $Be_3Al_2(Si_6O_{18})$]、锡石、独居石、黑钨矿（主要成分 $(Fe,Mn)WO_4$）、辉钼矿和硅砖等。

在 Na_2O_2 熔融试样后，用水浸出时，Fe，Co，Ni，Mn，Mg，Ti，Zr，Th 和稀土元素等形成高价氢氧化物，可以定量地转入沉淀；Al，Cr，As，Sb，Si，P，W，V 等形成高价含氧酸根进入溶液。当 Ca，Mg 的含量较高时，有些含氧酸根与 Ca，Mg 结合形成沉淀；如 $Ca_3(PO_4)_2$，$CaWO_4$ 等。例如，铬铁矿与 Na_2O_2 的熔解反应为

$$2FeO \cdot Cr_2O_3+7Na_2O_2 \xlongequal{} 2NaFeO_2+4Na_2CrO_4+2Na_2O$$

以水处理熔块时，可溶出 Na_2CrO_4，而 $NaFeO_2$ 则水解生成 $Fe(OH)_3$ 沉淀。

Na_2O_2 对铂坩埚有腐蚀性，一般应在 Fe，Ni 或刚玉坩埚中进行熔融。

Na_2O_2 与有机化合物反应剧烈，容易发生爆炸。有时为减缓其反应剧烈程度，可将 Na_2O_2 与 Na_2CO_3 混用。

(3) NaOH 和 KOH　NaOH 和 KOH 是低熔点(约 300 ℃)、强碱性熔剂，常用于分解锡石、铝矿、铝土矿、硅酸盐等。在用 Na_2CO_3 熔融试样时可加入 NaOH 以降低熔点，并可略微提高分解能力。有时在分解难溶矿物时，可用 NaOH 与少量 Na_2O_2 混合，或将 NaOH 与少量 KNO_3 混合作为具有氧化性的碱性熔剂。

NaOH 与 Zn 粉混合可以分解锡石。反应式为

$$SnO_2+Zn+4NaOH \xlongequal{} Na_2SnO_2+Na_2ZnO_2+2H_2O$$

在熔融时，As，Sb 已挥发掉，熔块用盐酸溶解，所得试液可直接作为 Sn(Ⅱ)的被滴定剂。

NaOH 和 KOH 单独作为熔剂是有缺陷的，因其含有多种杂质，不易纯制。以 NaOH 或 KOH 为熔剂时，只可在 Fe，Al 或 Ni 坩埚中进行。

3. 烧结法

烧结法又称半熔法，其优点是在低于熔点温度条件下使试样与熔剂发生作用，可不腐蚀容器，一般在瓷坩埚中进行即可。但烧结法反应时间较长，不及一般熔融法省时。

(1) Na_2CO_3-ZnO 烧结　常用于矿石或煤中含硫量的测定。Na_2CO_3 起熔剂的作用，ZnO 起疏松通气的作用，使空气中的氧将 S 氧化成 SO_4^{2-}，并将 SiO_2 转化为 $ZnSiO_3$ 进入溶液。

(2) $CaCO_3$-NH_4Cl 烧结　用于测定硅酸盐中的 K，Na。此时不宜以 Na_2CO_3 或 K_2CO_3 作为熔剂熔融，所以改用这种方法。如对钾长石的分解：

$$2KAlSi_3O_8+6CaCO_3+2NH_4Cl \xlongequal{} 6CaSiO_3+Al_2O_3+2KCl+6CO_2\uparrow+2NH_3\uparrow+H_2O$$

烧结后碱金属转化为氯化物，用水浸出即可进行测定。

4. 铵盐分解法

铵盐受热分解时，可析出相应的酸，此时温度和酸度都很高，对矿石试样有很强的分解能力。例如，NH_4Cl 受热分解时有

$$NH_4Cl \xrightarrow{338℃} HCl+NH_3\uparrow$$

逸出的 HCl 与金属生成氯化物。此外，常用的铵盐还有 NH_4NO_3，$(NH_4)_2SO_4$，NH_4F 以及这些铵盐不同配比的混合物。

混合铵盐分解试样，一般在 Ni 坩埚或瓷坩埚中进行。如含有 NH_4F，则应在聚四氟乙烯坩埚中处理。

10-2　实物全分析示例

在实际工作中，有时要求对试样的全部组分或其主要组成进行全面分析测定，通称为全分析。在这类分析中，一次所制备的试液可分别取出多份进行各种组分的测定，也可由一份试液采用系统分析方案进行，边分离边测定。

10-2-1　电解精盐水的分析(示例 1)

在氯碱工业中,根据生产工艺的要求,对供电解用的精盐水各种组分的含量有规定指标,如表 10-1 所示。

表 10-1　电解精盐水的规格指标

组　分	$\rho/(g \cdot L^{-1})$	组　分	$\rho/(g \cdot L^{-1})$
NaCl	315~320	$Ca^{2+}+Mg^{2+}$	≤0.008
NaOH	0.08~0.2	Fe^{3+}	≤0.006
Na_2CO_3	0.30~0.50	pH 8~11	
SO_4^{2-}	≤5.0		

为保证生产的正常进行,要定时对精盐水进行全分析。我国氯碱厂现行采用的全分析方案如表 10-2 所示。

表 10-2　精盐水全分析方案

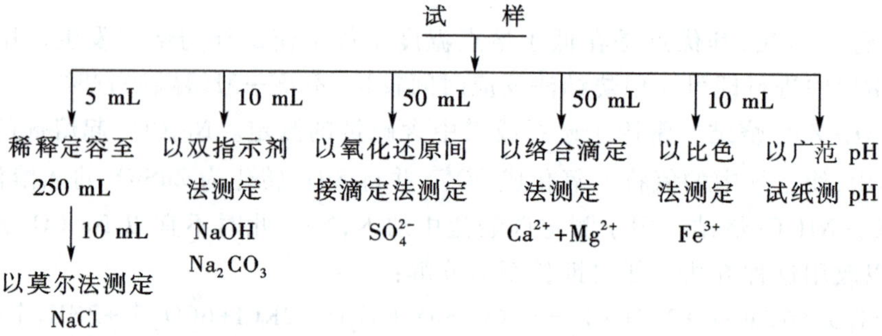

(1) NaCl 的测定　吸取试样 5 mL,置于 250 mL 容量瓶中以水稀释定容后,摇匀。吸取稀释试液 10 mL,加 1% PP 指示剂 1~2 滴,用 0.10 mol · L^{-1} H_2SO_4 标准溶液滴加至红色刚刚消失。加 0.5 mL 5% K_2CrO_4 为指示剂,在充分摇动下,以 0.1 mol · L^{-1} $AgNO_3$ 标准溶液滴定至终点,求算 NaCl 含量。

(2) NaOH 和 Na_2CO_3 的测定　吸取试样 10 mL,加 1~2 滴 1% PP 为指示剂,以0.1 mol · L^{-1} H_2SO_4 标准溶液滴定至终点,记录 H_2SO_4 的消耗体积(V_1)。再加 1~2 滴 0.1% MO 为指示剂,继续以 H_2SO_4 标准溶液滴定至终点,记录 H_2SO_4 所消耗的量(V_2),求算 NaOH 和 Na_2CO_3 各自的含量。

(3) SO_4^{2-} 的测定　称取 1 g 左右的 $BaCrO_4$,加 10 mL 水,加 1 : 1 盐酸至 $BaCrO_4$ 溶解(可加热),注入吸取的 50 mL 试样,煮沸 2 min。冷却后加入 1 : 1 氨水至溶液呈碱性(溶液呈淡黄色)。然后,将全部溶液移入 250 mL 容量瓶中,以水定容,摇匀,并以干滤纸过滤到干的烧杯中。吸取滤液 10 mL,加入 1 g KI 及 1 : 1 盐酸,迅速加盖摇匀,放置于暗处 10~15 min。以淀粉为指示剂,用 $Na_2S_2O_3$ 标准溶液滴定至终点。求算 SO_4^{2-} 含量。

(4) $Ca^{2+}+Mg^{2+}$总含量的测定　吸取试样 50 mL,加盐酸调至中性,加 0.5 mL 30%三乙醇胺,2 mL 1%盐酸羟胺,10 mL $NH_3 \cdot H_2O-NH_4Cl$ 缓冲溶液(pH 10.0)。摇匀后,置水浴上加热至 60 ℃,然后加 3~4 滴 0.5% EBT 溶液。在用力摇动下,用 0.025 mol · L^{-1} EDTA 标准溶液滴定至

由紫红色变为纯蓝色，即为滴定终点。求算 $Ca^{2+}+Mg^{2+}$ 的总含量。

（5）Fe^{3+} 的测定　在两个 50 mL 比色管中，各加入 5 mL 15% HNO_3 溶液，10mL 10% NH_4SCN溶液，0.5 mL 20% H_2SO_4 溶液。吸取 10 mL 试样置于其中一支比色管中，以水稀释至 50 mL 刻度，摇匀。另一支加水稀释至同刻度，以 0.01 $mg\cdot mL^{-1}$ Fe^{3+} 标准溶液滴定至两支比色管颜色相同时为止，计算 Fe^{3+} 的含量。

（6）pH 的测定　以广范 pH 试纸检验试样的 pH。

10-2-2　硅酸盐的分析（示例 2）

硅酸盐是生产水泥、玻璃、陶瓷等的原料，土壤的母质也是硅酸盐。天然的硅酸盐矿物有石英、云母、长石和高岭石等多种，其主要成分是 SiO_2，Fe_2O_3，Al_2O_3，CaO，MgO，TiO_2 等。进行硅酸盐全分析时，通常采用系统分析法，现介绍一种常用的系统分析方案（表 10-3）。

表 10-3　硅酸盐系统分析方案举例

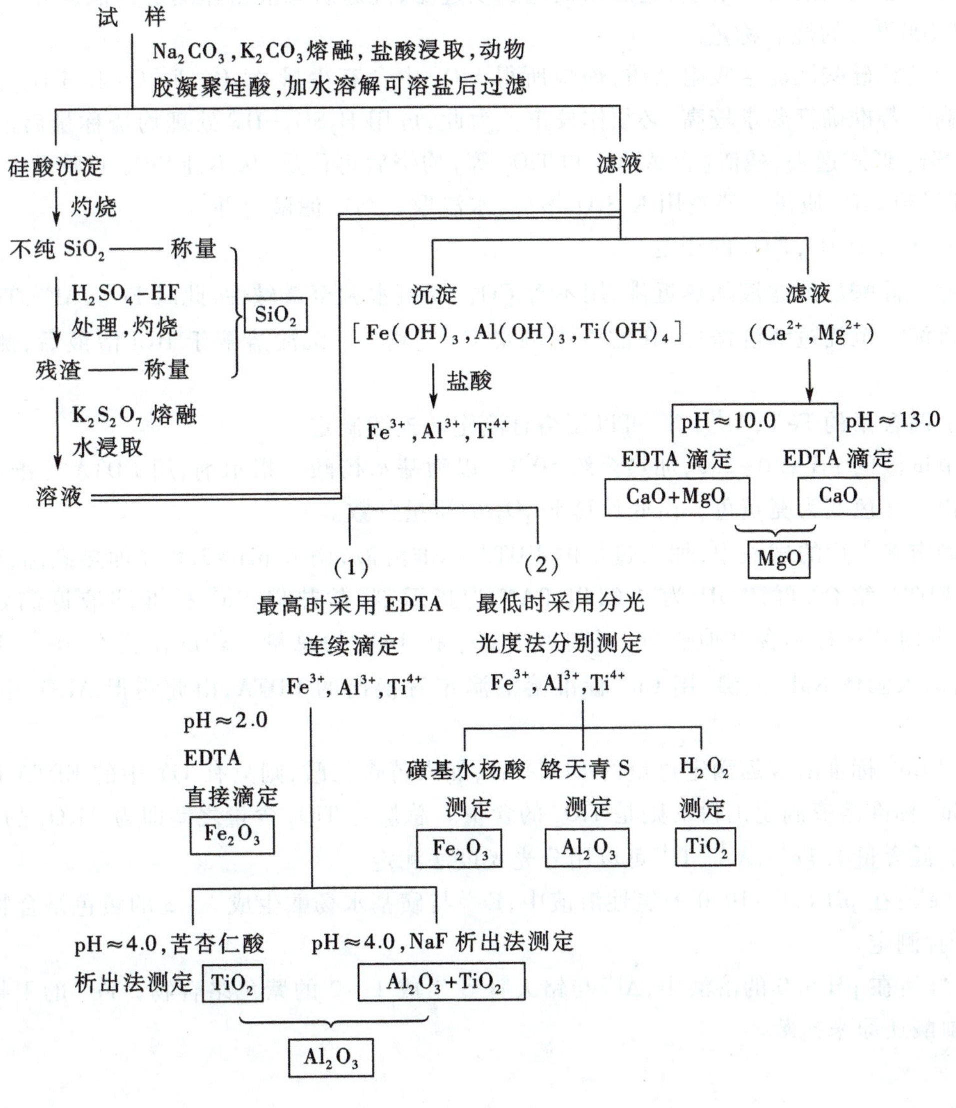

1. 试样的分解

根据试样中 SiO_2 含量高低不同，分别采用酸溶法或碱性熔剂熔融法分解试样。

若 SiO_2 含量低，可采用酸溶法。常以 H_2SO_4-HF 分解试样，此时 SiO_2 以 SiF_4 形式挥发除去。此试液只能测定硅以外的其他组分，若欲测定 SiO_2 应另取试样，采用烧结法分解，用硅氟酸钾容量法测定。

当 SiO_2 含量较高时，大多采用碱性熔剂熔融法分解。常用 Na_2CO_3-K_2CO_3 为熔剂，若其中含有黄铁矿或铬铁矿，还需加入 Na_2O_2。试样分解后，熔块用水浸取，并加盐酸酸化。

2. SiO_2 的测定

在硅酸盐系统分析方案中，SiO_2 常采用重量法测定。熔块用水溶并酸化后，SiO_2 转变成 $H_2SiO_3 \cdot xH_2O$ 胶状沉淀，但仍有相当部分留于溶液中。为使硅酸定量析出并脱去大量水分，便于过滤，必须将试液蒸发至湿盐状态，加入盐酸和动物胶，在搅拌下于 60～70 ℃下保温 10 min。由于动物胶颗粒表面带正电荷，而硅酸胶粒表面带负电荷，二者发生静电吸引作用使硅酸凝聚并定量析出。加热水溶解可溶盐，趁热用快速滤纸过滤，洗涤后滤液留作测定其他组分。沉淀在高温（约 1 100 ℃）灼烧后称量。

由于胶状硅酸沉淀会吸附杂质，灼烧所得 SiO_2 中含有少量 Al_2O_3，Fe_2O_3 和 TiO_2，致使 SiO_2 含量偏高。若准确度要求较高，必须作校正。为此，可用 H_2SO_4-HF 处理灼烧称量后的 SiO_2，使 SiO_2 以 SiF_4 形式逸去，残渣（含 Al_2O_3 和 TiO_2 等）灼烧后再称量，从不纯 SiO_2 的质量中扣除残渣质量，即得纯 SiO_2 质量。残渣用 $K_2S_2O_7$熔融，水浸取后与前滤液合并。

3. Fe_2O_3，Al_2O_3，TiO_2 的测定

将滤去硅酸后的滤液加热近沸，用不含 CO_3^{2-} 的氨水调至微碱性，此时 Fe^{3+}，Al^{3+}，Ti^{4+}生成氢氧化物沉淀。沉淀过滤洗涤后，在滤液中测定 Ca^{2+}，Mg^{2+}。沉淀溶解于 HCl 溶液后，测定 Fe^{3+}，Al^{3+}，Ti^{4+}。

（1）高含量的 Fe^{3+}，Al^{3+}，Ti^{4+}可以用络合滴定法连续滴定

调节试液的 pH 2.0～2.5，加热至约 50 ℃，以磺基水杨酸为指示剂，用 EDTA 标准溶液滴定至溶液由紫红色变为亮黄色。由此计算 Fe_2O_3 的质量分数。

在滴定 Fe^{3+}后的试液中，加入过量的 EDTA 标准溶液，调节 pH＝3.0 并加热煮沸，使 Al^{3+}定量地与 EDTA 络合，再调 pH 为 4.0，以 PAN 为指示剂，趁热以 Cu^{2+}标准溶液返滴定过量的 EDTA。此时若试样不含其他成分，可测得 Al_2O_3 和 TiO_2 的总量。若试样含有 Mn^{2+}，Pb^{2+}等成分，则再加入固体 NaF，煮沸，用 Cu^{2+}标准溶液滴定置换出的 EDTA，由此测得 Al_2O_3 和 TiO_2 的总量。

在用 Cu^{2+}标准溶液返滴定过量的 EDTA 后，加入苦杏仁酸，则只有 TiY 中的 EDTA 被置换出来，用 Cu^{2+}标准溶液滴定测得的则是 TiO_2 的含量。总量与 TiO_2 含量之差即为 Al_2O_3 的含量。

（2）低含量的 Fe^{3+}，Al^{3+}，Ti^{4+}可以用分光光度法测定

① Fe^{3+}：在 pH 8.0～10.0 的氨性溶液中，Fe^{3+}与磺基水杨酸生成 1∶3 的黄色络合物。Al^{3+}，Ti^{4+}不干扰测定。

② Al^{3+}：在 pH 5.0 的溶液中，Al^{3+}与铬天青 S 生成 1∶2 的紫色络合物。Fe^{3+}的干扰可通过加抗坏血酸还原来掩蔽。

③ Ti^{4+}：在约 1 $mol \cdot L^{-1}$ H_2SO_4 介质中，Ti^{4+}与 H_2O_2 生成黄色络合物。Fe^{3+}的干扰可通过加 H_3PO_4 以络合掩蔽法消除，但同时 H_3PO_4 减弱了钛络合物的黄色，可在参比溶液中加入等量的 H_3PO_4。

4. CaO 和 MgO 的测定

分离除去 $Fe(OH)_3$，$Al(OH)_3$，$Ti(OH)_4$ 后的滤液，即可用 EDTA 滴定法测定 Ca^{2+}和 Mg^{2+}。

在 pH 10.0 的氨性溶液中，以酸性铬蓝 K-萘酚绿 B 为指示剂，用 EDTA 标准溶液滴定，测得 CaO 和 MgO 的总量。在此滴定中，有时还需加入 KCN 掩蔽 Cu^{2+}，Ni^{2+}，加入三乙醇胺掩蔽 Mn^{2+}。

另取相等体积试液，用 KOH 调节 pH 为 13.0，仍以酸性铬蓝 K-萘酚绿 B 为指示剂，用 EDTA 标准溶液滴定 Ca^{2+}，求得 CaO 含量。由两份试液滴定之差求出 MgO 含量。

若 Mg^{2+}含量较高，在 pH 13.0 滴定 Ca^{2+}时，大量 $Mg(OH)_2$ 沉淀会吸附 Ca^{2+}，使测定 CaO 的结果偏低，MgO 的结果偏高。为此，可加入糊精等作为保护胶体，减少沉淀对 Ca^{2+}的吸附。也可改用 EGTA 为滴定剂测定 Ca^{2+}。

10-3 过程分析概述

一般分析实验的操作都是在实验室（化验室）中进行的。这样分析测试的结果，主要用于对分析实验的试样进行质量鉴定，或对科学实验的成果进行学术评估，可以为已完成的生产、科研工作的质量及水平的鉴定和验收提供重要的信息。

在实际生产或开发研制新产品的过程中，必须对生产过程实时地进行考察和控制，以便调整和优化所进行的生产过程，从而提高产品的质量和纯度，合理地利用原材料，并尽量减少废物的排放。为达到这一目的，将与生产过程结合在一起的各种分析测试，统称为过程分析。例如，10-2-1关于电解精盐水的全分析。由于这类分析是结合在生产线上进行的，所以也称为在线分析。与之相对应的，将分析测试的试样离开生产的现场，运送到实验室或化验室去进行分析测试，则称之为离线分析。

过程分析或离线分析，所依据的各种测定的原理和工作中所应遵守的原则是一致的。只是过程分析所处的环境与实验室不同，它所使用的仪器要求微型化，信息的采集和传递要求更加自动化，仪器和设备必须能够承受生产现场的温度和湿度的变化，更加稳定也更耐腐蚀。过程分析的测量方式，依据所要求的信息的性质的不同，其测量可以是连续的，也可以是间歇的。

过程分析在生产领域的重要性不断增强，并将取代某些有关生产的离线分析，甚至可用于产品的最后质量控制分析。

10-4 月壤分析简述

月球土壤（lunar soil）是指月球上所特有的土壤，简称月壤。月壤不仅出自月球，也可能包含外来小行星或陨石的碎片。2020 年 12 月 17 日，中国首个实施无人月面取样返回的月球探测器“嫦娥五号”携带月球试样 1.73 kg 返回地球，中国科学家们已经对采集回来的月球试样进行了全分析。

不同于地球土壤的分析，月壤的分析因样品极其难得，异常珍贵，不能用传统的化学分析方法，而主要采用各种谱学，如 X 射线衍射、质谱以及显微观察仪器等。相关任务目标也更加复杂多样。例如，通过月壤探索月球的起源，探测化学元素的种类及其起源，岩石的种类，特殊晶态物质，能源物质和水分等。

科学家通过对铁橄榄石颗粒的分析研究发现了由歧化反应产生的单质铁，还有因撞击而成的亚微米级磁铁矿，以及富铁高钙辉石等。月壤中还存在天然的玻璃纤维和 Au，Ag，Pb，Zn，Cu，Sb，Re 等矿物颗粒，这些都是工业生产中重要的基础材料。此外，中国科学家还发现月壤的矿物表层中含有因太阳风形成的水，研究还表明月壤可以长出健康的植物。

附录一　物理、物理化学常数表

附表 1　根据戴维斯方程求得的各类离子活度系数值(25 ℃)

戴维斯方程：$-\lg\gamma_i \approx z_i^2\left(\dfrac{0.51I^{1/2}}{1+I^{1/2}}-0.15I\right)=z_i^2I'$

$I/(\mathrm{mol\cdot L^{-1}})$	$I'/(\mathrm{mol\cdot L^{-1}})$	γ				
		$M^{\pm}$	$M^{2\pm}$	$M^{3\pm}$	$M^{4\pm}$	$M^{5\pm}$
0.100 00	0.107 5	0.78	0.37	0.11	0.02	0.002
0.200 00	0.127 6	0.75	0.31	0.07	0.009	0.000 6
0.300 00	0.135 5	0.73	0.29	0.06	0.007	0.000 4
0.400 00	0.137 6	0.73	0.28	0.06	0.006	0.000 4
0.500 00	0.136 2	0.73	0.29	0.06	0.007	0.000 4
0.600 00	0.132 6	0.74	0.29	0.06	0.008	0.000 5
0.700 00	0.127 3	0.75	0.31	0.07	0.009	0.000 7
0.800 00	0.120 8	0.76	0.33	0.08	0.01	0.001
0.900 00	0.113 3	0.77	0.35	0.10	0.02	0.001
1.000 00	0.105 0	0.79	0.38	0.11	0.02	0.002

注：$M^{\pm}$为一价正、负离子，其余类推。

附表 2　弱酸或弱碱在水中的解离常数(25 ℃, $I=0\ mol\cdot kg^{-1}$)

名　称	共轭酸的化学式	pK_a	K_a
氨	NH_4^+	9.25	5.6×10^{-10}
亚硝酸	$HON{=}O$	3.15	7.1×10^{-4}
叠氮酸	$HN{=}\overset{+}{N}{=}N^-$	4.65	2.2×10^{-5}
氰醇(氰酸)	$HOC{\equiv}N$	3.48	3.3×10^{-4}
氰化氢(氢氰酸)	$HC{\equiv}N$	9.21	6.2×10^{-10}
氟化氢	HF	3.17	6.8×10^{-4}
过氧化氢	HOOH	11.65	2.2×10^{-12}
硫化氢(氢硫酸)	H_2S	7.05 13.92	8.9×10^{-8} 1.2×10^{-14}
硫氰酸	$HSC{\equiv}N$	0.9	0.13
硫酸	HO—S(=O)(=O)—OH	1.92(pK_{a_2})	1.2×10^{-2}
亚硫酸	HOS(=O)OH	1.89 7.20	1.29×10^{-2} 6.8×10^{-8}
硫代硫酸	HOS(=O)(=S)OH	0.6 1.6	0.25 3×10^{-2}
碘酸	HOI(=O)=O	0.77	0.17
次碘酸	HOI	10.64	2.3×10^{-11}
次溴酸	HOBr	8.63	2.3×10^{-9}
次氯酸	HOCl	7.53	3.0×10^{-8}
亚氯酸	$HOCl{=}O$	1.95	1.12×10^{-2}
铬酸	HO—Cr(=O)(=O)—OH	−0.2(20℃) 6.50	1.6 3.2×10^{-7}
硼酸	$B(OH)_3$	9.24	5.80×10^{-10}
偏硅酸	HO—Si(=O)—OH	9.77 11.8	1.7×10^{-10} 2×10^{-12}
磷酸	HO—P(=O)(—OH)—OH	2.12 7.20 12.36	7.5×10^{-3} 6.3×10^{-8} 4.4×10^{-13}
亚磷酸	HP(=O)(—OH)—OH	1.5 6.79	3×10^{-2} 1.62×10^{-7}

续表

名　称	共轭酸的化学式	pK_a	K_a
碳酸②	$HO-\overset{O}{\overset{\|}{C}}-OH$	6.38 10.25	4.2×10^{-7} 5.6×10^{-11}
次磷酸	$H_2\overset{O}{\overset{\|}{P}}OH$	1.23	5.9×10^{-2}
焦磷酸	$(HO)_2\overset{O}{\overset{\|}{P}}O\overset{O}{\overset{\|}{P}}(OH)_2$	0.91 2.10 6.70 9.35	0.12 7.9×10^{-3} 2.0×10^{-7} 4.5×10^{-10}
砷酸	$HO-\overset{O}{\overset{\|}{As}}(OH)-OH$	2.19 6.94 11.50	6.5×10^{-3} 1.15×10^{-7} 3.2×10^{-12}
亚砷酸	$As(OH)_3$	9.2	6.0×10^{-10}
甲酸	HCO_2H	3.77	1.70×10^{-4}
醋酸（乙酸）	CH_3CO_2H	4.76	1.75×10^{-5}
氯乙酸	$ClCH_2CO_2H$	2.86	1.38×10^{-3}
二氯乙酸	Cl_2CHCO_2H	1.26	5.5×10^{-2}
三氯乙酸	Cl_3CCO_2H	0.66（$I=0.1\ mol\cdot kg^{-1}$）	0.22
3-氯丙酸	$ClCH_2CH_2CO_2H$	4.11	7.8×10^{-5}
溴乙酸	$BrCH_2CO_2H$	2.902	1.25×10^{-3}
碘乙酸	ICH_2CO_2H	3.175	6.68×10^{-4}
羟基乙酸	$HOCH_2CO_2H$	3.831	1.48×10^{-4}
氰基乙酸	$NCCH_2CO_2H$	2.472	3.37×10^{-3}
2-巯基乙酸	$HSCH_2CO_2H$	3.60（CO_2H） 10.55（SH）	25×10^{-4} 2.82×10^{-11}
苯基乙酸	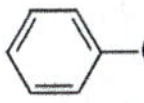$-CH_2CO_2H$	4.310	4.90×10^{-5}
丙酸	$CH_3CH_2CO_2H$	4.87	1.35×10^{-5}
丙烯酸	$H_2C=CHCO_2H$	4.258	5.52×10^{-5}
丙酮酸	$CH_3\overset{O}{\overset{\|}{C}}CO_2H$	2.55	2.8×10^{-3}
正丙胺	$CH_3CH_2CH_2NH_3^+$	10.566	2.72×10^{-11}
丁酸	$CH_3CH_2CH_2CO_2H$	4.819	1.52×10^{-5}
马来酸（顺式丁烯二酸）	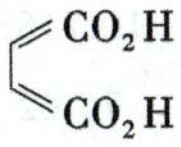	1.910 6.332	1.23×10^{-2} 4.66×10^{-7}

续表

名　称	共轭酸的化学式	pK_a	K_a
富马酸 （反式丁烯二酸）	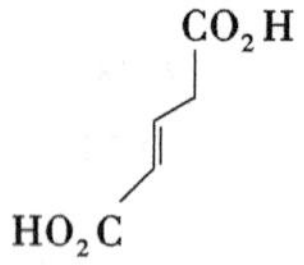	3.053 4.494	8.85×10^{-4} 3.21×10^{-5}
戊酸	$CH_3CH_2CH_2CH_2CO_2H$	4.843	1.44×10^{-5}
草酸（乙二酸）	HO_2CCO_2H	1.252 4.266	5.60×10^{-2} 5.42×10^{-5}
丙二酸	$HO_2CCH_2CO_2H$	2.826 5.696	1.48×10^{-3} 2.01×10^{-6}
丁二酸	$HO_2CCH_2CH_2CO_2H$	4.207 5.636	6.21×10^{-5} 2.31×10^{-6}
戊二酸	$HO_2CCH_2CH_2CH_2CO_2H$	4.34 5.43	4.6×10^{-5} 3.7×10^{-6}
乙酰酸	O ‖ $HCCO_2H$	3.46	3.5×10^{-4}
草酰乙酸（丁酮二酸）	$HO_2CCH_2CCO_2H$ ‖ O	2.56 4.37	2.8×10^{-3} 4.3×10^{-5}
乳酸	CH_2CHCO_2H | OH	3.88	1.32×10^{-4}
苹果酸（羟基丁二酸）	$HO_2CCH_2CHCO_2H$ | OH	3.459 5.097	3.48×10^{-4} 8.00×10^{-6}
D-酒石酸 （2,3-羟基丁二酸）	OH | $HO_2CCHCHCO_2H$ | OH	3.036 4.366	9.20×10^{-4} 4.31×10^{-5}
柠檬酸	CO_2H | $HO_2CCH_2CCH_2CO_2H$ | OH	3.13 4.76 6.40	7.4×10^{-4} 1.7×10^{-5} 4.0×10^{-7}
甲胺	$CH_3NH_3^+$	10.62	2.37×10^{-11}
羟氨	$HONH_3^+$	5.96	1.10×10^{-6}
二甲胺	$(CH_3)_2NH_2^+$	10.774	1.68×10^{-11}
乙胺	$CH_3CH_2NH_3^+$	10.63	2.32×10^{-11}
二乙胺	$(CH_3CH_2)_2NH_2^+$	10.933	1.17×10^{-11}
三甲胺	$(CH_3)_3NH^+$	9.800	1.58×10^{-10}
三（羟甲基）氨基甲烷	$(HOCH_2)_3CNH_3^+$	8.075	8.41×10^{-9}
三乙胺	$(CH_3CH_2)_3NH^+$	10.715	1.93×10^{-11}
三乙醇胺	$(HOCH_2CH_2)_3NH^+$	7.762	1.73×10^{-8}
肼	$^+H_3NNH_2$	8.07	8.5×10^{-9}

续表

名　称	共轭酸的化学式	pK_a	K_a
亚氨基三乙酸	$H\overset{+}{N}(CH_2CO_2H)_3$	1.1(CO_2H)(20 ℃, I=1.0 mol · kg^{-1}) 1.650(CO_2H)(20 ℃) 2.940(CO_2H)(20 ℃) 10.334(NH)(20 ℃)	8×10^{-2} 2.4×10^{-2} 1.15×10^{-3} 4.63×10^{-11}
1,2-乙二胺	$H_3\overset{+}{N}CH_2CH_2\overset{+}{N}H_3$	6.848 9.928	1.42×10^{-7} 1.18×10^{-10}
乙二胺四乙酸	$(HO_2CCH_2)_2\overset{+}{N}HCH_2$— $CH_2\overset{+}{N}H(CH_2CO_2H)_2$	0.9(CO_2H)(I=0.1 mol · kg^{-1}) 1.6(CO_2H)(I=0.1 mol · kg^{-1}) 2.07(CO_2H)(I=0.1 mol · kg^{-1}) 2.75(CO_2H)(I=0.1 mol · kg^{-1}) 6.24(NH)(I=0.1 mol · kg^{-1}) 10.34(NH)(I=0.1 mol · kg^{-1})	1.26×10^{-1} 3×10^{-2} 8.5×10^{-3} 1.8×10^{-3} 5.8×10^{-7} 4.6×10^{-11}
苯酚	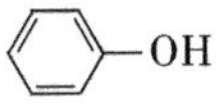	9.95	1.12×10^{-10}
水杨酸	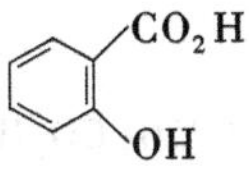	2.97	1.07×10^{-3}
苯甲酸	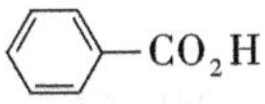	4.21	6.20×10^{-5}
邻苯二甲酸	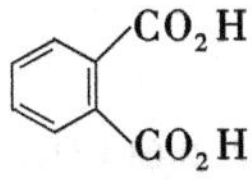	2.950 5.408	1.12×10^{-3} 3.90×10^{-6}
邻苯二酚(儿茶酚)	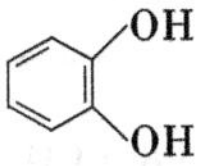	9.36 12.98	4.4×10^{-10} 1.04×10^{-13}
间苯二酚(雷琐酚)	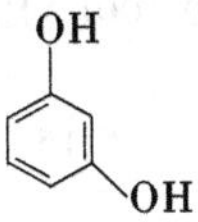	9.44 12.32	3.63×10^{-10} 4.79×10^{-13}
氨基苯(苯胺)	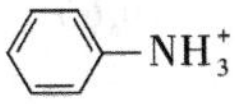	4.601	2.51×10^{-5}
吡啶	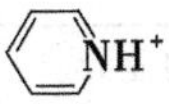	5.26	5.56×10^{-6}

续表

名　称	共轭酸的化学式	pK_a	K_a
吡啶甲酸	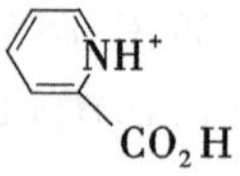	1.01 5.39	9.8×10^{-2} 4.1×10^{-6}
咪唑	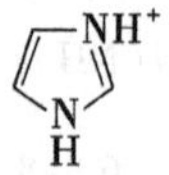	6.993	1.02×10^{-7}
喹啉	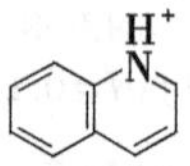	4.88	1.32×10^{-5}
8-羟基喹啉	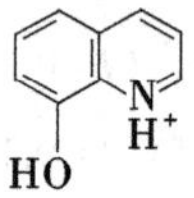	4.91(NH) 9.81(OH)	1.23×10^{-5} 1.55×10^{-10}
邻二氮菲	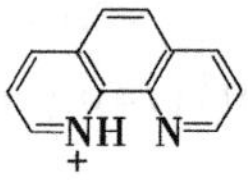	4.86	1.38×10^{-5}
丁二酮肟	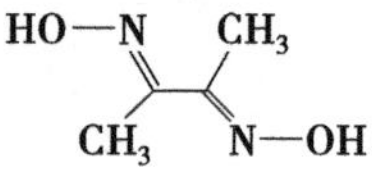	10.66	2.2×10^{-11}
甘氨酸(氨基乙酸)	NH_3^+—CH_2—CO_2H	2.350(CO_2H) 9.778(NH_3)	4.47×10^{-3} 1.67×10^{-10}
丙氨酸	NH_3^+—$CHCH_3$—CO_2H	2.348(CO_2H) 9.867(NH_3)	4.49×10^{-3} 1.36×10^{-10}
缬氨酸 (α-氨基异戊酸)	NH_3^+—$CHCH(CH_3)_2$—CO_2H	2.286(CO_2H) 9.718(NH_3)	5.18×10^{-3} 1.91×10^{-10}
苏氨酸	NH_3^+—$CHCHOHCH_3$—CO_2H	2.088(CO_2H) 9.100(NH_3)	8.17×10^{-3} 7.94×10^{-10}
六亚甲基四胺	$(CH_2)_6N_4H^+$	5.15	7.1×10^{-6}
天冬氨酸	$HOOCCH(NH_2)CH_2COOH$	3.65 9.60	2.2×10^{-4} 2.5×10^{-10}
烟碱(尼古丁)	$C_{10}H_{14}N_2H_2^{2+}$	3.15 7.87	7.1×10^{-4} 1.7×10^{-8}

① 括号内标出逐级解离质子的基团，或温度及离子强度与本表题注的差异。

② 碳酸的浓度为[H_2CO_3]+[CO_2(aq)]。

附表 3　金属络合物的累积稳定常数

金属离子	$I/(mol \cdot kg^{-1})$	n	$\lg \beta_n$
氨络合物			
Ag^{+}	0.1	1,2	3.40,7.40
Cd^{2+}	0.1	1,…,6	2.60,4.65,6.04,6.92,6.6,4.9
Co^{2+}	0.1	1,…,6	2.05,3.62,4.61,5.31,5.43,4.75
Cu^{2+}	0.1	1,…,4	4.13,7.61,10.48,12.59
Ni^{2+}	0.1	1,…,6	2.75,4.95,6.64,7.79,8.50,8.49
Zn^{2+}	0.1	1,…,4	2.27,4.61,7.01,9.06
羟基络合物			
Ag^{+}	0	1,2,3	2. 3,3. 6,4. 8
Al^{3+}	2	4	33. 3
Bi^{3+}	3	1	12. 4
Cd^{2+}	3	1,…,4	4. 3,7. 7,10. 3,12. 0
Cu^{2+}	0	1	6. 0
Fe^{2+}	1	1	4. 5
Fe^{3+}	3	1,2	11. 0,21. 7
Mg^{2+}	0	1	2. 6
Ni^{2+}	0. 1	1	4. 6
Pb^{2+}	0. 3	1,2,3	6. 2,10. 3,13. 3
Zn^{2+}	0	1,…,4	4. 4,—,14. 4,15. 5
Zr^{4+}	4	1,…,4	13. 8,27. 2,40. 2,53
氟络合物			
Al^{3+}	0.53	1,…,6	6.1,11.15,15.0,17.7,19.4,19.7
Fe^{3+}	0.5	1,2,3	5.2,9.2,11.9
Th^{4+}	0.5	1,2,3	7.7,13.5,18.0
TiO^{2+}	3	1,…,4	5.4,9.8,13.7,18.0
Sn^{4+}	*	6	25
Zr^{4+}	2	1,2,3	8.8,16.1,21.9
氯络合物			
Ag^{+}	0.2	1,…,4	2.9,4.7,5.0,5.9
Hg^{2+}	0.5	1,…,4	6.7,13.2,14.1,15.1
Sn^{2+}	0	1,…,4	1. 51,2. 24,2. 03,1. 48

续表

金属离子	$I/(\mathrm{mol\cdot kg^{-1}})$	n	$\lg\beta_n$
碘络合物			
Cd^{2+}	*	1,…,4	2.4,3.4,5.0,6.15
Hg^{2+}	0.5	1,…,4	12.9,23.8,27.6,29.8
氰络合物			
Ag^{+}	0~0.3	1,…,4	—,21.1,21.7,20.6
Cd^{2+}	3	1,…,4	5.5,10.6,15.2,18.8
Cu^{+}	0	1,…,4	—,24.0,28.6,30.3
Fe^{2+}	0	6	35.4
Fe^{3+}	0	6	43.6
Hg^{2+}	0.1	1,…,4	18.0,34.7,38.5,41.5
Ni^{2+}	0.1	4	31.3
Zn^{2+}	0.1	4	16.7
硫氰酸络合物			
Fe^{3+}	*	1,…,5	2.3,4.2,5.6,6.4,6.4
Hg^{2+}	1	1,…,4	—,16.1,19.0,20.9
硫代硫酸络合物			
Ag^{+}	0	1,2	8.82,13.5
Hg^{2+}	0	1,2	29.86,32.26
柠檬酸络合物			
Al^{3+}	0.5	1	20.0
Cu^{2+}	0.5	1	18
Fe^{3+}	0.5	1	25
Ni^{2+}	0.5	1	14.3
Pb^{2+}	0.5	1	12.3
Zn^{2+}	0.5	1	11.4
磺基水杨酸络合物			
Al^{3+}	0.1	1,2,3	12.9,22.9,29.0
Fe^{3+}	3	1,2,3	14.4,25.2,32.2
乙酰丙酮络合物			
Al^{3+}	0.1	1,2,3	8.1,15.7,21.2
Cu^{2+}	0.1	1,2	7.8,14.3
Fe^{3+}	0.1	1,2,3	9.3,17.9,25.1

续表

金属离子	$I/(\mathrm{mol\cdot kg^{-1}})$	n	$\lg\beta_n$
邻二氮菲络合物			
Ag^{+}	0.1	1,2	5.02,12.07
Cd^{2+}	0.1	1,2,3	6.4,11.6,15.8
Co^{2+}	0.1	1,2,3	7.0,13.7,20.1
Cu^{2+}	0.1	1,2,3	9.1,15.8,21.0
Fe^{2+}	0.1	1,2,3	5.9,11.1,21.3
Hg^{2+}	0.1	1,2,3	—,19.65,23.35
Ni^{2+}	0.1	1,2,3	8.8,17.1,24.8
Zn^{2+}	0.1	1,2,3	6.4,12.15,17.0
乙二胺络合物			
Ag^{+}	0.1	1,2	4.7,7.7
Cd^{2+}	0.1	1,2	5.47,10.02
Cu^{2+}	0.1	1,2	10.55,19.60
Co^{2+}	0.1	1,2,3	5.89,10.72,13.82
Hg^{2+}	0.1	2	23.42
Ni^{2+}	0.1	1,2,3	7.66,14.06,18.59
Zn^{2+}	0.1	1,2,3	5.71,10.37,12.08

注：* 表示离子强度不定。

附表 4 金属离子-氨羧络合剂络合物的稳定常数

金属离子	EDTA			EGTA		HEDTA	
	$\lg K_{MHL}$	$\lg K_{ML}$	$\lg K_{MOHL}$	$\lg K_{MHL}$	$\lg K_{ML}$	$\lg K_{ML}$	$\lg K_{MOHL}$
Ag^{+}	6.0	7.32					
Al^{3+}	2.5	16.13	8.1				
Ba^{2+}	4.6	7.76		5.4	8.4	6.2	
Bi^{3+}		27.94					
Ca^{2+}	3.1	10.70		3.8	11.0	8.0	
Ce^{3+}		16.0					
Cd^{2+}	2.9	16.46		3.5	15.6	13.0	
Co^{2+}	3.1	16.31			12.3	14.4	
Co^{3+}	1.3	36.0					
Cr^{3+}	2.3	23.0	6.6				
Cu^{2+}	3.0	18.80	2.5	4.4	17	17.4	
Fe^{2+}	2.8	14.3				12.2	5.0
Fe^{3+}	1.4	25.1	6.5			19.8	10.1
Hg^{2+}	3.1	21.80	4.9	3.0	23.2	20.1	
La^{3+}		15.4			15.6	13.2	
Mg^{2+}	3.9	8.69		7.7	5.2	5.2	
Mn^{2+}	3.1	13.79		5.0	11.5	10.7	
Ni^{2+}	3.2	18.62		6.0	12.0	17.0	
Pb^{2+}	2.8	18.04		5.3	13.0	15.5	
Sn^{2+}		22.1					
Sr^{2+}	3.9	8.63		5.4	8.5	6.8	
Th^{4+}		23.2					8.6
Ti^{3+}		21.3					
TiO^{2+}		17.3					
Zn^{2+}	3.0	16.50		5.2	12.8	14.5	
V^{3+}		25.9					
Na^{+}		1.7					
ZrO^{2+}		29.9					

注:EDTA 为乙二胺四乙酸,EGTA 为乙二醇双(2-氨基乙醚)四乙酸,HEDTA 为羟乙基乙二胺三乙酸。

附表 5　EDTA 的 $\lg\alpha_{Y(H)}$ 值

pH	$\lg\alpha_{Y(H)}$	pH	$\lg\alpha_{Y(H)}$	pH	$\lg\alpha_{Y(H)}$	pH	$\lg\alpha_{Y(H)}$	pH	$\lg\alpha_{Y(H)}$
0.0	23.64	2.5	11.90	5.0	6.45	7.5	2.78	10.0	0.45
0.1	23.06	2.6	11.62	5.1	6.26	7.6	2.68	10.1	0.39
0.2	22.47	2.7	11.35	5.2	6.07	7.7	2.57	10.2	0.33
0.3	21.89	2.8	11.09	5.3	5.88	7.8	2.47	10.3	0.28
0.4	21.32	2.9	10.84	5.4	5.69	7.9	2.37	10.4	0.24
0.5	20.75	3.0	10.60	5.5	5.51	8.0	2.27	10.5	0.20
0.6	20.18	3.1	10.37	5.6	5.33	8.1	2.17	10.6	0.16
0.7	19.62	3.2	10.14	5.7	5.15	8.2	2.07	10.7	0.13
0.8	19.08	3.3	9.92	5.8	4.98	8.3	1.97	10.8	0.11
0.9	18.54	3.4	9.70	5.9	4.81	8.4	1.87	10.9	0.09
1.0	18.01	3.5	9.48	6.0	4.65	8.5	1.77	11.0	0.07
1.1	17.49	3.6	9.27	6.1	4.49	8.6	1.67	11.1	0.06
1.2	16.98	3.7	9.06	6.2	4.34	8.7	1.57	11.2	0.05
1.3	16.49	3.8	8.85	6.3	4.20	8.8	1.48	11.3	0.04
1.4	16.02	3.9	8.65	6.4	4.06	8.9	1.38	11.4	0.03
1.5	15.55	4.0	8.44	6.5	3.92	9.0	1.28	11.5	0.02
1.6	15.11	4.1	8.24	6.6	3.79	9.1	1.19	11.6	0.02
1.7	14.68	4.2	8.04	6.7	3.67	9.2	1.10	11.7	0.02
1.8	14.27	4.3	7.84	6.8	3.55	9.3	1.01	11.8	0.01
1.9	13.88	4.4	7.64	6.9	3.43	9.4	0.92	11.9	0.01
2.0	13.51	4.5	7.44	7.0	3.32	9.5	0.83	12.0	0.01
2.1	13.16	4.6	7.24	7.1	3.21	9.6	0.75	12.1	0.01
2.2	12.82	4.7	7.04	7.2	3.10	9.7	0.67	12.2	0.005
2.3	12.50	4.8	6.84	7.3	2.99	9.8	0.59	13.0	0.000 8
2.4	12.19	4.9	6.65	7.4	2.88	9.9	0.52	13.9	0.000 1

附表 6 一些金属离子的 $\lg\alpha_{M(OH)}$ 值

金属离子	$\frac{I}{mol \cdot kg^{-1}}$	pH													
		1	2	3	4	5	6	7	8	9	10	11	12	13	14
Ag^{+}	0.1											0.1	0.5	2.3	5.1
Al^{3+}	2					0.4	1.3	5.3	9.3	13.3	17.3	21.3	25.3	29.3	33.3
Bi^{3+}	3	0.1	0.5	1.4	2.4	3.4	4.4	5.4							
Ca^{2+}	0.1													0.3	1.0
Cd^{2+}	3									0.1	0.5	2.0	4.5	8.1	12.0
Co^{2+}	0.1								0.1	0.4	1.1	2.2	4.2	7.2	10.2
Cu^{2+}	0.1								0.2	0.8	1.7	2.7	3.7	4.7	5.7
Fe^{2+}	1									0.1	0.6	1.5	2.5	3.5	4.5
Fe^{3+}	3			0.4	1.8	3.7	5.7	7.7	9.7	11.7	13.7	15.7	17.7	19.7	21.7
Hg^{2+}	0.1			0.5	1.9	3.9	5.9	7.9	9.9	11.9	13.9	15.9	17.9	19.9	21.9
La^{3+}	3										0.3	1.0	1.9	2.9	3.9
Mg^{2+}	0.1											0.1	0.5	1.3	2.3
Mn^{2+}	0.1										0.1	0.5	1.4	2.4	3.4
Ni^{2+}	0.1									0.1	0.7	1.6			
Pb^{2+}	0.1							0.1	0.5	1.4	2.7	4.7	7.4	10.4	13.4
Th^{4+}	1				0.2	0.8	1.7	2.7	3.7	4.7	5.7	6.7	7.7	8.7	9.7
Zn^{2+}	0.1									0.2	2.4	5.4	8.5	11.8	15.5

附表 7 金属离子指示剂的 $\lg\alpha_{In(H)}$ 值及变色点的 pM 值(即 pM_t)

1. 铬黑 T(EBT)

pH	6.0	7.0	8.0	9.0	10.0	11.0	12.0	13.0	相关常数
$\lg\alpha_{In(H)}$	6.0	4.6	3.6	2.6	1.6	0.7	0.1		pK_{a_2} 6.3 pK_{a_3} 11.6
pCa_t(至红)			1.8	2.8	3.8	4.7	5.3	5.4	$\lg K_{CaIn}$ 5.4
pMg_t(至红)	1.0	2.4	3.4	4.4	5.4	6.3			$\lg K_{MgIn}$ 7.0
pZn_t(至红)	6.9	8.3	9.3	10.5	12.2	13.9			$\lg\beta_{ZnIn}$ 12.9, $\lg\beta_{ZnIn2}$ 20.0

2. 1-(2-吡啶偶氮)-2-萘酚(PAN)

pH	4.0	5.0	6.0	7.0	8.0	9.0	10.0	11.0	相关常数(20%二氧六环)
$\lg\alpha_{In(H)}$	8.2	7.2	6.2	5.2	4.2	3.2	2.2	1.2	pK_{a_2} 1.9, pK_{a_3} 12.2
pCu_t(至红)	7.8	8.8	9.8	10.8	11.8	12.8	13.8	14.8	$\lg K_{CaIn}$ 16.0

3. 二甲酚橙(XO) pK_{a_2} 2.32, pK_{a_3} 2.85, pK_{a_4} 6.70, pK_{a_5} 10.47, pK_{a_6} 12.23

pH	1.0	2.0	3.0	4.0	4.5	5.0	5.5	6.0
$\lg\alpha_{In(H)}$	30.0	25.1	20.7	17.3	15.7	14.2	12.8	11.3
pBi_t(至红)	4.0	5.4	6.8					
pCd_t(至红)					4.0	4.5	5.0	5.5
pHg_t(至红)						7.4	8.2	9.0
pLa_t(至红)					4.0	4.5	5.0	5.6
pPb_t(至红)			4.2	4.8	6.2	7.0	7.6	8.2
pTh_t(至红)	3.6	4.9	6.3					
pZn_t(至红)					4.1	4.8	5.7	6.5
pZr_t(至红)	7.5							

注:表中二甲酚橙与各金属络合物的 pM_t 均系实验测得。

附表 8 标准电极电位(18~25 ℃)

元素	半反应	$E^{\ominus}/V$
Ag	$Ag_2S+2e^- \rightleftharpoons 2Ag+S^{2-}$	-0.71
	$Ag_2S+H_2O+2e^- \rightleftharpoons 2Ag+OH^-+HS^-$	-0.67
	$Ag_2S+H^++2e^- \rightleftharpoons 2Ag+HS^-$	-0.272
	$Ag_2S+2H^++2e^- \rightleftharpoons 2Ag+H_2S$	-0.036 2
	$AgI+e^- \rightleftharpoons Ag+I^-$	-0.152
	$[Ag(S_2O_3)_2]^{3-}+e^- \rightleftharpoons Ag+2S_2O_3^{2-}$	0.017
	$AgBr+e^- \rightleftharpoons Ag+Br^-$	0.071
	$AgCl+e^- \rightleftharpoons Ag+Cl^-$	0.222
	$Ag_2O+H_2O+2e^- \rightleftharpoons 2Ag+2OH^-$	0.342
	$Ag(NH_3)_2^++e^- \rightleftharpoons Ag+2NH_3$	0.37
	$2AgO+H_2O+2e^- \rightleftharpoons Ag_2O+2OH^-$	0.06
	$Ag^++e^- \rightleftharpoons Ag$	0.799
	$Ag_2O+2H^++2e^- \rightleftharpoons 2Ag+H_2O$	1.17
	$2AgO+2H^++2e^- \rightleftharpoons Ag_2O+H_2O$	1.40
	$Ag^{2+}+e^- \rightleftharpoons Ag^+$	1.927
Al	$Al(OH)_4^-+3e^- \rightleftharpoons Al+4OH^-$	-2.33
	$[AlF_6]^{3-}+3e^- \rightleftharpoons Al+6F^-$	-2.07
	$Al^{3+}+3e^- \rightleftharpoons Al$	-1.66
As	$As+3H_2O+3e^- \rightleftharpoons AsH_3+3OH^-$	-1.37
	$AsO_2^-+2H_2O+3e^- \rightleftharpoons As+4OH^-$	-0.68
	$AsO_4^{3-}+2H_2O+2e^- \rightleftharpoons AsO_2^-+4OH^-$	-0.67
	$As+3H^++3e^- \rightleftharpoons AsH_3$	-0.60
	$H_3AsO_3+3H^++3e^- \rightleftharpoons As+3H_2O$	0.248
	$H_3AsO_4+2H^++2e^- \rightleftharpoons H_3AsO_3+H_2O$	0.559
Au	$Au(CN)_2^-+e^- \rightleftharpoons Au+2CN^-$	-0.61
	$H_2AuO_3^-+H_2O+3e^- \rightleftharpoons Au+4OH^-$	0.7
	$AuBr_4^-+2e^- \rightleftharpoons AuBr_2^-+2Br^-$	0.82
	$AuBr_4^-+3e^- \rightleftharpoons Au+4Br^-$	0.87
	$AuCl_4^-+2e^- \rightleftharpoons AuCl_2^-+2Cl^-$	0.93
	$AuBr_2^-+e^- \rightleftharpoons Au+2Br^-$	0.96
	$AuCl_4^-+3e^- \rightleftharpoons Au+4Cl^-$	0.99
	$AuCl_2^-+e^- \rightleftharpoons Au+2Cl^-$	1.15
	$Au^{3+}+2e^- \rightleftharpoons Au^+$	1.40
	$Au^{3+}+3e^- \rightleftharpoons Au$	1.50
	$Au^++e^- \rightleftharpoons Au$	1.69

续表

元　素	半 反 应	$E^\ominus$/V
Ba	$Ba^{2+}+2e^- \rightleftharpoons Ba$	-2.91
Be	$Be^{2+}+2e^- \rightleftharpoons Be$	-1.85
Bi	$Bi_2O_3+3H_2O+6e^- \rightleftharpoons 2Bi+6OH^-$	-0.46
	$BiOCl+2H^++3e^- \rightleftharpoons Bi+H_2O+Cl^-$	0.16
	$BiO^++2H^++3e^- \rightleftharpoons Bi+H_2O$	0.32
	$Bi_2O_4+H_2O+2e^- \rightleftharpoons Bi_2O_3+2OH^-$	0.56
	$Bi_2O_4+4H^++2e^- \rightleftharpoons 2BiO^++2H_2O$	1.59
	$NaBiO_3+4H^++2e^- \rightleftharpoons BiO^++Na^++2H_2O$	>1.80
Br	$BrO^-+H_2O+2e^- \rightleftharpoons Br^-+2OH^-$	0.76
	$Br_2(l)+2e^- \rightleftharpoons 2Br^-$	1.06
	$HBrO+H^++2e^- \rightleftharpoons Br^-+H_2O$	1.33
	$BrO_3^-+6H^++6e^- \rightleftharpoons Br^-+3H_2O$	1.44
	$BrO_3^-+6H^++5e^- \rightleftharpoons \frac{1}{2}Br_2+3H_2O$	1.52
	$HBrO+H^++e^- \rightleftharpoons \frac{1}{2}Br_2+H_2O$	1.59
C	$CNO^-+H_2O+2e^- \rightleftharpoons CN^-+2OH^-$	-0.97
	$2CO_2+2H^++2e^- \rightleftharpoons H_2C_2O_4$	-0.49
	$CO_2+2H^++2e^- \rightleftharpoons HCOOH$	-0.20
	$CH_3COOH+2H^++2e^- \rightleftharpoons CH_3CHO+H_2O$	-0.12
	$CO_2+2H^++2e^- \rightleftharpoons CO+H_2O$	-0.12
	$HCHO+2H^++2e^- \rightleftharpoons CH_3OH$	0.23
	$2HCNO+2H^++2e^- \rightleftharpoons (CN)_2+2H_2O$	0.33
	$\frac{1}{2}(CN)_2+H^++e^- \rightleftharpoons HCN$	0.37
Ca	$Ca^{2+}+2e^- \rightleftharpoons Ca$	-2.87
Cd	$[Cd(CN)_4]^{2-}+2e^- \rightleftharpoons Cd+4CN^-$	-1.09
	$Cd^{2+}+2e^- \rightleftharpoons Cd$	-0.402
	$Cd^{2+}+2e^- \rightleftharpoons Cd(Hg)$	-0.352
Ce	$Ce^{3+}+3e^- \rightleftharpoons Ce$	-2.34
	$Ce^{4+}+e^- \rightleftharpoons Ce^{3+}$	1.61
Cl	$ClO_3^-+H_2O+2e^- \rightleftharpoons ClO_2^-+2OH^-$	0.33
	$ClO_4^-+H_2O+2e^- \rightleftharpoons ClO_3^-+2OH^-$	0.36
	$ClO^-+H_2O+e^- \rightleftharpoons \frac{1}{2}Cl_2+2OH^-$	0.40

续表

元素	半反应	$E^{\ominus}/V$
	$ClO_4^-+4H_2O+8e^- \rightleftharpoons Cl^-+8OH^-$	0.56
	$ClO_2^-+H_2O+2e^- \rightleftharpoons ClO^-+2OH^-$	0.66
	$ClO_2^-+2H_2O+4e^- \rightleftharpoons Cl^-+4OH^-$	0.77
	$ClO^-+H_2O+2e^- \rightleftharpoons Cl^-+2OH^-$	0.89
	$ClO_3^-+2H^++2e^- \rightleftharpoons ClO_2^-+H_2O$	1.15
	$ClO_4^-+2H^++2e^- \rightleftharpoons ClO_3^-+H_2O$	1.19
	$ClO_3^-+3H^++2e^- \rightleftharpoons HClO_2+H_2O$	1.21
	$2ClO_4^-+16H^++14e^- \rightleftharpoons Cl_2+8H_2O$	1.34
	$Cl_2(g)+2e^- \rightleftharpoons 2Cl^-$	1.36
	$ClO_4^-+8H^++8e^- \rightleftharpoons Cl^-+4H_2O$	1.37
	$Cl_2(aq)+2e^- \rightleftharpoons 2Cl^-$	1.395
	$ClO_3^-+6H^++6e^- \rightleftharpoons Cl^-+3H_2O$	1.45
	$2ClO_3^-+12H^++10e^- \rightleftharpoons Cl_2+6H_2O$	1.47
	$HClO+H^++2e^- \rightleftharpoons Cl^-+H_2O$	1.49
	$2ClO^-+4H^++2e^- \rightleftharpoons Cl_2+2H_2O$	1.63
Co	$[Co(CN)_6]^{3-}+e^- \rightleftharpoons [Co(CN)_6]^{4-}$	-0.83
	$[Co(NH_3)_6]^{2+}+2e^- \rightleftharpoons Co+6NH_3$	-0.43
	$Co^{2+}+2e^- \rightleftharpoons Co$	-0.277
	$[Co(NH_3)_6]^{3+}+e^- \rightleftharpoons [Co(NH_3)_6]^{2+}$	0.1
	$Co(OH)_3+e^- \rightleftharpoons Co(OH)_2+OH^-$	0.17
	$Co^{3+}+3e^- \rightleftharpoons Co$	0.33
	$Co^{3+}+e^- \rightleftharpoons Co^{2+}$	1.95
Cr	$Cr^{2+}+2e^- \rightleftharpoons Cr$	-0.91
	$Cr^{3+}+3e^- \rightleftharpoons Cr$	-0.74
	$Cr^{3+}+e^- \rightleftharpoons Cr^{2+}$	-0.41
	$CrO_4^{2-}+4H_2O+3e^- \rightleftharpoons Cr(OH)_3+5OH^-$	-0.13
	$HCrO_4^-+7H^++3e^- \rightleftharpoons Cr^{3+}+4H_2O$	1.195
	$Cr_2O_7^{2-}+14H^++6e^- \rightleftharpoons 2Cr^{3+}+7H_2O$	1.33
Cu	$[Cu(CN)_2]^-+e^- \rightleftharpoons Cu+2CN^-$	-0.43
	$Cu_2O+H_2O+2e^- \rightleftharpoons 2Cu+2OH^-$	-0.361
	$[Cu(NH_3)_2]^++e^- \rightleftharpoons Cu+2NH_3$	-0.12
	$[Cu(NH_3)_4]^{2+}+2e^- \rightleftharpoons Cu+4NH_3$	-0.04
	$[Cu(NH_3)_4]^{2+}+e^- \rightleftharpoons [Cu(NH_3)_2]^++2NH_3$	-0.01
	$CuCl+e^- \rightleftharpoons Cu+Cl^-$	0.137

续表

元　素	半 反 应	$E^{\ominus}/V$
	$Cu(EDTA)^{2-}+2e^{-} \rightleftharpoons Cu+(EDTA)^{4-}$	0.13
	$Cu^{2+}+e^{-} \rightleftharpoons Cu^{+}$	0.159
	$Cu^{2+}+2e^{-} \rightleftharpoons Cu$	0.337
	$Cu^{+}+e^{-} \rightleftharpoons Cu$	0.52
	$Cu^{2+}+Cl^{-}+e^{-} \rightleftharpoons CuCl$	0.57
	$Cu^{2+}+I^{-}+e^{-} \rightleftharpoons CuI$	0.87
	$Cu^{2+}+2CN^{-}+e^{-} \rightleftharpoons [Cu(CN)_2]^{-}$	1.12
Cs	$Cs^{+}+e^{-} \rightleftharpoons Cs$	-2.923
F	$F_2+2e^{-} \rightleftharpoons 2F^{-}$	2.87
	$F_2+2H^{+}+2e^{-} \rightleftharpoons 2HF$	3.06
Fe	$Fe(OH)_3+e^{-} \rightleftharpoons Fe(OH)_2+OH^{-}$	-0.56
	$Fe^{2+}+2e^{-} \rightleftharpoons Fe$	-0.44
	$Fe^{3+}+3e^{-} \rightleftharpoons Fe$	-0.036
	$[Fe(C_2O_4)_3]^{3-}+e^{-} \rightleftharpoons [Fe(C_2O_4)_2]^{2-}+C_2O_4^{2-}$	0.02
	$Fe(EDTA)^{-}+e^{-} \rightleftharpoons Fe(EDTA)^{2-}$	0.12
	$[Fe(CN)_6]^{3-}+e^{-} \rightleftharpoons [Fe(CN)_6]^{4-}$	0.36
	$[FeF_6]^{3-}+e^{-} \rightleftharpoons Fe^{2+}+6F^{-}$	0.4
	$FeO_4^{2-}+2H_2O+3e^{-} \rightleftharpoons FeO_2^{-}+4OH^{-}$	0.55
	$Fe^{3+}+e^{-} \rightleftharpoons Fe^{2+}$	0.77
	$FeO_4^{2-}+8H^{+}+3e^{-} \rightleftharpoons Fe^{3+}+4H_2O$	1.9
Ga	$Ga(OH)_4^{-}+3e^{-} \rightleftharpoons Ga+4OH^{-}$	-1.26
	$Ga^{3+}+3e^{-} \rightleftharpoons Ga$	-0.56
Ge	$GeO_2+4H^{+}+4e^{-} \rightleftharpoons Ge+2H_2O$	-0.15
	$Ge^{2+}+2e^{-} \rightleftharpoons Ge$	0.23
H	$H_2+2e^{-} \rightleftharpoons 2H^{-}$	-2.25
	$2H_2O+2e^{-} \rightleftharpoons H_2+2OH^{-}$	-0.828
	$2H^{+}+2e^{-} \rightleftharpoons H_2$	0.000
	$H_2O_2+2H^{+}+2e^{-} \rightleftharpoons 2H_2O$	1.77
Hg	$Hg_2Cl_2+2e^{-} \rightleftharpoons 2Hg+2Cl^{-}$	0.268 0
	$Hg_2SO_4+2e^{-} \rightleftharpoons 2Hg+SO_4^{2-}$	0.614
	$2HgCl_2+2e^{-} \rightleftharpoons Hg_2Cl_2+2Cl^{-}$	0.63
	$Hg_2^{2+}+2e^{-} \rightleftharpoons 2Hg$	0.792
	$Hg^{2+}+2e^{-} \rightleftharpoons Hg$	0.854
	$2Hg^{2+}+2e^{-} \rightleftharpoons Hg_2^{2+}$	0.908

续表

元素	半反应	$E^{\ominus}$/V
I	$IO_3^- + 2H_2O + 4e^- = IO^- + 4OH^-$	0.14
	$IO_3^- + 3H_2O + 6e^- = I^- + 6OH^-$	0.26
	$I_3^- + 2e^- = 3I^-$	0.536
	$I_2(l) + 2e^- = 2I^-$	0.622
	$IO_3^- + 6H^+ + 6e^- = I^- + 3H_2O$	1.085
	$IO_3^- + 5H^+ + 4e^- = HIO + 2H_2O$	1.14
	$2IO_3^- + 12H^+ + 10e^- = I_2 + 6H_2O$	1.19
	$2HIO + 2H^+ + 2e^- = I_2 + 2H_2O$	1.45
	$H_5IO_6 + H^+ + 2e^- = IO_3^- + 3H_2O$	1.6
In	$In^{3+} + 2e^- = In^+$	-0.40
	$In^{3+} + 3e^- = In$	-0.34
Ir	$IrCl_6^{3-} + 3e^- = Ir + 6Cl^-$	0.77
	$IrCl_6^{2-} + 4e^- = Ir + 6Cl^-$	0.835
	$IrCl_6^{2-} + e^- = IrCl_6^{3-}$	1.026
	$Ir^{3+} + 3e^- = Ir$	1.15
K	$K^+ + e^- = K$	-2.92
La	$La^{3+} + 3e^- = La$	-2.52
Li	$Li^+ + e^- = Li$	-3.045
Mg	$Mg^{2+} + 2e^- = Mg$	-2.375
Mn	$Mn^{2+} + 2e^- = Mn$	-1.18
	$Mn(CN)_6^{3-} + e^- = Mn(CN)_6^{4-}$	-0.244
	$MnO_4^- + e^- = MnO_4^{2-}$	0.56
	$MnO_4^{2-} + 2H_2O + 2e^- = MnO_2 + 4OH^-$	0.6
	$MnO_4^- + 2H_2O + 3e^- = MnO_2 + 4OH^-$	0.60
	$MnO_2 + 4H^+ + 2e^- = Mn^{2+} + 2H_2O$	1.23
	$Mn^{3+} + e^- = Mn^{2+}$	1.54
	$MnO_4^- + 8H^+ + 5e^- = Mn^{2+} + 4H_2O$	1.51
	$MnO_4^- + 4H^+ + 3e^- = MnO_2 + 2H_2O$	1.695
Mo	$Mo^{3+} + 3e^- = Mo$	-0.20
	$MoO_2^+ + 4H^+ + 2e^- = Mo^{3+} + 2H_2O$	-0.01
	$H_2MoO_4 + 2H^+ + e^- = MoO_2^+ + 2H_2O$	0.48
	$MoO_2^{2+} + 2H^+ + e^- = MoO^{3+} + H_2O$	0.48
	$Mo(CN)_6^{3-} + e^- = Mo(CN)_6^{4-}$	0.73
N	$N_2 + 5H^+ + 4e^- = N_2H_5^+$	-0.23

续表

元　素	半　反　应	$E^\ominus$/V
	$N_2O+4H^++H_2O+4e^-=2NH_2OH$	-0.05
	$NO_3^-+H_2O+2e^-=NO_2^-+2OH^-$	0.01
	$N_2+8H^++6e^-=2NH_4^+$	0.26
	$NO_3^-+2H^++e^-=NO_2+H_2O$	0.80
	$NO_3^-+3H^++2e^-=HNO_2+H_2O$	0.94
	$NO_3^-+4H^++3e^-=NO+2H_2O$	0.96
	$HNO_2+H^++e^-=NO+H_2O$	1.00
	$2HNO_2+4H^++4e^-=N_2O+3H_2O$	1.27
Na	$Na^++e^-=Na$	-2.713
Nb	$Nb^{3+}+3e^-=Nb$	-1.1
	$NbO^{3+}+2H^++2e^-=Nb^{3+}+H_2O$	-0.34
	$NbO(SO_4)_2^-+2H^++2e^-=Nb^{3+}+H_2O+2SO_4^{2-}$	-0.1
Ni	$Ni(CN)_4^{2-}+e^-=Ni(CN)_3^{2-}+CN^-$	-0.82
	$Ni(OH)_2+2e^-=Ni+2OH^-$	-0.72
	$Ni(NH_3)_6^{2+}+2e^-=Ni+6NH_3$	-0.52
	$Ni^{2+}+2e^-=Ni$	-0.23
	$NiO_2+2H_2O+2e^-=Ni(OH)_2+2OH^-$	0.49
	$NiO_2+4H^++2e^-=Ni^{2+}+2H_2O$	1.68
O	$O_2+H_2O+2e^-=HO_2^-+OH^-$	-0.076
	$O_2+2H_2O+4e^-=4OH^-$	-0.401
	$O_2+2H^++2e^-=H_2O_2$	0.68
	$HO_2^-+H_2O+2e^-=3OH^-$	0.88
	$O_2+4H^++4e^-=2H_2O$	1.229
	$H_2O_2+2H^++2e^-=2H_2O$	1.776
	$O_3+2H^++2e^-=O_2+H_2O$	2.07
Os	$OsCl_6^{3-}+e^-=Os^{2+}+6Cl^-$	0.4
	$OsCl_6^{3-}+3e^-=Os+6Cl^-$	0.71
	$Os^{2+}+2e^-=Os$	0.85
	$OsCl_6^{2-}+e^-=OsCl_6^{3-}$	0.85
	$OsO_4+8H^++8e^-=Os+4H_2O$	0.85
P	$HPO_3^{2-}+2H_2O+2e^-=H_2PO_2^-+3OH^-$	-1.57
	$PO_4^{3-}+2H_2O+2e^-=HPO_3^{2-}+3OH^-$	-1.12
	$H_3PO_2+H^++e^-=P+2H_2O$	-0.51
	$H_3PO_3+2H^++2e^-=H_3PO_2+H_2O$	-0.50

续表

元　素	半　反　应	$E^{\ominus}/V$
	$H_3PO_4+2H^++2e^-=H_3PO_3+H_2O$	-0. 276
Pb	$HPbO_2^-+H_2O+2e^-=Pb+3OH^-$	-0. 54
	$Pb^{2+}+2e^-=Pb$	-0. 126
	$PbO_2+H_2O+2e^-=PbO+2OH^-$	0. 288
	$PbO_2+4H^++2e^-=Pb^{2+}+2H_2O$	1. 455
	$PbO_2+SO_4^{2-}+4H^++2e^-=PbSO_4+2H_2O$	1. 685
	$PdCl_4^{2-}+2e^-=Pd+4Cl^-$	0. 623
	$PdCl_6^{2-}+4e^-=Pd+6Cl^-$	0. 96
	$Pd^{2+}+2e^-=Pd$	0. 987
	$PdCl_6^{2-}+2e^-=PdCl_4^{2-}+2Cl^-$	1. 29
Pt	$Pt(OH)_2+2e^-=Pt+2OH^-$	0. 15
	$Pt(OH)_6^{2-}+2e^-=Pt(OH)_2+4OH^-$	0. 2
	$PtCl_6^{2-}+2e^-=PtCl_4^{2-}+2Cl^-$	0. 68
	$PtCl_4^{2-}+2e^-=Pt+4Cl^-$	0. 755
	$Pt(OH)_2+2H^++2e^-=Pt+2H_2O$	0. 98
	$Pt^{2+}+2e^-=Pt$	1. 2
Ra	$Ra^{2+}+2e^-=Ra$	-2. 92
Rb	$Rb^++e^-=Rb$	-2. 924
Re	$Re+e^-=Re^-$	-0. 4
	$ReO_4^-+8H^++6Cl^-+3e^-=ReCl_6^{2-}+4H_2O$	0. 19
	$ReO_2+4H^++4e^-=Re+2H_2O$	0. 260
	$ReCl_6^{2-}+4e^-=Re+6Cl^-$	0. 50
	$ReO_4^-+4H^++3e^-=ReO_2+2H_2O$	0. 51
Rh	$RhCl_6^{3-}+3e^-=Rh+6Cl^-$	0. 44
	$Rh^{2+}+e^-=Rh^+$	0. 60
	$Rh^++e^-=Rh$	0. 60
S	$SO_4^{2-}+H_2O+2e^-=SO_3^{2-}+2OH^-$	-0. 93
	$2SO_3^{2-}+3H_2O+4e^-=S_2O_3^{2-}+6OH^-$	-0. 58
	$S+2e^-=S^{2-}$	-0. 48
	$S_2^{2-}+2e^-=2S^{2-}$	-0. 48
	$2H_2SO_3+H^++2e^-=HS_2O_4^-+2H_2O$	-0. 08
	$S_4O_6^{2-}+2e^-=2S_2O_3^{2-}$	0. 08
	$S+2H^++2e^-=H_2S$	0. 14
	$SO_4^{2-}+4H^++2e^-=H_2SO_3+H_2O$	0. 17

续表

元　素	半　反　应	$E^{\ominus}$/V
	$S_2O_3^{2-}+6H^++4e^-$ ══ $2S+3H_2O$	0.5
	$S_2O_8^{2-}+2e^-$ ══ $2SO_4^{2-}$	2.01
Sb	$Sb+3H^++3e^-$ ══ SbH_3	-0.51
	$SbO_3^-+H_2O+2e^-$ ══ $SbO_2^-+2OH^-$	-0.43
	$Sb_2O_3+6H^++6e^-$ ══ $2Sb+3H_2O$	-0.152
	$SbO^++2H^++3e^-$ ══ $Sb+H_2O$	0.212
	$Sb_2O_5+6H^++4e^-$ ══ $2SbO^++3H_2O$	0.581
	$Sb_2O_5+4H^++4e^-$ ══ $Sb_2O_3+2H_2O$	0.692
Sc	$Sc^{3+}+3e^-$ ══ Sc	-2.08
Se	$Se+2e^-$ ══ Se^{2-}	-0.78
	$Se+2H^++2e^-$ ══ H_2Se	-0.40
	$SeO_3^{2-}+3H_2O+4e^-$ ══ $Se+6OH^-$	-0.366
	$SeO_4^{2-}+H_2O+2e^-$ ══ $SeO_3^{2-}+2OH^-$	0.05
	$H_2SeO_3+4H^++4e^-$ ══ $Se+3H_2O$	0.74
	$SeO_4^{2-}+4H^++2e^-$ ══ $H_2SeO_3+H_2O$	1.15
Si	$SiF_6^{2-}+4e^-$ ══ $Si+6F^-$	-1.24
	$SiO_3^{2-}+3H_2O+4e^-$ ══ $Si+6OH^-$	-1.7
Sn	$Sn(OH)_6^{2-}+2e^-$ ══ $HSnO_2^-+3OH^-+H_2O$	-0.93
	$HSnO_2^-+H_2O+2e^-$ ══ $Sn+3OH^-$	-0.91
	$Sn^{2+}+2e^-$ ══ Sn	-0.14
	$SnCl_6^{2-}+2e^-$ ══ $SnCl_4^{2-}+2Cl^-$	0.14
	$Sn^{4+}+2e^-$ ══ Sn^{2+}	0.154
	$SnCl_4^{2-}+2e^-$ ══ $Sn+4Cl^-$	0.19
Sr	$Sr^{2+}+2e^-$ ══ Sr	-2.89
Ta	$Ta_2O_5+10H^++10e^-$ ══ $2Ta+5H_2O$	-0.81
Te	$Te+2e^-$ ══ Te^{2-}	-1.14
	$Te+2H^++2e^-$ ══ H_2Te	-0.72
	$TeO_4^-+8H^++7e^-$ ══ $Te+4H_2O$	0.472
	$TeO_2+4H^++4e^-$ ══ $Te+2H_2O$	0.53
	$TeCl_6^{2-}+4e^-$ ══ $Te+6Cl^-$	0.646
	$H_6TeO_6+2H^++2e^-$ ══ TeO_2+4H_2O	1.02
Th	$Th(OH)_4+4e^-$ ══ $Th+4OH^-$	-2.48
	$Th^{4+}+4e^-$ ══ Th	-1.90
Ti	$TiF_6^{2-}+4e^-$ ══ $Ti+6F^-$	-1.19

续表

元素	半反应	$E^{\ominus}$/V
	$TiO_2+4H^++4e^-$ ══ $Ti+2H_2O$	−0.86
	$Ti^{3+}+e^-$ ══ Ti^{2+}	−0.37
	$Ti^{4+}+e^-$ ══ Ti^{3+}	0.092
	$TiO^{2+}+2H^++e^-$ ══ $Ti^{3+}+H_2O$	0.099
Tl	Tl^++e^- ══ Tl	−0.336
	$Tl^{3+}+2e^-$ ══ Tl^+	1.25
	$Tl^{3+}+Cl^-+2e^-$ ══ $TlCl$	1.36
U	$UO_2+2H_2O+4e^-$ ══ $U+4OH^-$	−2.39
	$U^{3+}+3e^-$ ══ U	−1.80
	$U^{4+}+e^-$ ══ U^{3+}	−0.61
	$UO_2^{2+}+4H^++2e^-$ ══ $U^{4+}+2H_2O$	0.33
	$UO_2^++4H^++e^-$ ══ $U^{4+}+2H_2O$	0.55
V	$V^{2+}+2e^-$ ══ V	−1.18
	$V^{3+}+e^-$ ══ V^{2+}	−0.256
	$VO_2^++4H^++5e^-$ ══ $V+2H_2O$	−0.25
	$VO^{2+}+2H^++e^-$ ══ $V^{3+}+H_2O$	0.337
	$VO_2^++4H^++3e^-$ ══ $V^{2+}+2H_2O$	0.36
	$VO_2^++2H^++e^-$ ══ $VO^{2+}+H_2O$	1.00
W	$WO_3+6H^++6e^-$ ══ $W+3H_2O$	−0.09
	$W_2O_5+2H^++2e^-$ ══ $2WO_2+H_2O$	−0.04
	$2WO_3+2H^++2e^-$ ══ $W_2O_5+H_2O$	−0.03
Y	$Y^{3+}+3e^-$ ══ Y	−2.37
Zn	$[Zn(CN)_4]^{2-}+2e^-$ ══ $Zn+4CN^-$	−1.26
	$Zn(OH)_4^{2-}+2e^-$ ══ $Zn+4OH^-$	−1.216
	$Zn^{2+}+2e^-$ ══ Zn	−0.763
Zr	$Zr^{4+}+4e^-$ ══ Zr	−1.53
	$ZrO_2+4H^++4e^-$ ══ $Zr+2H_2O$	−1.43

附表 9　一些氧化还原电对的条件电极电位

半　反　应	$E^{\ominus\prime}$/V	介　质
$Ag(\text{Ⅱ})+e^- \rightleftharpoons Ag^+$	1.927	4 mol·L^{-1} HNO_3
	2.00	4 mol·L^{-1} $HClO_4$
$Ag^++e^- \rightleftharpoons Ag$	0.792	1 mol·L^{-1} $HClO_4$
	0.228	1 mol·L^{-1} HCl
	0.59	1 mol·L^{-1} NaOH
$H_3AsO_4+2H^++2e^- \rightleftharpoons H_3AsO_3+H_2O$	0.577	1 mol·L^{-1} HCl, $HClO_4$
	0.07	1 mol·L^{-1} NaOH
	-0.16	5 mol·L^{-1} NaOH
$Au^{3+}+2e^- \rightleftharpoons Au^+$	1.27	0.5 mol·L^{-1} H_2SO_4(氧化金饱和)
	1.26	1 mol·L^{-1} HNO_3(氧化金饱和)
	0.93	1 mol·L^{-1} HCl
$Au^{3+}+3e^- \rightleftharpoons Au$	0.30	7~8 mol·L^{-1} NaOH
$Bi^{3+}+3e^- \rightleftharpoons Bi$	-0.05	5 mol·L^{-1} HCl
	0.0	1 mol·L^{-1} HCl
$Cd^{2+}+2e^- \rightleftharpoons Cd$	-0.8	8 mol·L^{-1} KOH
$Ce^{4+}+e^- \rightleftharpoons Ce^{3+}$	1.70	1 mol·L^{-1} $HClO_4$
	1.71	2 mol·L^{-1} $HClO_4$
	1.75	4 mol·L^{-1} $HClO_4$
	1.82	6 mol·L^{-1} $HClO_4$
	1.87	8 mol·L^{-1} $HClO_4$
	1.61	1 mol·L^{-1} HNO_3
	1.62	2 mol·L^{-1} HNO_3
	1.61	4 mol·L^{-1} HNO_3
	1.56	8 mol·L^{-1} HNO_3
	1.44	0.5 mol·L^{-1} H_2SO_4
	1.44	1 mol·L^{-1} H_2SO_4
	1.43	2 mol·L^{-1} H_2SO_4
	1.28	1 mol·L^{-1} HCl
$Co^{3+}+e^- \rightleftharpoons Co^{2+}$	1.84	3 mol·L^{-1} HNO_3

续表

半 反 应	$E^{\ominus\prime}/V$	介 质
$Co(乙二胺)_3^{3+}+e^- \rightleftharpoons Co(乙二胺)_3^{2+}$	-0.2	$0.1\ mol\cdot L^{-1}\ KNO_3+0.1\ mol\cdot L^{-1}$乙二胺
$Cr^{3+}+e^- \rightleftharpoons Cr^{2+}$	-0.40	$5\ mol\cdot L^{-1}\ HCl$
$Cr_2O_7^{2-}+14H^++6e^- \rightleftharpoons 2Cr^{3+}+7H_2O$	0.93	$0.1\ mol\cdot L^{-1}\ HCl$
	0.97	$0.5\ mol\cdot L^{-1}\ HCl$
	1.00	$1\ mol\cdot L^{-1}\ HCl$
	1.05	$2\ mol\cdot L^{-1}\ HCl$
	1.08	$3\ mol\cdot L^{-1}\ HCl$
	1.15	$4\ mol\cdot L^{-1}\ HCl$
	0.92	$0.1\ mol\cdot L^{-1}\ H_2SO_4$
	1.08	$0.5\ mol\cdot L^{-1}\ H_2SO_4$
	1.10	$2\ mol\cdot L^{-1}\ H_2SO_4$
	1.15	$4\ mol\cdot L^{-1}\ H_2SO_4$
	0.84	$0.1\ mol\cdot L^{-1}\ HClO_4$
	1.10	$0.2\ mol\cdot L^{-1}\ HClO_4$
	1.025	$1\ mol\cdot L^{-1}\ HClO_4$
	1.27	$1\ mol\cdot L^{-1}\ HNO_3$
$CrO_4^{2-}+2H_2O+3e^- \rightleftharpoons CrO_2^-+4OH^-$	-0.12	$1\ mol\cdot L^{-1}\ NaOH$
$Cu^{2+}+e^- \rightleftharpoons Cu^+$	-0.09	pH=14
$Fe^{3+}+e^- \rightleftharpoons Fe^{2+}$	0.73	$0.1\ mol\cdot L^{-1}\ HCl$
	0.72	$0.5\ mol\cdot L^{-1}\ HCl$
	0.70	$1\ mol\cdot L^{-1}\ HCl$
	0.69	$2\ mol\cdot L^{-1}\ HCl$
	0.68	$3\ mol\cdot L^{-1}\ HCl$
	0.68	$0.1\ mol\cdot L^{-1}\ H_2SO_4$
	0.68	$0.5\ mol\cdot L^{-1}\ H_2SO_4$
	0.68	$4\ mol\cdot L^{-1}\ H_2SO_4$
	0.735	$0.1\ mol\cdot L^{-1}\ HClO_4$
	0.732	$1\ mol\cdot L^{-1}\ HClO_4$
	0.46	$2\ mol\cdot L^{-1}\ H_3PO_4$
	0.70	$1\ mol\cdot L^{-1}\ HNO_3$
	-0.7	pH=14
	0.51	$1\ mol\cdot L^{-1}HCl+0.5\ mol\cdot L^{-1}\ H_3PO_4$
$Fe(EDTA)^-+e^- \rightleftharpoons Fe(EDTA)^{2-}$	0.12	$0.1\ mol\cdot L^{-1}$ EDTA, pH=4~6

续表

半反应	$E^{\ominus\prime}$/V	介质
$Fe(CN)_6^{3-}+e^- \rightleftharpoons Fe(CN)_6^{4-}$	0. 56	0. 1 mol · L^{-1} HCl
	0. 41	pH = 4 ~ 13
	0. 70	1 mol · L^{-1} HCl
	0. 72	1 mol · L^{-1} $HClO_4$
	0. 72	1 mol · L^{-1} H_2SO_4
	0. 46	0. 01 mol · L^{-1} NaOH
	0. 52	5 mol · L^{-1} NaOH
$I_3^-+2e^- \rightleftharpoons 3I^-$	0. 544 6	0. 5 mol · L^{-1} H_2SO_4
$I_2(aq)+2e^- \rightleftharpoons 2I^-$	0. 627 6	0. 5 mol · L^{-1} H_2SO_4
$Hg_2^{2+}+2e^- \rightleftharpoons 2Hg$	0. 33	0. 1 mol · L^{-1} KCl
	0. 28	1 mol · L^{-1} KCl
	0. 25	饱和 KCl 溶液
	0. 66	4 mol · L^{-1} $HClO_4$
	0. 274	1 mol · L^{-1} HCl
$2Hg^{2+}+2e^- \rightleftharpoons Hg_2^{2+}$	0. 28	1 mol · L^{-1} HCl
$In^{3+}+3e^- \rightleftharpoons In$	−0. 3	1 mol · L^{-1} HCl
	−0. 47	1 mol · L^{-1} Na_2CO_3
$MnO_4^-+8H^++5e^- \rightleftharpoons Mn^{2+}+4H_2O$	1. 45	1 mol · L^{-1} $HClO_4$
$SnCl_6^{2-}+2e^- \rightleftharpoons SnCl_4^{2-}+2Cl^-$	0. 14	1 mol · L^{-1} HCl
	0. 10	5 mol · L^{-1} HCl
	0. 07	0. 1 mol · L^{-1} HCl
	0. 40	4. 5 mol · L^{-1} H_2SO_4
$Sn^{2+}+2e^- \rightleftharpoons Sn$	−0. 16	1 mol · L^{-1} $HClO_4$
$Sb(V)+2e^- \rightleftharpoons Sb(III)$	0. 75	3. 5 mol · L^{-1} HCl
$Mo^{4+}+e^- \rightleftharpoons Mo^{3+}$	0. 1	4 mol · L^{-1} H_2SO_4
$Mo^{6+}+e^- \rightleftharpoons Mo^{5+}$	0. 53	2 mol · L^{-1} HCl
$Tl^++e^- \rightleftharpoons Tl$	−0. 551	1 mol · L^{-1} HCl
$Tl(III)+2e^- \rightleftharpoons Tl(I)$	1. 23	1 mol · L^{-1} HNO_3
	0. 78	0. 6 mol · L^{-1} HCl
$U(IV)+e^- \rightleftharpoons U(III)$	−0. 63	1 mol · L^{-1} HCl 或 $HClO_4$
	−0. 85	1 mol · L^{-1} H_2SO_4
$VO_2^++2H^++e^- \rightleftharpoons VO^{2+}+H_2O$	−0. 74	pH = 14
$Zn^{2+}+2e^- \rightleftharpoons Zn$	−1. 36	CN^-络合物

附表 10　难溶化合物的活度积(K_{sp}°)和溶度积(K_{sp},25 ℃)

化合物	$I=0\ mol\cdot kg^{-1}$		$I=0.1\ mol\cdot kg^{-1}$	
	K_{sp}°	pK_{sp}°	K_{sp}	pK_{sp}
AgAc	2×10^{-3}	2.7	8×10^{-3}	2.1
AgCl	1.77×10^{-10}	9.75	3.2×10^{-10}	9.50
AgBr	4.95×10^{-13}	12.31	8.7×10^{-13}	12.06
AgI	8.3×10^{-17}	16.08	1.48×10^{-16}	15.83
Ag_2CrO_4	1.12×10^{-12}	11.95	5×10^{-12}	11.3
AgSCN	1.07×10^{-12}	11.97	2×10^{-12}	11.7
Ag_2S	6×10^{-50}	49.2	6×10^{-49}	48.2
Ag_2SO_4	1.58×10^{-5}	4.80	8×10^{-5}	4.1
$Ag_2C_2O_4$	1×10^{-11}	11.0	4×10^{11}	10.4
Ag_3AsO_4	1.12×10^{-20}	19.95	1.3×10^{-19}	18.9
Ag_3PO_4	1.45×10^{-16}	15.84	2×10^{-15}	14.7
AgOH	1.9×10^{-8}	7.71	3×10^{-8}	7.5
$Al(OH)_3$(无定形)	4.6×10^{-33}	32.34	3×10^{-32}	31.5
$BaCrO_4$	1.17×10^{-10}	9.93	8×10^{-10}	9.1
$BaCO_3$	4.9×10^{-9}	8.31	3×10^{-8}	7.5
$BaSO_4$	1.07×10^{-10}	9.97	6×10^{-10}	9.2
BaC_2O_4	1.6×10^{-7}	6.79	1×10^{-6}	6.0
BaF_2	1.05×10^{-6}	5.98	5×10^{-6}	5.3
$Bi(OH)_2Cl$	1.8×10^{-31}	30.75		
$Ca(OH)_2$	5.5×10^{-6}	5.26	1.3×10^{-5}	4.9
$CaCO_3$	3.8×10^{-9}	8.42	3×10^{-8}	7.5
CaC_2O_4	2.3×10^{-9}	8.64	1.6×10^{-8}	7.8
CaF_2	3.4×10^{-11}	10.47	1.6×10^{-10}	9.8
$Ca_3(PO_4)_2$	1×10^{-26}	26.0	1×10^{-23}	23.0
$CaSO_4$	2.4×10^{-5}	4.62	1.6×10^{-4}	3.8
$CdCO_3$	3×10^{-14}	13.5	1.6×10^{-13}	12.8
CdC_2O_4	1.51×10^{-8}	7.82	1×10^{-7}	7.0
$Cd(OH)_2$(新析出)	3×10^{-14}	13.5	6×10^{-14}	13.2
CdS	8×10^{-27}	26.1	5×10^{-26}	25.3
$Ce(OH)_3$	6×10^{-21}	20.2	3×10^{-20}	19.5

续表

化合物	$I=0\ mol\cdot kg^{-1}$		$I=0.1\ mol\cdot kg^{-1}$	
	K^{o}_{sp}	pK^{o}_{sp}	K_{sp}	pK_{sp}
$CePO_4$	2×10^{-24}	23.7		
$Co(OH)_2$(新析出)	1.6×10^{-15}	14.8	4×10^{-15}	14.4
CoS(α 型)	4×10^{-21}	20.4	3×10^{-20}	19.5
CoS(β 型)	2×10^{-25}	24.7	1.3×10^{-24}	23.9
$Cr(OH)_3$	1×10^{-31}	31.0	5×10^{-31}	30.3
CuI	1.10×10^{-12}	11.96	2×10^{-12}	11.7
CuSCN	4.8×10^{-15}	14.32	2×10^{-13}	12.7
CuS	6×10^{-36}	35.2	4×10^{-35}	34.4
$Cu(OH)_2$	2.6×10^{-19}	18.59	6×10^{-19}	18.2
$Fe(OH)_2$	8×10^{-16}	15.1	2×10^{-15}	14.7
$FeCO_3$	3.2×10^{-11}	10.50	2×10^{-10}	9.7
FeS	6×10^{-18}	17.2	4×10^{-17}	16.4
$Fe(OH)_3$	3×10^{-39}	38.5	1.3×10^{-38}	37.9
Hg_2Cl_2	1.32×10^{-18}	17.88	6×10^{-18}	17.2
HgS(黑)	1.6×10^{-52}	51.8	1×10^{-51}	51.0
(红)	4×10^{-53}	52.4		
$Hg(OH)_2$	4×10^{-26}	25.4	1×10^{-25}	25.0
$KHC_4H_4O_6$	3×10^{-4}	3.5		
K_2PtCl_6	1.10×10^{-5}	4.96		
$La(OH)_3$(新析出)	1.6×10^{-19}	18.8	8×10^{-19}	18.1
$MgCO_3$	1×10^{-5}	5.0	6×10^{-5}	4.2
MgC_2O_4	8.5×10^{-5}	4.07	5×10^{-4}	3.3
$Mg(OH)_2$	1.8×10^{-11}	10.74	4×10^{-11}	10.4
$MgNH_4PO_4$	3×10^{-13}	12.6		
$MnCO_3$	5×10^{-10}	9.30	3×10^{-9}	8.5
$Mn(OH)_2$	1.9×10^{-13}	12.72	5×10^{-13}	12.3
MnS(无定形)	3×10^{-10}	9.5	6×10^{-9}	8.8
MnS(晶形)	3×10^{-13}	12.5		
$Ni(OH)_2$(新析出)	2×10^{-15}	14.7	5×10^{-15}	14.3
NiS(α 型)	3×10^{-19}	18.5		

续表

化合物	$I=0\ mol\cdot kg^{-1}$		$I=0.1\ mol\cdot kg^{-1}$	
	K°_{sp}	pK°_{sp}	K_{sp}	pK_{sp}
NiS(β型)	1×10^{-24}	24. 0		
NiS(γ型)	2×10^{-26}	25. 7		
$PbCO_3$	8×10^{-14}	13. 1	5×10^{-13}	12. 3
$PbCl_2$	1.6×10^{-5}	4. 79	8×10^{-5}	4. 1
$PbCrO_4$	1.8×10^{-14}	13. 75	1.3×10^{-13}	12. 9
PbI_2	6.5×10^{-9}	8. 19	3×10^{-8}	7. 5
$Pb(OH)_2$	8.1×10^{-17}	16. 09	2×10^{-16}	15. 7
PbS	3×10^{-27}	26. 6	1.6×10^{-26}	25. 8
$PbSO_4$	1.7×10^{-8}	7. 78	1×10^{-7}	7. 0
$SrCO_3$	9.3×10^{-10}	9. 03	6×10^{-9}	8. 2
SrC_2O_4	5.6×10^{-8}	7. 25	3×10^{-7}	6. 5
$SrCrO_4$	2.2×10^{-5}	4. 65		
SrF_2	2.5×10^{-9}	8. 61	1×10^{-8}	8. 0
$SrSO_4$	3×10^{-7}	6. 5	1.6×10^{-6}	5. 8
$Sn(OH)_2$	8×10^{-29}	28. 1	2×10^{-28}	27. 7
SnS	1×10^{-25}	25. 0		
$Th(C_2O_4)_2$	1×10^{-22}	22. 0		
$Th(OH)_4$	1.3×10^{-45}	44. 9	1×10^{-44}	44. 0
$TiO(OH)_2$	1×10^{-29}	29. 0	3×10^{-29}	28. 5
$ZnCO_3$	1.7×10^{-11}	10. 78	1×10^{-10}	10. 0
$Zn(OH)_2$(新析出)	2.1×10^{-16}	15. 68	5×10^{-16}	15. 3
ZnS(α型)	1.6×10^{-24}	23. 8		
ZnS(β型)	5×10^{-25}	24. 3		
$ZrO(OH)_2$	6×10^{-49}	48. 2	1×10^{-47}	47. 0

附表 11　化合物的摩尔质量

化合物	$\frac{M}{g \cdot mol^{-1}}$	化合物	$\frac{M}{g \cdot mol^{-1}}$	化合物	$\frac{M}{g \cdot mol^{-1}}$
Ag_3AsO_4	462.52	$Ca(OH)_2$	74.09	$Fe(NO_3)_3$	241.86
$AgBr$	187.77	$Ca_3(PO_4)_2$	310.18	$Fe(NO_3)_3 \cdot 9H_2O$	404.00
$AgCl$	143.32	$CaSO_4$	136.14	FeO	71.846
$AgCN$	133.89	$CdCO_3$	172.42	Fe_2O_3	159.69
$AgSCN$	165.95	$CdCl_2$	183.32	Fe_3O_4	231.54
Ag_2CrO_4	331.73	CdS	144.48	$Fe(OH)_3$	106.87
AgI	234.77	$Ce(SO_4)_2$	332.24	FeS	87.91
$AgNO_3$	169.87	$Ce(SO_4)_2 \cdot 4H_2O$	404.30	Fe_2S_3	207.89
$AlCl_3$	133.34	$CoCl_2$	129.84	$FeSO_4$	151.91
$AlCl_3 \cdot 6H_2O$	241.43	$CoCl_2 \cdot 6H_2O$	237.93	$FeSO_4 \cdot 7H_2O$	278.02
$Al(NO_3)_3$	213.00	$Co(NO_3)_2$	182.94	$FeSO_4 \cdot (NH_4)_2SO_4 \cdot 6HO$	
$Al(NO_3)_3 \cdot 9H_2O$	375.13	$Co(NO_3)_2 \cdot 6H_2O$	291.03		392.14
Al_2O_3	101.96	CoS	90.999	H_3AsO_3	125.94
$Al(OH)_3$	78.00	$CoSO_4$	154.997	H_3AsO_4	141.94
$Al_2(SO_4)_3$	342.15	$CoSO_4 \cdot 7H_2O$	281.10	H_3BO_3	61.83
$Al_2(SO_4)_3 \cdot 18H_2 \cdot O$	666.43	$CrCl_3$	158.35	HBr	80.912
As_2O_3	197.84	$CrCl_3 \cdot 6H_2O$	266.45	HCN	27.026
As_2O_5	229.84	$Cr(NO_3)_3$	238.01	$HCOOH$	46.026
As_2S_3	246.04	Cr_2O_3	151.99	CH_3COOH	60.053
$BaCO_3$	197.34	$CuCl$	98.999	H_2CO_3	62.025
BaC_2O_4	225.35	$CuCl_2$	134.45	$H_2C_2O_4$	90.035
$BaCl_2$	208.24	$CuCl_2 \cdot 2H_2O$	170.48	$H_2C_2O_4 \cdot 2H_2O$	126.07
$BaCl_2 \cdot 2H_2O$	244.27	$CuSCN$	121.63	HCl	36.461
$BaCrO_4$	253.32	CuI	190.45	HF	20.006
BaO	153.33	$Cu(NO_3)_2$	187.56	HI	127.91
$Ba(OH)_2$	171.34	$Cu(NO_3)_2 \cdot 3H_2O$	241.60	HIO_3	175.91
$BaSO_4$	233.39	CuO	79.545	HNO_3	63.013
$BiCl_3$	315.34	Cu_2O	143.09	HNO_2	47.013
$BiOCl$	260.43	CuS	95.61	H_2O	18.015
$CO(NH_2)_2$	60.06	$CuSO_4$	159.61	H_2O_2	34.015
CO_2	44.01	$CuSO_4 \cdot 5H_2O$	249.69	H_3PO_4	97.995
CaO	56.08	$FeCl_2$	126.75	H_2S	34.08
$CaCO_3$	100.09	$FeCl_2 \cdot 4H_2O$	198.81	H_2SO_3	82.07
CaC_2O_4	128.10	$FeCl_3$	162.21	H_3SO_4	98.07
$CaCl_2$	110.98	$FeCl_3 \cdot 6H_2O$	270.30	$Hg(CN)_2$	252.63
$CaCl_2 \cdot 6H_2O$	219.08	$FeNH_4(SO_4)_2 \cdot 12H_2O$		$HgCl_2$	271.50
$Ca(NO_3)_2 \cdot 4H_2O$	236.15		482.20	Hg_2Cl_2	472.09

续表

化合物	$\frac{M}{g \cdot mol^{-1}}$	化合物	$\frac{M}{g \cdot mol^{-1}}$	化合物	$\frac{M}{g \cdot mol^{-1}}$
HgI_2	454.40	$MgCO_3$	84.314	$NaBiO_3$	279.97
$Hg_2(NO_3)_2$	525.19	$MgCl_2$	95.210	NaCN	49.007
$Hg_2(NO_3)_2 \cdot 2H_2O$	561.22	$MgCl_2 \cdot 6H_2O$	203.30	NaSCN	81.07
$Hg(NO_3)_2$	324.60	MgC_2O_4	112.32	Na_2CO_3	105.99
HgO	216.59	$Mg(NO_3)_2 \cdot 6H_2O$	256.41	$Na_2CO_3 \cdot 10H_2O$	286.14
HgS	232.66	$MgNH_4PO_4$	137.31	$Na_2C_2O_4$	134.00
$HgSO_4$	296.65	MgO	40.304	CH_3COONa	82.034
Hg_2SO_4	497.24	$Mg(OH)_2$	58.32	$CH_3COONa \cdot 3H_2O$	136.08
$KAl(SO_4)_2 \cdot 12H_2O$	474.39	$Mg_2P_2O_7$	222.55	NaCl	58.443
KBr	119.00	$MgSO_4 \cdot 7H_2O$	246.48	NaClO	74.442
$KBrO_3$	167.00	$MnCO_3$	114.95	$NaHCO_3$	84.007
KCl	74.551	$MnCl_2 \cdot 4H_2O$	197.90	$Na_2HPO_4 \cdot 12H_2O$	358.14
$KClO_3$	122.55	$Mn(NO_3)_2 \cdot 6H_2O$	287.04	$Na_2H_2Y \cdot 2H_2O$	372.24
$KClO_4$	138.55	MnO	70.937	$NaNO_2$	68.995
KCN	65.116	MnO_2	86.937	$NaNO_3$	84.995
KSCN	97.18	MnS	87.00	Na_2O	61.979
K_2CO_3	138.21	$MnSO_4$	151.00	Na_2O_2	77.978
K_2CrO_4	194.19	$MnSO_4 \cdot 4H_2O$	223.06	NaOH	39.997
$K_2Cr_2O_7$	294.18	NO	30.006	Na_3PO_4	163.94
$K_3Fe(CN)_6$	329.25	NO_2	46.006	Na_2S	78.05
$K_4Fe(CN)_6$	368.35	NH_3	17.03	$Na_2S \cdot 9H_2O$	240.18
$KFe(SO_4)_2 \cdot 12H_2O$	503.26	CH_3COONH_4	77.083	Na_2SO_3	126.04
$KHC_2O_4 \cdot H_2O$	146.14	NH_4Cl	53.491	Na_2SO_4	142.04
$KHC_2O_4 \cdot H_2C_2O_4 \cdot 2H_2O$		$(NH_4)_2CO_3$	96.086	$Na_2S_2O_3$	158.11
	254.19	$(NH_4)_2C_2O_4$	124.10	$Na_2S_2O_3 \cdot 5H_2O$	248.19
$KHC_4H_4O_6$	188.18	$(NH_4)_2C_2O_4 \cdot H_2O$	142.11	$NiCl_2 \cdot 6H_2O$	237.69
$KHSO_4$	136.16	NH_4SCN	76.12	NiO	74.69
KI	166.00	NH_4HCO_3	79.056	$Ni(NO_3)_2 \cdot 6H_2O$	290.79
KIO_3	214.00	$(NH_4)_2MnO_4$	196.01	NiS	90.76
$KIO_3 \cdot HIO_3$	389.91	NH_4NO_3	80.043	$NiSO_4 \cdot 7H_2O$	280.86
$KMnO_4$	158.03	$(NH_4)_2HPO_4$	132.06	P_2O_5	141.94
$KNaC_4H_4O_6 \cdot 4H_2O$	282.22	$(NH_4)_2S$	68.14	$PbCO_3$	267.21
KNO_3	101.10	$(NH_4)_2SO_4$	132.14	PbC_2O_4	295.22
KNO_2	85.104	NH_4VO_3	116.98	$PbCl_2$	278.11
K_2O	94.196	Na_3AsO_3	191.89	$PbCrO_4$	323.19
KOH	56.106	$Na_2B_4O_7$	201.22	$Pb(CH_3COO)_2$	325.30
K_2SO_4	174.26	$Na_2B_4O_7 \cdot 10H_2O$	381.37		

续表

化合物	$\frac{M}{g \cdot mol^{-1}}$	化合物	$\frac{M}{g \cdot mol^{-1}}$	化合物	$\frac{M}{g \cdot mol^{-1}}$
$Pb(CH_3COO)_2 \cdot 3H_2O$	379.30	Sb_2S_3	339.70	$SrSO_4$	183.68
PbI_2	461.00	SiF_4	104.08	$UO_2(CH_3COO)_2 \cdot 2H_2O$	424.15
$Pb(NO_3)_2$	331.21	SiO_2	60.084	$ZnCO_3$	125.40
PbO	223.21	$SnCl_2$	189.62	ZnC_2O_4	153.41
PbO_2	239.20	$SnCl_2 \cdot 2H_2O$	225.65	$ZnCl_2$	136.30
$Pb_3(PO_4)_2$	811.54	$SnCl_4$	260.52	$Zn(CH_3COO)_2$	183.48
PbS	239.27	$SnCl_4 \cdot 5H_2O$	350.60	$Zn(CH_3COO)_2 \cdot 2H_2O$	219.51
$PbSO_4$	303.26	SnO_2	150.71	$Zn(NO_3)_2$	189.40
SO_3	80.06	SnS	150.78	$Zn(NO_3)_2 \cdot 6H_2O$	297.49
SO_2	64.06	$SrCO_3$	147.63	ZnO	81.39
$SbCl_3$	228.11	SrC_2O_4	175.64	ZnS	97.46
$SbCl_5$	299.02	$SrCrO_4$	203.61	$ZnSO_4$	161.45
Sb_2O_3	291.50	$Sr(NO_3)_2$	211.63	$ZnSO_4 \cdot 7H_2O$	287.56
		$Sr(NO_3)_2 \cdot 4H_2O$	283.69		

附表 12 元素的相对原子质量(2019 年)

原子序数	中文名称	英文名称	符号	相对原子质量	原子序数	中文名称	英文名称	符号	相对原子质量
1	氢	Hydrogen	H	1.008	41	铌	Niobium	Nb	92.906 37(1)
2	氦	Helium	He	4.002 602(2)	42	钼	Molybdenum	Mo	95.95(1)
3	锂	Lithium	Li	6.94	43	锝	Technetium	Tc	[97.907 211]
4	铍	Beryllium	Be	9.012 183 1(5)	44	钌	Ruthenium	Ru	101.07(2)
5	硼	Boron	B	10.81	45	铑	Rhodium	Rh	102.905 49(2)
6	碳	Carbon	C	12.011	46	钯	Palladium	Pd	106.42(1)
7	氮	Nitrogen	N	14.007	47	银	Silver	Ag	107.868 2(2)
8	氧	Oxygen	O	15.999	48	镉	Cadmium	Cd	112.414(4)
9	氟	Fluorine	F	18.998 403 163(6)	49	铟	Indium	In	114.818(1)
10	氖	Neon	Ne	20.179 7(6)	50	锡	Tin	Sn	118.710(7)
11	钠	Sodium	Na	22.989 769 28(2)	51	锑	Antimony	Sb	121.760(1)
12	镁	Magnesium	Mg	24.305	52	碲	Tellurium	Te	127.60(3)
13	铝	Aluminum	Al	26.981 538 4(3)	53	碘	Iodine	I	126.904 47(3)
14	硅	Silicon	Si	28.085	54	氙	Xenon	Xe	131.293(6)
15	磷	Phosphorus	P	30.973 761 998(5)	55	铯	Cesium	Cs	132.905 451 96(6)
16	硫	Sulfur	S	32.06	56	钡	Barium	Ba	137.327(7)
17	氯	Chlorine	Cl	35.45	57	镧	Lanthanum	La	138.905 47(7)
18	氩	Argon	Ar	[39.792, 39.963]	58	铈	Cerium	Ce	140.116(1)
19	钾	Potassium	K	39.098 3(1)	59	镨	Praseodymium	Pr	140.907 66(1)
20	钙	Calcium	Ca	40.078(4)	60	钕	Neodymium	Nd	144.242(3)
21	钪	Scandium	Sc	44.955 908(5)	61	钷	Promethium	Pm	[144.912 756]
22	钛	Titanium	Ti	47.867(1)	62	钐	Samarium	Sm	150.36(2)
23	钒	Vanadium	V	50.941 5(1)	63	铕	Europium	Eu	151.964(1)
24	铬	Chromium	Cr	51.996 1(6)	64	钆	Gadolinium	Gd	157.25(3)
25	锰	Manganese	Mn	54.938 043(2)	65	铽	Terbium	Tb	158.925 354(8)
26	铁	Iron	Fe	55.845(2)	66	镝	Dysprosium	Dy	162.500(1)
27	钴	Cobalt	Co	58.933 194(3)	67	钬	Holmium	Ho	164.930 328(7)
28	镍	Nickel	Ni	58.693 4(4)	68	铒	Erbium	Er	167.259(3)
29	铜	Copper	Cu	63.546(3)	69	铥	Thulium	Tm	168.934 218(6)
30	锌	Zinc	Zn	65.38(2)	70	镱	Ytterbium	Yb	173.045 (10)
31	镓	Gallium	Ga	69.723(1)	71	镥	Lutetium	Lu	174.966 8(1)
32	锗	Germanium	Ge	72.630(8)	72	铪	Hafnium	Hf	178.486 (2)
33	砷	Arsenic	As	74.921 595(6)	73	钽	Tantalum	Ta	180.947 88 (2)
34	硒	Selenium	Se	78.971(8)	74	钨	Tungsten	W	183.84(1)
35	溴	Bromine	Br	79.904	75	铼	Rhenium	Re	186.207(1)
36	氪	Krypton	Kr	83.798(2)	76	锇	Osmium	Os	190.23(3)
37	铷	Rubidium	Rb	85.467 8(3)	77	铱	Iridium	lr	192.217(2)
38	锶	Strontium	Sr	87.62(1)	78	铂	Platinum	Pt	195.084 (9)
39	钇	Yttrium	Y	88.905 84(1)	79	金	Gold	Au	196.966 570(4)
40	锆	Zirconium	Zr	91.224(2)	80	汞	Mercury	Hg	200.592(3)

续表

原子序数	中文名称	英文名称	符号	相对原子质量	原子序数	中文名称	英文名称	符号	相对原子质量
81	铊	Thallium	Tl	204.38	98	锎	Californium	Cf	[251.079 587]
82	铅	Lead	Pb	207.2(1)	99	锿	Einsteinium	Es	[252.082 98]
83	铋	Bismuth	Bi	208.980 40(1)	100	镄	Fermium	Fm	[257.095 11]
84	钋	Polonium	Po	[208.982 43]	101	钔	Mendelevium	Md	[258.098 43]
85	砹	Astatine	At	[209.987 15]	102	锘	Nobelium	No	[259.101 00]
86	氡	Radon	Rn	[222.017 576]	103	铹	Lawrencium	Lr	[262.109 6]
87	钫	Francium	Fr	[223.019 734]	104	𬬻	Rutherfordium	Rf	[267.121 8]
88	镭	Radium	Ra	[226.025 409]	105	𬭊	Dubnium	Db	[270.131]
89	锕	Actinium	Ac	[227.027 751]	106	𬭳	Seaborgium	Sg	[269.128 6]
90	钍	Thorium	Th	232.037 805 4	107	𬭛	Bohrium	Bh	[270.133 4]
91	镤	Protactinium	Pa	231.035 883	108	𬭶	Hassium	Hs	[270.134 3]
92	铀	Uranium	U	238.050 787	109	鿏	Meitnerium	Mt	[278.156]
93	镎	Neptunium	Np	[237.048 172]	110	𫟼	Darmstadtium	Ds	[281.165]
94	钚	Plutonium	Pu	[244.064 204]	111	𬬭	Roentgenium	Rg	[281.167]
95	镅	Americium	Am	[243.061 380]	112	鿔	Copernicium	Cn	[285.177]
96	锔	Curium	Cm	[247.070 353]	114	𫓧	Flerovium	Fl	[289.191]
97	锫	Berkelium	Bk	[247.070 31]	116	𫟷	Livermorium	Lv	[293.205]

注:本表摘自 J R Rumble. CRC Handbook of Chemistry and Physics. 101st ed. Boca Raton: CRC Press Inc, 2020—2021: 1-10~1-11. 元素的中文名称是编者根据有关资料所加。

附录二 符 号 表

1. 英 文

$\mathring{a}$	ion size parameter	离子体积参数
a	1. activity	活度
	2. absorption coefficient	吸光系数
A	absorbance	吸光度
A_r	relative atomic mass	相对原子质量
B	weak monobase	一元弱碱
[B]	equilibrium concentration of species B	型体 B 的平衡浓度
c_B	analytical concentration of solute B	溶质 B 的分析浓度
D	distribution ratio	分配比
d	maximum diameter of samples	试样中最大颗粒直径
$\bar{d}$	mean deviation	平均偏差
$\bar{d}_r$	relative mean deviation	相对平均偏差
e^-	electron	电子
E	1. extraction rate	萃取率
	2. electrode potential	电极电位
E_a	absolute error	绝对误差
E_r	relative error	相对误差
E_t	titration end-point error	终点误差
$E^{\ominus}$	standard potential	标准电极电位
$E^{\ominus'}$	formal potential	条件电位
ep	end point	终点
f	1. degree of freedom	自由度
	2. function	函数
F	1. F test	F 检验
	2. Faraday's constant	法拉第常数
	3. stoichiometric factor	换算因数
G	G test	G 检验
HB	weak monoacid	一元弱酸

HX	strong monoacid	一元强酸
I	1. luminous intensity	光强度
	2. ionic strength	离子强度
i	electric current	电流
In	indicator	指示剂
K	1. equilibrium constant	平衡常数
	2. formation constant of complex	络合物形成常数
	(stability constant of complex)	(络合物稳定常数)
K°	thermodynamic equilibrium constant	热力学平衡常数
K'	1. conditional equilibrium constant	条件平衡常数
	2. conditional formation constant of complex	络合物条件形成常数
	(conditional stability constant of complex)	(络合物条件稳定常数)
K_a	acid dissociation constant	酸解离常数
K_b	base dissociation constant	碱解离常数
K^c	concentration constant	浓度常数
K_{-i}	dissociation constant of complex	络合物解离常数
	(instability constant of complex)	(络合物不稳定常数)
K_D	distribution coefficient	分配系数
K_{In}	dissociation constant of indicator	指示剂解离常数
K^M	mixed constant	混合常数
K_s	self-recurrence constant of proton	质子溶剂自递系数
K_{sp}	solubility product constant	溶度积常数
K_t	titration constant	滴定常数
l	1. thickness of solution layer	液层厚度
	2. optical path	光程
m_B	mass of substance B	物质 B 的质量
M	1. molar mass	摩尔质量
	2. median	中位数
MOH	strong monobase	一元强碱
n	1. amount of substance	物质的量
	2. number of measurements	测定次数
	3. number of electron transfer	电子转移数
	4. number of test	测量次数
N	number of particles	粒子数
Ox	oxidation state	氧化态
P	1. probability	概率
	2. confidence level	置信度
pI	isoelectric point	等电点

Q	Q test	Q 检验
R	1. range	极差
	2. recovery rate	回收率
	3. molar gas constant	摩尔气体常数
R_f	R_f value	比移值
Red	reduction state	还原态
S_r	relative standard deviation	相对标准偏差
S	1. standard deviation	标准偏差
	2. solubility	溶解度
	3. Sandell sensitivity	桑德尔灵敏度
	4. area of cross section	截面积
sp	stoichiometric point	化学计量点
t	1. time	时间
	2. t distribution	t 分布
	3. t test	t 检验
T	1. true value	真值
	2. transmittance	透射比
	3. titer	滴定度
	4. thermodynamic temperature	热力学温度
	5. T value	T 值
V	volume	体积
w	weight percent	质量分数
$\bar{x}$	mean (average)	平均值
y	probability density	概率密度

2. 希 文

α	1. side reaction coefficient	副反应系数
	2. significance level	显著性水平
β	1. buffer capacity	缓冲容量
	2. cumulative formation constant of complex (cumulative stability constant of complex)	络合物累积形成常数（络合物累积稳定常数）
	3. separation coefficient	分离系数
γ	activity coefficient	活度系数
δ	distribution fraction	分布分数
ε	molar absorption coefficient	摩尔吸光系数
λ	wavelength	波长
μ	population mean	总体平均值
σ	1. population standard deviation	总体标准偏差

	2. effective capture cross section	有效光捕获截面
ϕ	titration fraction	滴定分数
ρ	1. mass density	[质量]密度
	2. mass concentration	质量浓度

参 考 文 献

关 键 词

读者意见反馈

为收集对教材的意见建议，进一步完善教材编写并做好服务工作，读者可将对本教材的意见建议通过如下渠道反馈至我社。

咨询电话 400-810-0598

反馈邮箱 hepsci@pub.hep.cn

通信地址 北京市朝阳区惠新东街4号富盛大厦1座

高等教育出版社理科事业部

邮政编码 100029